生物多样性优先保护区丛书——武陵山系列

贵州赤水桫椤国家级自然保护区生物多样性

邓洪平 等 著

U0198924

科学出版社

北 京

内 容 简 介

本书以贵州赤水桫椤国家级自然保护区多年科学考察成果为基础，分7章对保护区地质概况、地貌、气候、水文和土壤、植物多样性、动物多样性、植被类型及生态系统多样性、旅游资源、社区经济状况等作了全面的分析研究和评价。同时，辩证分析了保护区范围和功能区划分的合理性、主要保护对象管理的有效性等。

本书可以为该区域生物多样性研究、地质和环境保护研究、保护区管理、科普教育等提供重要参考。

图书在版编目（CIP）数据

贵州赤水桫椤国家级自然保护区生物多样性/邓洪平等著. —北京：科学出版社，2015.6
（生物多样性优先保护区丛书. 武陵山系列）

ISBN 978-7-03-045161-3

Ⅰ. ①贵… Ⅱ. ①邓… Ⅲ. ①自然保护区–生物多样性–研究–赤水市 Ⅳ. ①S759.992.73 ②Q16

中国版本图书馆 CIP 数据核字（2015）第 142611 号

责任编辑：杨 岭 刘 琳 / 责任校对：刘亚琦
责任印制：余少力 / 封面设计：墨创文化

科 学 出 版 社 出版
北京东黄城根北街 16 号
邮政编码：100717
http://www.sciencep.com

成都创新包装印刷厂 印刷
科学出版社发行 各地新华书店经销
*
2015 年 6 月第 一 版 开本：889×1194 1/16
2015 年 6 月第一次印刷 印张：20
字数：670 000

定价：148.00 元
（如有印装质量问题，我社负责调换）

《贵州赤水桫椤国家级自然保护区生物多样性》
编委会

顾　问：张　涛　夏　园

主　编：邓洪平

副主编：王志坚　陶建平　吴洪英　王　馨　梁　盛　冯　图

编　者：

西南大学

  谢嗣光　王明书　张家辉　蒋洁云　李俊云　李运婷

  李树恒　张志升　陈　锋　黄　静　甘小平　郭　金

  钱　凤　操梦帆　杨　牟　黄　琴　王国行　齐代华

  印显明　黄自豪　吴羿锦　杨　严　张金雪　王露雨

  伍小刚　张腾达　谭密红

贵州赤水桫椤国家级自然保护区管理局

  袁守良　孔令雄　刘邦友

  罗晓洪　何琴琴　白小节

  张廷跃　张云才　刘　莹

前　言

　　贵州赤水桫椤自然保护区始建于 1984 年，1992 年，经国务院批准成为国家级自然保护区。保护区位于贵州省赤水市与习水县交界，紧邻赤水河畔，地理坐标东经 105°57′54″～106°7′7″，北纬 28°20′19″～28°28′40″，总面积为 13 300hm²，属野生植物类型自然保护区，以桫椤、小黄花茶及其生境为主要保护对象。保护区拥有集中成片的古老孑遗植物桫椤、多样性极高的野生动植物种类、典型的中亚热带常绿阔叶林植被、独特的丹霞地貌及多样的自然生态系统，构成了独特的自然景观。保护区同时还是丹霞地貌世界遗产的重要组成部分，在典型的丹霞地貌下生长发育的动植物及群落具有十分重要的科学价值，其地质资源和生态资源保护价值极高。

　　距离保护区第一次科学考察已过去 20 多年，根据《中华人民共和国自然保护区条例》《中华人民共和国陆生野生动物保护实施条例》《中华人民共和国野生植物保护条例》等相关规定，科学考察可及时掌握保护区内野生动植物资源的数量、质量、分布范围，以及其生长、消亡的动态规律与保护区自然环境及社区经济、人口等条件之间的关系，从而制订和调整保护区相关政策和保护措施，为保护区资源在经济建设中得到有效保护和合理利用提供依据，所以重新对保护区进行大型综合科学考察有着十分重要的意义。

　　依托国家数字化标本平台建设，在贵州省环境保护厅的支持下，从 2008 年到 2014 年，自然保护区管理局委托西南大学对保护区的自然地理环境、植物多样性、动物多样性、植被以及生态旅游和社区建设等就行了多次科学考察及大量的标本采集。进一步摸清了保护区的生物资源现状及动态，为有效地保护保护区内丰富的物种资源和珍稀濒危动植物及典型的中亚热带常绿阔叶林森林生态系统提供基础数据，并为这一"绿色宝库"建立档案，促进生物多样性保护的科学研究，保证地方社会经济与生态保护的和谐发展。

　　在考察中，赤水桫椤自然保护区管理局领导及工作人员给予了大力支持，管理局工作人员陪同野外考察。野外工作虽然艰苦，但是身处优美的自然风光和丰富的野生动植物王国中，苦中有乐。在本书的编写过程中，管理局提供了桫椤和小黄花茶历年的监测资料及社区项目资料等，丰富了本书的内容，在此表示感谢。

　　从野外考察、室内数据整理到本书的编写都较为仓促，各考察方向中也还存在部分存疑种未能鉴定，书中难免存在不足之处，望批评指正。

著　者

2015 年 6 月

目　　录

第1章 自然地理环境

1.1 地 质 概 况

贵州赤水桫椤国家级自然保护区（以下简称保护区）位于四川盆地中生代强烈坳陷的南缘斜坡地带，在地质构造上属于扬子准地台"四川台拗"的"川东南褶皱束"的一部分，在贵州省境内称为"赤水褶皱束"。保护区内出露的地层主要为白垩系上统夹关组地层，在东南部边缘地带还可见到侏罗系地层，岩性以砖红、紫红、棕至灰紫色厚层块状的长石、石英砂岩为主。

1.1.1 地质构造运动

"四川台拗"是扬子准地台上的一个二级构造单元，在贵州省境内仅包括赤水与习水之间的一小块地区，桫椤自然保护区即位于该区域内。四川台拗在老第三纪始新世中晚期发生了褶皱断裂，保护区内的褶皱断裂即为此次运动的产物。但在自然保护内的侏罗-白垩系的褶皱都很微弱，地层倾角一般不超过10°。褶皱的走向大多为东西向，以象鼻场向斜的规模最大，北面的旺隆背斜和鸡公岭向斜规模皆小。北西向褶皱以官渡背斜规模稍大，旁侧伴生一些同向次级褶皱。在元厚场西南面尚有一束北北西向的褶皱，延伸长度均小于 30km，该地段还出现几条北东、北西和北北东向的小型正断层。由此可见，该区的褶皱作用不强烈，断裂构造不发育，可能与四川地块基底的刚性强度较大有关系。

保护区及其周边地区的主要褶皱断裂构造如下。

旺隆背斜：位于旺隆场附近，轴部可见侏罗系中统上沙溪庙组砂岩和泥岩，翼部为遂宁组及蓬莱镇组，岩层倾角北翼为 8°～18°，南翼 10°～32°，东西走向，西连太和背斜，面积约 30km²。

官渡背斜：位于官渡至缠溪一带，背斜轴部可见侏罗系上统蓬莱镇组上部砂岩，翼部为白垩系夹关组砂岩，岩层倾角东翼 2°～4°，西翼 7°～9°，近南北走向，延至习水境内，东北为燕子岩向斜，面积约 80km²。

象鼻场向斜：位于赤水县中部地区，西东走向，经丙安、大群、金沙、黑神岩、磨子岩延至习水县境内，中途在天堂岩一带隐伏，岩层倾角 3°～10°，轴部出露岩层为夹关组二段砖红色细石石英砂岩，翼部出露岩层为夹关组一段紫色厚层块状细粒钙质石英砂岩。

鸡公岭向斜：位于旺隆背斜北沿，东起玉皇乡猫鼻梁，经堰沟坎、长期、石笋南缘，以及平滩、九条岭向西延至合江县境内，岩层倾角 2°～6°，轴部出露岩层为夹关组二段砖红色砂岩，翼部出露岩层为夹关组一段紫红色砂岩。

太和、凤鸣湾逆断层：位于 31°58′纬度线以北，近东西走向，在太和构造南翼经青龙嘴、凤鸣湾向东延伸，至旺隆构造南翼急剧变陡，经旺隆场以北续向东延伸。断层多在地表至地下 1000 余米的志留系地层中。

1.1.2 地层岩性

保护区出露的地层主要为白垩系上统（K2）夹关组（K2j）地层，由泛滥性河流相的砖红、紫红、棕色至灰紫色厚层块状的长石、石英砂岩组成数十个大小不等的间断性旋回，岩性比较单一，缺少明显的标志层。向东南部延伸，可见到侏罗系地层，附近只出露侏罗系中统（下沙溪庙组 J2x，上沙溪庙组 J2s，遂宁组 J2sn）与上统（蓬莱组 J3p）。在低洼处及缓坡上，还有第四纪堆积，呈紫色、棕色、黄色及褐色的黏土、亚黏土、沙土或亚沙土（附图Ⅰ-Ⅲ）。由于重力崩塌及洪流冲积，区内谷地、凹地和缓坡上，常见大小不一的残积坡积岩块和沙石堆。

1. 侏罗系（J）

在贵州赤水地区，侏罗系中统以下地层未出露，只出露中上统的陆相红色砂泥岩。总厚度达到 3000 余米，与下伏三叠系地层呈假整合接触。侏罗系中统包括下沙溪庙组、上沙溪庙组和遂宁组，侏罗系上统为蓬莱镇组岩层。

（1）下沙溪庙组（J2x）：本组赤水地区隐伏地下，仅太和乡、旺隆背斜上的大寨坝、甄瓦子及土城等地见有本组上部地层。为暗紫、紫红色泥岩和粉砂质泥岩夹灰绿色中至细粒长石质石英砂岩，局部夹粉砂岩。顶部为灰绿、黑色页岩，富含叶肢介化石，为区域标志层。赤水地区厚 328m，土城厚 270m，习水厚 190m。

（2）上沙溪庙组（J2s）：为紫红色泥岩、砂质泥岩与灰或紫灰色中至细粒石英砂岩及长石质砂岩略呈厚互层。砂岩中具交错层理。在复兴场、土城等地，泥岩中多含钙质结核及团块。赤水复兴场厚 970m，土城小铜鼓溪厚 963m，习水温水厚 1053m。

（3）遂宁组（J2sn）：为鲜红至紫红色泥岩、页岩及砂质泥岩，夹灰白色粉砂岩。底部为灰紫、紫灰色长石质砂岩，风化后呈砖红色砂岩，夹含铜砂岩。厚度稳定，赤水复兴场厚 339m，土城小铜鼓溪厚 470m。

（4）蓬莱镇组（J3p）：分布于赤水旺隆场、复兴场、官渡场、元宝场、金花坎等地及土城至两路口一带。主要为紫红、棕紫色泥岩，砂质泥岩与灰、灰绿色细粒长石英砂岩呈不等厚互层。底部为灰绿色含铜砂岩。土城、官渡场等地厚 800~923m，赤水复兴场、官渡北石笋等地厚 458~600m，与下伏侏罗系中统整合接触。

2. 白垩系上统（K2）

主要分布于温水、习水一带以北的青杠树、猴岭、元厚场、南竹坪、黄家岩等地。在赤水附近厚大于 519m，在土城新场附近厚大于 560m。主要岩性为砖红、灰色块状粉砂和细粒砂岩。中部夹泥页岩，上部夹长石质砂岩，风化后成高岭土，底部为砾岩。砾石由灰白、灰、深灰色石英砾石及黑色燧石组成，直径 5~10cm，磨圆度好，由泥砂质、钙质胶结，较为致密。砾岩厚度变化大，局部地区未见，在官渡场一带较厚达 7m，在赤水复兴场厚 0.2m。下伏地层为侏罗系蓬莱镇组，呈假整合关系。

（1）夹关组下段（K2j1）：为紫红色厚层块状钙质长石石英砂岩与钙质粉砂岩泥岩互层。暗紫红色钙质粉砂岩夹薄-中厚层透镜状砂岩，层理清楚，具有交错层理或斜层理。在底部含有数层厚度 0.1~1.5m 的砾岩。底部砾岩假整合于侏罗系上统蓬莱镇组之上。

（2）夹关组上段（K2j2）：本段总厚度达 659m，为砖红色中-厚层中粒岩屑长石石英砂岩，紫红、砖红色粉-细粒含岩屑长石石英砂岩及泥质粉砂岩，在层间常夹窄而细长的泥岩透镜体。砂岩中具有交错层理，有的具有数米厚的巨型斜层理。在泥岩、粉砂岩层面上还有龟裂纹、波痕或雨痕等现象。

3. 第四系

桫椤自然保护区的第四系松散堆积物主要分布在内河谷、凹地等处，由于河流冲积或淤积，在低洼地、缓坡或山坡上，分布着紫、棕、黄、褐等色黏土、亚黏土、砂土或亚砂土。同时，由于重力崩塌或洪流冲积，在缓坡、凹地和谷地中，都可见到大小不一的岩石块或砾石堆。

在甘沟注入金沙沟的汇合处，有一半径约 120m、展开角度为 70°~80° 的洪积扇，是本区河流唯一可见的洪积扇。

1.2　地　　貌

1.2.1　地貌的形成及特征

保护区构造体系处于东西纬向与南北经向构造体系相交接复合的区域，正处于"川、黔纬向构造体系"之"赤水-綦江构造带"的大白塘向斜近轴部的南翼。本区在震旦纪至三叠纪构造运动中，未发生过强烈显著的褶皱和断裂，是相对稳定的地槽或沉降带。三叠纪末海退后，"四川台拗"成为内陆湖盆，在侏罗-白垩纪时期里，一直积水成湖。由于气候炎热，自然保护区和邻近地区一样，沉积了 3000～4000m 厚的红色碎屑岩构造，即砂岩与泥岩互层。经燕山期末的"四川运动"，使白垩纪及其以前的地层和构造发生褶皱和断裂，在本区形成线状平行的、一系列狭长的、对称和不对称的、以东西纬向与南北经向相交接的褶皱构造体系，成为本地区地貌发育的地质基础。

保护区地处贵州高原黔北大娄山脉北支的西北坡，即四川盆地南部边缘的斜坡地带。大娄山脉尾部沿东南向西北以三条山脊深入赤水境内，地势呈东南高、西北低。由于第四纪中晚期的新构造运动，使燕山期形成的娄山弧形构造受到强烈挤压，整个地块随大娄山的抬升而大幅度上升，形成区别于四川盆地的高低悬殊的红层高原。由于高原与盆地间巨大的势能梯度，加上区域内气候湿润，降水量丰富，众多河流的形成导致流水对地表侵蚀切割强烈，如赤水河从东南向西北贯穿境内，大同河、风溪河等大小溪河纵横交错，地貌被侵蚀切割成峡谷山地、坪状低山和丘陵，使背斜层和向斜层发生地形倒置，形成向斜成山、背斜成谷的逆构造地形。区域内侵蚀基面降低，河床纵比降大，河流下切和溯源侵蚀强烈，河流袭夺现象发育，使河谷多呈现"V"形或"U"形，峡谷套嶂谷，形成了保护区山高坡陡谷深的地貌特点。

从图 1-1 可知，从东南部的葫芦坪到西北部金沙沟注入赤水河的汇流处，海拔逐级下降，最高点位于东南边界的金沙乡葫芦坪 1730.1m，最低点靠近金沙沟汇入赤水河的入口处，海拔仅 303.9m。区内地势最大相对高差达 1426.2m。

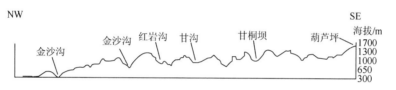

图 1-1　葫芦坪-金沙沟管理站地形剖面图

1.2.2　地貌类型

保护区位于四川盆地东南缘，介于四川盆地和黔中丘原之间的山原中山区，在经受了历次构造运动的影响之后，现今存在南北向和东西向两组构造形迹：东西向构造自北向南分别为包括太和、旺隆构造在内的长垣坝构造带，高木顶及其向东延伸到宝元的构造线和龙爪一带的东西向构造；南北向构造从东到西有塘河-官渡构造、合江-旺隆-元厚构造带等。自然保护区地质构造因受川黔南经向构造体系和纬向构造体系的交错影响，地层倒陷，剥蚀强烈，既有背斜成山、向斜成谷的顺构造地形，也有向斜成山、背斜成谷的逆构造地形。

保护区的地势呈现东南高、西北低的特点，地面起伏较大，切割比较破碎，相对高度常达 500～700m。区内大面积分布着白垩系砂、泥岩，是贵州省比较典型的剥蚀侵蚀红岩地形连续分布的地区，地貌类型侵蚀剥蚀中山、低山为主，海拔多在 500～1200m（表 1-1），海拔在 900m 以上的地面面积占整个保护区面积近 3/4，多分布在沟溪的分水岭地带和河流的上游地区，海拔低于 900m 的低山、丘陵区域多分布在河流下游的沟谷地带。

表 1-1　保护区海拔分级统计表

海拔/m	面积/km²	百分比/%
>1200	32.18	24.20
901～1200	65.05	48.91
500～900	33.57	25.24
<500	2.20	1.65
合计	133.00	100.00

中山峡谷：自然保护区内由于岩性比较软弱，易于风化侵蚀，因而山坡冲沟和细沟发育，如葫市沟和金沙沟为保护区内较大的沟谷，形态均为"V"形峡谷，深 200～500m，宽数十至百余米，两侧多为悬崖峭壁，坡度常在 70°以上，细小沟谷呈树枝状分布于两侧。峡谷中具有温度高、日照短、湿度大的特点，形成了适宜桫椤生长的良好自然环境。

沿河台阶：在金沙沟下游沿岸峡谷中发育有数级阶地，其中以海拔 400m 的阶地分布较广泛，阶地面宽 20～50m，上部残留有半滚圆状的砾石。沿河一级阶地多为新冲积物，土壤养分含量高，土壤肥沃，水热条件好，是粮食、经济作物主产区；二级阶地以老冲积物为主，肥力较低，高处一般为林地。

坳沟、浅凹地：主要分布于保护区低缓的丘陵地区，是一种由间歇性水流形成的宽浅沟谷，现多已开辟为水田，是梯坝田的主要分布地，其形态已受到人类经济活动的影响，是一种侵蚀地形发育到一定阶段而被改造过的地貌。

山脉：保护区内的山脉走向一致，山梁多南北向，山大坡陡，切割深度在 500～1000m，以平顶山或单面山形为主，断岩嶂谷，河流落差大，瀑布多，山峰海拔多在千余米。主要山峰见表 1-2。

表 1-2　保护区主要山峰一览表

山名	海拔/m	所在位置	山名	海拔/m	所在位置
蚂蚁尖	1581	边界	郑家山	1110	边界
锅圈岩	1407	边界	二层岩	1248	边界
大红岩	1403	边界	方山	1236	边界
大火土	1655	边界	楠竹坪	1421	中部
令牌山	1585	边界	雷家坪	1456	中部
沙坪子	1627	边界	磨槽岩	1413	中部
烧鸡湾梁子	1510	边界	大板山	1494	中部
鸡公岭	1399	边界	鸡罩岩	1427	中部
鸡儿岩	1459	边界	风吹坳	1309	中部
烟土埂	1445	边界	雄鞍山	1212	中部
鸡爬坎	1235	边界	红岩	1351	中部
锅耙岩	1335	边界	环环头	1319	中部

1.3　气　候

1.3.1　气候类型和特征

保护区属中亚热带湿润季风气候区，河谷具有类似南亚热带气候特征。区内气候特点为冬无严寒，夏无酷暑，日照少，温度高，湿度大，降水充沛，云雾雨日多，垂直差异大。河谷 1 月平均气温 7.5℃，极端最低气温−2.1℃；7 月平均气温 27.3℃，极端最高气温 41.3℃；日平均气温大于 10℃，积温为 3614～5720℃。河谷常年基本无霜雪，全年无霜期 340～350 天。区内平均降水量 1200～1300mm，在温湿气流抬升的迎风坡的平均降水量超过 1500mm，夏季降水量多，春秋次之，冬季最少。4～10 月降水量占全年的 80%。区内谷地平均相对湿度达 90%。

1.3.2　主要气候因子测定与多样性分析

1. 日照时间

保护区由于地处四川盆地的边缘，是贵州高原向四川盆地急剧下降的斜坡地带，地质地貌条件独特，海拔悬殊，最高点与最低点相差约 1400m，且地形崎岖，河谷深切，谷坡壁立，地形陡峻，谷地狭窄，沟谷多，且谷深可达五六百米，而谷底宽仅数十米。因此，保护区内各处的日照时间和太阳辐射分布存在较大差异。

何佩云等学者于 2000 年 5 月深入自然保护区，用地形遮蔽图法量算出保护区内各监测点的实际日照时间和太阳辐射量（表 1-3 和表 1-4）。由表 1-3 可知，保护区内各点的年实照时间为 451.1～786.9h，而赤水站的年实照时间为 1292.5h，由此可知，在沟谷内由于树木的遮蔽导致日照时间比开阔区域的日照时间减少 505.6～841.4h。实照时间最高的是长春桥监测点，为 786.9h，与长春桥的海拔较高（470m）及地形较开阔有关。金沙沟的实照时间最少，一年中只有 451.1h，尽管监测点的海拔达到 500m，但是沟谷较深，植被覆盖较严，导致实际日照时间缩短。

表 1-3　赤水市各监测点的实照时间（单位：h）

监测点	月份												年总量
	1	2	3	4	5	6	7	8	9	10	11	12	
赤水站	46.1	50.7	106.0	127.8	113.0	123.1	218.1	221.4	117.9	70.1	54.1	44.0	1292.3
水帘洞	13.2	16.9	45.1	56.3	55.2	67.0	110.5	103.5	50.9	25.6	16.2	12.0	573.4
黄金村	20.2	24.8	54.7	68.5	66.1	76.5	129.3	125.8	62.1	36.2	24.3	16.7	787.0
长春桥	22.2	24.8	64.9	79.2	72.6	81.3	142.6	143.3	73.8	34.9	26.6	20.8	786.9
金沙沟	10.2	18.0	36.9	45.6	40.1	49.2	84.1	81.0	41.7	22.3	12.4	9.5	451.0
南厂沟	8.7	12.7	33.8	50.0	48.9	65.7	110.2	91.5	42.0	19.8	11.9	8.0	503.2

从各测点每月的实照时间来看，7 月、8 月是各点一年中实照时间最长的时段，因为此段时间当地阴雨天较少，且太阳高度角大，地形遮蔽作用小。12 月是一年中太阳实照时间最短的，如南厂沟、金沙沟等监测点，一个月不超过 10h，其原因是冬季的阴雨天较多，且太阳高度角小，地形遮蔽作用大。从季节上看，赤水桫椤自然保护区的太阳年实照时间夏季最多，春、秋季次之，冬季最少。与刘开玺 1987 年在金沙沟考察得到的年实照时间数据相一致。

2. 太阳辐射

根据计算到达地面的太阳总辐射的经验公式：$Q=Qi(0.146+0.599 \times n/N)$（kcal/cm^2），其中 1kcal/cm^2=（1/23.8846）MJ/m^2，n/N 为日照率，Qi 为天文辐射，实为天空完全透明无遮蔽时该季节该纬度应得的太阳辐射。计算得到各测点每月的太阳总辐射值（表 1-4）。

表 1-4　赤水市各监测点太阳总辐射量（单位：MJ/m^2）

监测点	月份												年总量
	1	2	3	4	5	6	7	8	9	10	11	12	
赤水站	157.1	179.9	313.2	374.4	374.1	392.6	558.3	547.0	338.7	235.3	175.0	148.7	3794.3
水帘洞	118.0	134.6	217.7	258.5	276.9	295.4	373.2	348.8	232.6	170.0	126.3	110.6	2662.6
黄金村	126.6	145.3	232.5	278.1	295.2	311.5	404.7	385.9	250.7	185.3	136.4	116.1	2868.3
长春桥	128.9	145.3	247.8	295.9	306.5	319.9	426.8	414.9	269.3	183.7	139.7	120.9	2999.1
金沙沟	114.5	135.9	205.2	240.8	251.6	366.0	328.2	311.0	218.0	165.4	121.8	108.0	2466.4
南厂沟	112.9	128.7	200.1	247.7	266.3	293.3	372.5	328.5	218.6	161.8	121.0	106.1	2557.0

保护区的纬度较低，理应有较多太阳辐射量，但该区位于四川盆地边缘，云雾雨日多，地处较开阔地形的赤水站的太阳辐射年总量为 3794.3MJ/m^2，处于贵州乃至全国最低值地区之一。而保护区内山高谷深，地形遮蔽大，有限的太阳辐射量再度消减，太阳辐射年总量仅在 2466.3～2999.2MJ/m^2，比赤水站减少了 21%～35%。太阳辐射在一年中的分布与日照实际时间相一致，即 7 月最多，12 月最少，从季节分配来看，夏季最多，冬季最少，春季多于秋季。夏季晴天较多，加之地形区海拔较低，地形荫蔽，溪流潺潺，形成自然保护区内阳光和煦、冬暖夏凉、湿润温和的气候特征，适于喜温耐湿的植物生长，是桫椤在此地广泛分布的主要原因。

3. 气温

根据赤水市 1971～2000 年历年逐月平均气温观测资料，30 年间年平均气温为 17.9℃，最热月出现在 7 月、8 月，平均气温为 27.2℃，最高达到 30.0℃，然后依次是 6 月和 9 月；最冷月出现在 1 月，平均气温为 8.0℃，极端最低气温为 5.7℃，次之是 12 月和 2 月，平均年较差为 19.2℃。

比较 1971～2000 年各年平均气温，20 世纪 70 年代平均气温为 18.1℃，八九十年代稳定在 17.8℃，降低了 0.3℃，降温主要出现在 80 年代。年平均气温最大值出现在 1973 年，从 1978 年开始缓慢下降，到 1983 年后期稍微回升，1996 年降到最低值，过后又慢慢回升，从 90 年代初期到中期呈现先下降后上升的趋势，但变化幅度不大，最高值与最低值仅相差 1.5℃，基本上稳定在 17.9℃。

根据赤水市气象局 2005～2012 年的监测数据（表 1-5），此 8 年间赤水市年平均气温为 17.7～18.8℃，一年中月均最低温出现在 1 月，变化范围 4.5～9.2℃；月均最高温出现在 7 月，达 26.4～29.7℃；春、秋季温差不大。

表 1-5　赤水市 2005～2012 年各月平均气温（单位：℃）

月份	2005 年	2006 年	2007 年	2008 年	2009 年	2010 年	2011 年	2012 年
1	7.2	7.4	7.5	5.9	7.7	9.2	4.5	6.9
2	8.9	8.9	13.3	6.9	13.4	10.5	10.1	8.6
3	13.0	13.8	14.9	15.3	14.5	14.1	11.5	14.0
4	19.7	19.7	18.3	18.7	18.8	16.3	19.1	19.7
5	22.2	22.8	24.2	22.8	21.1	21.4	23.1	22.4
6	25.7	24.7	24.4	25.3	24.4	22.8	25.6	23.1
7	27.8	29.7	26.4	27.6	27.4	28.2	27.5	27.1
8	25.0	30.4	28.3	25.3	26.9	27.8	29.8	28.3
9	25.1	23.5	23.0	25.0	25.4	24.3	23.8	22.5
10	17.2	19.9	18.3	19.5	18.8	18.4	18.4	18.1
11	14.0	15.3	14.2	13.9	12.5	14.3	16.1	12.7
12	8.4	9.4	9.9	9.5	9.7	8.8	8.5	9.4
年平均	17.9	18.8	18.6	18.0	18.4	18.0	18.2	17.7

根据穆彪等（1999）的监测数据（表 1-6），桫椤自然保护区的年平均气温为 11.3～18.1℃，且随着海拔的变化及地表植被覆盖率和种类的差异，各监测点的气温也呈现较大的差异，如幺站沟站、熊家坪站、蚂蚁尖站分别比赤水站低 1.7℃、4.3℃和 6.8℃，即随着海拔升高年均温降低。从月平均气温看，桫椤自然保护区的最高月均温和最低月均温分别出现在 7 月和 1 月，与赤水站保持一致，但月均温普遍比赤水站低，从表 1-6 可知，极端最高温和最低温也呈现随海拔增加而降低的趋势。

表 1-6　赤水市各监测点年、月平均气温及极端温度（单位：℃）

监测点	海拔/m	各季代表月平均气温				年均温	极端温度	
		11	4	7	10		最高	最低
赤水站	293	7.9	19.5	28.0	18.3	18.1	41.3	-1.9
幺站沟	550	6.2	17.1	26.2	16.8	16.4	39.3	-3.8
熊家坪	1070	3.4	14.3	23.9	14.3	13.8	35.3	-7.5
蚂蚁尖	1560	0.7	11.8	21.8	12.1	11.3	31.5	-11.0

根据气象资料记载，赤水市的极端低温在-11.0～-1.9℃，河谷地带极端低温在-4℃以上，极端高温在

31.5～41.3℃。但在林区大部分区域，由于海拔高，林木隐蔽，没有出现 40℃以上伤害性高温，表现为冬寒不剧、夏暑不酷的气候特色。

4. ≥10℃的积温及其日数

日均温稳定高于 10℃是林木积极生长的主要指标，同时，日均温≥10℃的积温及其天数是划分气候带的主要热量指标。根据赤水市、幺站沟、熊家坪、蚂蚁尖不同海拔的气象监测数据（穆彪等，2009）（表 1-7），日均温≥10℃的持续天数为 187～278.9 日。日均温≥10℃的积温在 3462.9～5888.3℃，赤水站等河谷低地≥10℃的积温日数长达 9 个多月，≥10℃的积温近 6000℃，热量条件好。而海拔较高的林区，如蚂蚁尖≥10℃的积温日数为 6 个月，≥10℃的积温为 3462℃。形成这种现象的原因是林区大部分区域海拔高，植被覆盖率高，但积温有效性强，有限的积温能被林木充分利用。

表 1-7　2009 年赤水市各监测点日均温≥10℃积温及其天数

监测点	海拔/m	起止日期/（日/月）	≥10℃天数/天	≥10℃积温/℃
赤水站	293	27/2～2/12	278.9	5888.3
幺站沟	550	12/3～22/11	255.0	3920.5
熊家坪	1070	1/4～7/11	220.0	4400.3
蚂蚁尖	1560	18/4～22/10	187.0	3462.0

5. 降水量

根据贵州省赤水市 1971～2000 年 30 年降水量观测资料统计，赤水地区降水量最多的月份是 7 月，平均为 193.4mm，8 月和 6 月次之，降水量最少的月份是 2 月，平均为 32.1mm，1 月和 12 月次之。降水主要集中在 5～9 月，特别是在夏季的 6～8 月各月降水量都在 150mm 以上，总降水量达到 527.8mm，占全年总降水量的 43.44%，冬季（12 月至次年 2 月）总降水量为 101.9mm，仅占全年总降水量的 8.39%；秋季（9～11 月）总降水量为 275.6mm，占全年总降水量的 22.68%；春季（3～5 月）由于海洋季风逐渐增强，总降水量达到 309.5mm，占全年总降水量的 25.47%，但在春初的 3 月降水量只有 50mm 左右，5 月增至 140mm 以上。常年于 4 月下旬进入雨季，5～9 月降水量为 827mm，占全年总降水量的 68.1%，10 月开始，海洋季风减弱，赤水逐渐被南下的大陆性控制，降水量显著减少，表明赤水地区的降水特征受季风影响很明显。

根据统计数据发现，在 20 世纪 70 年代的年降水量最多，年总降水量达到 1237.3mm，但进入 80 年代降水量开始减少，90 年代达到最低位 1188.2mm。在 90 年代中，1993 年为 30 年的最低值，年降水量仅为 925.1mm，70～90 年代，年降水量呈波动式的减少趋势，但减少量较小。

1.3.3　气候特征形成原因分析

赤水地区气候温暖，四季分明，冬无严寒，冬暖春早，夏季炎热多伏旱。其主要原因是赤水地处亚洲季风区，季风对当地气候有着重要影响，在季风气候条件下，夏季暖热，潮湿多雨，冬季干燥少雨。冬季气流主要来自高纬大陆，受大陆气团控制，气候干冷、风大，盛行偏北风；夏季气流来自低纬海洋，主要受夏季季风影响，气候湿热、多雨，多吹偏南风。春、秋季节由于受冬、夏季风气流相互控制，天气冷暖、晴雨多变。另一个原因是保护区内的森林覆盖率达到 95%以上，森林对温度、湿度、蒸发、蒸腾及雨量可起调节作用。根据研究的结果表明，森林能使其附近地区冬暖夏凉，气温变化缓和，气温日较差、气温年较差减小，且降水增多。在同一气候背景及地形条件下，森林地区要比无林地区降水量多，一般要增多 20%～30%；森林地区湿度增大，雾日增多，树枝和树叶的点滴"降水"，以一年来计算，水量也是可观的。森林不仅使林内产生特殊的小气候，对邻近地区的局地气候也有较大的影响，这也是赤水冬无严寒，降水丰富的原因之一。

1.4 水 文

1.4.1 地表水系

1. 地表水分布

赤水河沿保护区的西南边界流过，流经元厚、虎头、大群、金沙和葫市，据赤水水文站监测，赤水河多年平均年径流量 81.8 亿 m^3，最大年径流量 142 亿 m^3（1954 年），最小年径流量 49.4 亿 m^3（1963 年）。赤水河历年平均水位 224.29m，平均含沙量 912g/m^3，年均输沙量 227kg/s，年均水温 18℃。

由于保护区的地势呈现东南高西北低的趋势，因此河流流向均为自东南向西北方向，河流地表进行了强烈的侵蚀和切割，导致保护区内主要河流的支流众多，细小溪流呈辫状或树枝状分布在两侧。发源并流经自然保护区内的 3 条主要河流为葫市沟、金沙沟、板桥沟，均为赤水河的一级支流（保护区水系分布见附图 I -Ⅳ）。

葫市沟水系：葫市沟又名幺站沟，发源于保护区内海拔最高点的葫芦坪（1730.1m），全长 26.5km，流域面积 70.8km²；流经空洞雷、三角塘、幺站、河栏岩、幺店子，最后于葫市镇（海拔 260m）注入赤水河。黄果滩以上段长约 20km 属于桫椤自然保护区，汇水面积 36.34km²，多年平均流量 0.76m³/s，出口处（葫市镇）多年平均流量 1.15m³/s。

金沙沟水系：发源于洞子岩小沟梁子，全长 11.9km，流域面积 42km²。桫椤自然保护区包括风桶岩水库以上段长约 8.9km，主要支沟有炭厂沟、甘沟、紫黄沟、红岩沟、董家沟等。风桶岩水库海拔 331.5m，该处最大洪峰流量达 150m³/s，平水期径流量 0.955m³/s，枯水期径流量 0.4m³/s。

板桥沟水系：板桥沟又名干河沟，发源于烧鸡垮梁子，流经红岩、高梯子、回龙、下红岩，于元厚镇板桥注入赤水河，全长 11.8km，流域面积 40km²，落差达到 975m，多年平均流量 1.04m³/s。位于保护区内的为南厂以上部分，长约 8.8km。主要的支沟有荒沟、许家沟、狗岩沟、高梯子沟、罗茶园沟。

闷头溪沟：发源于甘溪，流经塘厂沟至干岩口上段，在闷头溪汇入赤水河。

2. 地表河流水文特征

保护区内溪流平水期流量为 0.955m³/s，枯水期为 0.4m³/s，最大洪峰流量 150m³/s。由于保护区内森林植被覆盖率高，土壤渗透能力强，地下水水量丰富，其径流量约为 0.4m³/s，枯水期的径流量模数为 9.11m³/（s·km²）。区内水土流失少，溪水含沙量低，除汛期外，平时小于 0.9kg/m³。

由于侵蚀基准面低，河床纵比降极大，河流下切和溯源侵蚀强烈。河网水系呈棋盘式或倒钩状发育，河流溯源、侵蚀和袭夺现象有加剧的趋势。河谷多形成 "V" 形、"U" 形、廊道式或峡谷套嶂谷。峰峦与其下邻谷地的相对高差达 500～1000m，坡陡谷深。其中，主要河流葫市沟河床纵比降为 80.1%，金沙沟河床纵比降为 74.6%，乾河沟河床纵比降为 102.6%（图 1-2），比赤水河流经保护区的平均比降 1.5% 都要大 50 倍以上。至于各支流的纵比降更大，为各干流的 1.5～3.0 倍，为赤水河纵比降的近百倍。在河网分布中，分布在海拔 900m 以下的河流长度为 88.4km，占河流总长度的 65.7%，海拔在 900m 以上的沟溪占河流总长度的 34.3%。

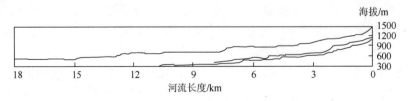

图 1-2　保护区主要河流纵剖面图（修改自杨广斌，2011）

3 条河流自上而下依次为幺站沟、乾河沟、金沙沟

由于丹霞地貌的多层性和差异性，同时受构造抬升和河流侵蚀基准面下降的影响，河流下切强烈，原本连续分布的高原面不断解体，使得自然保护区山体高耸、沟谷深切，发育了众多高矮不同、形态迥异的单级瀑布，以及最为典型、最为壮观的阶梯状瀑布群，主要瀑布有佛光岩瀑布、神女瀑布、赤壁神州瀑布和甘沟梯级瀑布等众多大小、形态各异的瀑布。

3. 地表水水环境质量

赤水市环境保护监测站分别于 2009 年 7 月 7 日和 24 日对赤水市桫椤自然保护区的水环境质量进行了监测，地表水样品采集地分别为板桥沟、金沙沟和葫市沟，监测项目包括 pH、溶解氧（DO）、五日生化需氧量（BOD_5）、高锰酸盐指数（COD_{Mn}）、铅（Pb）、铜（Cu）、镉（Cd）、锌（Zn）、砷（As）、总汞（Hg）、氨氮（NH_3-N）、挥发酚、总氰化物和六价铬（Cr^{6+}），监测结果见表 1-8。

表 1-8 保护区板桥沟、金沙沟、葫市沟水质监测数据与标准限值的对比（单位：mg/L）

项目	标准限值	板桥沟		金沙沟		葫市沟	
		监测值	超标倍数	监测值	超标倍数	监测值	超标倍数
pH	6~9	7.96	0	7.90	0	7.92	0
DO	≥7.5	8.15	0	8.28	0	7.78	0
BOD_5	3	0.66	0	0.75	0	0.44	0
COD_{Mn}	2	1.91	0	1.94	0	1.98	0
Pb	0.01	0.01	0	0.01	0	0.01	0
Cu	0.01	0.001	0	0.001	0	0.001	0
Cd	0.001	0.001	0	0.001	0	0.001	0
Zn	0.05	0.05	0	0.05	0	0.05	0
As	0.05	0.007	0	0.007	0	0.007	0
Hg	0.000 05	0.000 05	0	0.000 05	0	0.000 05	0
NH_3-N	0.15	0.06	0	0.05	0	0.10	0
挥发酚	0.002	0.002	0	0.002	0	0.002	0
总氰化物	0.005	0.001	0	0.001	0	0.001	0
Cr^{6+}	0.01	0.004	0	0.004	0	0.004	0

比较保护区地表水监测数据与我国《地表水环境质量标准》（GB 3838—2002）可知，所有指标都没有超过国家规定的地表水环境质量标准，说明保护区内的地表水环境质量良好。地表水的 pH 平均为 7.93，属于弱碱性水，适合人类的长期饮用，有助于提高人体的新陈代谢、增强免疫力等。水中的溶解氧（DO）平均值为 8.07mg/L，大于国家标准限值 7.5mg/L，但五日生化需氧量（BOD_5）的平均值为 0.62mg/L，与国家标准值 3mg/L 相差较大，高锰酸盐指数（COD_{Mn}）均大于 1.9mg/L，与国家标准限值接近，说明自然保护区的地表水的自净能力较强，且水体中有机物的污染程度极低，水体处于未污染的健康状态。通过检测地表水的重金属，发现桫椤自然保护区的重金属均未超过国家标准限值，且氨氮、挥发酚和氰化物低于国家标准限值，说明桫椤自然保护区在长期的严格保护和管理下，区内工业废水和生活污水的排放较少，其地表水质符合饮用水的Ⅰ类标准。

1.4.2 地下水

1. 地下水水文特征

保护区内的地下水蕴藏在砂岩、页岩和泥岩的裂隙中，故属于碎屑岩裂隙水，多为泉水形式。碎屑岩的富水性强弱取决于岩石的孔隙度大小，砂（砾）岩孔隙度较大，富水性较强；页岩孔隙度小，富水性弱，为相对隔水层。

区内地下水无色透明，清凉可口，水温13～16℃。根据调查资料，保护区内地下水水温具有明显的垂直分带现象：在海拔700m以下水温15～16℃，海拔800～1000m水温14℃，海拔1300～1400m水温仅13℃，与气温的垂直递减现象基本吻合。由于区内林木繁茂、土壤渗透性能良好、岩石富水性强、日照少、蒸发量小等，因此地下水资源十分丰富，枯季地下水资源为2.92万 m³/天，年平均地下水资源为4.39万 m³/天。

碎屑岩水化学类型简单，水质类型以 HCO_3-Ca 类型为主，其次为 HCO_3-Ca-Mg 型。地下水矿化度一般小于0.5g/L，属低矿化度淡水，总硬度（$CaCO_3$ 计）一般89～185mg/L，多属软水或微硬水；pH一般在6.5～8.0，多呈中性水。白垩系夹关组为砂岩裂隙储水，泉流量0.1～0.5L/s；侏罗系蓬莱镇组以砂岩裂隙储水为主，岩层多为砂岩、泥岩互层，泥岩较厚，透水性好，故储水量不丰富。遂宁组以砂质泥岩带网状孔隙和小溶孔储水，其储水量较蓬莱镇组多，可打井提水。上下沙溪庙组为孔隙裂隙储水，但地下储水能力差，常为0.01～0.1L/s，干旱年无地下水抗旱。

2. 地下水的补给特征

保护区地下水主要靠大气降水直接或间接渗透补给，补给量的大小与降水量、降水时间长短、岩石裂隙发育程度、岩层倾角、地形坡度和植被生长覆盖率等因素有密切关系。一般降水时间长、岩石节理裂隙发育且张开性好、地形平缓、坡度小和植被茂盛、覆盖率高的地区或地段，地下水接收补给量大，反之则小。保护区的气候湿润，降水时间较长，降水量较大，且地表覆盖区植被覆盖率高，达到94%以上，且第四系松散层覆盖地表，大气降水储存于松散层后缓慢渗入岩石裂隙对地下水进行间接补给。

3. 地下水排泄特征

保护区内地下水主要以泉水方式排泄，其次呈散流或片流形式排泄，当地形切割强烈，含水层被切割或被断层阻隔，泉水出露于含水性相对较强的砂岩与含水性微弱的黏土岩或泥页岩接触部位，形成瀑布。

4. 丰富的地下水资源形成原因

根据区域水文地质资料，赤水地区碎屑岩中地下水年平均资源为4.38万 m³/天，比一般地区高2～3倍，其形成具有特定的自然环境因素：区内降水丰富，年平均降水量达到1200mm；基岩中裂隙发育，为地下水的运动储存创造了良好的条件；森林覆盖率高，土壤腐殖层厚，对防止水土流失、调节地表径流、增加地下水的补给量起着重要的作用；谷地中云雾多、日照短、蒸发量小；空气湿度大，夜间凝结水丰富等因素使赤水地区的地下水资源极其丰富。

5. 地下水资源评价

保护区内丰富的地下水资源，长年不断地补给河流径流与土壤水分，对谷地水源的供给与小气候的调节起到重要作用，特别是在冬季，温暖的地下水对气温具有显著的调节作用。如地下水水温从13.5℃降到1月平均气温6.5℃时，每升水即可释放7kcal热量，则区内每日2.92万 m³的地下水可释放出20 440万 kcal热量（相当于24.3t标准煤的发热量），根据对赤水市1971～2000年逐月平均气温观测资料，30年间1月平均气温为8.0℃，与同纬度的长沙市相比较，长沙市1月平均气温为4.7℃，赤水市比长沙市最冷月的平均气温高3.3℃，说明地下水对调节气温方面具有重要作用。

由于地下水的保温作用使保护区河谷的气候具有南亚热带气候特征，水热资源丰富为生物多样性生存和发展带来得天独厚的条件，并适宜农、林业生产的发展。经检测，区内地下水资源未受到任何污染，是极好的生活用水和工业用水，作为天然纯净水开发的前景十分广阔。丰富的地下水资源使区内幺站沟、金沙沟、板桥沟等溪流常年不断，流量相对稳定，已建有葫市电站、金沙电站、板桥电站等小型水电站，小水电发展尚有很大潜力。

1.5　土　壤

1.5.1　土壤类型

保护区土壤多为中性和微酸性的砂质紫色土，主要为非地带性的紫色土，发育成熟，土层较深厚，可达 50～100cm，表土层少有或无母岩碎片，紫色土部分淋溶较弱地段也有钙质紫色土发育。海拔 800m 以上地区分布有由紫色砂页岩残留古风化壳母质发育而成的黄壤和黄棕壤。根据全国土壤普查数据，保护区内紫色土面积 78.9km^2，占保护区总面积的 59.3%；黄壤面积 38.7km^2，占保护区总面积的 29.1%；黄棕壤面积 15.4km^2，占保护区总面积的 11.6%。

1.5.2　土壤分布特征与多样性分析

保护区内土壤成土母质多为白垩系紫色、红色砂岩和紫色泥岩等，在保护区特定的生物气候条件下，岩组物理风化速度快，经冲刷而成的土壤多为残积母质、坡积母质和冲积母质。坡顶、坡腰为残积母质发育的幼年性土壤，土层浅，熟化度低；坡脚多为坡积母质，土层较厚，土壤中母岩碎屑较多，熟化度较低；冲积母质在河谷一级阶地上有零星分布。

1. 紫色土

地点：金沙沟（图 1-3）
地形：山坡
海拔：521m
母质：棕红色、紫红色细砂质（泥）岩残坡积物
植被：南亚热带雨林类型（桫椤较多，呈散生状态）
O 层（枯枝落叶层）：0～8cm，暗灰棕色粒状和碎块状结构，多竹子根系和竹叶，疏松多孔，pH 为 4.78，质地为轻壤。
A 层（腐殖质层）：8～35cm，灰棕色，见裂缝，大块状结构，多根系，pH 为 4.81，质地为砂壤。
B 层（淀积层）：35～57cm，紫红色，植被根系较少，紧实无结构，pH 为 4.68，质地为紫色土。
C 层（母质层）：>57cm，紫红色土壤，包含大块砂岩，pH 为 4.82。

2. 黄壤

地点：白杨坪（图 1-4）

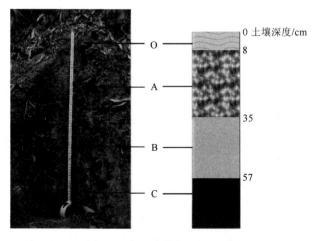

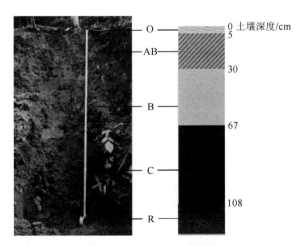

图 1-3　金沙沟紫色土剖面图　　　　　　　　图 1-4　白杨坪高山黄壤剖面图

海拔：862m

母质：紫色长石砂岩古风化壳

植被：亚热带常绿阔叶林和毛竹林

O 层（枯枝落叶层）：0～5cm，黑棕色，粒块和碎块状结构，疏松，多落叶，pH 为 4.83，质地为轻壤。

AB 层（腐殖质层+淀积层）：5～30cm，黄灰色，内含未风化的石块，多植物根系，土质结构较疏松，pH 为 4.87，质地为中壤。

B 层（淀积层）：30～67cm，颜色呈黄色中带红色，少裂缝和根系分布，较紧实和湿润，pH 为 5.10，质地为中壤。

C 层（母质层）：67～108cm，红色，整体结构紧实，土体中含有大块未风化的母岩，pH 为 4.68，质地为砂壤。

R 层（基岩层）：>108cm 主要为红色砂岩。

在保护区的不同海拔、不同沟谷，根据土壤分层性质在不同深度采集土壤样品，分析土壤的理化性质，包括土壤的含水量、pH、有机质、全氮、速效磷、速效钾等指标，以及土壤的地球化学性质，即土壤中 SiO_2、Fe_2O_3、Al_2O_3、CaO、MgO、K_2O 的含量（表 1-9）。

表 1-9　保护区土壤的化学组成

土壤	地点	深度/cm	化学组成/（g/kg）					
			SiO_2	Fe_2O_3	Al_2O_3	CaO	MgO	K_2O
碱性紫色土	甘沟	0～6	604.9	53.1	136.7	39.0	27.4	15.5
		6～30	563.9	48.8	129.6	85.0	23.6	14.4
		30～58	560.9	45.8	131.6	116.9	25.7	12.7
中性紫色土	闷头溪	0～3	637.4	57.1	183.2	2.8	24.3	23.2
		3～27	622.2	67.4	193.2	5.7	23.7	23.8
		27～75	607.1	76.5	171.6	8.3	25.5	21.5
酸性紫色土	金沙沟	0～8	694.2	42.2	114.9	2.1	9.4	4.4
		8～35	759.4	43.0	128.3	2.5	9.7	5.1
		35～57	824.4	26.0	89.7	1.8	9.0	5.0
		>57	826.7	18.7	64.1	5.1	10.8	8.4
黄壤	白杨坪	0～5	630.0	46.9	122.1	1.6	11.2	4.5
		5～30	687.5	54.6	150.2	2.7	17.1	5.2
		30～67	678.6	56.8	163.4	2.3	17.7	5.7
		67～108	684.5	56.0	166.3	2.4	16.9	7.2

从分析数据来看，保护区土壤的含水量在 20.45%～35.67%，属于湿润土壤；pH 为 5.4～5.8，呈酸性，适合竹类、桫椤等喜酸性植物的生长；保护区土壤的有机质含量为 0.37%～1.39%，全氮含量为 0.065%～0.139%，速效磷的含量为 0.65～12.8mg/kg，速效钾的含量为 124.4～341.3mg/kg。

比较土壤中的 SiO_2 含量，酸性紫色土中 SiO_2 平均含量最高，达到 776.18g/kg，碱性紫色土中 SiO_2 平均含量最低，均值为 576.57g/kg，但 Al_2O_3 的含量相反，说明碱性土的脱硅富铝化过程更强。土壤中 CaO 和 MgO 的含量差异较大，碱性紫色土的 CaO 和 MgO 含量远大于酸性紫色土和黄壤，从而导致不同土壤 pH 的差异。从表 1-9 可知，碱性紫色土的 K_2O 平均含量为 14.2g/kg，中性紫色土的 K_2O 平均含量为 22.8g/kg，酸性紫色土和黄壤中的 K_2O 平均含量为 5.7g/kg。

比较土壤不同深度的地球化学性质，发现不同深度的土壤化学组成也存在差异，碱性和中性紫色土的 SiO_2、K_2O 的含量随深度增加而减小，酸性紫色土和黄壤与之相反；在酸性紫色土剖面中，随着深度增加 Al_2O_3 的含量减少，但在其他 3 种土壤中，同一个土壤剖面不同深度 Al_2O_3 的含量差异不大。由于酸性紫色土、黄壤的发育时间较碱性和中性紫色土更长，风化作用更强烈，使各种营养元素如 K^+、Mg^{2+}的迁移率更大，而生物富集作用在碱性和中性紫色土中更强。加上后期人类活动的影响，在酸性紫色土和黄壤地区地表一般覆盖森林，而碱性和中性紫色土被开垦为农用地，也是影响各类元素在土壤中分布存在差异的重要原因。

1.5.3　土壤评价

保护区土壤主要为非地带性的紫色土，为酸性土壤，土体发育较好，通气透水良好，但层次分化不明显，各个层次质地较轻。土壤表层腐殖质层相对较厚，土壤中有机质、全氮含量中等，全磷和速效磷含量很低，碱解氮、速效钾含量中等，土壤矿物质养分丰富，但代换量低，蓄水保肥能力差。保护区土壤适宜楠竹、杂竹、松、杉等植物生长，但抗水土流失能力差，又多在陡坡上，如果没有森林植被保护，水土流失随之发生，桫椤将难以生存。

第 2 章　植物多样性

2.1　维管植物

2.1.1　维管植物基本组成

保护区内共有维管植物 193 科 788 属 2016 种（含变种和变型），其中蕨类植物 38 科 80 属 241 种，裸子植物 7 科 12 属 13 种，被子植物 148 科 696 属 1762 种。区内维管植物科属种分别占贵州科属种的 75.68%、50.58% 和 29.16%（表 2-1）。区内蕨类植物分别占贵州蕨类植物总科数的 71.70%，属的 52.98%，种的 31.30%，由此可见保护区蕨类植物分布种类较为丰富。

表 2-1　保护区与全省维管植物科属种比较

分类群	科			属			种		
	贵州	保护区	保护区占贵州比例/%	贵州	保护区	保护区占贵州比例/%	贵州	保护区	保护区占贵州比例/%
蕨类植物	53	38	71.70	151	80	52.98	770	241	31.30
裸子植物	10	7	70.00	31	12	38.71	56	13	23.21
被子植物	192	148	77.08	1376	696	50.58	6088	1762	29.94
合计	255	193	75.68	1558	788	50.58	6914	2016	29.16

数据来源：《贵州生物多样性现状》和 2001 年出版的《贵州蕨类植物志》

依据植物的形态、外貌和生活方式，可将植物划分为乔木、灌木、藤本和草本植物等，可反映在不同生活环境中植物的形态外貌及其在生态系统中的功能。保护区分布的 2016 种维管植物中，草本植物（H）有 1042 种，占总种数的 51.69%；藤本 138 种，占总种数的 6.85%，其中草质藤本（HL）28 种，木质藤本（FL）110 种；灌木 501 种，占总数的 24.85%，其中落叶灌木（DS）146 种，常绿灌木（ES）355 种；乔木 335 种，占总数的 16.62%，其中常绿乔木（EA）161 种，落叶乔木（DA）161 种（表 2-2）。

表 2-2　保护区维管植物生活型统计

类型	木本						草本		
	常绿乔木	落叶乔木	常绿灌木	落叶灌木	木质藤本	合计	草质藤本	草本植物	合计
种数	174	161	355	146	110	946	28	1042	1070
占总种数百分比/%	8.63	7.99	17.61	7.24	5.46	46.92	1.39	51.69	53.08

2.1.2　种子植物

种子植物包括裸子植物和被子植物，保护区内共有种子植物 155 科，708 属，1775 种。

1. 较大科的分析

保护区内分布的科中，最大的两个科为菊科（Compositae）和禾本科（Gramineae）（含有 100 种以上），都为全球广布型的大科（表 2-3）。

表 2-3　保护区种子植物区系中的大科

科名	属数	种数	科的分布区类型	科名	属数	种数	科的分布区类型
禾本科	57	122	世界广布	莎草科	12	37	热带至温带
菊科	46	100	世界广布	壳斗科	6	36	北半球亚热带、温带
蔷薇科	20	81	温带至亚热带为主	荨麻科	12	35	热带亚热带至温带
百合科	19	70	世界广布	桑科	5	29	热带亚热带
山茶科	8	63	热带、亚热带	蓼科	4	28	北温带
樟科	10	60	热带、亚热带	忍冬科	3	28	北温带
兰科	22	51	世界广布	毛茛科	11	25	北温带
唇形科	23	46	世界广布	紫金牛科	5	23	热带亚热带至温带
蝶形花科	20	42	热带、温带	苦苣苔科	14	21	热带亚热带至温带
茜草科	20	41	热带、亚热带、温带	五加科	10	20	热带，少数温带

菊科是世界四大科之一，中国分布有 2000 种以上，主产于温带地区。保护区有菊科植物约 46 个属 100 种，其中 18 属为热带属，含 41 种；东亚分布类型约有 6 属，含 12 种。在这 100 种植物中，有 13 种中国特有种。禾本科是中国的第二大科，世界的四个特大科之一，该区出现的禾本科 57 个属中，热带分布属 35 属 73 种，而其中又以泛热带为主（21 属）。该区分布的禾本科还呈现一个特征，竹亚科有 11 个属，其中有 7 个属是热带分布类型，有 4 个中国特有属，20 种中国特有种，而合江方竹（*Chimonobambusa hejiangensis*）、爬竹（*Drepanostachyum scandeus*）、赤水玉山竹（*Yushania chishuiensis*）等分布仅限于该区，反映了该科的性质。

区内 5 个大的科（含 50 种以上）分别为蔷薇科（Rosaceae）、百合科（Liliaceae）、山茶科（Theaceae）、樟科（Lauraceae）、兰科（Orchidaceae）。这 5 个科主要为泛热带分布型和世界分布型，樟科和山茶科植物是该区常绿阔叶林的主要构成种。

蔷薇科为温带分布型，主产温带，是典型的温带科。在保护区分布的约 20 个属中，除 1 个世界广布属，3 个热带分布属以外，其余均为温带分布属，以北温带分布型（9 个）为主，区内分布有 15 个中国特有种。百合科为世界广布类型，在保护区的温带分布属 5 个，热带分布属 14 个，中国特有种 22 种。该区山茶科和樟科分布的属数量最少，但种的数量最为丰富。山茶科为热带、亚热带分布科，该区分布 8 属（热带分布 6 个属）63 种，其中贵州特有种 8 种（热带亚洲分布为主），以小黄花茶（*Camellia luteoflora*）最具地区代表性。樟科 10 属中除檫木属（*Sassafras*）是东亚和北美间断分布类型外，其他的均为热带分布属，以热带亚洲和热带美洲间断分布（4 属）和热带亚洲分布（2 属）为主，其中这两个分布类型很多种为中国特有种；在区内分布的 60 种中就有 28 种为中国特有种，也是特有种分布最多的科。兰科 22 个属中，有热带分布属 14 属含 36 种（以虾脊兰属 *Calanthe* 和兰属 *Cymbidium* 为主），以热带亚洲、非洲和大洋洲间断（5 属）和热带亚洲（3 属）为主；6 个温带分布属中以北温带分布（3 属）为主；1 个中国特有分布属为金佛山兰属（*Tangtsinia*）。

区内有 13 个科种数在 20~49 种，如毛茛科（Ranunculaceae）、莎草科（Cyperaceae）、桑科（Moraceae）、壳斗科（Fagaceae）、蝶形花科（Fabaceae）、唇形科（Labiatae）、蓼科（Polygonaceae）、紫金牛科（Myrsinaceae）、苦苣苔科（Gesneriaceae）等。

毛茛科、蓼科、忍冬科（Caprifoliaceae）这 3 个科属于温带分布类型，毛茛科世界广布属 3 属，中国特有属 2 属，其余的均为温带分布属（6 属）。蓼科虽然为北温带分布型，但在保护区出现的属以世界广布属为主，含的种数也较多，在保护区分布广泛。忍冬科在保护区出现的属全为温带分布属，3 属 28 种中含中国特有种 17 种。茜草科（Rubiaceae）是中国植物区系中的大科，主产热带，在保护区内分布的属种较少，除拉拉藤属（*Galium*；7 种）世界广布型外，热带分布属 15 属（26 种），分布的 14 个中国特有种全部为热带分布型；温带分布属 3 属（7 种），中国特有分布属 1 属（1 种）。唇形科为世界广布科，在该区内唇形科主要以温带分布属为主（15 属），其中以旧世界温带分布属最多（8 属）。该区分布的壳斗科，除 1 属（含 5 种）为热带亚洲分布外，其余 5 属均为温带分布型，分布的 37 种中有 5 个中国特有种。苦苣苔科在保护区内出现 14 属 21 种，热带分布 9 属，中国特有分布 1 属，温带分布属全为中国-喜马拉雅（SH）

（4 属），中国特有种 16 种。

在保护区，以上较大的 20 个科包含了约 958 种植物，占保护区种子植物的 53.52%，统计保护区所有科的区系分布类型，种子植物的热带和亚热带分布的性质明显（图 2-1）。

2. 种子植物属的分析

保护区约有种子植物 1736 种（含变种，不含入侵植物），根据吴征镒关于中国种子植物属分布区类型划分，区内 690 属归属于 14 个分布区类型（图 2-2）。

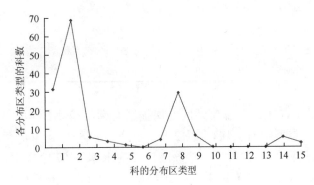

图 2-1　保护区内种子植物科的分布区类型统计

1. 世界分布；2. 总热带分布；3. 热带亚洲和热带美洲间断分布；4. 旧世界热带分布；5. 热带亚洲至热带大洋洲分布；6. 热带亚洲至热带非洲分布；7. 热带亚洲分布；8. 北温带分布；9. 东亚和北美间断分布；10. 旧世界温带分布；11. 温带亚洲分布；12. 地中海区、西亚至中亚分布；13. 中亚分布；14. 东亚分布；15. 中国特有分布

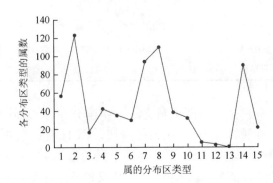

图 2-2　保护区内种子植物属的分布区类型

1. 世界分布；2. 总热带分布；3. 热带亚洲和热带美洲间断分布；4. 旧世界热带分布；5. 热带亚洲至热带大洋洲分布；6. 热带亚洲至热带非洲分布；7. 热带亚洲分布；8. 北温带分布；9. 东亚和北美间断分布；10. 旧世界温带分布；11. 温带亚洲分布；12. 地中海区、西亚至中亚分布；13. 中亚分布；14. 东亚分布；15. 中国特有分布

1）世界分布属

在赤水保护区植物区系中，约有 56 属 264 种为该分布区类型，其中中国特有种 44 种，各属中种类最多的属为悬钩子属（*Rubus*；33 种）、蓼属（*Polygonum*；21 种）、珍珠菜属（*Lysimachia*；13 种）、堇菜属（*Viola*；12 种）、苔草属（*Carex*；11 种）。除悬钩子属、金丝桃属（*Hypericum*）、梾木属（*Swida*）、槐属（*Sophora*）、鼠李属（*Rhamnus*）的一些种类外，几乎都是草本。多数植物在保护区内分布广泛，剪股颖属（*Agrostis*）、苔草属、藜属（*Chenopodium*）、毛茛属（*Ranunculus*）、老鹳草属（*Geranium*）、千里光属（*Senecio*）、早熟禾属（*Poa*）及灯心草属（*Juncus*）等常为林下和林缘常见种。水生植物类型的属，如眼子菜属（*Potamogeton*）、茨藻属（*Najas*）、浮萍属（*Lemna*）、紫萍属（*Spirodela*）等在保护区也较为常见。

2）泛热带分布属

保护区内泛热带分布共 122 属 357 种，其中中国特有植物 64 种，有 2 种为赤水特有种，为该区植物区系中非常丰富的地理成分。区内分布 1 属裸子植物（罗汉松属），含 1 种（百日青），该属在中国分布 9 种，主要分布在长江以南，西起西藏，东至台湾，少数分布到陕西、河南。榕属（*Ficus*；23 种）、冬青属（*Ilex*；17 种）、菝葜属（*Smilax*；17 种）、卫矛属（*Euonymus*；12 种）、簕竹属（*Bambusa*；11 种）、山矾属（*Symplocos*；11 种）在保护区分布的种类最多，而榕属、鹅掌柴属（*Schefflera*）植物在河谷地带分布较为丰富，凤仙花属（*Impatiens*；8 种）、秋海棠属（*Begonia*；8 种）、紫金牛属（*Ardisia*；9 种）是林下草本层的重要组成部分；冬青属、菝葜属、卫矛属、山矾属普遍分布于常绿阔叶林中，琼楠属（*Beilschmiedia*）、厚壳桂属（*Cryptocarya*）、胡椒属（*Piper*）、桂樱属（*Laurocerasus*）、脚骨脆属（*Casearia*）、厚皮香属（*Ternstroemia*）是热带、亚热带植被的重要组成部分。禾本科在保护区出现的热带分布属为 21 属，除簕竹属外均为草本植物。

3）热带亚洲和热带美洲间断分布

在该分布区类型中，不出现裸子植物属。保护区植物区系和植被中，该分布区类型约有 16 属 56 种，含中国特有种 17 种，柃木属（*Eurya*）含 16 种，木姜子属（*Litsea*）含 9 种，楠木属（*Phoebe*）含 7 种，有 7 属含的种数均在 2～3 种，有 4 属均只含有 1 种。该分布区类型分布属种还有一个特点，本地属种多为乔木和灌木，无草本属，如柃木属、木姜子属、楠木属、泡花树属（*Meliosma*）、水东哥属（*Saurauia*）等是该区常绿阔叶林或者林缘的常见种类，有的为优势或者建群种。

4）旧世界热带分布属

这一分布类型不出现裸子植物属。该区出现 42 属 104 种，其中中国特有种 24 种，2 种赤水特有种。这些属种数量不多，但是大多呈现洲际间断分布，具有植物地理区系意义。楼梯草属（*Elatostema*）分布于亚洲、大洋洲和非洲，自西南、华南至秦岭广布，多数分布于云南、广西、四川和贵州等省区。防己科的千金藤属（*Stephania*）和青牛胆属（*Tinospora*）也是有相同分布区类型。乌蔹莓属（*Cayratia*）、蒲桃属（*Syzygium*）分布于中南半岛、马来西亚、印度尼西亚等地。海桐花属（*Pittosporum*）是非洲-马达加斯加-亚洲-大洋洲分布间断分布属的代表之一，海桐花科 9 属均见于大洋洲，广泛分布于西南太平洋的岛屿、大洋洲、东南亚及亚洲东部的亚热带地区，我国只有这 1 属，44 种，在保护区内分布有 13 种，其中 7 种为中国特有种。八角枫属（*Alangium*）、金锦香属（*Osbeckia*）、杜茎山属（*Maesa*）、玉叶金花属（*Mussaenda*）也均与海桐花属分布类型相同。山姜属在区内广泛分布于河谷地带，如山姜（*Alpinia japonica*）产我国东南部、南部至西南部各省区，日本亦有分布。红豆蔻（*Alpinia galanga*）产于台湾、广东、广西和云南等省区；华山姜（*Alpinia Chinensis*）产于我国东南部至西南部各省区，越南、老挝亦有分布；箭秆风（*Alpinia stachyoides*）为我国特有种，产于广东、广西、湖南、江西、四川、贵州、云南，多生于林下阴湿处。山珊瑚属（*Galeola*）全属约 10 种，主要分布于亚洲热带地区，从中国南部和日本至新几内亚岛，以及非洲马达加斯加岛均可见到，保护区内见到的山珊瑚（*Galeola faberi*）为贵州北部新纪录分布种，也是中国特有分布种。

5）热带亚洲至热带大洋洲分布

保护区出现该分布类型 35 属，无裸子植物属分布，含 62 种，其中有 15 种中国特有种。该分布区类型中，分布较多的属种为樟属（*Cinnamomum*）含 7 种，为保护区内的优势属之一，兰属（*Cymbidium*）含 8 种，崖爬藤属（*Tetrastigma*）含 5 种，有 9 属含 2 种，如香椿属（*Toona*）、链珠藤属（*Alyxia*）、蛇菰属（*Balanophora*）、桉属（*Eucalyptus*）等，其余的 23 属均只含有 1 种，如银桦属（*Grevillea*）、山龙眼属（*Helicia*）、野牡丹属（*Melastoma*）、广防风属（*Epimeredi*）、白接骨属（*Asystasiella*）、山菅属（*Dianella*）等，这些属种在保护区的区系构成中比例较低。该分区类型所含的兰科属较多，如兰属、毛兰属（*Eria*）、天麻属（*Gastrodia*）、阔蕊兰属（*Peristylus*）、石仙桃属（*Pholidota*）。

6）热带亚洲至热带非洲分布属

在保护区的植物区系中，该分布区类型约有 29 属 55 种，中国特有种 9 种，也是中国特有种分布最少的分布类型。该类型不出现裸子植物属，该分布区类型乔木类较少，以草本型为主。各属含有的种也较少，除了赤爬儿属（*Thladiantha*）含 6 种以外，其他均在 3 种以下。该分布区类型有约 20 属，分布呈现非洲、马达加斯加和热带亚洲间断分布，这些属如水麻属（*Debregeasia*）约 6 种，主要分布于亚洲东部的亚热带和热带地区，1 种分布至非洲北部，我国 6 种均产，分布于长江流域以南省区，保护区产 3 种。铁仔属（*Myrsine*）从亚速尔群岛经非洲、马达加斯加、阿拉伯地区、阿富汗、印度至我国中部。观音草属（*Peristrophe*）主产亚洲的热带和亚热带地区（至马来西亚），非洲（从埃及南达南非）也有分布，保护区内分布 2 种。另一些属呈热带亚洲-马达加斯加间断分布类型，但这一类型较少，浆果楝属（*Cipadessa*）有 1～2 种，分布于马达加斯加、印度、马来半岛等地区，我国分布于西南各省区，保护区分布 1 种。紫云菜属（*Strobilanthes*）分布于阿富汗至印度、我国西藏和西南部地区、缅甸、中南半岛、马来西亚。姜花属与之分布相同。

7）热带亚洲分布属

印度-马来西亚是东半球热带的中心，是世界上植物区系最丰富的地区。保护区内出现热带亚洲分布属约 93 属 201 种, 中国特有种 51 种, 其中赤水特有 5 种。热带亚洲分布属还包含了 4 个分布变型, 在保护区内分布有 29 属 43 种, 中国特有种 9 种。该区出现的裸子植物属有福建柏属 (*Fokienia*) 和穗花杉属 (*Amentotaxus*), 但分布数量少。含有 10 种以上的属有 3 个, 分别为山茶属 (*Camellia*; 32 种)、润楠属 (*Machilus*; 12 种)、山胡椒属 (*Lindera*; 10 种), 它们与青冈栎属 (*Cyclobalanopsis*)、野独活属 (*Miliusa*)、黄肉楠属 (*Actinodaphne*)、新木姜子属 (*Neolitsea*)、蕈树属 (*Altingia*)、臀果木属 (*Pygeum*) 等是该区常绿阔叶林及林缘的常见树种, 其中野独活属、臀果木属在沟谷地带分布较多。值得一提的是, 蕈树属 (*Altingia*) 的赤水蕈树 (*Altingia multinervia*) 在过去是该区常绿阔叶林的优势种之一, 目前毛竹林占据了优势。

木兰科是较原始的科, 该区分布有含笑属 (*Michelia*) 和木莲属 (*Manglietia*), 其中木莲属在全世界有 30 余种, 分布于亚洲热带和亚热带, 以亚热带种类最多。我国有 22 种, 在该地区分布有 3 种。该区安息香科和苦苣苔科中的属绝大部分都属于越南 (或中南半岛) 至我国华南 (或西南) 分布型, 如安息香科的赤杨叶属 (*Alniphyllum*)、山茉莉属 (*Huodendron*)、陀螺果属 (*Melliodendron*)、木瓜红属 (*Rehderodendron*) 和苦苣苔科的半蒴苣苔属 (*Hemiboea*)、横蒴苣苔属 (*Beccarinda*)、大苞苣苔属 (*Anna*), 福建柏属 (*Fokienia*)、木荷属 (*Schima*)、重阳木属 (*Bischofia*) 也属于这一类型。

8) 北温带分布属

该分布区类型中包含本区内 109 属 266 种, 中国特有分布植物也最多, 达 76 种。其中荚蒾属 (*Viburnum*)、忍冬属 (*Lonicera*)、槭树属 (*Acer*) 的种类最多。北温带分布属含有 4 个裸子植物属分布。松属 (*Pinus*) 约 80 种, 分布于北半球, 北至北极地区, 南至北非、中美、中南半岛至苏门答腊赤道以南地方, 我国产 22 种 10 变种, 分布于全国, 保护区内只分布 1 种。圆柏属 (*Sabina*) 与松属的分布范围相同。柏木属 (*Cupressus*) 约 20 种, 分布于北美南部、亚洲东部、喜马拉雅山区及地中海等温带及亚热带地区。红豆杉属 (*Taxus*) 约 11 种, 分布于北半球, 我国有 4 种 1 变种, 保护区分布 1 种 1 变种, 为我国特有种。

本分布类型的木本植物分布较丰富, 有 38 个属, 包括北温带分布的很多乔木属, 如杨梅属 (*Myrica*)、胡桃属 (*Juglans*)、桤木属 (*Alnus*)、桦木属 (*Betula*)、榛属 (*Corylus*)、栗属 (*Castanea*)、水青冈属 (*Fagus*)、栎属 (*Quercus*)、杜鹃属 (*Rhododendron*) 和槭树属等, 但这些属不是该区植物群落的主要构成种, 而是零星地分布于林中。草本属分布更为丰富, 涉及保护区约 26 科 67 属, 分布最广的为菊科和禾本科的属种, 如香青属 (*Anaphalis*)、紫菀属 (*Aster*)、稗属 (*Echinochloa*)、鹅观草属 (*Roegneria*)、画眉草属 (*Eragrostis*) 等。

北温带分布属中还有其他 3 种间断分布型, 它们分别是北温带和南温带 (全温带) 间断分布, 在该区内有 21 属 47 种, 另外的欧亚和南美温带间断分布, 以及地中海区、东亚、新西兰和墨西哥到智利间断分布分别只有 1 属, 看麦娘属 (*Alopecurus*) 含 1 种和马桑属 (*Coriaria*) 含 2 种。

9) 东亚和北美间断

东亚和北美间断分布及其变型所占比例也较大, 共 38 属 106 种, 中国特有种 34 种。在赤水保护区内无裸子植物属分布。该区分布种类最多属为柯属 (*Lithocarpus*)、锥属 (*Castanopsis*), 呈东亚-北美西部间断分布, 柯属在全世界有 300 余种, 主要分布于亚洲, 分布中心在亚洲东南部及南部, 少数分布至东部。我国已知有 122 种, 1 亚种, 14 变种, 赤水 13 种。锥属在全世界约 120 种, 我国约有 63 种 2 变种, 赤水 9 种。它们是丘陵至亚高山常绿阔叶林的主要树种, 也常常是上层树种之一, 有时成小片纯林, 或与本科其他属 [主要是柯属和栎属 (*Quercus*)] 某些种类混生组成纯栎林。

该分布区类型中木本属也为常见种, 有些属也较为原始, 如鹅掌楸属 (*Liriodendron*) 到第四纪冰期大部分绝灭, 目前世界有 2 种, 我国有 1 种。木兰属 (*Magnolia*) 植物种类经济价值大, 不少乔木种类材质优良, 是我国北纬 34° 以南的重要林业树种。其他常见的乔木属还有灯台树属 (*Bothrocaryum*)、漆属 (*Toxicodendron*)、勾儿茶属 (*Berchemia*)、大头茶属 (*Gordonia*)、枫香属 (*Liquidambar*)、檫木属 (*Sassafras*) 等。勾儿茶属分布于旧世界, 从东非至东亚, 与北美西部的种对应分化, 在东亚作中国-喜马拉雅和中国-日本的分化, 并向高原高山延伸。本区草本属, 有菖蒲属 (*Acorus*)、粉条儿菜属 (*Aletris*)、落新妇属 (*Astilbe*)、金线草属 (*Antenoron*)、黄水枝属 (*Tiarella*)、朱兰属 (*Pogonia*) 等, 其中黄水枝属呈东亚-北美东部、西部间断分布。

10）旧世界温带分布属

旧世界温带及其变型 32 属 63 种，中国特有分布种 13 种。该分布区类型几乎无乔木属，绝大部分为草本属，如沙参属（*Adenophora*）、牛蒡属（*Arctium*）、筋骨草属（*Ajuga*）、天名精属（*Carpesium*）、菊属（*Dendranthema*）、香薷属（*Elsholtzia*）、益母草属（*Leonurus*）、水芹属（*Oenanthe*）、假糙苏属（*Phlomis*）、鹅观草属（*Roegneria*）等。

11）温带亚洲分布属

在中国植物区系中该分布区类型约有 55 属，在保护区内仅有 5 属 9 种，有杭子梢属（*Campylotropis*）、附地菜属（*Trigonotis*）、马兰属（*Kalimeris*）、锦鸡儿属（*Caragana*）和粘冠草属（*Myriactis*）。锦鸡儿属为典型的温带亚洲分布属，我国产 62 种，9 变种，12 变型，保护区内分布 1 种，主要分布于亚洲和欧洲的干旱和半干旱地区，北由远东地区、西伯利亚，南达中亚、高加索、巴基斯坦、尼泊尔、印度，西至欧洲，东达中国。

12）地中海区、西亚至中亚

地中海区、西亚至中亚分布及变型保护区内共 2 属，包括独尾草属（*Eremurus*）和黄连木属（*Pistacia*）。

13）东亚分布属

保护区植物区系中属于东亚分布类型的共 88 属，含 171 种。其中裸子植物 3 属：柳杉属（*Cryptomeria*）、侧柏属（*Platycladus*）、三尖杉属（*Cephalotaxus*）。该区含有的东亚特有科属较多，如三尖杉属、旌节花属（*Stachyurus*）、水青树属（*Tetracentroni*）、领春木属（*Euptelea*）、南天竹属（*Nandina*）、青荚叶属（*Helwingia*）、桃叶珊瑚属（*Aucuba*）等，其中有些为古老的单属单种科。水青树（*Tetracentroni sinense*）为典型的中国-喜马拉雅分布类型，从我国华中-黔西-川西南到横断山区南段及缅甸北部和喜马拉雅。连香树（*Cercidiphyllum japonicum*）则是典型的中国-日本分布类型，该科 1 属 2 种，连香树为中日共有，我国产于山西西南部、河南、陕西、甘肃、安徽、浙江、江西、湖北及四川，生于海拔 650~2700m 的山谷边缘或林中开阔地的杂木林中。青荚叶属约 5 种，分布于亚洲东部的尼泊尔、锡金、不丹、印度北部、缅甸北部、越南北部、中国、日本等国家和地区。我国有 5 种，除新疆、青海、宁夏、内蒙古及东北各省（自治区）外，其余各省区均有分布。常生于海拔 800~3300m 的亚热带常绿阔叶林下至亚高山针叶林下，性喜阴湿。

在 88 个东亚分布属中，东喜马拉雅-日本分布类型占 48 属 124 种，如蕺菜属（*Houttuynia*）、博落回属（*Macleaya*）、猕猴桃属（*Actinidia*）、领春木属（*Euptelea*）、油桐属（*Vernicia*）、刚竹属（*Phyllostachys*）等。中国-喜马拉雅（SH）占 14 属 21 种，如猫儿屎属（*Decaisnea*）、珊瑚苣苔属（*Corallodiscus*）。中国-日本（SJ）占 26 属 35 种，如泡桐属（*Paulownia*）、黄檗属（*Phellodendron*）、白辛树属（*Pterostyrax*）、玉簪属（*Hosta*）、大明竹属（*Pleioblastus*）等。

14）中国特有属

保护区内包括中国特有属 21 属，其中银杏属（*Ginkgo*）、喜树属（*Camptotheca*）为栽培属，其余的均为野生属。具体的特有属见表 2-4。

表 2-4　保护区分布中国特有属一览表

序号	特有属	种数（保护区/中国）
1	银杏属 *Ginkgo*	1/1
2	杉属 *Cunninghamia*	1/2
3	青钱柳属 *Cyclocarya*	1/1
4	杜仲属 *Eucommia*	1/1

续表

序号	特有属	种数（保护区/中国）
5	马蹄香属 *Saruma*	1/1
6	星果草属 *Asteropyrum*	1/2
7	大血藤属 *Sargentodoxa*	1/2
8	鬼臼属 *Dysosma*	2/7
9	血水草属 *Eomecon*	1/1
10	伯乐树属 *Bretschneidera*	1/1
11	裸芸香属 *Psilopeganum*	1/1
12	喜树属 *Camptotheca*	1/1
13	通脱木属 *Tetrapanax*	1/1
14	匙叶草属 *Latouchea*	1/1
15	盾果草属 *Thyrocarpus*	1/3
16	筒花苣苔属 *Briggsiopsis*	1/1
17	异叶苣苔属 *Whytockia*	1/3
18	井冈寒竹属 *Gelidocalamus*	1/9
19	悬竹属 *Ampelocalamus*	1/8
20	慈竹属 *Neosinocalamus*	1/2
21	金佛山兰属 *Tangtsinia*	1/1

根据以上全部属分布类型的分析，中国 15 个大的分布区类型有 14 个分布型在保护区内出现，包含 56 个世界分布属，337 个热带分布属，186 个温带分布属，地中海、西亚至中亚分布 2 属，88 个东亚分布属，21 个特有属，但温带亚洲分布属和地中海、西亚至中亚分布属很少。保护区热带性质分布属占据种子植物区系的 48.84%，温带性质分布属占种子植物区系的 26.96%，由此表明，热带属和温带属均在该地区的植物区系和植被中起主导作用，东亚分布类型的植物亦很突出。在热带性质分布属中，泛热带属分布类型最多（122 属），热带亚洲分布型次之（94 属），两者占该区植物区系约 34.08%，可见该区种子植物的热带属性，表明了该区地处中亚热带植物区系和植被的特性，同时又兼具南亚热带的一些性质。

2.1.3　蕨类植物

1. 科的区系组成及分布

保护区蕨类植物种数最多的科是水龙骨科（Polypodiaceae），有 9 属 30 种，其次是鳞毛蕨科（Dryopteri-daceae），有 4 属 29 种，以及蹄盖蕨科（Athriaceae），有 7 属 28 种；属数最多的是金星蕨科（Thelypteridaceae），有 12 属 25 种。这 4 科占本区蕨类植物种类的 46.47%，构成了本地区蕨类植物区系的主体（表 2-5）。

表 2-5　保护区蕨类植物科序数排列统计

科　　名	属数	种数	占总属/%	占总种/%	主要分布区类型
水龙骨科 Polypodiaceae	9	30	11.25	12.45	全球广布
鳞毛蕨科 Dryopteridaceae	4	29	5.00	12.03	温带-亚热带分布
蹄盖蕨科 Athriaceae	7	28	8.75	11.62	温带-亚热带分布
金星蕨科 Thelypteridaceae	12	25	15.00	10.37	热带-亚热带分布
卷柏科 Selaginellaceae	1	14	1.25	5.81	全球广布
凤尾蕨科 Pteridaceae	1	13	1.25	5.39	全球广布
铁角蕨科 Aspleniaceae	1	10	1.25	4.15	全球广布

续表

科　名	属数	种数	占总属/%	占总种/%	主要分布区类型
铁线蕨科 Adiantaceae	1	9	1.25	3.73	热带-亚热带分布
姬蕨科 Dennstaedtiaceae	3	8	3.75	3.32	热带-亚热带分布
叉蕨科 Aspidiaceae	2	6	2.50	2.49	泛热带分布
中国蕨科 Sinopteridaceae	3	5	3.75	2.49	热带-亚热带分布
木贼科 Equisetaceae	1	5	1.25	2.49	温带分布
乌毛蕨科 Blechnaceae	3	5	3.75	2.49	泛热带分布
里白科 Gleicheniaceae	2	5	2.50	2.49	热带-亚热带分布
膜蕨科 Hymenophyllaceae	3	5	3.75	2.49	热带分布
石松科 Lycopodiaceae	2	4	2.50	1.66	全球广布
石杉科 Huperziaceae	2	4	2.50	1.66	全球广布
桫椤科 Cyatheaceae	1	4	1.25	1.66	热带-亚热带分布
瘤足蕨科 Plagiogyriaceae	1	4	1.25	1.66	热带-亚热带分布
裸子蕨科 Hemionitidaceae	1	3	1.25	1.24	温带-亚热带分布
紫萁科 Osmundaceae	1	3	1.25	1.24	热带-亚热带分布
鳞始蕨科 Lindsaeaceae	2	3	2.50	1.24	热带-亚热带分布
蕨科 Pteridiaceae	1	2	1.25	0.83	泛热带分布
骨碎补科 Davalliaceae	2	2	2.50	0.83	亚洲亚热带及热带分布
阴地蕨科 Botrychiaceae	1	2	1.25	0.83	温带分布
瓶尔小草科 Ophioglossaceae	1	1	1.25	0.41	热带-亚热带分布
槲蕨科 Drynariaceae	1	1	1.25	0.41	泛热带分布
满江红科 Azollaceae	1	1	1.25	0.41	全球广布
实蕨科 Bolbitidaceae	1	1	1.25	0.41	世界热带分布
车前蕨科 Antrophyaceae	1	1	1.25	0.41	热带-亚热带-美洲分布
海金沙科 Lygodiaceae	1	1	1.25	0.41	热带-亚热带分布
蚌壳蕨科 Dicksoniaceae	1	1	1.25	0.41	世界热带及南半球温带分布
肾蕨科 Nephrolepidaceae	1	1	1.25	0.41	热带分布
球盖蕨科 Peranemaceae	1	1	1.25	0.41	亚洲热带及亚热带分布
松叶蕨科 Psilotaceae	1	1	1.25	0.41	热带及亚热带分布
观音莲座科 Angiopteridaceae	1	1	1.25	0.41	旧世界热带分布
苹科 Marsileaceae	1	1	1.25	0.41	全球广布
槐叶苹科 Salvinaceae	1	1	1.25	0.41	全球广布

　　本区内世界分布共 9 科，包括此区系含 10 种以上的大科有水龙骨科、凤尾蕨科、卷柏科（Selaginellaceae）、铁角蕨科（Aspleniaceae）等（表 2-5），以及典型的水生蕨类植物科满江红科（Azollaceae）、苹科（Marsileaceae）、槐叶苹科（Salviniaceae），显示了该区与世界其他地区区系的广泛联系。

　　热带科共计 24 科，其中以泛热带分布最多，有 20 科，如膜蕨科（Hymenophyllaceae）、海金沙科（Lygodiaceae）、姬蕨科（Dennstaedtiaceae）、里白科（Gleicheniaceae）、松叶蕨科（Psilotaceae）等。热带亚洲分布有球盖蕨科（Peranemaceae）1 科。旧世界热带分布有观音座莲科（Angiopteridaceae）1 科。热带亚洲和热带美洲间断分布仅有 1 科即瘤足蕨科（Plagiogyriaceae）。

　　温带分布的仅有 2 科，即木贼科（Equisetaceae）、阴地蕨科（Botrychiaceae），均为北温带分布类型。

2. 属的区系成分分析

　　从植物地理学的观点来看，在研究各级分类群的地理分布时，以属作单位来讨论较合适。属不仅分类学特征相对稳定，占有的分布区域也比较稳定，并且同属种类既有共同的起源，又因地理环境的变化而发生分异，具有比较明显的地区差异性，属比科更能反映植物区系系统发育过程中的物种演化关系和地理学特征。

根据吴征镒关于中国种子植物属分布区类型的划分，可以把保护区内 80 个属划分为 9 个分布区类型（表 2-6）。

表 2-6　保护区蕨类植物属的区系分布

分布区类型	属数	占总属数（不包括世界分布属）比例/%
1. 世界广布	11	—
2. 泛热带分布及变型	22	31.88
3. 热带亚洲和美洲间断分布	2	2.90
4. 旧世界热带分布	9	13.04
5. 热带亚洲至大洋洲分布	2	2.90
6. 热带亚洲至非洲分布	4	5.80
7. 亚洲热带分布	13	18.84
8. 北温带分布	4	5.80
9. 东亚分布	13	18.84
总属数（不包括世界分布属）	69	100

1）世界分布

世界分布的属包括分布在该地区的苹属（*Marsilea*）、槐叶苹属（*Savinia*）、满江红属（*Azolla*）等水生种类，以及石杉属（*Huperzia*）、石松属（*Lycopodium*）等。

2）热带分布

属于泛热带分布类型的有里白属（*Hicriopteris*）、海金沙属（*Lygodium*）、凤尾蕨属（*Pteris*）、短肠蕨属（*Allantodia*）、金星蕨属（*Parathelypteris*）、复叶耳蕨属（*Arachniodes*）。其中有些属的起源非常古老，如凤尾蕨属可能起源于中生代三叠纪等。旧热带分布类型有观音座莲属（*Angiopteris*）、假脉蕨属（*Crepidomanes*）、团扇蕨属（*Gonocormus*）等。亚洲热带分布典型的有藤石松属（*Lycopodiastrum*）、碎米蕨属（*Cheilosoria*）等，所占比例较高。保护区内热带亚洲和美洲间断分布类型有金毛狗属（*Cibotium*）、双盖蕨属（*Diplazium*）和瘤足蕨属（*Plagiogyria*），所占比例较少。保护区内热带亚洲至大洋洲分布类型仅针毛蕨属（*Macrothelypteris*）和槲蕨属（*Drynaria*）有分布。热带亚洲至非洲分布有茯蕨属（*Leptogramma*）、贯众属（*Cyrtomium*）、盾蕨属（*Neolepisorus*）、瓦韦属（*Lepisorus*）、星蕨属（*Microsorum*）5 个属。

3）温带分布

属于北温带分布类型的有木贼属（*Equisetum*）、紫萁属（*Osmunda*）、卵果蕨属（*Phegopteris*）、阴地蕨属（*Sceptridium*）4 个属。

4）东亚分布

东亚分布包括假蹄盖蕨属（*Athyriopsis*）、紫柄蕨属（*Pseudophegopteris*）、水龙骨属（*Polypodiodes*）等 13 个属。

3. 蕨类植物区系特征

（1）丰富的地理成分及种、属的多样性。本保护区蕨类植物有 38 科 80 属 241 种，属有 9 个分布区类型，地理成分较丰富（附录 2）。

（2）保护区的蕨类植物种类丰富，区系起源古老，但次生成分突出。保护区内蕨类植物科在演化上呈现明显的两极分化，古老的科如石松科（Lycopodiaceae）、石杉科（Huperziaceae）、卷柏科、木贼科、紫其科（Osmundaceae）等，在区内分布广泛；另外，一些较进化的科如水龙骨科、铁角蕨科、裸子蕨科（Hemionitidaceae）等在保护区内又占据明显的优势。

（3）优势科、属比较明显。保护区的蕨类植物种在各科属种数量差异明显，鳞毛蕨科、水龙骨科、蹄盖蕨科和金星蕨科构成了本地区蕨类植物区系的主体，占其总种数将近一半。鳞毛蕨属（Dryopteris）和耳蕨属（Polystichum）集中了众多的种类，是本地区蕨类植物区系的一个重要特征。

（4）地理区系成分以热带、亚热带占主导地位，温带成分也居重要地位。从科、属的分析来看，保护区蕨类植物的地理区系成分中热带、亚热带成分占明显优势，温带成分也占有很重要的地位。热带种属比例的增高与保护区内海拔及特定的自然环境有关。

（5）蕨类保护植物引人瞩目，尤其是低海拔 400m 左右的地方，由于地形较为封闭，水热条件好，沟内分布有大面积的国家 II 级保护植物桫椤（Alsophia spinulosa）。

2.1.4　珍稀濒危及特有植物

1. 国家重点野生保护植物

保护区内有国家级重点保护野生植物 19 种，其中蕨类植物 2 科 5 种，裸子植物 2 科 3 种，被子植物 6 科 11 种。在这 19 种国家级保护植物中，国家 I 级保护植物 3 种，分别为红豆杉（Taxus chinensis）、南方红豆杉（Taxus chinensis var. mairei）和伯乐树（Bretschneidera sinensis）；国家 II 级保护植物 16 种，分别为金毛狗（Cibotium barometz）、桫椤、福建柏、鹅掌楸（Liriodendron chinense）、水青树（Tetracentron sinense）、桢楠（Phoebe zhennan）等，具体见表 2-7。

表 2-7　保护区国家重点保护野生植物名录

中文科名	中文名	拉丁名	保护级别
蚌壳蕨科	金毛狗	*Cibotium barometz*	II
桫椤科	桫椤	*Alsophia spinulosa*	II
桫椤科	大叶黑桫椤	*Alsophila gigantea*	II
桫椤科	粗齿黑桫椤	*Alsophila denticulata*	II
桫椤科	华南黑桫椤	*Alsophila metteniana*	II
柏科	福建柏	*Fokienia hodginsii*	II
红豆杉科	红豆杉	*Taxus chinensis*	I
红豆杉科	南方红豆杉	*Taxus chinensis* var. *mairei*	I
木兰科	鹅掌楸	*Liriodendron chinense*	II
木兰科	厚朴	*Magnolia officinalis*	II
木兰科	水青树	*Tetracentron sinense*	II
樟科	油樟	*Cinnamomum inunctum*	II
樟科	润楠	*Machilus pingii*	II
樟科	闽楠	*Phoebe bournei*	II
樟科	桢楠	*Phoebe zhennan*	II
伯乐树科	伯乐树	*Bretschneidera sinensis*	I
芸香科	川黄檗	*Phellodendron chinense* var. *chinense*	II
楝科	红椿	*Toona sureni*	II
茜草科	香果树	*Emmenopterys henryi*	II

部分国家重点野生保护植物的分布范围介绍如下。

（1）金毛狗（Cibotium barometz）：金毛狗多生于山麓阴湿的山沟或林下荫处的酸性土壤上。其在保护区内分布于闷头溪、金沙沟、五柱峰等地的阴湿林下。

（2）桫椤（Alsophia spinulosa）：桫椤为半阴性树种，喜温暖潮湿气候，喜生长在山沟的潮湿坡地和溪边的阳光充足的地方，常数十株或成百株构成优势群落，亦有散生在林缘灌丛之中。其在保护区集中成片分布于金沙沟、甘沟等地海拔 400～800m 的山地溪旁或疏林下。

（3）粗齿黑桫椤（*Alsophila denticulata*）：粗齿黑桫椤喜生长在山沟的潮湿坡地和溪边阳光充足的地方，常数十株或成百株构成优势群落，亦有散生在林缘灌丛之中。其在保护区内主要分布于海拔 400～1100m 的林下沟谷或溪边。

（4）大叶黑桫椤（*Alsophila gigantea*）：在保护区内分布于海拔 400～1100m 的山林林下及林缘沟边。

（5）华南黑桫椤（*Alsophila metteniana*）：在保护区内分布于海拔 480～900m 的低山常绿阔叶林下、溪旁或沟谷中。

（6）福建柏（*Fokienia hodginsii*）：阳性树种，适生于酸性或强酸性黄壤、红黄壤和紫色土中，喜生于雨量充沛、空气湿润的地方。其在保护区内生于金沙沟及海拔 1000～1300m 的山地针阔混交林中。

（7）红豆杉（*Taxus chinensis*）：阴性树种，性喜凉爽湿润气候，可耐–30℃以下的低温，抗寒性强。其在保护区内主要分布于三角沟一带海拔为 1200m 以上的高山。

（8）南方红豆杉（*Taxus chinensis* var. *mairei*）：喜温暖湿润的气候，其在保护区内分布于海拔 700～1200m 的山谷、溪边、缓坡腐殖质丰富的酸性土壤中。

（9）鹅掌楸（*Liriodendron chinense*）：喜光及温和湿润气候，有一定的耐寒性。其在保护区内分布于佛光岩、五柱峰等地海拔 500～1400m 的常绿阔叶及混交树林中。

（10）厚朴（*Magnolia officinalis*）：喜光的中生性树种，幼龄期需荫蔽；喜凉爽、湿润、多云雾、相对湿度大的气候环境。其在保护区内分布于白杨坪等地海拔 800～1300m 的山地林间。

（11）桢楠（*Phoebe zhennan*）：在保护区内分布于海拔 900～1500m 的山地阔叶林中，常与壳斗科、槭科、杜英科及樟科等植物混生。

（12）伯乐树（*Bretschneidera sinensis*）：伯乐树喜光、耐寒、对土壤适应性强、耐干旱和瘠薄、怕涝。其在保护区内零星分布于梁子上至高洞口一带的阔叶林中。

（13）川黄檗（*Phellodendron chinense* var. *chinense*）：川黄檗是一速生树种，较耐阴、耐寒，宜在山坡河谷较湿润地方种植。其在保护区内主要分布于佛光岩、五柱峰等地的杂木林中。

（14）红椿（*Toona sureni*）：红椿为阳性树种，不耐庇荫，但幼苗或幼树可稍耐阴。其在保护区内分布于海拔 400～1500m 的山坡、沟谷村旁。

（15）香果树（*Emmenopterys henryi*）：喜温和或凉爽的气候和湿润肥沃的土壤，其在保护区内分布于天星桥一带海拔 650～1350m 的山谷阔叶林中。

2. 珍稀濒危植物

根据 2013 年的中国物种红色名录统计，保护区内有 1493 种植物被收录，其中极危种（CR）2 种，为银杏和广东石斛（*Dendrobium wilsonii*）；濒危种（EN）18 种，如红豆杉、南方红豆杉、马蹄香（*Saruma henryi*）、赤水蕈树、青牛胆（*Tinospora sagittata*）、贵州青冈（*Cyclobalanopsis stewadiana*）等；易危种（VU）41 种，如小黄花茶、八角莲（*Dysosma versipellis*）、贵州八角莲（*Dysosma majorensis*）、阿里山十大功劳（*Mahonia oiwadensis*）、木瓜红（*Rehderodendron macrocarpum*）、矮小肉果兰（*Cyrtosia nana*）等；近危种（NT）60 种，如穗花杉（*Amentotaxus argotaenia*）、伯乐树、香果树、长瓣短柱茶（*Camellia grijsii*）、赤水凤仙花（*Impatiens chishuiensis*）、多花黄精（*Peliosanthes cyrtonema*）、长距玉凤花（*Habenaria davidii*）等；无危种（LC）1346 种；数据缺乏（DD）26 种。保护区内部分珍稀濒危植物是地区特有，应加强对这些物种的保护，具体见附录 3。

3. 特有植物

保护区分布有中国特有种 416 种，属于贵州特有的 18 种，21 个中国特有分布属。这些特有种隶属于 74 科 220 属，其中裸子植物 3 科 3 属 3 种，被子植物 71 科 217 属 413 种。区内分布特有种超过 20 种的科分别为樟科、百合科、禾本科；超过 10 种的科分别为毛茛科（10 种）、秋海棠科（11 种）、兰科（11 种）、报春花科（13 种）、菊科（13 种）、蔷薇科（15 种）、唇形科（15 种）、茜草科（15 种）、苦苣苔科（16 种）和忍冬科（17 种）（附录 3）。由此可以看出，这些科均是保护区分布的大科，也是保护区区系的重要组成成分。在这些特有种中，又以山茶科最具代表性，几乎全为贵州或赤水特有种，如小黄花茶、美丽红山茶（*Camellia delicata*）、冬青叶山茶（*Camellia ilicifolia*）、黎平瘤果茶（*Camellia lipingensis*）、长柱红山茶（*Camellia longistyla*）、狭叶瘤果茶（*Camellia neriifolia*）、芳香短柱茶（*Camellia odorata*）和大叶柃（*Eurya gigantofolia*）；另外，凤仙花科、苦苣苔科、茜草科、秋海棠科、报春花科在保护区分布也较为广泛，特有现象明显，也是河谷区域和常绿阔叶林下的常见优势种（附录 3）。

2.1.5 植物资源

资源植物类型的划分和统计有两种不同的方法，一是一种植物已被利用在某一方面或几方面，这是狭义的资源植物概念。在大多数地区，多数植物没有列为资源植物。另一方法是对任何一种植物而言，它有什么潜在用途，可作什么用，这是广义的资源植物，几乎所有植物都是资源植物，而且用途有多种。保护区的资源植物采用第二种方法进行类型划分和统计。资源植物按用途性质分为五大类，即药用（含土农药）植物、观赏植物、种质植物、食用植物、工业原料植物。

据统计，保护区内共有资源植物 1742 种，种子植物资源十分丰富。其中药用植物 1372 种，占保护区内维管植物总种数的 68.06%；观赏植物 543 种，占总种数的 26.93%；工业植物 374 种，占总种数的 18.55%；食用植物 108 种，占总种数的 5.36%；种质资源 63 种，占总种数的 3.13%。保护区种子植物资源类型统计见表 2-8。保护区内药用植物资源较丰富，对药用、观赏资源单独详细分析。

表 2-8 保护区种子植物资源类型统计（单位：种）

资源类型	蕨类植物	裸子植物	被子植物	合计	占总种数/%
药用资源	207	12	1154	1373	68.06
观赏资源	20	11	512	543	26.93
种质资源	8	3	52	63	3.13
食用资源	6	2	100	108	5.36
工业资源	4	11	359	374	18.55

保护区的植物资源丰富，就目前已被开发的植物资源中，药用和观赏类植物种类和数量较多。根据对本区内植物资源现状调查，保护区内可开发植物资源较多，其中一些在区内分布范围较广、数量较多，如赤水蕈树、山地水东哥（*Saurauia napaulensis* var. *montana*）、中华野独活、木瓜红、美丽红山茶、贵州红山茶（*Camellia kweichouensis*）、长柱红山茶、中华秋海棠（*Begonia sinensis*）等都具有很高的观赏价值，可开发利用作行道树、庭院观赏植物等。此外区内的山茶科柃木属植物分布较多，可发展养蜂业。

1. 药用资源

保护区内药用维管植物种类占贵州省药用维管植物科数的 77.22%，种数的 48.97%，保护区占全国药用维管植物资源科数的 67.53%，种数的 11.61%（表 2-9）。

表 2-9 保护区药用维管植物资源与贵州省和全国比较

类别	保护区	贵州	全国	保护区占贵州比例/%	保护区占全国比例/%
科	183	237	271	77.22	67.53
种	1 372	2 802	11 817	48.97	11.61

1）生活型的多样性分析

保护区内的草本类药用植物最多有 806 种，保护区内除了分布有传统的名中药，如党参、桔梗、乌头

（*Aconitum carmichaeli*）、黄连（*Coptis chinensis*）、益母草（*Leonurus japonica*）外，还有数量较多的山姜、阳荷、黄精（*Polygonatum sibiricum*）、重楼排草（*Lysimachia paridiformis*）、岩藿香（*Scutellaria franchetiana*）、麦冬[*Ophiopogon japonicas*（L.f.）Ker-Gawl.]等，保护区阴湿环境中，秋海棠（*Begonia grandis*）、中华秋海棠、掌裂叶秋海棠（*Begonia pedatifida*）的分布数量多，开发价值大；生长在沟边的金钱蒲（*Acorus gramineus*）等偏多。

　　藤本类药用植物 105 种，代表种主要有忍冬（*Lonicera japonica*）、薯蓣（*Dioscorea opposita*）、南蛇藤（*Celastrus orbiculatus*）、鹿藿（*Rhynchosia volubilis*）等。

　　灌木类药用植物 293 种，代表种类有阔叶十大功劳（*Mahonia bealei*）、密脉木（*Myrioneuron faberi*）、黄常山（*Dichroa febrifuga*）、白簕（*Acanthopanax trifoliatus*）、楤木（*Aralia chinensis*）、九管血（*Ardisia brevicaulis*）、朱砂根（*Ardisia crenata*）、土茯苓（*Smilax glabra*）等，保护区内的朱砂根、密脉木和楤木分布较广泛，主要位于低海拔地区的沟谷地带。

　　乔木类药用植物 168 种，如苦树（*Picrasma quassioides*）、山香圆（*Turpinia montana*）、黄连木（*Pistacia chinensis*）、女贞（*Ligustrum lucidwm*）、野鸦椿（*Euscaphis japonica*）、化香（*Platycarya strobilacea*）、厚朴（*Magnolia officinalis*）、杜仲（*Eucommia ulmoides*）等，在保护区内，杜仲种植较多，为早年人工种植药材。

2）药用部位的多样性分析

　　按照徐国钧等（1996）归类植物药用部位的标准，区内药用植物（有些植物可多个部分入药，此部分仅选最常用的部位统计）可分为 10 种类型，由表 2-10 可知，保护区药用维管植物中，全草（株）类药用植物占绝对优势，占该区药用维管植物的 40.74%，其次是根类药用植物，占保护区药用维管植物种数的 21.43%。

表 2-10　保护区药用植物不同药用部位的植物种数

药用部位	种	占保护区药用维管植物种数的比例/%
根	294	21.43
根茎	204	14.87
藤茎	6	0.44
皮	62	4.52
叶	86	6.27
花	37	2.70
果	75	5.47
种子	38	2.77
全草（株）	559	40.74
其他	11	0.80

　　全草（株）类药用植物代表种类有江南卷柏（*Lycopodioides moellendorffii*）、问荆（*Equisetum arvense*）、瓦韦（*Lepisorus thunbergianus*）、柔毛路边青（*Geum japonicum* var. *chinense*）、临时救（*Lysimachia congestiflora*）、韩信草（*Scutellaria indica*）、见血青（*Liparis nervosa*）等。根类药用植物有山黄麻（*Trema orientalis*）、珍珠莲（*Ficus sarmentosa* var. *henryi*）、威灵仙（*Clematis chinensis*）等。根茎类药用植物代表种类有七叶一枝花（*Paris polyphylla*）、黄精、土茯苓等。叶类药用植物主要有山油麻（*Trema cannabia* var. *dielsiana*）、交让木（*Daphniphyllum macropodum*）等。果实类药用植物主要有山胡椒（*Lindera glauca*）、川楝（*Melia toosendan*）、破子草（*Torilis japonica*）、君迁子（*Diospyros totus*）等。皮类药用植物有柳杉（*Cryptomeria fortunei*）、枫杨（*Pterocarya stenoptera*）、桤木（*Alnus cremastogyne*）、乌桕（*Sapium sebiferum*）等。花类药用植物代表种类有鸡冠花（*Celosia cristata*）、野茉莉（*Styrax japonica*）、忍冬等。种子类药用植物代表种类有胡桃（*Juglans regia*）、云实（*Caesalpinia decapetala*）、厚果崖豆藤（*Millettia pachyloba*）、薏苡（*Coix lacryma-jobi*）等。藤茎类药用植物有南蛇藤（*Celastrus orbiculatus*）、落葵薯（*Anredera cordifolia*）、络石（*Trachelospermum jasminoides*）等。

3）药用功能的多样性分析

根据朱太平等在《中国资源植物》一书中对药用植物的划分标准（据中药的有关性味、功效和用途），保护区药用植物（仅选关键功能记录）可分为清热解表、退烧药类，活血化瘀、镇痛药类，滋补理气、养生药类，抗菌消炎、杀虫药类。

其中清热解表、退烧药类在该区药用植物中有绝对优势，共 936 种，占本区药用维管植物总种数的 68.22%。主要代表种类有野菊花（*Dendranthema indicum*）、黄连木、肉穗草（*Sarcopyramis bodinieri*）等。

活血化瘀、镇痛药类共有 358 种，占本区药用维管植物总种数的 26.09%。主要代表种类有华东膜蕨（*Hymenophyllum barbatum*）、土牛膝（*Achyranthes aspera*）等。

滋补理气、养生药类共有 195 种，占本区药用维管植物总种数的 14.21%。主要代表种类有华中五味子（*Schisandra sphenanthera*）、川桂（*Cinnamomum wilsonii*）、龙眼（*Dimocarpus longan*）等。

抗菌消炎、杀虫药类共有 85 种，占本区药用维管植物总种数的 6.20%。主要代表种类有金星蕨（*Parathelypteris glanduligera*）、乌桕等。

2. 观赏资源

根据《观赏植物种质资源学》（宋希强，2012）中按照观赏部位的分类标准，保护区观赏植物分为观花植物、观叶植物、观茎植物、观果植物、观姿植物 5 类，其中观叶植物最多，有174 种，占观赏植物的 32.04%；其次是观花和观姿植物，分别为 165 和 147 种，占观赏植物的 30.39%和 27.07%；区内的观果和观茎植物较少，分别占区内观赏植物的 5.89%和 4.60%。（表 2-11）。

表 2-11 保护区观赏植物观赏特性多样性的科、属、种统计

观赏特性	科数	属数	种数
观花	51（25.76）	102（28.57）	165（30.39）
观叶	66（33.33）	120（33.61）	174（32.04）
观茎	7（3.54）	18（5.04）	25（4.60）
观果	19（9.60）	20（5.60）	32（5.89）
观姿	55（27.78）	97（26.33）	147（27.07）
合计	198（100.00）	357（100.00）	543（100.00）

注：括弧中的数据分别为占保护区观赏植物科、属、种总数的比例（%）

观花植物：以观花为主，多为花色鲜艳、华形美观、香气宜人、花期较长的木本和草本植物。保护区观花植物共有 51 科 102 属 165 种，主要为木兰科、蔷薇科、山茶科、报春花科、杜鹃花科、兰科、百合科等植物。

观叶植物：以观叶为主，这类植物在叶色、叶形、叶大小或着生方式上有独特表现，一般观赏时间较长。保护区观叶植物共有 66 科 120 属 174 种。常用的种类有蕨类水龙骨科、鳞毛蕨科、卷柏科、槭树科（Aceraceae）、大戟科、杜英科（Elaeocarpaceae）植物。

观茎植物：这类观赏植物的枝、茎具有独特风姿或有奇特色泽、附属物等，这类观赏植物数量较少。保护区观茎植物共有 7 科 18 属 25 种。观花植物常用的种类主要以禾本科植物为主。

观果植物：以观果为主，多为挂果时间长、果形奇特或色彩鲜艳的种类。保护区观果植物共有 19 科 20 属 32 种。主要有蔷薇科火棘（*Pyracantha fortuneana*）、槭树科三角枫、茶茱萸科的马比木（*Nothapodytes pittosporoides*）、紫金牛科的朱砂根（*Ardisia crenata*）和百两金（*Ardisia crispa*）等。

观姿植物：主要观赏植物的树形、树姿。这类植物的树姿端庄，树形挺拔、高耸或浑圆，是园林绿化的主要种类。保护区观姿植物共有 55 科 97 属 147 种。观姿植物常用的种类主要是乔木和灌木树种，如蕨类植物桫椤、大叶黑桫椤。裸子植物中很多树种也常作为园林栽培种如柳杉、福建柏、银杏、南方红豆杉等。被子植物中的樟科、木兰科、蔷薇科、冬青科、忍冬科、山茱萸科等，主要代表植物角叶鞘柄木（*Toricellia angulata*）、厚壳树（*Ehretia acuminata*）、贵州琼楠（*Beilschmiedia kweichowensis*）、山地水东哥、臀果木（*Pygeum topengii*）、木荷（*Schima superba*）、灯台树（*Bothrocaryum controversum*）等也常作为园林栽培种。

2.1.6　入侵植物

1. 入侵植物的种类与分布

本次入侵植物的调查方法按照样线法调查，统计入侵植物种类依据中国外来入侵植物信息系统收录为标准，出现的频率作为分布多度评价标准。

该区内共有入侵植物 14 科 32 属 39 种。其中菊科和禾本科种类和分布数量最多、最广。保护区内入侵植物分布特点为核心区和缓冲区分布种类、数量较少，有野茼蒿（*Crassocephalum crepidioides*）、牛筋草（*Eleusine indica*）、土荆芥（*Chenopodium ambrosioides*）等零星分布，且它们仅分布于道路旁；实验区内分布的入侵植物主要位于几个景区的步道旁，以及人工造林中（竹林）和农田中。分布最多的区域是实验区与外围交接地带，多数为苏门白酒草（*Conyza sumatrensis*）、一年蓬（*Erigeron annuus*）、香丝草（*Conyza bonariensis*）、牛筋草、喀西茄（*Solanum khasianum*）、落葵薯（*Anredera cordifolia*）、鬼针草（*Bidens pilosa*）等。具体见表 2-12。

表 2-12　保护区入侵植物物种名录

科名	物种名	保护区分布的多度	习性	原产地
商陆科	垂序商陆（*Phytolacca Americana*）	++	多年生草本	北美洲
藜科	土荆芥（*Chenopodium ambrosioides*）	+	1 年生或多年生草本	中南美洲
苋科	空心莲子草（*Alternanthera philoxeroide*）	++	多年生草本	南美洲
苋科	尾穗苋（*Amaranthus caudatus*）	+	1 年生草本	南美洲
苋科	绿穗苋（*Amaranthus hybridus*）	+	1 年生草本	热带美洲
苋科	反枝苋（*Amaranthus retroflexus*）	+	1 年生草本	美洲
苋科	苋（*Amaranthus tricolor*）	+	1 年生草本	中美洲、亚洲热带和亚热带
马齿苋科	土人参（*Talinum paniculatum*）	++	多年生草本	热带拉丁美洲
落葵科	落葵薯（*Anredera cordifolia*）	+++	多年生草质缠绕藤本	南美热带地区
西番莲科	西番莲（*Passiflora coerulea*）	+	多年生常绿攀缘木质藤本	拉丁美洲、巴西
十字花科	北美独行菜（*Lepidium virginicum*）	+	1 年生或 2 年生草本	美洲
蝶形花科	刺槐（*Robinia pseudoacacia*）	+	乔木	美国东部
大戟科	泽漆（*Euphorbia helioscopia*）	+	1 年生或 2 年生草本	欧洲
大戟科	飞扬草（*Euphorbia hirta*）	+	1 年生草本	热带地区
大戟科	蓖麻（*Ricinus communis*）	++	1 年生粗壮或草质灌木	非洲东北部
伞形科	野胡萝卜（*Daucus carota*）	+	2 年生草本	中亚、西亚一带
伞形科	芫荽（*Coriandrum sativum*）	+	2 年生草本	欧洲地中海地区
茄科	喀西茄（*Solanum khasianum*）	+++	草本或亚灌木	巴西
茄科	假酸浆（*Nicandra physaloides*）	++	1 年生草本	秘鲁
玄参科	直立婆婆纳（*Veronica arvensi*）	++	1 至 2 年生草本	欧洲
玄参科	婆婆纳（*Veronica didyma*）	++	1 年生或越年生草本	西亚
菊科	藿香蓟（*Ageratum conyzoid*）	++	1 年生草本	中南美洲
菊科	鬼针草（*Bidens pilosa*）	+++	1 年生草本	热带美洲
菊科	香丝草（*Conyza bonariensis*）	+++	1 年生或 2 年生草本	南美洲
菊科	小蓬草（*Conyza Canadensis*）	++	1 至 2 年生草本	北美
菊科	苏门白酒草（*Conyza sumatrensis*）	+++	1 年生或 2 年生草本	南美洲
菊科	野茼蒿（*Crassocephalum crepidioides*）	+++	1 年生直立草本	热带非洲
菊科	一年蓬（*Erigeron annuus*）	+++	1 年生或越年（2 年）生草本	北美洲
菊科	牛膝菊（*Galinsoga parviflora*）	++	1 年生草本	南美洲
菊科	银胶菊（*Parthenium hysterophorus*）	+	1 年生草本	美国及墨西哥北部

续表

科名	物种名	保护区分布的多度	习性	原产地
菊科	菊芋（*Helianthus tuberosus*）	+	多年生宿根草本	北美洲
菊科	苦苣菜（*Sonchus oleraceus*）	++	1年或2年生草本	欧洲
菊科	金腰箭（*Synedrella nodiflora*）	+++	1年生草本	热带美洲
禾本科	稗（*Echinochloa crusgalli*）	++	1年生草本	欧洲和印度
禾本科	牛筋草（*Eleusine indica*）	+++	2年生草本	热带亚洲
禾本科	白茅（*Imperata cylindrical*）	++	多年生草本	东南亚
禾本科	多花黑麦草（*Lolium multiflorum*）	++	1年生或短寿多年生草本	欧洲
禾本科	毛花雀稗（*Paspalum dilatatum*）	+	多年生草本	南美洲
禾本科	棕叶狗尾草（*Setaria palmifolia*）	++	多年生草本	非洲

2. 入侵物种调查结果分析及评价

保护区内的入侵植物入侵途径大部分是由于人为活动无意带入保护区内，但由于核心区和缓冲区人为活动较少，因而入侵植物分布种数和多度的呈现，主要表现为保护区外围向核心区域递减的规律。此外保护区入侵植物种呈现分布较散的状态，还未出现面积较大的单一种群。

对保护区外来入侵植物种原产地进行分析发现，来源于美洲的种类最多，有 25 种，其次为欧洲 6 种，非洲 3 种，亚洲 5 种。这与保护区处于亚热带地区有关，相似的水热条件为入侵植物繁殖提供了良好的环境。

保护区内分布的入侵植物生活型以草本或草质藤本为主，草本植物种子容易传播，生命周期短，结实率高，对环境的适应性更强，易形成单一种群，入侵植物主要集中分布于公路旁、房屋和农田区域，体现了入侵植物难以控制的局面。

3. 保护区外来物种防治对策

（1）加强管理和预防工作，严控景区和农耕区域。对于已传入并造成危害的入侵种，应迅速采取控制措施，其中包括生物、化学、物理、机械、替代等防除技术；对于还处在时滞期的、没有造成危害的潜在入侵植物，要适时监控，尽早去除。

（2）加强宣传教育，严格控制引种驯化。自然保护区引进外来植物时，应充分了解引进植物的生物学和生态学特性，对于有入侵倾向的外来物种，必须"拒之门外"。应加强科普宣传教育，提高周边社区群众对入侵植物的认识，使保护区社区参与到防治外来植物行动中。

2.2 苔藓植物

2.2.1 苔藓植物组成

以金沙管理站所辖范围为调查核心，于 2013 年 5 月采集苔藓植物标本 900 余号，经室内鉴定，不计 2 号疑难标本，获苔藓植物 48 科 96 属 207 种，其中藓类植物 29 科 72 属 164 种，苔类植物 18 科 23 属 42 种，角苔类植物 1 科 1 属 1 种（附录 4）。

1. 苔藓植物科的组成

赤水桫椤自然保护区苔藓植物科的种类组成见表 2-13，从科的角度看，少种科的比例最高，其次是单种科的比例较高；从种的角度看，优势科含有的种类比例最高，其次是少种科，反映了本区苔藓植物物种的丰富性。

表 2-13　保护区苔藓植物科的组成统计表

	科数	占总科数的百分比/%	种数	占总种数的百分比/%
优势科（≥10 种）	7	14.58	107	51.69
多种科（5～9 种）	6	12.50	36	17.39
少种科（2～4 种）	19	39.58	48	23.19
单种科（1 种）	16	35.33	16	7.73
合计	48	100.00	207	100.00

　　一个地区的优势科在该地区含有的种数最多，并且在该区植物群落中起着建群作用，赤水桫椤自然保护区苔藓植物优势科包含 7 科 107 种，占保护区苔藓植物总种数的 51.69%，分别是丛藓科（Pottiaceae）、灰藓科（Hypnaceae）、凤尾藓科（Fissidentaceae）、青藓科（Brachytheciaceae）、曲尾藓科（Dicranaceae）、真藓科（Bryaceae）和羽藓科（Thuidiaceae），其中，丛藓科和真藓科是世界广布科，凤尾藓科和羽藓科属于热带性质的科，灰藓科、青藓科和曲尾藓科属于温带性质的科，这与该地区生态环境和气候条件相一致。

2. 苔藓植物属的组成

　　赤水桫椤自然保护区苔藓植物属的种类组成见表 2-14，含 7 种以上的优势属有 4 个，共 40 种，占本区苔藓植物总属数的 4.17%，总种数的 19.32%，分别是凤尾藓属（Fissidens）含 16 种、青藓属（Brachythecium）含 10 种、真藓属（Bryum）和曲柄藓属（Campylopus）各含 7 种。其中，真藓属广布世界各地，凤尾藓属和曲柄藓属主要分布在热带地区，青藓属主要分布在温湿地带，反映了本区苔藓植物区系成分以热带性质为主，又具有温带成分。多种属有白发藓属（Leucobryum）、羽藓属（Thuidium）和偏蒴藓属（Ectropothecium）等 10 属，共 46 种，占本区苔藓植物总属数的 10.42%，总种数的 22.22%。少种属有拟合睫藓属（Pseudosymblephars）、灰藓属（Hypnum）、护蒴苔属（Calypogeia）和蛇苔属（Conocephalum）等 30 属，共 69 种，占本区苔藓植物总属数的 31.25%，总种数的 33.33%。单种属有卷柏藓属（Racopilum）、毛锦藓属（Sematophyllum）、金发藓属（Polytrichum）和指叶苔属（Lepidozia）等 52 属 52 种，占本区苔藓植物总属数的 54.17%，总种数的 25.12%。属的组成中少种属和单种属所含物种数较高，反映了本区苔藓植物的物种丰富性。

表 2-14　保护区苔藓植物属的组成统计表

	属数	占总属数的百分比/%	种数	占总种数的百分比/%
优势属（≥7 种）	4	4.17	40	19.32
多种属（4～6 种）	10	10.42	46	22.22
少种属（2～3 种）	30	31.25	69	33.33
单种属（1 种）	52	54.17	52	25.12
合计	96	100.00	207	100.00

3. 与第一次藓类植物科学考察的物种数对比

　　赤水桫椤自然保护区第一次科学考察获得藓类植物 31 科 68 属 126 种，本次考察获得藓类植物 29 科 72 属 164 种，明显高于第一次考察的物种数。当然，第一次考察采集到的标本中，本次未采到的有 2 科 9 属 42 种。

4. 与邻近其他地方的苔藓植物物种比较

　　将赤水桫椤自然保护区苔藓植物与邻近区域苔藓植物进行比较，各地区自然环境特征情况见表 2-15，各地的选择尽量保证气候的相似性和自然环境的相似性。各地区苔藓植物的种类组成及比较情况见表 2-16，表中苔藓植物属的系数采用公式 GS=G/S×100（G 表示该区物种总属数，S 表示该区物种总种数）计算，属的相似性系数采用公式 s=2c/（a+b）计算（a 表示甲地总属数，b 表示乙地总属数，c 表示甲乙两地共有属数），种的丰富性系数采用左家哺的综合系数法计算。

表 2-15　保护区邻近地区自然环境情况比较表

地点	地理位置	面积/km²	气候	海拔/m
赤水桫椤保护区	27°20′N，105°59′E	13 300	中亚热带气候	311～1 730
重庆四面山	28°30′N，106°20′E	25 600	中亚热带气候	600～1 700
贵州万佛山	27°51′N，107°40′E	8 400	中亚热带气候	500～1 046
遵义大板水公园	27°59′N，106°51′E	3 132	中亚热带气候	915～1 722
贵定大鲵保护区	26°20′N，107°20′E	6 131	中亚热带气候	1 130～1 742
贵州六冲河下游	27°15′N，106°20′E	2 800	亚热带高原气候	1 100～2 200
贵州红水河谷地区	25°20′N，106°11′E	5 200	南亚热带气候	250～600

表 2-16　保护区苔藓植物与邻近地区的物种组成比较统计表

地名	科数	属数	种数	共有属数	属相似性系数	GS 系数	种丰富性系数
赤水桫椤保护区	48	96	207	—	—	46.38	2.2277
重庆四面山	22	35	42	26	0.40	83.33	−1.2111
贵州万佛山	21	55	79	30	0.40	69.62	−0.5932
大板水森林公园	18	43	97	32	0.46	44.33	−0.7547
贵定大鲵保护区	26	64	113	39	0.49	56.64	0.0416
贵州六冲河下游	26	62	112	37	0.47	55.36	0.0008
贵州红水河谷地区	23	60	163	49	0.63	36.81	0.2905

表 2-16 中，从属的 GS 系数看，赤水桫椤保护区属的 GS 系数比较低，仅次于红水河谷地区和大板水森林公园，显示了赤水桫椤保护区生境的复杂性。从属的相似性系数看，赤水桫椤保护区与贵州红水河谷地区的相似性系数最大，其次是贵定大鲵自然保护区，说明复杂多样的生境条件是该地苔藓植物物种丰富性的主导因素之一。从物种丰富性系数看，赤水桫椤自然保护区的物种丰富性系数最高，其次是红水河谷地区，第三是贵定大鲵自然保护区，说明赤水自然保护区苔藓植物物种最丰富。

5. 区系成分分析

根据《世界种子植物科的分布区类型系统》（2003），赤水桫椤自然保护区苔藓植物有 12 个区系成分（表 2-17）。

表 2-17　保护区苔藓植物区系组成统计表

区系成分	种数	占总种数（不包括世界分布类型）的百分比/%
世界分布	13	—
泛热带分布	10	5.15
热带亚洲和热带美洲间断分布	5	2.58
旧世界热带分布	5	2.58
热带亚洲至热带澳大利亚分布	12	6.19
热带亚洲至热带非洲分布	2	1.03
热带亚洲分布	58	29.90
北温带分布	42	21.65
东亚-北美间断分布	3	1.55
旧世界温带分布	1	0.52

续表

区系成分		种数	占总种数（不包括世界分布类型）的百分比/%
东亚分布	中国-日本分布	34	17.53
	中国-喜马拉雅分布	2	1.03
	东喜马拉雅-日本分布	4	2.06
中国特有分布		16	8.25
总种数（不包括世界分布类型）		194	100.00

（1）世界分布成分：共 13 种，如真藓（*Bryum argenteum* Hedw.）、卷叶凤尾藓（*Fissidens cristatus* Wits ex Mitt.）、大羽藓（*Thuidium cymbifolium* Dozy et Molk.）、地钱（*Marchantia polymorpha* L.）等。

（2）泛热带分布：共 10 种，占保护区苔藓植物总种数的 5.15%，如曲柄藓［*Campylopus latinervis*（Mitt.）Jaeg.］、比拉真藓（*Bryum billarderi* Schwaegr.）、尖叶油藓（*Hookeria acutifolia* Hook.）、小金发藓［*Pogonatum aloides*（Hedw.）P. Beauv.］等。

（3）热带亚洲和热带美洲间断分布：共 5 种，占保护区苔藓植物总种数的 2.58%，如疣齿丝瓜藓（*Pohlia flexuosa* Hook.）、薄壁卷柏藓［*Racopilum cuspidigerum*（Schwaegr.）Aongstar.］、鳞叶藓［*Taxiphyllum taxirameum*（Mitt.）Fleisch.］等。

（4）旧世界热带分布：有大叶凤尾藓（*Fisssidens grandirons* Brid.）、黄叶凤尾藓（*Fissidens zippelianus* Doz.et Molk.）、小扭叶藓（*Trachypus huilis* Lindb.）等 5 种，占保护区苔藓植物总种数的 2.58%。

（5）热带亚洲至热带澳大利亚分布：共 12 种，占保护区苔藓植物总种数的 6.19%，如网孔凤尾藓（*Fissidens areolatus* Griff.）、东亚泽藓［*Philonotis turneriana*（Schwaegr.）Mitt.］、平叶偏蒴藓［*Ectropothecium zollingeri*（C. Muell.）Jaeg.］和双齿护蒴苔［*Calypogeia tosana*（Steph.）Steph.］等。

（6）热带亚洲至热带非洲分布：有橙色锦藓［*Sematophyllum phoeniceum*（C. Muell.）Fleisch.］和偏叶泽藓［*Philonotis falcata*（Hook.）Mitt.］2 种，占保护区苔藓植物总种数的 1.03%。

（7）热带亚洲分布：共 58 种，占保护区苔藓植物总种数的 29.90%，比例最高，显示了保护区苔藓植物区系成分具有明显的热带性质，包含全缘匐灯藓［*Plagiomnium integrm*（Bosch. et Sande Lac.）T. Kop.］、芽孢银藓（*Anomombryum gemmigerum* Broth.）、并齿拟油藓［*Hookeriopsis utacamundiana*（Mont.）Broth.］、拟灰羽藓（*Thuidium glaucinoides* Broth.）、三裂鞭苔（*Bazzania tridens* Trev.）和多形带叶苔［*Pallavicinia ambigua*（Mitt.）Steph.］等种类。

（8）北温带分布：共 42 种，占保护区苔藓植物总种数的 21.65%，所占比例仅次于热带亚洲，显示了保护区苔藓植物具有明显的温热过渡性的特点，包含多形小曲尾藓［*Dicranella heteromalla*（Hedw.）Schimp.］、立碗藓［*Physcomitrium sphaericum*（Ludw.）Fuernr.］、羽枝青藓［*Brachythecium plumosum*（Hedw.）B.S.G.］、圆叶裸蒴苔［*Haplomitrium mnioides*（Lindb.）Schust.］和指叶苔［*Lepidozia reptans*（L.）Dun.］等。

（9）东亚-北美间断分布：有细湿藓［*Campylium hispidulum*（Brid.）Mitt.］、黑扭口藓（*Barbula nigrescens* Mitt.）和薄壁大萼苔（*Cephalozia otaruensis* Steph.）3 种，占保护区苔藓植物总种数的 1.55%。

（10）旧世界温带分布：只有北方长蒴藓［*Trematodon ambiguous*（Hedw.）Hornsch.］1 种，占保护区苔藓植物总种数的 0.52%。

（11）东亚分布：共有 40 种，占保护区苔藓植物总种数的 20.62%，如卷叶偏蒴藓（*Ectropothecium ohsimense* Card.）、狭叶麻羽藓［*Claopodium aciculums*（Broth.）Broth.］、密叶拟鳞叶藓［*Pseudotaxiphyllum densum*（Card.）Iwats.］和小蛇苔［*Conocephalum japonicum*（Thumb.）Grolle］。赤水桫椤自然保护区东亚分布又可以分为三个类型，第一类型是中国-日本分布，此种分布类型有 34 种，占保护区苔藓植物总种数的 17.53%，如狭叶湿地藓（*Hyophila stenophylla* Card.）、福氏蓑藓（*Macromitrium ferriei* Card.）、疏网美喙藓（*Eurhynchium laxirete* Broth.）、短叶毛锦藓［*Pylaisiadelpha yokohamae*（Broth.）Buck.］、背胞叉苔（*Metzgeria novicrassipilis* Kuwah.）和长刺带叶苔［*Pallavicinia subciliata*（Aust.）Steph.］等，仅次于北温带分布型，表明保护区苔藓植物在起源上和日本关系密切。第二类型是中国-喜马拉雅分布，包含芽孢光苔（*Cyathodium tuberosum* Kash.）和赤茎小锦藓［*Brotherella erythrocaulis*（Mitt.）Fleisch.］2 种，占保护区苔藓植物总种数的 1.03%。第三种类型是东喜马拉雅-日本分布，包含狭叶麻羽藓［*Claopodium aciculum*（Broth.）Broth.］、密叶拟鳞叶藓［*Pseudotaxiphyllum densum*（Card.）Iwats.］等 4 种，占保护区苔藓植物

总种数的 2.06%。

（12）中国特有成分：共 16 种，占保护区苔藓植物总种数的 8.25%，如大粗疣藓（*Fauriella robustiuscula* Broth.）、匍枝长喙藓 [*Rhynchostegium serpenticaule*（C. Muell.）Broth.]、密枝青藓 [*Brachythecium amnicolum*（Lindb.）Limpr.] 和全缘异萼苔（*Heteroscyphus saccogynoides* Herz.）等。

2.2.2　苔藓生态分布类型

根据苔藓植物的生活环境，保护区苔藓植物有石生、土生和树生三种生态分布类型。

1. 石生分布类型

赤水桫椤自然保护区由金沙沟、幺栈沟和板桥沟组成，区内沟谷深切，沟两侧悬崖陡峭，峭壁布满丰富的苔藓植物，构成了丰富的石生苔藓植物。保护区石生苔藓植物主要分布在沟谷两侧峭壁和沟内裸露岩石壁，还有林区石头表面，共有 122 种，占本区苔藓植物总种数的 58.94%，如大凤尾藓（*Fissidens nobilis* Griff.）、大扭口藓（*Barbula gigantea* Funck）、硬叶合睫藓 [*Pseudosymblepharis subduriuscula*（C. Muell.）Chen] 等，其中有的只生活在阴暗潮湿的沟壑地带，如羽叶凤尾藓（*Fissidens plagiochloides* Besch.）、透明凤尾藓（*Fissidens hyalinus* Hook.et Wils.）、尖叶油藓（*Hookeria acutifolia* Hook.）、舌叶扁锦藓 [*Glossadelphus lingulatus*（Card.）Fleisch.] 等。

2. 土生分布类型

赤水桫椤自然保护区土生苔藓植物主要生长在林区土表、道路两侧土壁等，以土壤为生长基质，共有 97 种，占本区苔藓植物总种数的 46.86%，如牛毛藓 [*Ditrichum heteromallum*（Hedw.）Britt.]、东亚小金发藓 [*Pogonatum inflexum*（Lindb.）Lac.]、角苔（*Anthoceros punctatus* L.）等。保护区苔藓植物丰富，多有既是石生类型又是土生类型的种类，如节茎曲柄藓 [*Campylopus umbellatus*（Arnoth.）Par.]、白发藓 [*Leucobryum glaucum*（Hedw.）Aongstr.]、细叶真藓（*Bryum capillare* Hedw.）、直叶棉藓 [*Plagiothecium euryphyllum*（Card. et Ther.）Iwats.]、羽枝羽苔（*Plagiochila fruticosa* Mitt.）等。

3. 树生分布类型

保护区树生苔藓植物主要生活在树干、树根、树枝、枯枝或树叶表面等，共有 25 种，占本区苔藓植物总种数的 12.08%，如南亚白发藓（*Leucobryum neilgherrense*）、橙色锦藓（*Sematophyllum phoeniceum*）、白藓（*Leucomium strumosum*）、密叶拟鳞叶藓（*Pseudotaxiphyllum densum*）等，其中延叶平藓（*Neckera decurrens*）、单体疣鳞苔（*Cololejeunea goebelii*）、南亚疣鳞苔（*Cololejeunea tenella*）等为叶附生苔藓。叶附生苔藓植物是一类适应于温湿度较高的环境而又具有适当耐旱特性的植物群，通常见于暖热地带的森林内，同时在演化上又具有后生现象。

4. 保护区内苔藓多样性评价

赤水桫椤自然保护区有苔藓植物 48 科 96 属 207 种，其中藓类植物 29 科 72 属 164 种，苔类植物 18 科 23 属 42 种，角苔类植物 1 科 1 属 1 种，与周边相邻地区相比，赤水桫椤自然保护区苔藓植物生境复杂，物种组成最丰富。

赤水桫椤自然保护区苔藓植物有 12 个区系成分，其中热带成分明显高于温带成分，显示了本区苔藓植物区系具有明显的热带性质。另外，保护区苔藓植物还有相当比例的东亚成分，尤其是中国-日本成分，说明保护区苔藓植物在起源上与日本关系密切。

苔藓植物的生态分布有石生类型、土生类型和树生类型三种，其中石生类型占本区苔藓植物总种数的比例最高，其次是土生类型，再次是树生类型，这与保护区特有的生态环境相适应，尤其树生类型中的叶附生种类，反映了本区苔藓植物的温热性质，是物种与自然条件长期发展演化的结果。

2.3　大　型　真　菌

2.3.1　大型真菌的组成与数量

通过分类鉴定，确定保护区有大型真菌 103 种，隶属于 42 科 73 属，其中子囊菌门 5 科 10 属 12 种，占总种数的 11.65%；担子菌门 37 科 63 属 91 种，占总种数的 88.35%（表 2-18）（附录 5）。

表 2-18　保护区大型真菌数量统计

名称	科	属	种	占总种数比例/%
子囊菌门 Ascomycota	5	10	12	11.65
担子菌门 Basidiomycota	37	63	91	88.35
共计	42	73	103	100

2.3.2　大型真菌的生态分布

1. 大型真菌的生态类型

分析大型真菌获得营养的方式和生长基质或寄主的类型，可以有效地反映大型真菌的生态类型。按照大型真菌获得营养的方式，大型真菌可以分为腐生菌、寄生菌和共生菌三大类群。每一类又可根据生长的基质或寄主进一步划分为不同类型。例如，腐生类大型真菌可根据基质划分为木生菌、土生菌、草生菌、粪生菌等；寄生类大型真菌可根据寄主分为植物寄生菌、昆虫寄生菌、真菌寄生菌等；共生类大型真菌可根据与其共生的生物分为菌根菌、地衣型真菌和其他一些类别。

对调查结果进行统计得知，区内的 103 种大型真菌中，腐生菌种类占绝对优势，生于木材、树木、枯枝、落叶、腐草等基质上的腐生真菌所占比例最大，有 67 种，占调查总种数的 65.05%；生长于土壤的腐生真菌有 21 种，占调查总种数的 20.39%；粪生菌仅粪生黑蛋巢菌（*Cyathus stercoreus*）1 种，占调查总种数的 0.97%。寄生真菌 3 种，为虫草科虫草属和棒束孢属寄生真菌，占调查总种数的 2.91%。外生菌根菌 11 种，占调查总种数的 10.68%，主要是牛肝菌科和红菇科的一些种类。

2. 大型真菌多样性与植被类型的相关性

大型真菌的分布与受气温、降水量影响的植被关系密切，不同植被类型下大型真菌种类的组成各不同。根据群落发生的不同，将保护区的植被划分为自然植被和人工植被两大类；根据"植物群落学-生态学原则"的划分标准，将保护区自然植被又划分成 7 个植被型。相应地，可将大型真菌的分布划分为 5 种群落类型：中亚热带常绿阔叶林、具有南亚热带雨林层片的常绿阔叶林、亚热带常绿落叶阔叶混交林、竹林和荒地、灌丛及灌草丛。

（1）中亚热带常绿阔叶林中的大型真菌：分布于保护区内海拔 700m 以上的地区，是该区典型的地带性植被，建群优势种多为壳斗科、樟科、山茶科、木兰科等常绿乔木，主要优势种类有甜槠栲（*Castanopsis eyrei*）、短刺米槠（*Castanopsis carlexii* var. *spinulosa*）、桢楠等种类。此林型中大型真菌种类最为丰富，说明此类植物群落的环境更适合大型真菌生长。通过实地调查了解，该群落郁闭度较大，总盖度大，以各种乔木为主，层次发达，土壤含水量适中，相对湿度较大，地面枯枝落叶、倒木、腐木多，土质肥沃，为大型真菌的生长提供良好的生态环境。常见的立木或倒木木生种类有皱木耳（*Auricularia delicata*）、木耳（*Auricularia auricula-judae*）、树舌灵芝（*Ganoderma applanatum*）、褐扇小孔菌（*Microporus vernicipes*）、黑柄多孔菌（*Polyporus melanopus*）等。常见的土生种类有毒红菇（*Russula emetica*）、鳞柄小奥德蘑（*Oudemansiella furfuracea*）、黄白小脆柄菇（*Psathyrella candolleana*）等。外生菌根菌以隐花青鹅膏菌（*Amanita manginiana*）、美味牛肝菌（*Boletus edulis*）等较常见。

（2）亚热带常绿落叶阔叶混交林中的大型真菌：分布在海拔 700m 以上，由于人为干扰，出现了次生的常绿落叶阔叶混交林。主要优势种类有短刺米槠、亮叶桦（*Betula luminifera*）、灯台树、赤杨叶（*Alniphyllum fortunei*）等。大型真菌多见于多孔菌科（Polyporaceae）、鹅膏菌科（Amanitaceae）、口蘑科（Tricholomataceae）、拟层孔菌科（Fomitopsidaceae）、灵芝科（Ganodermataceae）等一些种类的生长，木耳科（Auriculariaceae）、伞菌科（Agaricaceae）等也较普遍。常见腐木生菌种类有鲜红密孔菌（*Pycnoporus cinnabarinus*）、褐扇小孔菌、硫磺菌（*Laetiporus sulphureus*）、有柄灵芝（*Ganoderma gibbosum*）、安络小皮伞（*Marasmius androsaceus*）。林缘边地常见耳匙菌（*Auriscalpium vulgare*）、梨形马勃（*Lycoperdon pyriforme*）等。外生菌根菌常见的有紫蜡蘑（*Laccaria amethystea*）、粘盖乳牛肝菌（*Suillus bovinus*）等。

（3）具有南亚热带雨林层片的常绿阔叶林中的大型真菌：分布于保护区内海拔 700m 以下的地区，由于湿热的河谷小气候，使得一些具有热带、南亚热带雨林特征的植物群落类型发育良好，形成了以桫椤、野芭蕉（*Musa balbisiana*）、海芋（*Alocasia macrorrhiz*）、福建观音座莲（*Angiopteris fokiensis*）等为代表的植物群落。群落中有许多热带、南亚热带的区系成分出现，如中华野独活、青果榕（*Ficus chorocarpa*）、弓果黍（*Cyrtococcum patens*）等，充分显示了保护区低海拔河谷植被的南亚热带性质。大型真菌尤以小皮伞科（Marasmiaceae）、花耳科（Dacrymycetaceae）、小伞科（Mycenaceae）等占优势。常见的木腐菌种类有紫色软韧革菌（*Chondrostereum purpureum*）、胶角耳（*Calocera cornea*）、桂花耳（*Guepinia spathularia*）等。土生菌种类多见于洁小菇（*Mycena prua*）、黄白小脆柄菇等。

（4）竹林中的大型真菌：保护区分布有大面积的竹林，尤以刚竹属（*Phyllostachys*）所占比例最大。竹林中大型真菌的分布较少，主要原因在于竹林植被种类较少，竹林内枯落物储量少，持水能力低，林内阳光充足、通风性强、湿度变化较大，加之常有人为砍伐、挖竹笋等活动，干扰破坏较为严重，致使地表裸露，不利于大型真菌生长。常见的主要有长裙竹荪（*Dictyophora indusiata*）、安顺假笼头菌（*Pseudoclathrus anshunensis*）、脉褶菌（*Campanella junghuhnii*）等。

（5）灌丛及灌草丛中的大型真菌：保护区除了典型的常绿阔叶林外，还有灌丛、灌草丛、农田和溪流等多种小气候生境。在南厂沟、梁子沟、五柱峰等地的小路两旁，植被的破坏性较强，出现次生性的灌丛和灌草丛。其优势种主要有密脉木、粗糠柴、杜茎山、长叶水麻（*Debregeasia longifolia*）等。此生境中，由于地形比较开阔，光照强烈，地面水分蒸发量大，土壤有机质和含水量低，加之人为活动干扰严重，并不利于大型真菌的生长繁殖。常见的种类有假小鬼伞（*Coprinellus disseminatus*）、无环斑褶菇（*Anellaria sepulchralis*）、黄盖小脆柄菇等耐旱类群。

调查结果表明，保护区不同植物群落中的大型真菌多样性差异表现明显。说明不同的植物群落中大型真菌的发生和分布受环境的影响较大，大型真菌种类组成与植物群落类型密切相关，且植被类型组成结构从某种程度上影响大型真菌的多样性和分布。植物群落中，层次发达，土壤含水量适中，相对湿度较大，地面枯枝落叶、倒木、腐木多，土质肥沃的植物群落，大型真菌的种类较丰富；而人为干扰严重、地表常常裸露、群落的郁闭度较低、地面蒸发量大、土质干燥、腐殖质含量低、土质坚硬的植物群落，大型真菌的种类较少。极度湿润和干燥环境均不适合大型真菌生长。

2.3.3　大型真菌的区系分析

真菌区系是指某一地区或某一时期、某一分类类群、某类真菌或所有真菌种类的总称，是真菌地理学的主要研究对象。真菌区系多样性是生物区系多样性的重要组成部分，是真菌学领域的重要分支和研究内容。真菌分布远比动植物复杂和丰富，目前，真菌区系的调查范围和资料积累都不如动植物资料全面和丰富，还主要是小范围的一般性区系调查研究，有关区系地理学专著不多，资料缺乏，有待开拓。此次调查主要分析了保护区大型真菌的区系组成特征及优势科属。

1. 区系组成特征

根据调查统计，保护区共有子囊菌门（Ascomycota）和担子菌门（Basidiomycota）大型真菌 103 种，它们隶属于 73 属 42 科。

2. 优势科分析

保护区大型真菌的优势科（种数≥5 种）有 4 科，种类最多的科是多孔菌科（Polyporaceae），有 12 种，占全部种类的 11.65%；第二大科是小皮伞科（Marasmiaceae），共有 7 种，占总数的 6.80%；然后是伞菌科（Agaricaceae）和木耳科（Auriculariaceae），均有 5 种，各占总种数的 4.85%。这些科都是广布全球或主要分布于北半球温带地区的科，4 科共计 29 种，占保护区大型真菌总种数的 28.15%，但这 4 科只占总科数的 9.52%（表 2-19）。可以看出保护区大型真菌优势科明显。

表 2-19　保护区大型真菌优势科（≥5 种）的统计

科	种数	占总种数的比例/%
脆柄菇科 Psathyrellaceae	5	4.85
小皮伞科 Marasmiaceae	7	6.80
木耳科 Auriculariaceae	5	4.85
多孔菌科 Polyporaceae	12	11.65
合计	29	28.15

3. 优势属分析

保护区大型真菌共有 73 属，其中子囊菌有 10 属，担子菌有 63 属。据统计，优势属（种数≥4 种）有 4 个属，均为世界分布属（表 2-20）。这 4 个属共有大型真菌 17 种，占总种数的 16.49%，而这 4 个属仅占总属数的 5.48%；含 2～3 种的属有 16 个属，占总属数的 21.92%，含有 33 种，占总种数的 32.04%；仅含 1 种的属有 53 属，占总属数的 72.60%，占总种数的 51.46%，其中裂褶菌属（*Schizophyllum*）为单种属。

表 2-20　保护区大型真菌优势属（≥4 种）的统计

属	分布型	种数	占总种数的比例/%
小皮伞属 *Marasmius*	D1	5	4.85
木耳属 *Auricularia*	D1	4	3.88
灵芝属 *Ganoderma*	D1	4	3.88
大孔菌属 *Polyporus*	D1	4	3.88
合计	—	17	16.49

注：D1 代表世界分布属（cosmoplitan type）

2.3.4　资源评价

大型真菌对于人类生存和社会发展具有极其重要的价值，可分为直接利用价值、间接利用价值和潜在利用价值。大型真菌的直接利用价值主要包括食用、药用和菌根三个方面。

保护区大型真菌资源丰富，有多种具有经济价值的大型真菌资源，它们在食用、药用、营林等方面有着较大的应用潜力。本部分对大型真菌的主要经济价值作了统计和分析（表 2-21），为大型真菌的合理开发利用及科研教学提供资料。

表 2-21　保护区大型真菌营养方式及经济价值统计

科名	属数	种数	营养方式			经济价值			
			木生	土生	菌根菌	食用	药用	毒菌	木材腐朽菌
虫草科 Cordycipitaceae	2	3				3	3		
炭角菌科 Xylariaceae	3	4	3	1			1		2
核盘菌科 Sclerotiniaceae	1	1	1						
火丝菌科 Pyronemataceae	2	2	1	1					1
肉杯菌科 Sarcoscyphaceae	2	2	2						
伞菌科 Agaricaceae	3	4		4		2	2		
鹅膏菌科 Amanitaceae	1	3		2	1	1			
珊瑚菌科 Clavariacea	1	1		1					
挂钟菌科 Cyphellaceae	1	1	1						
牛排菌科 Fistulinaceae	1	1	1			1	1		
轴腹菌科 Hydnangiaceae	1	1			1	1			
蜡伞科 Hygrophoraceae	1	1		1					
丝盖菇科 Inocybaceae	1	1	1			1			
离褶伞科 Lyophyllaceae	1	2		2		2	1		
小皮伞科 Marasmiaceae	3	7	5	2		3	2		
小伞科 Mycenaceae	1	2	1	2		1	1	1	
侧耳科 Pleurotaceae	1	2	2			1	1		1
膨瑚菌科 Physalacriaceae	3	3	2	1		2	1		2
脆柄菇科 Psathyrellaceae	3	5		5		3	2		
裂褶菌科 Schizophyllaceae	1	1	1			1	1		1
球盖菇科 Strophariaceae	2	2	2			1	1	2	
口蘑科 Tricholomataceae	2	2	2	1		2	1		
伞菌目科未划定	2	2	1	1				1	1
木耳科 Auriculariaceae	2	5	5			4	3	1	2
牛肝菌科 Boletaceae	2	2			2	2	2		
硬皮马勃科 Sclerodermataceae	1	1			1		1	1	
桩菇科 Paxillaceae	1	1	1					1	1
乳牛肝菌科 Suillaceae	1	1			1	1	1		
鸡油菌科 Cantharellaceae	1	1			1	1	1		
锁瑚菌科 Clavulinaccac	1	1		1					
花耳科 Dacrymycetaceae	2	2	2			2			
钉菇科 Gomphaceae	1	2	1		1	1		1	
刺革菌科 Hymenochaetaceae	1	2	2				1		2
鬼笔科 Phallaceae	3	3		3		1	2	1	
耳匙菌科 Auriscalpiaceae	1	1	1						1
红菇科 Russulaceae	2	3		3	3	2	2	1	
韧革菌科 Stereaceae	1	1	1						
银耳科 Tremellaceae	1	2	2			2	2		
拟层孔菌科 Fomitopsidaceae	3	4	4				2		4
灵芝科 Ganodermataceae	1	4	4				2		3
干朽菌科 Meruliaceae	2	2							2
多孔菌科 Polyporaceae	7	12	12			3	6		8
合计（43）	73	103	63	31	11	44	43	10	31
占总种数比例/%	—	—	61.17	30.10	10.68	42.72	41.75	9.71	30.10

1. 食用菌

调查结果表明，保护区内可食用的大型真菌有 44 种，占调查总种数的 42.72%。其中木耳科、离褶伞科、小皮伞科、牛肝菌科、红菇科、脆柄菇科等为优势科，常见的种类有根白蚁伞（*Termitomyces eurhizus*）、小果白蚁伞（*Termitomyces microcarpus*）、皱木耳、银耳（*Tremella fuciformis*）、木耳、长裙竹荪、蜜环菌（*Armillariella mellea*）、美味牛肝菌、香菇（*Lentinus edodes*）等，以上这些野生菌株包括了食用菌育种或驯化栽培中宝贵的菌种资源。同时，保护区分布有根白蚁伞、小果白蚁伞、鸡油菌（*Cantharellus cibarius*）、长裙竹荪、香菇等多种美味的食用菌，说明保护区内食用菌的食用品质和经济价值较高。

从调查情况来看，多数食用菌是以群生或簇生的方式分布，如根白蚁伞、皱木耳、木耳、侧耳、白乳菇等；少数以单身或散生的方式分布。集群的大量发生的食用菌，有利于人们采食和加以利用，如根白蚁伞、小果白蚁伞、木耳、皱木耳、香菇、美味牛肝菌等为经常采食物种。调查中也发现，人们对食用菌资源还存在认识上的不足，长裙竹荪、鳞柄小奥德蘑、硫磺菌、牛排菌，以及一些种类因颜色艳丽或外形独特，常给人以毒菌的感觉，一般无人采食。由此可见，人们对食用菌的认知度不高在一定程度上影响食用菌的开发和利用。

2. 药用菌

保护区内药用真菌丰富，已鉴定出 43 种，占调查总种数的 41.75%。重要及常见的种类有冈恩虫草（*Cordyceps gunnii*）、蛹虫草（*Cordyceps militaris*）、云芝（*Coriolus versicolor*）、灵芝、树舌灵芝、裂褶菌（*Schizophyllum commne*）、橙黄硬皮马勃（*Scleroderma citrinum*）等；其中，冈恩虫草、灵芝、树舌灵芝、云芝等不少种类有抗癌活性。药用菌种多为食药兼用的，如鸡油菌、香菇、宽鳞大孔菌（*Polyporus squamosus*）等。保护区药用菌主要集中在多孔菌科，且多为多年生真菌，发生量大，具有很高的开发利用价值。但由于缺乏对药用真菌加工利用的相关知识，因而其资源未得到充分利用。

3. 毒菌

我国已知有毒的真菌193种，保护区分布有10种，占调查总种数的9.71%，它们是橘黄裸伞（*Gymnopilus spectabilis*）、毒红菇、红鬼笔（*Phallus rubicundus*）、簇生垂幕菇（*Naematoloma fasciculare*）等种类，主要是球盖菇科、红菇科和鬼笔科的类群，此外，也发现了灰鹅膏白色变种（*Amanita vaginata* var. *alba*）等鹅膏菌科真菌。这些毒菌含有毒蝇碱、毒肽等物质，对人体伤害大，误食死亡率高。所以，在大力开发野生食药用真菌的同时，应多向群众普及识别毒菌、预防毒菌中毒及毒菌中毒自救的知识，保障食菌安全。但同时，毒菌作为大型真菌资源的一部分，具有很好的开发价值，例如，毒蝇碱、毒肽等毒素可用于生物防治，以及鹅膏类真菌在肿瘤治疗中可发挥重要作用。因此，加强对毒菌的调查研究对防治毒菌中毒、开展生物防治及医学应用研究等都具有十分重要的意义。

4. 外生菌根菌

保护区内有不少大型真菌与松属、栎属植物或其他高等植物发生菌根关系，其菌丝与植物根系形成了菌根联合体，菌根联合体在森林生态系统中，对于提高植物种的抗逆性和更好地发挥种间关系，以及提高林分的生产力等具有特别重要的意义。此次调查中共发现外生菌根菌 11 种，占调查总种数的 10.68%，主要是红菇科、牛肝菌科、鹅膏菌科的类群。其中，乳菇属与松属树木形成菌根关系；红菇属与松属、栎属形成菌根关系；紫蜡蘑与杉属、松属等形成外生菌根。

5. 木材腐朽菌

木材腐朽菌是森林生态系统的重要组成部分，这类菌广泛地生长在各种树木的活立木、枯立木、倒木、伐桩及原木上，使木质有机物发生解体（腐朽），给林业生产造成一定的经济损失，但同时木材腐朽菌在自然界中对物质再循环利用具有重要的生物学意义。保护区有木材腐朽菌 31 种，占调查种类总数的 30.10%，多见于多孔菌科、灵芝科和拟层孔菌科。常见种类有云芝、黑柄多孔菌、褐扇小孔菌、紫褐黑孔菌（*Nigroporus vinosus*）、树舌灵芝、裂褶菌、奇异脊革菌（*Lopharia mirabilis*）等。

2.3.5　大型真菌的生态学意义与经济价值

大型真菌资源的一个重要作用在于能够维护森林生态系统的平衡，使得整个生态系统得以维持和延续。一些大型真菌作为植物的外生菌根菌，对营林、护林有着潜在的作用；一些营腐生生活的大型真菌对某些有机体的分解作用也是其他生物不可替代的。同时，大型真菌作为一类重要的林副产品，具有较高的食用价值和药用价值，对人类的生产、生活有着不可或缺的意义。

保护区大型真菌资源丰富，有多种具有经济价值的大型真菌资源，它们在食用、药用、营林等方面有着较大的应用潜力。对于贵州赤水桫椤自然保护区丰富的大型真菌资源，可以合理地、可持续地开发利用，以达到大型真菌资源可持续利用和森林生态系统的平衡发展，使得整个生态系统得以维持和延续。在合理开发利用中，可以把培育食用菌、开发药用菌与旅游业相结合，能有效地推动保护区的经济发展；另外，也要加强对毒菌的识别、预防毒菌中毒及毒菌中毒自救等相关科普知识的宣传，减少毒菌中毒事件的发生。

2.4　藻类植物多样性

保护区水域生境多样，既有不同深浅的水凼，又有急流溪沟、流水滩、瀑布、滴水崖壁、潮湿泥土等，为藻类生活环境的多样性创造了优越的条件。

为了较准确地反映保护区藻类植物的种类与环境状况，按照采样须具有代表性的原则，在保护区的金沙沟、么站沟（支沟强盗沟、酸草沟）、板桥沟、五家沟、闷头溪沟、神女溪河等处的各种水体、潮湿地表，以及浸没于水中的枯枝落叶、高等植物茎秆、卵石等环境作了一次初步采集调查。

2.4.1　藻类区系组成及特点

经初步鉴定 2013 年 5 月采集的标本，保护区有藻类植物 8 门、32 科、55 属、148 种（含变种和变型，表 2-22，附录 6）。硅藻门的种类最多，占本次鉴定的藻类总数的 58.11%；绿藻门的种类占 20.27%；蓝藻门的种类占 17.57%；裸藻门只有 2 种，占 1.35%；红藻门、甲藻门、金藻门和轮藻门各有 1 种，各占 0.68%。

表 2-22　保护区藻类植物统计表（2013-05）

门类	科	属	种
蓝藻门 Cyanophyta	6	13	26
红藻门 Rhodophyta	1	1	1
甲藻门 Pyrrophyta	1	1	1
金藻门 Chrysophyta	1	1	1
硅藻门 Bacillarophyta	10	22	86
裸藻门 Euglenophyta	1	1	2
绿藻门 Chlorophyta	11	15	30
轮藻门 Charophyta	1	1	1
合计	32	55	148

各采样点的气温、水温、pH、水体透明度等环境指标见表 2-23。

表 2-23　保护区 8 个采样点环境状况（2013-05）

采样点	水温/℃	气温/℃	pH	透明度
金沙沟	16.5	22.1	5.50	见底
么站沟	17.5	20.7	5.43	见底
板桥沟	20.6	27.3	6.69	见底
强盗沟	16.1	19.2	5.68	见底
酸草沟	16.1	22.0	5.79	见底
五家沟	19.3	29.1	5.68	见底
闷头溪沟	9.8	12.6	6.60	见底
神女溪河	9.6	10.0	6.50	见底

从自然属性来看，由于藻类植物大多个体微小，它们的孢子或休眠合子，乃至单细胞或者丝状体的营养体都易被风、流水、水禽、人类活动等所传播。因此，淡水藻类大部分是世界性分布或是广布生活区类型。它们在世界任何相同的环境条件下都可发现同种的或相似的种类，所以淡水藻类在一地区的特有种是很少的，尤其是易传布的微小藻类。保护区水域中的藻类植物，与北半球欧亚大陆乃至北美陆地的淡水藻类大多是相同或相近的，它们主要来源于亚热带和热带，具有种类繁多、组成复杂的特点。

不同的地区，藻类群落的种类组成在一年中有变化，但这种变化不是严格的，因为水体的深浅、盐度、碱度、透明度、营养物含量等理化因素差异悬殊。

从采集的藻类植物种类可以看出，在保护区的 3 月下旬至 5 月上旬，由于表层水温开始升高，光度增强，营养盐类丰富，藻类中的硅藻类植物开始迅速繁殖，达到全年最高峰。绿藻门丝藻属（*Ulothrix*）、鞘藻属（*Oedogonium*）、刚毛藻属（*Cladophora*）、微孢藻属（*Microspora*）、双星藻属（*Zygnema*）和水绵属（*Spirogyra*）的着生丝状体种类分布在各采样点。鞘藻属 1 种，因未见矮雄体和卵孢子囊，不能鉴定到种，主要着生在水体中的水草、枯枝等上。双星藻属和水绵属的种类因未见其接合孢子，也不能鉴定到种。这 3 种属的幼体着生生活，长成后漂浮水面，所以在各采样点即可采集到成体，也可看到幼体。

1. 保护区藻类特点

（1）指示微污带水体和 β-中污带水体的藻类植物种类明显。从 2013 年 5 月采集的标本中分析，保护区 8 个样点中，极常出现于 β-中污带水体中的指示藻类有 10 种，微污带水体中极常出现的种类有 20 种。但路边局部环境与沼泽化地带的小水体也受到不同程度的有机污染，出现了适应污染水体的藻类，如绿藻门中的斜生栅藻（*Scenedesmus obliquus*）、硅藻门中的草鞋波缘藻（*Cymatopleura solea*）、蓝藻门中的泥生颤藻（*Oscillatoria limosa*）等种类。这说明近年来由于人为活动的增多，如修建旅游小道、栈道等工程，必然造成对水体环境的影响。虽然整个水域加强了保护措施，基本上保持了自然发展状态，但为了保护区得到持续良性发展，仍需进一步加强管理和保护。

（2）周丛藻类突出。周丛藻类是指生于水中各种基质表面上的微型藻类植物，它们常与细菌、低等微小动物等构成集合群或称周丛生物群落。保护区的周丛藻类有 3 种类型：即生长在泥沙与有机沉积物上的附泥藻类（epipelic algae），如双菱属藻（*Surirella*）、针杆藻属（*Synedra*）等的一些种类；生长在水中石头表面的附石藻类（epilithic algae），如舟形藻属（*Navicula*）、针杆藻属、念珠藻属（*Notoc*）等的一些种类；生于沉水植物体表面的附植藻类（epiphytic algae），如异极藻属（*Gomphonema*）、桥弯藻属（*Cymbella*）、卵形藻属（*Cocconeis*）等的一些种类。

（3）浮游藻类种类少。保护区内植被保存好，水土流失少。因此，水中悬浮物质很少，水质清澈见底，即使是静水中浮游藻类也极少，急流险滩浮游藻类的种类就更少了。

（4）山溪急流种类突出。在清澈透明，营养贫乏，流速较急的溪沟中，水的快速运动给藻类的生长带来了合适的条件。由于水的运动使藻类不断地得到新的营养物质。并且越是较快的急流，氧气交换就越快，就更有利于适应急流环境的藻类生长，如红藻门的柱形奥杜藻（*Audouinella cylindrical*）、绿藻门刚毛藻属的种类、蓝藻门的紫管藻（*Porphyrosiphon notarisii*）等。

（5）着生藻类复杂。在保护区内，有通过专门的着生结构着生在多种基质上的藻类植物。主要是绿藻门的刚毛藻属、微孢藻属、鞘藻属、丝藻属，硅藻门的桥弯藻属（*Cymbella*）、异极藻属（*Gomphonema*），蓝藻门的颤藻属（*Oscillatoria*）、鞘丝藻属（*Lyngbya*）等的一些种类。水绵属种类的幼体营着生生活，成熟后常漂浮于水面。硅藻门直链藻属（*Melosira*）的种类常成为偶然性浮游种类，故各水体均有分布。桥弯藻属、异极藻属的一些种类常以胶质柄、胶质管或靠胶质着生于基质上。这些着生藻类常形成种类较纯的着生藻类群落。

2. 保护区藻类群落

保护区主要有以下藻类群落。

（1）念珠藻群落（*Nostoc* community）。该群落在各条沟的湿地上和水体的一些潮润的石头有分布。湿地上的种类为普通念珠藻（*Nostoc commune*），常形成黄褐色的胶质团块状结构，通常称为"地木耳"、"葛仙米"，含有较高的蛋白质，可开发利用。分布在潮润石头上的为小型念珠藻（*Nostoc miuntum*），群体呈黑褐色豌豆状大小的球状结构。

（2）鞘丝藻-颤藻群落（*Lyngbya-Oscillatoria* community）。该群落在保护区分布较广，着生于浸没水中的泥土和石块上。优势种为大型鞘丝藻（*Lyngbya major*）、易颤藻（*Oscillatoria neglecta*）、悦目颤藻（*Oscillatoria amuena*）、菌形颤藻（*Oscillatoria beggiatoiformis*）等。

（3）刚毛藻群落（*Cladophora* community）。此群落常常在浸没于岸边石块上大面积发生。群落优势种为皱刚毛藻（*Cladophora crispate*）和疏枝刚毛藻（*Cladophora oligoclona*）。藻体细胞壁厚，触摸粗糙，故其上常附着有异极藻属的种类和许多扁圆卵形藻（*Cladophora placentula*）。

（4）水绵-双星藻-膜微孢藻群落（*Spirogyra-Zygnema-Microspora* community）。3 个属的种类常生长在同一环境，因其体表含有发达的果胶质，触摸均有滑腻感，所以其藻丝上无其他藻类着生。群落中藻类通常为幼体，长成后自由漂浮。优势种为膜微孢藻（*Microspora membranaca*）及 3 种水绵和 2 种双星藻。在各个沟的河流、滴水岩、小水沟等环境均有分布。在滴水崖壁的环境还混生有新月藻属（*Closterium*）和鼓藻属（*Cosmarium*）的种类。

（5）桥弯藻-异极藻群落（*Cymbella-Gomphonema* community）。在水中枯枝、大型水草或石块上，附生有淡黄白色胶质块状物，有时呈胶质丝状悬于水中或呈胶质团块漂浮水面。在镜下可见到胶质物中有大量纤细的呈网状的胶质柄和胶质管，胶质柄上或胶质管内着生有桥弯藻属和异极藻属的种类。优势种为优美桥弯藻（*Cymbella delicatula*）、箱形桥弯藻（*Cymbella cistuta*）、偏肿桥弯藻（*Cymbella ventricosa*）、缢缩异极藻（*Gomphonema costrictum*）、橄榄异极藻（*Gomphonema olivaceum*）等。还有其他硅藻与它们聚生，如舟形藻属、菱形藻属（*Nitzschia*）的种类。

（6）黄埔水涟藻（*Hydrosera whampoensis*）在赤水桫椤国家级自然保护区的水体中都有分布。植物体以胶质连成疏松的丝状群体，常形成纯的群落。壳体长盒形，环带较高，壳面三角形。

（7）普生轮藻（*Chara vulgaria*）为典型的着生藻类，为世界性分布种，在神女溪瀑布附近、板桥沟的水田里有分布。

（8）水网藻（*Hydrodictyon reticulatum*）为静水中的种类，分布在板桥沟一小水凼。

本次采集时刚下过雨，溪水略涨，但各采样点水体清澈，透明度见底，pH<7 或者接近中性（各采样点均为酸性土壤，下雨后流经土表使水体呈酸性）。

2.4.2　常见藻类主要形态特征

（1）石生粘球藻（*Gloeocapsa rupestri*）（图谱 1）。植物体皮壳状或不定形，黄色或黄褐色，多为由 2 个、4 个、8 个细胞组成的小群体聚合而成的大群体。群体胶质被厚，具明显的层次。细胞球形或半球形。常生长于潮湿环境、滴水岩石上。

（2）石生粘杆藻（*Gloeothece rupestris*）（图谱2）。植物体为蓝绿色或橄榄绿色的胶质体，细胞椭圆形或圆柱形，2个、4个、8个细胞组成群体。胶质被有明显的层理。生长环境同石生粘球藻，为分布较广的亚气生蓝藻。

（3）棕黄粘杆藻（*G. fusco-lutea*）（图谱3）。植物体团块状，蓝绿色至棕黄色。多由2个、4个、8个、16个、32个或更多的细胞集合成大群体。生长在潮湿的环境。

（4）微小平裂藻（*Merismopedia tenuissima*）（图谱4）。群体微小，常呈正方形，有16个、32个、64个、128个或更多的细胞组成。群体胶被薄。细胞球形或半球形。生于各种静水水体中。

（5）点形平裂藻（*M. tpunctata*）（图谱5）。群体一般由8个、16个、32个、64个、128个细胞组成。细胞在群体内排列整齐，呈球形、半球形或宽卵形。在各种静水水体中呈浮游生活，潮湿环境少有。

（6）银灰平裂藻（*M. glauca*）（图谱6）。群体一般由8个、16个、32个、64个细胞组成。群体多为四方形或长方形，细胞排列整齐，呈球形、半球形。胶被不明显。在各种静水水体中呈浮游生活，为典型的世界性分布藻类。

（7）普通念珠藻（*Notoc commune*）（图谱7）。也称地木耳或葛仙米，植物体幼期球形，成熟后扩展呈皱褶片状，多呈蓝绿色。藻丝营养细胞短桶形或者半球形，异形孢球形，与营养细胞大小相同。生于潮湿清洁土表上，可食用。

（8）小型念珠藻（*N. miuntum*）（图谱8）。植物体小，圆形，着生。胶被柔软。营养细胞短桶形，异形孢圆形。生于潮湿石头上。世界性普生藻类。

（9）洪水席藻（*Phormidium inundatum*）（图谱9）。丝体直，末端成圆锥形，细胞短圆柱形。横壁不收缩，两侧具颗粒。生于流动或静止水体中，或潮湿岩石上。

（10）蛇形颤藻（*Oscillatoria anguina*）（图谱10）。藻丝直，顶端略尖细，横壁不收缩，末端细胞具帽状体。生于潮湿土表或者水中。

（11）悦目颤藻（*O. amoena*）（图谱11）。藻丝直，横壁不收缩，末端渐尖细。顶端细胞呈帽状体。细胞近方形。生于河流、潮湿土表或者水中岩石上。

（12）菌形颤藻（*O. beggiatoiformis*）（图谱12）。藻丝直，细胞横壁两侧具颗粒。末端细胞头状，具帽状体。为广布种。

（13）柱形奥杜藻（*Audouinella cylindrical*）（图谱13）。植物体小型，蓝绿色，直立丝分枝，互生，顶端细胞钝圆。分枝上部常有许多果枝，其上着生有单室孢子囊。生于水质较好的溪流中，着生于各种基质上。

（14）二角多甲藻（*Peridinium bipes*）（图谱14）。细胞多卵形或梨形，背腹扁平，具顶孔。上壳和下壳大小不相等。纵沟末端左右两边的板间带具有2个短尖的突起。生于静水中。

（15）星肋小环藻（*Cyclotella asterocostata*）（图谱15）。单细胞，壳面圆形，具同心波曲，边缘区线纹辐射排列。生于河流（着生）或者静水（浮游）。

（16）变异直链藻（*Melosira varians*）（图谱16）。细胞圆柱形，构成链状群体。壳面平滑无花纹，带面假环沟狭窄，环沟不明显，顶端不具刺。生于各种静水环境中，为偶然性浮游藻类。夏季在有机质丰富的水体中大量发生。

（17）颗粒直链藻（*M. granulata*）（图谱17）。植物体呈链状群体。细胞圆柱形，顶端细胞壳面有长刺和皱褶，带面有与长轴平行的粗孔纹。其他细胞壳面边缘有散孔纹，带面孔纹斜向排列。生活环境同变异直链藻。

（18）黄浦水链藻（*Hydrosera whampoensis*）（图谱18）。壳面三角形，从各边缘中部各伸出1个角隅，其末端呈钝圆形，看似2个三角形错叠而形同六角形，它们不在一个平面上。壳面上有不规则的、大小相间的网孔。带面长柱形，以胶质连接成丝状群体。生于各种流水环境。

（19）普通等片藻（*Diatoma vulgare*）（图谱19）。壳面椭圆披针形，有线纹。假壳缝线形，窄。带面长方形，角圆，间生带细。普生类型，偶然性浮游种类。

（20）钝脆杆藻（*Fragilaria capucina*）（图谱20）。细胞常以壳面相连形成带状群体。壳面长线形，两端略细小，末端钝圆。假壳缝线形。普生性种类，偶然性浮游藻类。

（21）双头针杆藻（*Synedra amphicephala*）（图谱21）。壳面狭披针形，从中部向两端逐渐尖细，假壳缝狭线形。有的有中心区，有的无。带面矩形。普生种类。

（22）肘状针杆藻（*S. ulna*）（图谱 22）。壳面线性至披针形，末端略呈宽钝圆形。假壳缝狭窄，线形。中心区横矩形或者无。带面线形。普生种类。

（23）简单舟形藻（*N. simplex*）（图谱 23）。壳面披针形，末端喙状。中轴区狭窄，中心区小，圆形。淡水普生种类。

（24）显喙舟形藻（*Navicula perrostrata*）（图谱 24）。壳面椭圆披针形，末端头状，壳缝直线型。带面长方形，无间生带。生于各种水体。

（25）无名舟形藻沼泽变种（*N. ignota* var. *palustris*）（图谱 25）。壳面为线形或披针形，两端壳缘近于平行，不呈波状，壳缝直线形。轴区直线形，中心区横距形。生于浅水环境。

（26）温和舟形藻线形变种（*Navicula clementis* var. *leptocephala*）（图谱 26）。壳面椭圆形，末端钝圆，壳缝直线型。带面长方形，无间生带。生于各种水体。

（27）微辐节羽纹藻（*Pinnularia microstaurom*）（图谱 27）。壳面线形披针形，末端钝圆。壳缝发达，中心区横距形。两壳面的粗肋纹一致。无间生带。山区普生种类。

（28）著名羽纹藻（*P. nobilis*）（图谱 28）。壳面线形，中部及广圆形的末端略横向扩大。中心区圆形，壳缝呈波状。横肋纹粗，在壳面中部呈放射状排列。

（29）细条纹羽纹藻（*P. microstauron*）（图谱 29）。壳面线形至线形披针形，两侧边缘平直或者略突出，末端宽喙状。中轴区狭线形，中部略扩大。横肋纹在壳面中部呈放射状排列，两端逐渐斜向极节。淡水普生种类。

（30）二戟羽纹藻（*P. bihastata*）（图谱 30）。壳面线形，中部及两端膨大，末端宽锲形，近头状。壳缝直线形，中轴窄线形，中心区略放宽。横肋纹在壳面中部呈放射状排列，两端斜向极节。

（31）优美桥弯藻（*Cymbella delicatula*）（图谱 31）。壳面狭披针形，略不对称。两侧边缘凸起。末端钝圆形。中轴区窄。壳缝略扁于腹侧。横线纹细，呈放射状排列。山区普生性种类。

（32）近缘桥弯藻（*C. affinis*）（图谱 32）。壳面明显不对称，半披针形至半椭圆形。背侧凸出，腹侧略凸出或者近于平直，末端多为短喙状。中轴区狭窄。壳缝偏于一侧。淡水普生种类。

（33）胀大桥弯藻兰可变种（*C. tumidula* var. *lancettula*）（图谱 33）。与原种的差异在于腹面明显凸起，末端呈尖头状。

（34）布雷姆桥弯藻（*C. bremii*）（图谱 34）。壳面明显不对称，半椭圆形。背侧凸出，腹侧略凸出。壳缝扁于腹侧。横线纹细。

（35）箱形桥弯藻具点变种（*C. cistula* var. *maculata*）（图谱 35）。壳面新月形，两侧明显不对称，背侧边缘凸出，腹侧中部略凸出。末端喙状。与原种明显的区别在于横线纹为肋纹。淡水常见种类。

（36）埃伦桥弯藻（*C. ehrenbergii*）（图谱 36）。不对称的壳面广椭圆形至菱形披针形，末端钝圆，略呈喙状。中轴区宽，壳缝直，略偏于一侧。横线纹粗，呈放射状排列。淡水普生种类。

（37）缢缩异极藻（*Gomphonema costrictum*）（图谱 37）。壳面棒状，在上部和中部之间有一显著缢部，上端宽，末端平广圆形，从中部到下端逐渐狭窄。横线纹呈放射状排列。淡水普生种类。

（38）缢缩异极藻小型变种（*G. costrictum* var. *parvum*）（图谱 38）。与原种的不同在于壳体偏小，上部的两侧轻度收缢，上端略宽于中部。水塘、水坑、山溪等环境中常见种类。

（39）尖异极藻伸长变种（*G. acumiratum* var. *elongatum*）（图谱 39）。本种与原种的主要不同为壳体大，且伸长。中部较宽于上端部，上端呈头状，顶端略呈喙状凸起。生于溪流瀑布、河流等环境。

（40）尖顶异极藻戈蒂变种（*G. angur* var. *gautie*）（图谱 40）。本种与原种的主要不同为壳面上部两侧具一明显凹入的缢缩部。线纹放射状排列。常生于流水或者静水水体中。

（41）扁圆卵形藻（*Cocconeis placentula*）（图谱 41）。壳面椭圆形，具假壳缝的一面有横线纹，由大小相同的孔纹连成。具壳缝一面各线纹在近壳的边缘中断，形成一个环绕在近壳缘四周的环状平滑区。普生性种类，多着生在其他物体上。

（42）扁圆卵形藻多孔变种（*Cocconeis plcentula* var. *euglypta*）（图谱 42）。与原种的明显差异是，具假壳缝的一面由于横线纹的间断，横线纹间形成纵波状条纹。普生性种类，在温暖地区广泛分布。

（43）鼠形窗纹藻（*Epithemia orex*）（图谱 43）。壳面弓形，两端略延长，末端反曲。腹侧中央有 1 条

"V"形管壳缝，末端头状略向背侧弯曲。肋纹粗，呈放射状排列。分布于淡水或者半咸水水体沿岸带。

（44）钝端窗纹藻（*E. hyndmanii*）（图谱 44）。壳面新月形，背侧及腹侧均呈弧形，末端钝圆，不反曲。腹侧中央有 1 条"V"形管壳缝。肋纹粗，呈放射状排列。淡水普生藻类。

（45）膨大窗纹藻（*E. turgida*）（图谱 45）。壳面弓形，背侧凸出，腹侧平直或者略弯曲，腹侧中央有 1 条"V"形管壳缝。两端略延长，末端钝圆形。肋纹呈放射状排列。淡水或者半咸水普生种类。

（46）光亮窗纹藻长角变种（*E. argus* var. *longicornis*）（图谱 46）。壳面披针形，腹侧平直或者略弯曲。腹侧中央有 1 条"V"形管壳缝。末端钝圆形。与种的主要区别是横肋纹和窝孔纹的数量不同。淡水常见种类。

（47）膨大窗纹藻颗粒变种（*E. turgida* var. *granulata*）（图谱 47）。壳面弓形，背侧凸出，腹侧中央有 1 条"V"形管壳缝。肋纹粗，呈放射状排列。与种的显著区别在于背侧与腹侧边缘近于平行。淡水普生种类，半咸水少有出现。

（48）解剖刀形布纹藻（*Gyrosigma scalproides*）（图谱 48）。壳面略呈"S"形弯曲，披针形。形似解剖刀而得名。末端钝圆。线纹十字交叉构成布纹。普生性种类。

（49）茧形藻（*Amphiprora paludosa*）（图谱 49）。壳体中部明显缢缩，壳面披针形，末端钝圆。由中轴的一部分凸出形成"S"形龙骨，龙骨上有横或交叉排列的点纹。生于河流、沟渠等环境。

（50）隆起棒杆藻（*Rhopalodia gibba*）（图谱 50）。壳面弓形，背缘中央凸起，背缘上有 1 条龙骨。龙骨上有 1 条不明显的管壳缝。横肋纹较粗，在两条横肋纹之间有 1～3 条由点纹组成的细横肋纹。生于小溪、河流环境。

（51）驼峰棒杆藻（*R. gibberula*）（图谱 51）。壳面呈弧形，横肋纹粗而明显，在两条横肋纹之间有 12～18 条由点纹组成的细横肋纹。生境同隆起棒杆藻。

（52）针形菱形藻（*Nitzschia acicularis*）（图谱 52）。壳面线形，末端略呈头状。龙骨点不明显。横线纹很细。普生种类。

（53）椭圆波缘藻（*Cymatopleura eltiptica*）（图谱 53）。壳面广椭圆形，两侧边缘具龙骨，末端宽平圆形。肋纹粗短。肋纹间有贯穿壳面的细线纹。淡水普生性种类。

（54）草鞋波缘藻（*C. solea*）（图谱 54）。壳面宽线形，中部缢缩，末端钝圆形。肋纹粗短。带面两侧具明显的波状皱褶。淡水普生藻类，多见于河流、湖泊沿岸带。

（55）草鞋形波缘藻尖端变种（*C. solea* var. *apiculata*）（图谱 55）。与原种的明显区别是中部收缢突出，末端渐尖。带面两侧具明显的波状皱褶。生境同原种。

（56）布雷双菱藻（*Surirella brightwellii*）（图谱 56）。壳面卵形，两侧边缘龙骨明显。上端末端钝圆形，下端末端近尖形。单细胞浮游藻类。生于淡水静水环境。

（57）粗状双菱藻（*S. robusta*）（图谱 57）。壳体两端异形。壳面卵形至椭圆形，末端钝圆形，翼状突起清楚。带面楔形。淡水普生种类。

（58）端毛双菱藻（*S. capronii*）（图谱 58）。壳体两端异形，不等宽。壳面卵形，上端末端钝圆形，下端末端近圆形。龙骨发达，翼状突起明显。带面广楔形。淡水普生种类，也出现在半咸水体。

（59）分歧锥囊藻（*Dinobryon divergens*）（图谱 59）。植物体由囊壳紧密排列成扩展而分枝较多的群体。囊壳锥形，顶部开口略扩大，中上部圆筒形，后端锥形。湖泊常见浮游种类。

（60）琵鹭扁裸藻（*Phacus platalea*）（图谱 60）。细胞宽卵形，两端宽圆，前窄后宽，后端具偏向一侧的尖尾刺，腹面平坦，背面隆起为弓背形。表质具纵线纹。副淀粉粒 1 个，较大，呈球形。生于沟、河、水田等环境。

（61）长尾扁裸藻（*Phacus longicauda*）（图谱 61）。细胞宽倒卵形，前端宽圆，顶沟浅但明显，后端渐窄且收缢成细长的尾刺，尾刺略弯曲。表质具纵线纹。副淀粉粒 1 个，较大，圆盘形。生于淡水各种水体。

（62）实球藻（*Pandorina morum*）（图谱 62）。群体球形或椭圆形，由 4 个、8 个、16 个、32 个细胞组成。群体细胞相互紧贴在群体中心，仅在群体中心有小空虚。细胞倒卵形或楔形，群体外侧的细胞前端钝圆，后端渐狭。细胞前端有 2 条等长的尾鞭型鞭毛，基部有 2 个伸缩泡。色素体杯状。眼点位于细胞近前端一侧。常见于有机质含量较多的浅水水体。

（63）多线四鞭藻（*Carteria multifilis*）（图谱 63）。细胞广卵形，细胞前端具 4 条约等于体长或略长于体长的鞭毛。蛋白核 1 个，近球形，较大，位于细胞基部。眼点长椭圆形，位于细胞前端 1/4 处。多生于有机质较多的小水体或者不动水体的浅水区域。

（64）水网藻（*Hydrodictyon reticulatum*）（图谱 64）。植物体大型，长可达 2m，由圆柱形的细胞彼此连接成囊状的网，网眼多为五边形或者六边形。植物体亮绿色。常生于池塘、沟渠、小水洼等水体中。

（65）单角盘星藻（*Pediastrum simplex*）（图谱 65）。群体由 36 个、48 个、64 个细胞组成。内层细胞五边形或者六边形，边缘细胞外侧有一角状突起，突起周边凹入。为静水中常见的真性浮游藻类。

（66）单角盘星藻具孔变种（*P. simplex* var. *duodenarium*）（图谱 66）。与原种的区别是，定形群体具穿孔，群体通常由 16 个细胞组成，内层细胞 5 个，呈三角形，边缘细胞 11 个。生境同原种。

（67）四尾栅藻（*Scenedesmus quadricauda*）（图谱 67）。定型群体扁平，通常由 2 个或者 4 个细胞构成，细胞排列成一条直线。群体细胞二型，中央细胞无棘刺，群体两侧各有 1 个细胞的上下两端，生有 1 个直或者略弯曲的棘刺。分布极广，各种静水水体均有出现，特别是夏季最为繁盛。

（68）椭圆栅藻长鞭变型（*S. ellipsoideus* f. *flagellispiosus*）（图谱 68）。定型群体由 8 个二型细胞组成，细胞排列成一条直线。群体两侧各有 1 个细胞的上下两端，生有 1 个直或者略弯曲的棘刺，较长。中央 6 个细胞无棘刺。生于湖泊环境。

（69）二形栅藻（*S. dimorphus*）（图谱 69）。定型群体通常由 8 个细胞组成，交互排列，扁平。群体中间的细胞纺锤形，上下两端渐尖。群体两端的细胞为新月形，上下两端也渐尖。常见于各种静水水体。

（70）斜生栅藻（*S. obliquus*）（图谱 70）。定型群体由 8 个细胞组成，略作交互排列。细胞纺锤形，两端尖细无刺状突起。为极常见的浮游藻类，蛋白质含量 40%左右，易培养。

（71）扁盘栅藻（*S. platydiscus*）（图谱 71）。定型群体通常由 8 个细胞组成，排列成上下两列。细胞为长椭圆形，细胞壁平滑。普生种类。

（72）具刺栅藻两突变种（*S. spinosus* var. *bicaudatus*）（图谱 72）。定型群体细胞椭圆形，通常由 2 个或者 4 个细胞组成。如为 4 个细胞的群体，两侧细胞有一边有 1 条长的棘刺和几条短的棘刺。中间细胞无长的棘刺，只有短的存在。

（73）项圈新月藻（*Closteriurm moniliforum*）（图谱 73）。单细胞，新月形。细胞腹缘中部明显膨大，向顶部逐渐狭窄，顶端钝圆形。每半个细胞内有一色素体，多个蛋白核，在中轴排成一列。常生活于有机质多的静水水体或者潮湿环境。

（74）尖新月藻变异变种（*C. acutum* var. *variabile*）（图谱 74）。细胞小，弯曲近半圆形，腹缘不膨大，顶部尖圆。与原种最大的不同是，细胞长为宽的 10～36 倍。淡水广布种。

（75）厚皮鼓藻（*Cosmarium pachydermum*）（图谱 75）。细胞广椭圆形，缢缝深凹，狭线形，顶部扩大。半细胞正面观半圆形。壁厚，具密集点纹。淡水常见种类。

（76）钝鼓藻（*C. obtusatum*）（图谱 76）。细胞缢缝深凹，狭线形，顶端扩大。半细胞正面观截顶的角锥形，顶缘平直，基角略圆，侧缘凸出，约有 8 个波纹。广布种。

（77）斑点鼓藻（*C. punctulatum*）（图谱 77）。细胞小，缢缝深凹，狭线形，外部略扩大。半细胞正面观长方形至梯形，顶缘宽，平直或略突起，顶角和基角圆，侧缘略凸出并向顶部渐狭，半细胞侧面观圆形。广布种。

（78）扁鼓藻（*C. depressum*）（图谱 78）。细胞小，缢缝深凹，狭线形，向外张开。半细胞正面观近横椭圆形，顶缘凸出或者平直，两侧圆，半细胞侧面观圆形。广布种。

（79）双星藻属（*Zygnema*）（图谱 79～图谱 80）。本次在保护区采集到该属植物有形态差异的 2 种，因未见接合孢子，不能鉴定到种。属的主要特征是：植物体营养细胞圆柱形，细胞长略大于宽。细胞横壁平直。每细胞有 2 个轴生星芒状色素体，沿细胞长轴排列。每个色素体中央有一个大的蛋白核。

（80）水绵属（*Spirogyra*）（图谱 81～图谱 83）。本次在保护区采集到有形态差异的 3 种，因未见接合孢子，不能鉴定到种。属的主要特征是：营养细胞圆柱形。细胞横壁平直形、折叠形、半折叠形、束合形 4 类型。每细胞有 1～16 条周生、带状、沿细胞壁作螺旋排列的色素体。每条色素体有一列蛋白核。

（81）皱刚毛藻（*Cladophora crispata*）（图谱 84）。植物体幼时着生，成熟后漂浮。细胞长圆柱形。藻丝连续分枝，分枝渐尖或略细。常生长在浅水湖泊、池塘中。

（82）膜微孢藻（*Microspora membranacea*）（图谱 85）。细胞圆柱形或者略膨大，横壁处略收缢。细胞壁厚，分层明显。"H"形构造可见。色素体充满整个细胞。四川、重庆、贵州、云南有分布，生于静水环境。

（83）普生轮藻（*Chara vulgaris*）（图谱 86）。植物体大型，高 15～20cm，雌雄同株。刺细胞单生。托叶双轮。小枝 8～9 枚一轮。配子囊生于小枝基部，藏卵器广椭圆形。普生种类。

2.4.3　藻类植物与水体环境评价

1. 利用指示藻类对水体环境进行评价

某些藻类植物对水体环境的变化能产生各种反应信息，对水体质量具有指示作用，为此可利用它们来监测和评价水体的污染状况。水体的理化性质和藻类群落的组成，会依据水体的自净力、距污染源的远近、污染物的性质等发生相应变化。同一属的种类其耐污程度（或指示作用）可能不同，如裸藻属（*Euglena*）的绿裸藻（*E. viridis*）是最耐污的种类，而同属的易变裸藻（*E. mutechilis*）就不耐有机污染。另外，污染物的种类和性质差别很大，水生藻类对它们的反应也各不相同。根据这些现象，法国的 Kolkwitx 和 Marsson 等将河流划分为多污带（重污带）（polysaprobic zone）、α-中污带（强中污带）（α-mesosaplobic zone）、β-中污带（弱中污带）（β-mesosaplobic zone）、微污带（寡污带）（oligosaprobic zone）和清洁带（kathaobic zone），并指出每一带水体中都生存有不同的藻类，形成污水生物系统，并运用这一系统来评价水质的污染程度。清洁带是指山溪水，它们开始于泉水，并且在很有限的范围内，随后根据流水不断进入新的环境而成为不洁的水。

保护区有极常出现在各水体带的藻类植物 36 种（不包括常出现、出现、偶出现的种类）（表 2-24）。在本次的采样中，没有发现极常出现在多污带水体（P）和 α-中污带（α）的指示藻类。极常出现于 β-中污带（β）水体中的指示藻类有 10 种，占指示藻类总数的 27.78%；在微污带（o）水体中极常出现的种类最多，为 20 种，占指示藻类总数的 55.56%。既可指示 α-中污带水体也可指示 β-中污带的藻类（αβ）3 种，既可指示 β-中污带也可指示微污带的藻类（βo）3 种，各占指示藻类总数的 8.33%。可以看出各采样点以 β-中污带和微污带指示藻类占的比例最大。表明保护区采样点内水质状况良好，藻类群落结构稳定，物种丰富。

表 2-24　保护区污染指示藻类植物及其分布（2013-05）

指示藻类	采集点							
	1	2	3	4	5	6	7	8
泥生颤藻 *Oscillatoria limosa*	αβ							
巨颤藻 *O. prirceps*	β							β
普通等片藻 *Diatoma vulgare*	βo	βo	βo	βo	βo	βo	βo	βo
变异直链藻 *Melosira varians*	β	β	β	β	β	β	β	β
颗粒直链藻 *M. granulata*	β	β	β	β	β	β	β	β
钝脆杆藻 *Fragilaria capucina*	βo	βo	βo	βo	βo	βo	βo	βo
肘状针杆藻 *Synedra ulna*	βo	βo	βo	βo	βo	βo	βo	βo
扁圆卵形藻 *Cocconeis placentula*	β		β		β	β	β	β
扁圆卵形藻多孔变种 *C. placentula* var. *englypta*	o	o	o	o	o	o	o	o
尖布纹藻 *Gyrosigma acuminatum*			o					
橄榄异极藻 *Gomphonema olivaceum*	β		β	β		β	β	β
近缘桥弯藻 *Cymbella affinis*			o	o				
隆起棒杆藻 *Rhopalodia gibba*			o		o			o

续表

指示藻类	采集点							
	1	2	3	4	5	6	7	8
端毛双菱藻 *Surirella capronii*				β	β			
线形双菱藻 *S. Linearis*	β	β	β	β				
卵形双菱藻 *S. ovata*	β							
草鞋波缘藻 *Cymatopleura solea*	αβ	αβ	αβ	αβ		αβ		
椭圆波缘藻 *C. elliptica*		β						
实球藻 *Pandorina mornm*			o					
四尾栅藻 *Scenedesmus quadricauda*			β		β	β	β	
斜生栅藻 *S. obliquus*			αβ					αβ
多形丝藻 *Ulothrix variabilis*	o	o		o				o
颤丝藻 *U. oscillarina*		o	o		o			
皱刚毛藻 *Cladophora crispata*	o		o	o		o	o	o
疏枝刚毛藻 *C. oligoclona*	o	o	o			o	o	
双星藻 *Zygnema* sp.	o		o	o		o		
双星藻 *Z.* sp.			o	o		o		o
水绵 *Spirogyra* sp.	o	o		o		o	o	o
水绵 *S.* sp.	o	o	o					o
水绵 *S.* sp.	o	o	o					o
项圈新月藻 *Closterium moniliforum*	o							
尖新月藻变异变种 *C. acutum* var. *variabile*			o	o				
厚皮鼓藻 *Cosmarium pachydermum*			o		o	o	o	
钝鼓藻 *C. obtusatum*						o	o	o
斑点鼓藻 *C. punctulatum*		o						
扁鼓藻 *C. depressum*			o	o				

注：1. 金沙沟；2. 么站沟；3. 板桥沟；4. 强盗沟；5. 酸草沟；6. 五家沟；7. 闷头溪沟；8. 神女溪河

但利用藻类监测也有它的缺点，一是藻类本身有适应性，有一定的忍耐能力，如一般认为，甲藻门的多甲藻属（*Peridinium*）的种类是微污水体的指示藻类，但在重庆的长寿湖，三峡库区小江流域某些江面，它们常常在某些月份形成水华。特别是在长寿湖，多甲藻属的种类形成的水华造成水质呈淡酱油色。二是藻类与藻类之间，藻类与非生物环境因素之间，有很复杂的相互关系。以上两点降低了藻类监测水体的灵敏性和专一性。

2. 利用物种多样性指数对水环境进行评价

在正常水体中，藻类群落结构是相对稳定的。当水体受到污染后，群落中不耐污染的敏感种类往往会减少或消失，而耐污种类的个体数量则大大增加。污染程度不同，减少或消失的种类不同，耐污染种类的个体数量增加也不同。因此，通常可采用物种多样性指数来反映水体环境状况。

Shannon-Wiener 多样性指数的计算，是根据不同群落中藻类物种数和每一个物种的不同个体数来计算不同群落（采样点）的指数值，这样就可以了解不同群落中种间个体的差异和群落结构的组成及物种的分布格局。同时还可反映断面的水质状况，当物种多样性指数大于 3 时，水质清洁；指数为 2～3 时为轻度污染；1～2 时为中度污染；0～1 时为重度污染。

Whittaker 多样性指数可以反映不同采样点藻类植物的物种组成差异，Whittaker 值越大，不同采样点的共有种就越少。计算 Whittaker 多样性指数还可以指示物种分割的程度，从而比较其生境的多样性。

保护区本次 8 个采样点的 Shannon-Wiener 和 Whittaker 物种多样性指数值分析结果见表 2-25。

表 2-25　保护区 8 个采样点藻类植物的 Shannon-Wiener 和 Whittaker 多样性指数值（2013-05）

采样点	金沙沟	么站沟	强盗沟	酸草沟	板桥沟	五家沟	闷头溪沟	神女溪河
$\bar{d}$ 值	2.623	2.515	2.517	2.501	2.586	2.467	2.413	2.567
β 值	1.235	1.627	1.634	1.638	1.732	1.468	1.328	1.645

2013 年 5 月保护区 8 个采样点 Shannon-Wiener 值（$\bar{d}$ 值）都大于 2 小于 3，为轻度污染水体。水生生态环境未受污染，水体中藻类群落结构稳定。值得注意的是，该指数只考虑了种数和个体数的关系，未考虑个体在各种类间的分配情况，这样易掩盖不同群落的种类和个体的差异，并易受到计数样品大小的影响。

从 Whittaker 多样性指数值（β 值）可以看出，么站沟和其支沟强盗沟、酸草沟相差最小，仅有 0.007 和 0.011，说明它们之间生态环境几乎没有多大差别，共有种多。么站沟和金沙沟、板桥沟、五家沟、闷头溪沟、神女溪河的 Whittaker 多样性指数值虽然有一定的差异，但差值未达到 1，说明各沟之间的生态环境差异不大，共有种也较多。

水体对污染物负载能力有一定限度，如果污染物超过了生态系统的负载能力，生物净化作用就会遭到破坏，生态系统就失去了原来的平衡状态，也就会引起相应的生物学效应，这个界限就称为环境容量。

多年来，在保护区管理部门的严格管理和保护下，整个水域环境基本上保持了原来的自然风貌。各沟谷两侧山地上完好的森林植被是保护水体环境的自然屏障。保护好森林植被是整个水域水生生态系统得以持续良性发展的最基本保证。

以下图谱为赤水桫椤国家级自然保护区常见藻类显微镜照片。

蓝藻门，图谱 1～12；红藻门，图谱 13；甲藻门，图谱 14；硅藻门，图谱 15～58；图谱 87～90；金藻门，图谱 59；裸藻门，图谱 60～61；绿藻门，图谱 62～85；轮藻门，图谱 86。

以下图谱是在麦克奥迪研究用显微镜下拍摄的，放大倍数为 10×40 后再高清预览。有的藻类极其微小，无法拍照。

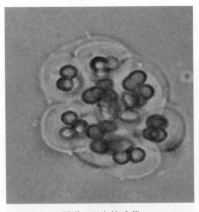

图谱1.石生粘球藻

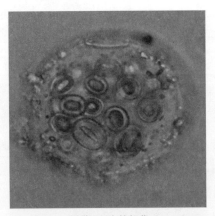

图谱2.石生粘杆藻

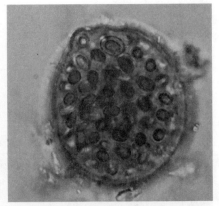

图谱3.棕黄粘杆藻

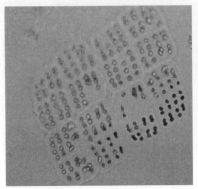

图谱4.微水平裂藻

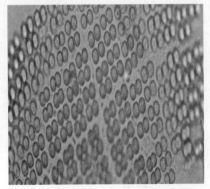

图谱5.点形平裂藻

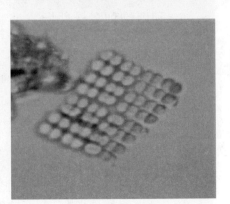

图谱6.银灰平裂藻

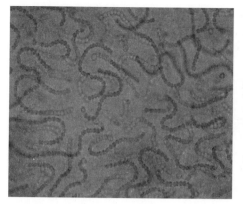

图谱7.普通念珠藻

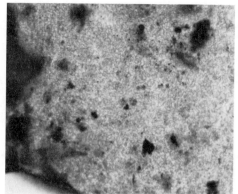

图谱8.小型念珠藻

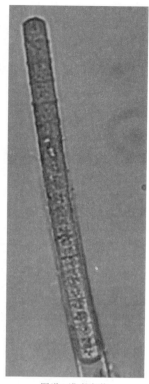

图谱9.洪水席藻

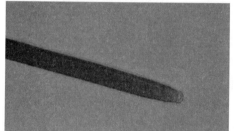

图谱10.蛇形颤藻

图谱11.悦目颤藻

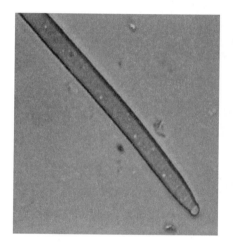

图谱12.菌形颤藻

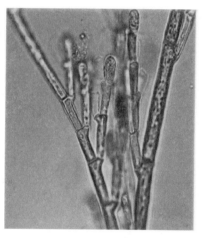

红藻门　图谱13.柱形奥杜藻

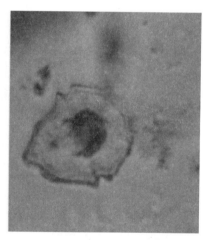

甲藻门　图谱14.二角多甲藻

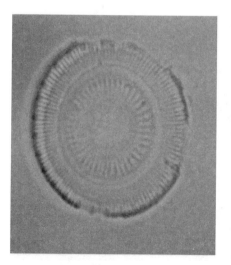

硅藻门　图谱15.星肋小环藻

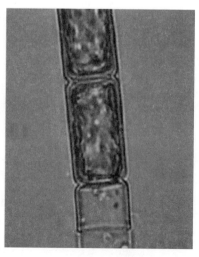

图谱16.变异直链藻

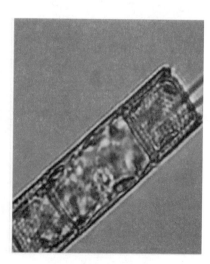

图谱17.颗粒直链藻

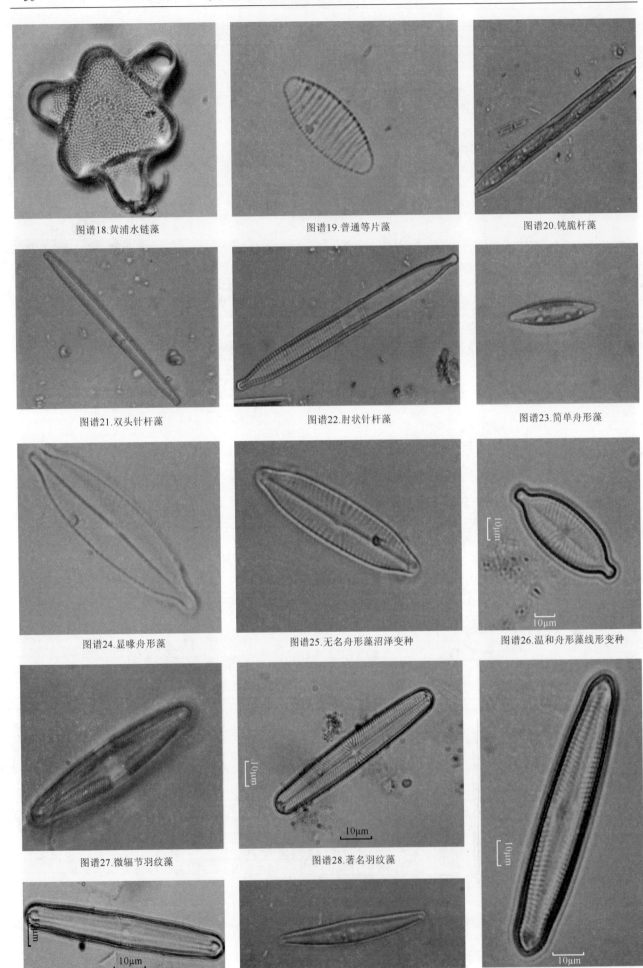

图谱18.黄浦水链藻　　　　　图谱19.普通等片藻　　　　　图谱20.钝脆杆藻

图谱21.双头针杆藻　　　　　图谱22.肘状针杆藻　　　　　图谱23.简单舟形藻

图谱24.显喙舟形藻　　　　图谱25.无名舟形藻沼泽变种　　图谱26.温和舟形藻线形变种

图谱27.微辐节羽纹藻　　　　图谱28.著名羽纹藻

图谱30.二戟羽纹藻　　　　　图谱31.优美桥弯藻　　　　　图谱29.细条纹羽纹藻

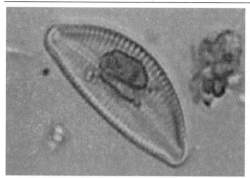

图谱32.近缘桥弯藻

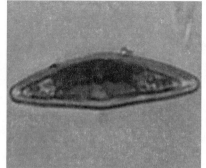

图谱33.胀大桥弯藻兰可变种

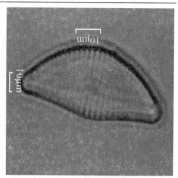

图谱34.布雷姆桥弯藻

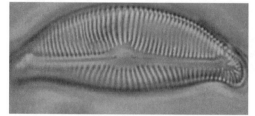

图谱35.箱形桥弯藻具点变种

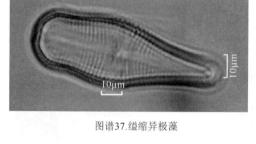

图谱37.缢缩异极藻

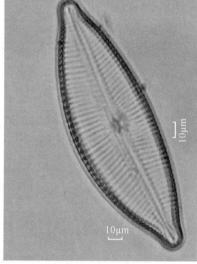

图谱36.埃伦桥弯藻

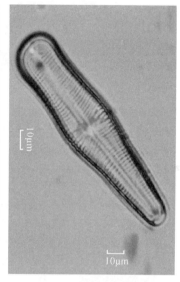

图谱38.缢缩异极藻小型变种

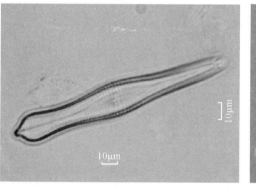

图谱39.尖异极藻伸长变种

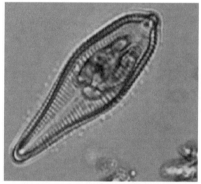

图谱40.尖顶异极藻戈蒂变种

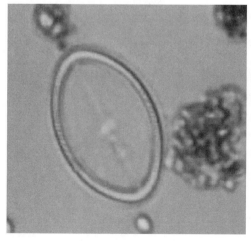

图谱41.扁圆卵形藻

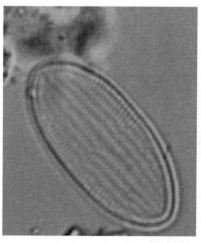

图谱42.扁圆卵形藻多孔变种

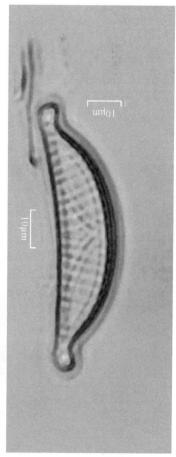

图谱43.鼠形窗纹藻

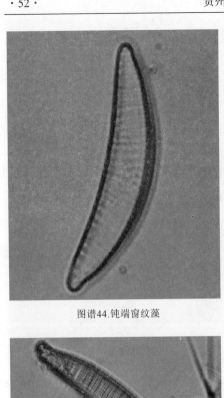

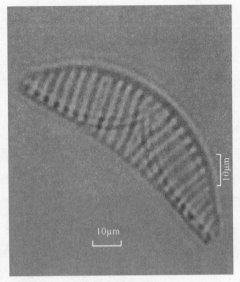

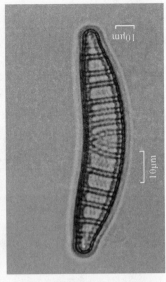

图谱44.钝端窗纹藻　　　　　　　　　　图谱45.膨大窗纹藻　　　　　　　　　图谱46.光亮窗纹藻长角变种

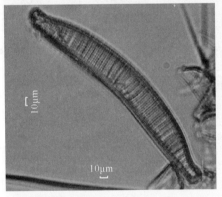

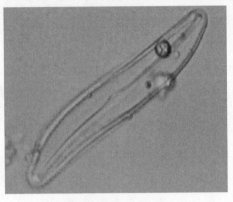

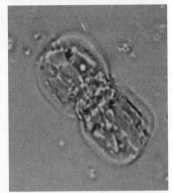

图谱47.膨大窗纹藻颗粒变种　　　　　　图谱48.解剖刀形布纹藻　　　　　　　　图谱49.茧形藻

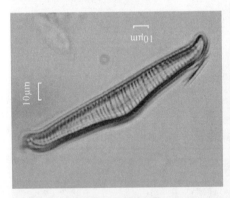

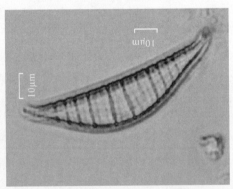

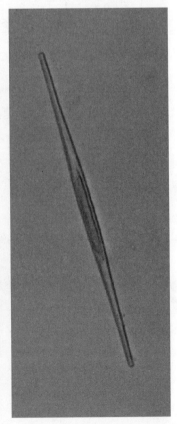

图谱50.隆起棒杆藻　　　　　　　　　　图谱51.驼峰棒杆藻

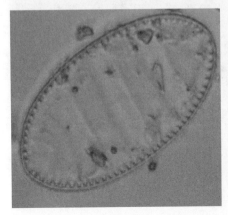

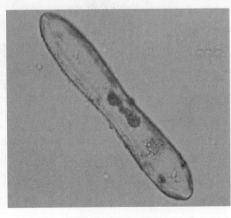

图谱53.椭圆波缘藻　　　　　　　　　　图谱54.草鞋波缘藻　　　　　　　　　　图谱52.针形菱形藻

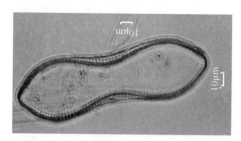

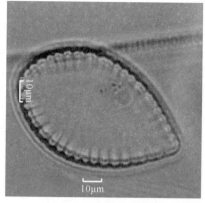

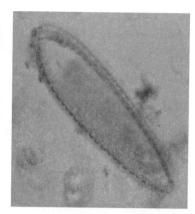

图谱55.草鞋形波缘藻尖端变种

图谱56.布雷双菱藻

图谱57.粗状双菱藻

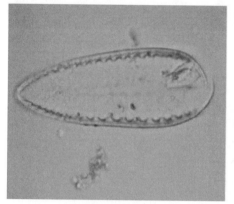

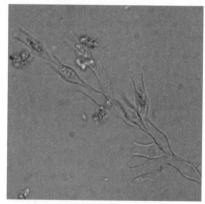

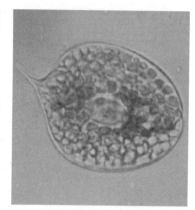

图谱58.端毛双菱藻

图谱59.分歧锥囊藻

图谱60.琵鹭扁裸藻

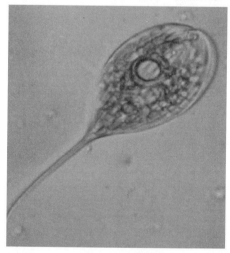

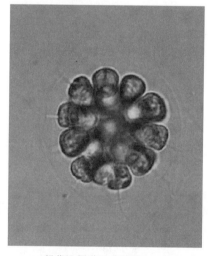

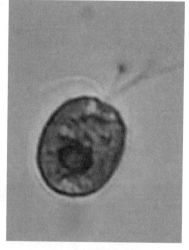

图谱61.长尾扁裸藻

绿藻门 图谱62.实球藻

图谱63.多线四鞭藻

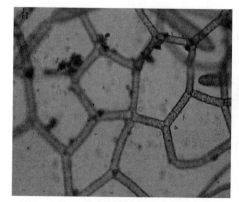

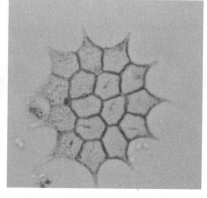

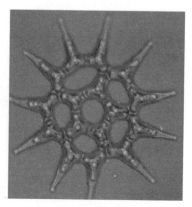

图谱64.水网藻

图谱65.单角盘星藻

图谱66.单角盘星藻具孔变种

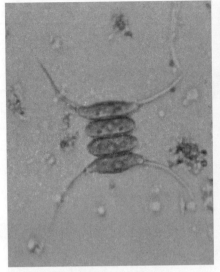
图谱67.四尾栅藻

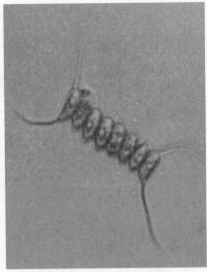
图谱68.椭圆栅藻长鞭变型

图谱69.二形栅藻

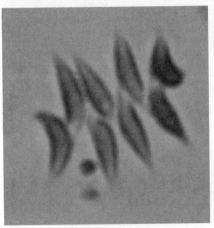
图谱70.斜生栅藻

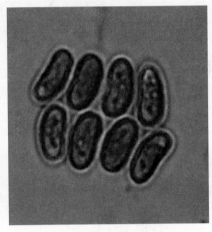
图谱71.扁盘栅藻

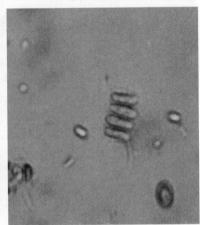
图谱72.具刺栅藻两突变种

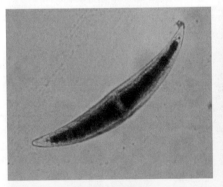
图谱73.项圈新月藻

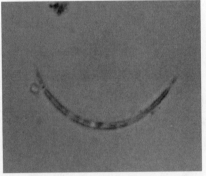
图谱74.尖新月藻变异变种

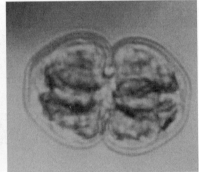
图谱75.厚皮鼓藻

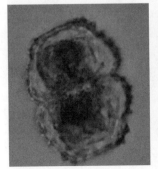
图谱76.钝鼓藻

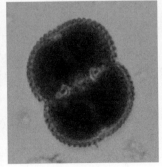
图谱77.斑点鼓藻

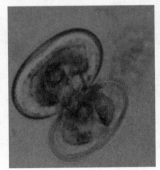
图谱78.扁鼓藻

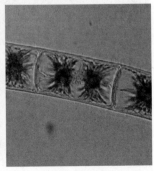
图谱79.双星藻一种

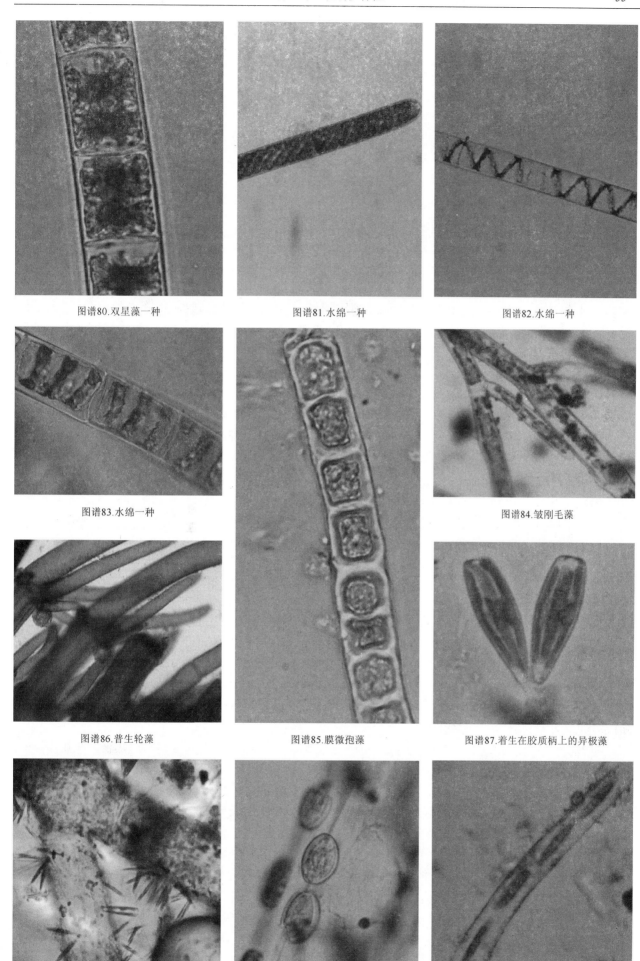

图谱80.双星藻一种　　　　　　　　　　图谱81.水绵一种　　　　　　　　　　图谱82.水绵一种

图谱83.水绵一种　　　　　　　　　　　　　　　　　　　　　　　　图谱84.皱刚毛藻

图谱86.普生轮藻　　　　　　　　　图谱85.膜微孢藻　　　　　　　图谱87.着生在胶质柄上的异极藻

图谱88.着生在刚毛藻上的异极藻　　　图谱89.附着在水中枯枝上的扁圆卵形藻　　　图谱90.着生在胶质管内的硅藻

第 3 章 植　被

3.1　植 被 总 论

保护区内出露岩石在地势陡峭区域较多，均为白垩统夹关组砂岩夹泥、页岩等，经多年风化、淋溶等自然力量形成紫色土、黄壤等土壤类型，土壤层深厚，特别是坡度较缓的山地沟谷地段，土质松软、含水率高，对植被发育极为有利，多发育为物种组成丰富的常绿阔叶林。

保护区地处中亚热带范围，海拔落差较大，最高海拔为 1730.1m，最低处董家沟海拔仅 331.5m。该区域水热条件良好，少受寒潮侵袭，形成温暖湿润的亚热带季风气候，年降水量充沛，相对湿度高，植物种类和植被类型均十分丰富。在海拔 700m 以下的沿河沟谷两岸，常绿阔叶林下出现以桫椤、芭蕉、福建观音座莲、密脉木等为代表的南亚热带沟谷雨林层片，生长着较多的热带、南亚热带成分植物。

保护区大部分处于较封闭的峡谷，两岸多悬崖峭壁，人畜难以攀登，人类足迹相对较少，特别是近年来保护区加强了管理，使得保护区有相当面积的原始林得以保存。但由于早前人为种植的毛竹（*Phyllostachys pubescens*）、慈竹（*Neosinocalamus affinis*）等大肆入侵原始林，特别是低海拔的河岸沟谷区域出现成片毛竹林，对桫椤、阔叶林等的影响较大。另外，保护区边缘，居民住户较多，他们的生产活动对保护区的植被也有较大影响。

总体来看，保护区的植被特征呈现以下明显特点。

（1）植被类型多样，植被原始。通过实地考察，保护区内原始林包括暖性针叶林、落叶阔叶林、常绿落叶阔叶混交林、常绿阔叶林、竹林及常绿阔叶灌丛等多种植被型。

保护区内植被原始性较强，如在地形陡峭的区域，壳斗科、樟科、山茶科等生长高大，乔木层、亚乔木层、灌木层、草本层、地被层齐全，一些大中型木质藤本攀援、缠绕其间，保持着原始状态。特别是在考察中我们发现了胸围 1.9m，株高近 30m 的马尾松和胸围 1m，株高近 30m 的四川大头茶（*Gordonia acuminata*），还有草本层达到近乔木高度（5m 左右）的中华里白（*Diplopetrygium chinense*）。

（2）亚热带湿润常绿阔叶林占主体。保护区内在海拔 700m 以下的区域，含有以桫椤、芭蕉、海芋、福建观音座莲为代表的南亚热带雨林层片。整个保护区按照《中国植被》划分，处于中亚热带常绿阔叶林带内。由于山地海拔相对不高，其出现的常绿阔叶落叶混交林并不多见，垂直植被分带现象并不明显。海拔 700m 以上，壳斗科、樟科、山茶科等常绿阔叶乔木明显处于优势地位，是典型的中亚热带常绿阔叶林，但在一些次生性的林内，亦有少量落叶树种如亮叶桦、枫香。

此外，海拔 700m 以下，由于特殊地理环境形成的湿热的河谷小气候，使得一些热带、南亚热带植物能够生长繁殖，形成以桫椤、芭蕉、海芋、福建观音座莲、密脉木等为代表的南亚热带雨林层片的常绿阔叶林，其他如中华野独活、山地水东哥、苹果榕（*Ficus oligodon*）、线柱苣苔（*Rhynchotechum obovatum*）、钟花草（*Codonacanthus pauciflorus*）等具有热带、南亚热带成分的植物也分布其中。

（3）蕨类植物组成丰富。我国蕨类植物主要分布于西南地区，而贵州的蕨类植物具有代表性，在保护区内的植物群落组成中，阳性草本植物稀少，而耐阴喜湿的蕨类植物十分丰富。保护区内沟谷纵深较大，森林郁闭度较高、空气土壤湿润，阳性草本的生存受到限制，而蕨类植物却得到发育的机会，在区内蕨类随处可见，其中，桫椤、华南黑桫椤、福建观音座莲、华南紫萁（*Osmunda vachellii*）、短肠蕨（*Allantodia cavaleriana*）、长叶实蕨（*Bolbitis heteroclita*）、中华里白等在林下多居优势地位。许多大中型蕨类植物如桫椤、华南黑桫椤、福建观音座莲、狗脊蕨、金毛狗、华南紫萁等个体植株占较大空间，在群落中占有重要地位。

3.2　植　被　类　型

3.2.1　植被分区

按照吴征镒先生主编的《中国植被》中的三级分区系统，赤水国家级自然保护区在植被分区上属于亚热带常绿阔叶林区（植被区域）（Ⅳ），东部（湿润）常绿阔叶林亚区域（ⅣA），中亚热带常绿阔叶林南部亚热带（植被地带）（ⅣAii），川、滇、黔山丘，栲类、木荷林区（植被区）（ⅣAiib-5）。中亚热带常绿阔叶林南部亚地带（ⅣAiib）。

3.2.2　植被分类

依据《中国植被》的分类原则、单位和系统，根据野外调查、整理记录的样方调查数据和资料，对保护区的植被类型进行划分。保护区的植被划分为暖性针叶林、落叶阔叶林、常绿落叶阔叶混交林、常绿阔叶林、竹林、常绿阔叶灌丛、灌草丛等 7 个植被型并划分为 36 个主要群系类型。其中暖性针叶林包括马尾松林、杉木林群系；落叶阔叶林主要以亮叶桦、枫香、赤杨叶、毛脉南酸枣、檵木、灯台树等为建群种所形成的 6 种群系为主；常绿落叶阔叶林类型中主要以枫香与常绿阔叶树种混合、栲类与落叶阔叶树种混合及楠木与落叶阔叶树种混合所形成的三种混交类型共 5 种群系为主；常绿阔叶林以楠木属和润楠属树种及其与其他常绿树种组成的阔叶混交林（包括栲树林、甜槠栲林、短刺米槠林、小果润楠林、润楠林、楠木林、臀果木林及其混交林），共计 11 种群系为主；竹林主要由毛竹林、慈竹林、硬头黄林、斑竹林等大茎竹类和水竹、箬叶竹等小茎竹类 7 种竹类群系；常绿阔叶灌丛主要有以小梾木、竹叶榕等为主的灌丛，共 2 个群系；灌草丛为具有南亚热带特色的桫椤、芭蕉、罗伞、峨眉姜花、海芋为主的物种所组成的灌草丛，共 3 个群系。见表 3-1，分类序号连续编排按《中国植被》编号所用字符，植被型用罗马字母Ⅰ、Ⅱ、Ⅲ…，植被亚型用一、二、三…，群系组用（一）、（二）、（三）…，群系用（1）、（2）、（3）…表示。

表 3-1　贵州赤水桫椤国家级自然保护区植被分类系统

植被型	植被亚型	群系组	群系
Ⅰ暖性针叶林	一、暖性常绿针叶林	（一）暖性松林	（1）马尾松林
		（二）杉木林	（2）杉木林
Ⅱ落叶阔叶林	二、山地杨桦林	（三）桦木林、桤木林	（3）亮叶桦林
			（4）枫香林
			（5）赤杨叶林
		（四）毛脉南酸枣林	（6）毛脉南酸枣林
		（五）檵木林	（7）檵木林
		（六）灯台树林	（8）灯台树林
Ⅲ常绿落叶阔叶混交林	三、山地常绿、落叶阔叶混交林	（七）枫香、常绿阔叶树混交林	（9）枫香、四川大头茶混交林
		（八）栲类、落叶阔叶树混交林	（10）短刺米槠、亮叶桦林
			（11）短刺米槠、赤杨叶林
		（九）楠木、落叶阔叶树混交林	（12）楠木、灯台树、毛脉南酸枣林
			（13）黔桂黄肉楠、灯台树林
Ⅳ常绿阔叶林	四、典型常绿阔叶林	（十）栲类林	（14）栲树林
			（15）甜槠栲林
			（16）栲、甜槠栲林
			（17）短刺米槠

续表

植被型	植被亚型	群系组	群系
IV 常绿阔叶林	四、典型常绿阔叶林	（十一）栲类、大头茶林	（18）短刺米槠、四川大头茶林
		（十二）润楠林	（19）小果润楠林
			（20）小果润楠、青冈林
			（21）润楠、楠木林
		（十三）楠木林	（22）楠木、黄牛奶树林
			（23）楠木林
		（十四）臀果木林	（24）臀果木林
V 竹林	五、温性竹林	（十五）山地竹林	（25）箬叶竹林
	六、暖性竹林	（十六）丘陵山地竹林	（26）毛竹林
			（27）狭叶方竹林
			（28）斑竹林
			（29）水竹林
		（十七）河谷、平原竹林	（30）硬头黄竹林
			（31）慈竹林
VI 常绿阔叶灌丛	七、典型常绿阔叶灌丛	（十八）河滩常绿阔叶灌丛	（32）竹叶榕灌草丛
			（33）小桨木、芦苇灌草丛
VII 灌草丛	八、暖性灌草丛	（十九）南亚热带常绿阔叶灌草丛	（34）桫椤、芭蕉、罗伞灌草丛
			（35）芭蕉灌草丛
			（36）峨眉姜花草丛

3.3　主要植被群系特征概述

3.3.1　主要植被特征

1. 暖性针叶林

暖性针叶林植被类型主要分布于亚热带低山、丘陵和平地的针叶林，森林建群种喜温暖湿润的气候条件。暖性针叶林分布区的基本植被属常绿阔叶林或其他类型阔叶林，但在我国的现状植被中，针叶林面积之大、分布之广、资源之丰富均超过了阔叶林。这些针叶林多分布于丘陵山地的酸性红黄壤，少数分布于平地及河岸，或适应石灰性土壤。许多针叶林常形成纯林，如马尾松林、杉木林、柏木林等均覆被很大面积，有的则零星分散或混生阔叶林中，如福建柏林等。

暖性针叶林树种种类十分丰富，起源古老，其中有许多是孑遗单种属，且多属中国特产。林下层灌木多属热带及亚热带科属，主要有：山茶科、樟科、壳斗科、茜草科、杜鹃花科、紫金牛科、野牡丹科、桃金娘科、五加科、大戟科及竹亚科等。林下草本层主要有禾本科、菊科、莎草科；还有蕨类植物中的里白科、乌毛蕨科、紫萁科、卷柏科等。

虽然种类多而复杂，但暖性针叶林仍然具有一般针叶林固有的特征：外貌高大整齐、层次分明、立木端直、结构简单、树形优美。

本保护区内的暖性针叶林主要是暖性常绿针叶林中的马尾松林和杉木林等群落类型。另外，保护区内还有马尾松、杉木等针叶树种与阔叶树种形成的针阔混交林，此种类型在五柱峰、楠竹坪等中山地区有斑块状分布。根据《中国植被》划分的原则，笔者考虑植被动态原因，此类短时间过渡性植被类型最终不会形成稳定植被类型，因此，将此类型并入阔叶林类型汇总。

2. 落叶阔叶林

落叶阔叶林是我国北方温带地区阔叶林中主要的森林植被类型。构成群落的乔木全都是冬季落叶的阳性阔叶树种，林下的灌木也是冬季落叶的种类，林内草本植物到了冬季地上部分枯死或以种子越冬。在严寒的冬季，整个群落中的植物都处于休眠状态。

组成我国落叶阔叶林群落的乔木树种是以壳斗科、桦木科（Betulaceae）、榆科（Ulmaceae）、金缕梅科（Hamamelidaceae）、安息香科（Styracaceae）中的落叶树种为主，如壳斗科的栎属（Quercus）、水青冈属（Fagus）；桦木科中的桦木属（Betula）、鹅耳枥属（Carpinus）；榆科的朴属（Celtis）、金缕梅科的枫香属（Liquidambar）、安息香科的赤杨叶属（Alniphyllum）等。阔叶林中，落叶阔叶林的群落结构一般是比较简单的，由乔木层、灌木层和草本层组成。林内较干燥，地表苔藓层、藤本植物和附生植物少见。

在本保护区内，落叶阔叶林主要分布于常绿阔叶林上部的山地，甚至和针叶林及针阔混交林形成过渡类型，区内的落叶阔叶林主要以枫香林、亮叶桦林、赤杨叶林等群落类型为主。

3. 常绿、落叶阔叶混交林

常绿、落叶阔叶混交林是落叶阔叶林与常绿阔叶林之间的过渡类型，在我国亚热带地区有较广泛的分布，是亚热带北部典型植被类型之一，且在中亚热带及南亚热带的较高海拔山地处也有分布。这一类型的群落，一般均无明显的季相变化，在落叶树的落叶季节，林冠呈现一种季节性间断现象。由于种类组成复杂，因此季相变化明显、群落外貌色彩丰富多彩。群落结构通常可分为乔木、灌木及草本三个层次，有时还有苔藓或地被层。

常绿、落叶阔叶混交林系由常绿与落叶两类阔叶树种混合组成。其物种组成上层主要建群种均为壳斗科树种，其中落叶为栎属和水青冈属，另外还有槭树科槭树属，金缕梅科枫香属（Liquidambar）、蜡瓣花属（Corylopsis）、樟科的山胡椒属（Lindera glauca）等。常绿的种类有壳斗科的栲属、青冈属（Cyclobalanopsis），樟科的樟属、楠属（Phoebe）、润楠属（Machilus），山茶科的木荷属（Schima）、红淡比属（Cleyera）等。

保护区内此植被类型以山地常绿落叶阔叶混交林为主，代表群落类型主要有：枫香、常绿阔叶树混交林，栲类、落叶阔叶树混交林，楠木、落叶阔叶树混交林等。

4. 常绿阔叶林

常绿阔叶林是分布在我国亚热带地区具有代表性的森林植被类型。森林外貌四季常绿，呈深绿色，上层树冠呈半球形，树冠整齐一致。我国常绿阔叶林中，壳斗科、樟科、山茶科是其基本的组成成分。

壳斗科的常绿树种非常丰富，主要是青冈属、石栎属（Lithocarpus）、栲属的许多种类。水热条件较为充分的地区，樟科的种类在群落中多有增加，主要是樟属、润楠属、琼楠属的一些种，另外，山茶科在乔木层和灌木层中也是重要组成物种。

常绿阔叶林植被是该保护区的地带性植被，分布最为广泛，类型主要有甜槠林、短刺米槠林、润楠林等群落类型。

5. 竹林

竹林在群落结构和植物种类组成、群落的生态外貌、群落的地理分布等特征方面都很特殊，形成一类木本状多年生常绿植物群落类型，常由一些竹类构成单优势种群落。竹类植物生态适应广，有许多竹类混生于阔叶林中，尤其是在亚热带和热带混生于各种常绿阔叶的森林植物群落中，在林内形成显著的层片，对于群落的动态演替起着明显的作用。

我国竹类的地理分布范围很广，主要在热带和亚热带地区，以长江流域以南海拔100~800m的丘陵地及河谷平地分布较广，生长最盛。

按照《中国植被》的竹类区划分，本区属于华中、亚热带丛生竹林亚区。

保护区内竹类多样性较高，特别是毛竹和慈竹在有人户居住的地区及其临近的沟谷地地带均有分布，其他还有孝顺竹林、水竹林、硬头黄竹林等竹类群落类型分布。

保护区内毛竹林分布面积较广，有两种现象值得一提。首先，在金沙沟、板桥沟、幺站沟沟谷和邻近沟谷的山坡上均有毛竹和桫椤混交的情况出现，形成毛竹、桫椤群落类型，这些区域也是这一群落类型的主要分布区，该区域往往还有大量的常绿阔叶间或分布其中，局部也会有常绿树种、桫椤群落类型出现，这说明，沟谷地段所形成的毛竹、桫椤群落是由于毛竹入侵常绿阔叶林后所形成的次生毛竹、桫椤群落，在植被分类上，我们将此种类型归入毛竹林类型。其次，保护区内的毛竹林存在十分明显的人工抚育现象，毛竹生长良好，甚至在某些中山地段，毛竹也大量地入侵到阔叶林当中，其生长高度也与阔叶树种相近，常与阔叶树种形成竹阔混交林类型，综合考虑中国植被分类的动态原则，我们将此种类型并入阔叶林类型中。

6. 常绿阔叶灌丛

常绿阔叶灌丛是热带、亚热带常绿阔叶林和灌草丛之间的一种过渡类型，包括典型常绿阔叶灌丛和热性刺灌丛两类，主要分布在我国热地、亚热带的丘陵山地区或局部海滨沙地。其组成成分均以泛热带性的常绿阔叶种类为主，群落的动态外貌基本上是终年常绿的，结构比较简单。

此类植被类型在保护区的河谷两岸区域广泛分布，主要为以竹叶榕和长柄竹叶榕为主的阔叶灌丛群落，另外，在某些河谷地段形成以桫椤为主的灌丛群落。

7. 灌草丛

灌草丛是指以中生或旱中生多年生草本植物为建群种，但其中散生灌木的植物群落。它广泛分布于我国温带、亚热带及热带地区。

在本保护区内，由于近年来保护区加强保护工作，该种植被类型在保护区内面积及分布较少，主要分布于低海拔河岸沟谷的道路两侧，主要以桫椤、芭蕉灌草丛为主，另外，在官呈岩附近等较缓的河滩边有大片的峨眉姜花草丛。

3.3.2　群系物种组成及特征

1. 马尾松林

马尾松林（Form. *Pinus massoniana*）是我国东南部湿润亚热带地区分布最广、资源最大的森林群落。马尾松性喜温暖湿润气候，所在地的土壤为各种酸性基岩发育的黄褐土、黄棕壤，在经淋溶已久的石灰岩上也能生长。马尾松生长快，能长大成径材。当阔叶林屡遭砍伐或火烧后，光照增强，土壤干燥，马尾松首先侵入，逐渐形成天然马尾松林。但马尾松作为一种先锋植物群落，发展到一定阶段，它的幼苗不能在自身林冠下更新，阔叶林又逐渐侵入，代替了马尾松而取得优势。

本保护区内马尾松林主要分布于海拔1000m左右处，沿峡谷的山坡呈块状分布，区内马尾松纯林面积较少，但在山脊、山顶等坡地的阔叶林中少量混生。在某些地段也有马尾松与阔叶树种形成的针阔混交林类型，根据中国植被的划分原则，未将此种类型单独划分，归并入此群系中。

此群系中乔木层除以马尾松占优势外，尚有杉木（*Cunninghamia lanceolata*）、木荷、枫香、栲、短刺米槠（*Castanopsis carlexii* var. *spinulosa*）等乔木树种。灌木层种类中檵木（*Loropetalum chinensis*）、山胡椒（*Lindera glauca*）、毛叶木姜子（*Litsea mollis*）占优势地位，其他还有山莓（*Rubus corchorifolius*）、野鸦椿（*Euscaphis japonica*）、细枝柃（*Eurya loquaniana*）等。草本层以芒其占优势，另外草本层中还有白茅（*Imperata cylindrica* var. *major*）、五节芒（*Miscanthus floridulus*）、浆果薹草（*Carex baccans*）等物种（表3-2）。

表3-2　马尾松群落样地资料

地点：板桥沟		植被型：暖性针叶林		群落类型：马尾松林	
取样面积：20m×20m		坐标信息：N28°27′19″　E106°3′17″　海拔：515m		人为干扰程度：中等干扰	
乔木层	物种	相对多度	相对盖度	相对频度	重要值
	马尾松	0.5000	0.1429	0.7132	0.4520

续表

地点：板桥沟		植被型：暖性针叶林		群落类型：马尾松林	
取样面积：20m×20m		坐标信息：N28°27′19″ E106°3′17″ 海拔：515m		人为干扰程度：中等干扰	
乔木层	物种	相对多度	相对盖度	相对频度	重要值
	野桐	0.1216	0.1429	0.0806	0.1150
	构树	0.1216	0.1429	0.0313	0.0986
	杉木	0.0676	0.1429	0.0427	0.0844
	枫香	0.0811	0.0952	0.0406	0.0723
	栲	0.0270	0.0952	0.0507	0.0577
	木荷	0.0270	0.0952	0.0149	0.0457
	白栎	0.0270	0.0476	0.0060	0.0269
	杜鹃	0.0135	0.0476	0.0125	0.0246
	银背山黄麻	0.0135	0.0476	0.0075	0.0229
灌木层	物种	相对盖度	相对高度	重要值	
	野桐	0.1026	0.1018	0.1022	
	铁籽儿	0.1603	0.0339	0.0971	
	白栎	0.0962	0.0905	0.0933	
	油桐	0.0962	0.0905	0.0933	
	大叶榕	0.0641	0.0905	0.0773	
	盐肤木	0.0833	0.0679	0.0756	
	杉木	0.0769	0.0679	0.0724	
	算盘子	0.0641	0.0566	0.0603	
	椭木	0.0321	0.0679	0.0500	
	山莓	0.0641	0.0339	0.0490	
	黄荆	0.0321	0.0566	0.0443	
	腊年绣球	0.0192	0.0679	0.0436	
	细齿柃	0.0192	0.0679	0.0436	
	醉鱼草	0.0385	0.0339	0.0362	
	炮栎	0.0256	0.0452	0.0354	
	展毛野牡丹	0.0256	0.0271	0.0264	
草本层	物种	相对盖度	相对高度	重要值	
	荩草	0.2463	0.0938	0.1700	
	白茅	0.2463	0.0938	0.1700	
	芒	0.1232	0.1563	0.1397	
	浆果薹草	0.1232	0.1563	0.1397	
	黄花蒿	0.0985	0.1563	0.1274	
	五节芒	0.0985	0.1563	0.1274	
	三脉紫菀	0.0246	0.0781	0.0514	
	卷柏	0.0148	0.0313	0.0230	

群落中灌木层缺少马尾松幼苗，说明此马尾松群落处于退化阶段，随着演替的推移，此群落将很快被阔叶林群落替代。

2. 杉木林

杉木林（Form. *Cunninghamia lanceolata*）广泛分布于东部亚热带地区，它和马尾松、柏木林组成我国东部亚热带的三大常绿针叶林类型。目前大多是人工林，少量为次生自然林。杉木适生于温暖湿润、土壤深厚、静风的山凹谷地。土壤以土层深厚，湿润肥沃，排水良好的酸性红黄壤、山地黄壤和黄棕壤最适宜，石灰性土上生长不良。杉木林一般结构整齐、层次分明。

本保护区内杉木林主要分布于海拔 800～1200m 的山坡中下部，考察所涉及区域并未见大面积纯林，杉木林中混生有马尾松（*Pinus massoniana*）、四川山矾（*Symplocos setchuensis*）等树种，甚至还有毛竹入侵。

此群落中，乔木层除杉木外还混生有少量马尾松、四川大头茶、甜槠栲（*Castanopsis eyrei*）、四川山矾等乔木树种，林下层植物种较丰富，灌木层中以细枝柃、杜茎山、山胡椒、山莓、盐肤木（*Rhus chinensis*）、算盘子（*Glochidion puberum*）、白栎（*Quercus fabri*）、楤木等为主；草本层以中华里白为优势组成成分，还有里白（*Diplopetrygium glauca*）、山姜、黄姜花（*Alpinia chinensis*）、浆果薹草、褐果薹草（*Carex brunnea*）、江南卷柏等。

3. 亮叶桦林

亮叶桦又名光皮桦，是桦木属中最原始的西桦组，为中国特有树种也是我国南方山区营建珍贵用材林的重要树种。现存的亮叶桦林（Form. *Betula luminifera*）均是以壳斗科树种为基本建群种，次生性强。而在原生林的树种组成中，亮叶桦重要值很小，只有在地带性常绿阔叶林遭到破坏后的自然演替过程中，其作为先锋树种迅速发展起来，逐渐成为亚热带主要常绿落叶阔叶林中的优势种。

本保护区中，亮叶桦林主要分布于海拔在 800m 以上的向阳山坡地段，分布于古道大路两旁，呈片段化分布，亮叶桦林中还混生了枫香、赤杨叶、糙皮桦（*Betula utilis*）、盐肤木等落叶树种，另外还有少量常绿树种如短刺米槠、栲等混生其中。保护区内亮叶桦林基本处于演替末期过渡阶段。

此群落中物种组成丰富，其中乔木层中主要有亮叶桦、枫香、盐肤木、杉木、赤杨叶、光叶山矾、等乔木树种；灌木层中主要以杉木、光叶山矾、黄杞（*Engelhardtia roxburghiana*）、细枝柃、杜茎山、四川山矾幼树、米槠幼树、短刺米槠幼树等为主；草本层主要以里白、芒、狗脊蕨、宜昌过路黄、薹草等物种为主。

4. 枫香林

枫香林（Form. *Liquidambar formosana*）隶属于落叶阔叶林与常绿、落叶阔叶混交林两个植被型中。但是作为落叶阔叶林，它却不存在于暖温带落叶阔叶林区域，作为常绿、落叶阔叶混交林，它的主要分布区又不在北亚热带常绿、落叶阔叶混交林地带，而是广泛分布于中亚热带常绿阔叶林地带和南亚热带季风常绿阔叶林地带。综合考虑，本次考察报告中，将枫香林放入落叶阔叶林中。枫香林主要分布于秦岭及淮河以南，北起陕西、河南、江苏，东至台湾，西南至四川、云南及西藏，南至海南。由于枫香树形优美，现常作为行道树，在自然分布中，常是山地植被垂直分布的组成部分，常分布于海拔 600～1600m 的山地中。

保护区内枫香林主要分布于海拔 900～1100m 的山坡中，林内乔木层中除了枫香为主外，还有少量其他乔木树种混生其中，如亮叶桦、糙皮桦、云贵鹅耳枥（*Carpinus pubescens*）、短序鹅掌柴（*Scheffera bodinieri*）、薯豆（*Elaeocarpus japonicas*）、四川大头茶等。

本类型群落中主要乔木树种除枫香占优势外，其他还有亮叶桦、糙皮桦、云贵鹅耳枥、黄杞、红淡比（*Cleyera japonica*）、四川大头茶、鹅耳枥属（*Carpinus*）、穗序鹅掌柴、薯豆等。在灌木树种中光叶山矾占优势，马桑（*Coriaria nepalensis*）、小果南烛（*Lyonia ovalifolia* var. *elliptica*）、光叶山矾、盐肤木、川黔尖叶柃（*Eurya acuninoides*）等也有较多分布其中。在草本层中，蕨类植物里白占据绝对优势，最高的里白已经长成灌丛状，高度约 5m。另外还有棕叶狗尾草（*Setatia palmaefolia*）、长柄过路黄（*Lysimachia esquirolii*）、卷柏、华南紫萁、芒萁（*Dicranopteris pedata*）等物种少量生长于林下。

5. 赤杨叶林

赤杨叶林（Form. *Alniphyllum fortunei*）为山地落叶阔叶林中较少的类型，因为以赤杨叶为建群种的群落较少，赤杨叶一般分布于其他落叶阔叶混交林中或是极少量地混生于阔叶林中，在保护区内主要分布于海拔 800～1200m 的山地。

乔木层分为两层：第一层为赤杨叶、润楠属、灯台树为主群落，高度在 15～18m，亚冠层以罗浮柿（*Diospyros morrisiana*）为主群落，高度在 10m 左右。群落郁闭度 0.7 左右，林下植被生长良好。

乔木主要树种有赤杨叶、川钓樟（*Lindera pulcherrima* var. *hemsleyana*）、灯台树、杉木、罗浮柿、粗叶木、绒叶木姜子（*Litsea wilsonii*）、楤木、赤杨叶、野鸦椿、短序鹅掌柴、润楠等；灌木树种主要有朴树（*Celtis sinensis*）、细枝柃、楤木、假轮叶木姜子（*Litsea elongata* var. *subverticillata*）、短序鹅掌柴等；草本物种主要由福建观音座莲、鳞毛蕨科物种、套鞘薹草（*Carex maubertiana*）、乌蕨（*Stenoloma chusanum*）、狗脊蕨（*Blechnum orientale*）、水蓼（*Polygonum hydropiper*）等组成（表 3-3）。

表 3-3　赤杨叶群落样地资料

地点：南厂沟		植被型：落叶阔叶林		群落类型：赤杨叶林	
取样面积：20m×40m		坐标信息：N28°28′45″ E105°58′25″ 海拔：567m		人为干扰程度：中等干扰	
乔木层	物种	相对多度	相对盖度	相对频度	重要值
	鸦头梨	0.0779	0.0953	0.0857	0.0863
	山地水东哥	0.0519	0.0470	0.0857	0.0615
	润楠	0.0519	0.0272	0.0857	0.0550
	罗伞	0.0779	0.0170	0.0857	0.0602
	脚骨脆	0.0260	0.0320	0.0571	0.0384
	贵州毛柃	0.0519	0.0136	0.0571	0.0409
	赤杨叶	0.2597	0.3139	0.0857	0.2198
	黄牛奶树	0.0390	0.0606	0.0286	0.0427
	红翅槭	0.0390	0.0409	0.0571	0.0457
	革叶槭	0.0519	0.0443	0.0286	0.0416
	灯台树	0.0779	0.1430	0.0857	0.1022
	罗浮柿	0.0519	0.0579	0.0571	0.0557
	粗叶木	0.0649	0.0340	0.0857	0.0616
	贵州连蕊茶	0.0390	0.0228	0.0571	0.0396
	杉木	0.0390	0.0504	0.0571	0.0488
灌木层	物种	相对盖度	相对高度	重要值	
	糙叶榕	0.1198	0.0822	0.1010	
	粗糠柴	0.0417	0.0822	0.0619	
	粗叶木	0.0677	0.1233	0.0955	
	飞蛾槭	0.0417	0.0822	0.0619	
	革叶槭	0.0781	0.1096	0.0939	
	罗伞	0.0781	0.0767	0.0774	
	五柱柃	0.0260	0.0685	0.0473	
	线柱苣苔	0.1042	0.0329	0.0685	
	朴树	0.1563	0.1096	0.1329	
	细枝柃	0.0781	0.0411	0.0596	
	楤木	0.1302	0.0822	0.1062	
	假轮叶木姜子	0.0781	0.1096	0.0939	
草本层	物种	相对盖度	相对高度	重要值	
	福建观音座莲	0.2258	0.2830	0.2544	
	红盖鳞毛蕨	0.1613	0.0943	0.1278	

续表

地点：南厂沟		植被型：落叶阔叶林		群落类型：赤杨叶林	
取样面积：20m×40m		坐标信息：N28°28′45″ E105°58′25″ 海拔：567m		人为干扰程度：中等干扰	
草本层	物种	相对盖度	相对高度	重要值	
	套鞘薹草	0.0968	0.0566	0.0767	
	乌蔹	0.1290	0.0755	0.1023	
	狗脊蕨	0.0968	0.2264	0.1616	
	水蓼	0.1290	0.0943	0.1117	
	爵床	0.0968	0.0943	0.0956	
	蒲儿根	0.0645	0.0755	0.0700	

6. 毛脉南酸枣林

毛脉南酸枣林（Form. *Choerospondias axillaris* var. *pubinervis*）在我国只分布于长江以南山地，其北界不超过北纬 31°。常在温暖湿润的谷地或沟谷坡地，常散生，不成群。保护区内毛脉南酸枣林主要生长于海拔 700m 以下宽阔河流谷地或延伸至谷坡，常散生于河谷，局部地区形成较大面积毛脉南酸枣林。

保护区内，毛脉南酸枣林乔木层较高大，约 20m，优势种比较突出，群落郁闭度 0.6 左右。毛脉南酸枣林在保护区内主要在南厂沟、葫芦沟、官程岩等宽阔河谷两岸有成片分布。

由于主要生长分布于河流谷地，其林下灌木、草本层稀疏。乔木层主要有毛脉南酸枣、白楠（*Phoebe neurantha*）、灯台树、毛桐（*Mallotus barbatus*）、臀果木等树种；灌木层主要以罗伞（*Brassaiopsis glomerulota*）、粗糠柴、粗叶木（*Lasianthus chinensis*）、短序荚蒾（*Viburnum barchybotryum*）、赤杨叶、川桂黄杞及檵木为主；草本层种类主要由峨眉姜花、福建观音座莲、华南紫萁、竹叶草（*Oplismenus compositus*）、九头狮子草（*Dicliptera elegans*）、线柱苣苔、浆果薹草组成，局部地区以石菖蒲（*Acorus tatarinowii*）、日本鸢尾（*Iris japonica*）、重楼排草（*Lysimachia paridiformis*）等为主要物种组成（表 3-4）。

表 3-4　毛脉南酸枣群落样地资料

地点：南厂沟		植被型：落叶阔叶林		群落类型：毛脉南酸枣林	
取样面积：20m×40m		坐标信息：N28°28′44″ E105°58′20″ 海拔：571m		人为干扰程度：中等干扰	
乔木层	物种	相对多度	相对盖度	相对频度	重要值
	毛脉南酸枣	0.2754	0.4746	0.1250	0.2916
	贵州琼楠	0.1739	0.1564	0.0417	0.1240
	中华野独活	0.1159	0.0630	0.1250	0.1013
	脚骨脆	0.0725	0.0220	0.1250	0.0732
	臀果木	0.0725	0.0546	0.0833	0.0701
	岩生厚壳桂	0.0290	0.0143	0.1250	0.0561
	枫香	0.0580	0.0264	0.0833	0.0559
	云贵鹅耳枥	0.0435	0.0330	0.0833	0.0533
	白楠	0.0435	0.0661	0.0417	0.0504
	润楠	0.0290	0.0220	0.0833	0.0448
	灯台树	0.0580	0.0344	0.0417	0.0447
	光枝楠	0.0290	0.0330	0.0417	0.0346
灌木层	物种	相对盖度	相对高度	重要值	
	罗伞	0.7040	0.2286	0.4663	
	川桂	0.0676	0.1143	0.0909	
	檵木	0.0880	0.0857	0.0869	

地点：南厂沟		植被型：落叶阔叶林		群落类型：毛脉南酸枣林	
取样面积：20m×40m		坐标信息：N28°28′44″ E105°58′20″ 海拔：571m		人为干扰程度：中等干扰	
灌木层	物种	相对盖度	相对高度	重要值	
	粗叶木	0.0528	0.0857	0.0693	
	粗糠柴	0.0176	0.1143	0.0659	
	水麻	0.0042	0.1143	0.0593	
	贵州连蕊茶	0.0264	0.0743	0.0503	
	黄杞	0.0176	0.0571	0.0374	
	短序荚蒾	0.0176	0.0571	0.0374	
	野桐	0.0042	0.0686	0.0364	
草本层	物种	相对盖度	相对高度	重要值	
	马蓝	0.2881	0.2203	0.2542	
	冷水花	0.2881	0.2203	0.2542	
	卷柏	0.0082	0.0169	0.0126	
	江南卷柏	0.0041	0.0169	0.0105	
	华南紫萁	0.0206	0.0339	0.0272	
	日本鸢尾	0.0123	0.0339	0.0231	
	红盖鳞毛蕨	0.2263	0.2203	0.2233	
	峨眉姜花	0.0823	0.0508	0.0666	
	翠云草	0.0082	0.0169	0.0126	
	竹叶草	0.0206	0.0339	0.0272	
	浆果薹草	0.0412	0.1356	0.0884	
	野茼蒿	0.0633	0.0500	0.0566	
	艾纳香	0.0190	0.0750	0.0470	

7. 櫟木林

櫟木林（Form. *Stewartia sinensis*）为保护区内以金缕梅科櫟木为主要建群种的群系，由于櫟木为半落叶小乔木，综合考虑其他树种组成，将櫟木划入亚热带落叶阔叶林植被型中，该群落类型与保护区内主要阔叶林类型相比，其群落高度较低，在 12m 左右，群落中乔木层偶有薄叶润楠（*Machilus leptophylla*）、栲等物种，且高度比櫟木稍高，在 15m 左右。此外，群落中主要乔木层中还有杉木、云贵鹅耳枥、亮叶桦、川钓樟、红花木莲（*Manglietia insignis*）、光叶山矾等物种。

灌木层物种有细枝柃、杜鹃、野鸦椿、展毛野牡丹（*Melastoma normale*）、窄叶柃（*Eurya stenophylla*）、南烛（*Lyonia ovalifolia*）、草珊瑚（*Sarcandra glabra*）、楤木、润楠幼树、小果南烛等；草本层主要有里白、宜昌过路黄、球穗薹草（*Carex amgunensis*）、狗脊蕨、褐果薹草等物种。

8. 灯台树林

灯台树林（Form. *Cornus controversa*）在保护区内并不多见，考察发现的灯台树林面积也不是很大，其邻近的群落主要是毛脉南酸枣林和常绿阔叶混交林，且该群落附近桫椤生长也较多，因此，该群落类型可能是一种过渡类型。

群落高度约 15m，乔木层主要树种为灯台树、毛脉南酸枣、毛桐、臀果木、野茉莉、润楠等；灌木层主要树种为罗伞、川桂、黄杞、光叶山矾、灯台树幼树、楠木幼树、毛桐、桫椤等；草本层物种组成较为丰富，主要有峨眉姜花、福建观音座莲、华南紫萁、竹叶草、九头狮子草、线柱苣苔、浆果薹草（*Carex baccans*）等（表 3-5）。

表 3-5　灯台树群落样地资料

地点：板桥沟		植被型：落叶阔叶林		群落类型：灯台树林	
取样面积：20m×40m		坐标信息：N28°20′19″　E106°00′17″　海拔：515m		人为干扰程度：中等干扰	
乔木层	物种	相对多度	相对盖度	相对频度	重要值
	灯台树	0.3750	0.2381	0.1364	0.2498
	吴茱萸	0.1250	0.1740	0.0909	0.1300
	柳杉	0.0833	0.1448	0.1364	0.1215
	水青冈	0.0833	0.1263	0.1364	0.1153
	野桐	0.0833	0.0722	0.1364	0.0973
	栲	0.0417	0.0691	0.0909	0.0672
	鹅耳枥	0.0625	0.0521	0.0455	0.0534
	尾叶樱	0.0417	0.0201	0.0909	0.0509
	青冈	0.0417	0.0534	0.0455	0.0468
	槲栎	0.0417	0.0264	0.0455	0.0378
	枫香	0.0208	0.0236	0.0455	0.0299
灌木层	物种	相对盖度	相对高度	重要值	
	金珠柳	0.1163	0.0847	0.1005	
	白栎	0.0872	0.1130	0.1001	
	水青冈	0.0872	0.1130	0.1001	
	水麻	0.1453	0.0508	0.0981	
	白栎	0.0814	0.0847	0.0831	
	贵州毛枥	0.0756	0.0791	0.0773	
	细枝枥	0.0930	0.0565	0.0748	
	垂花悬枥花	0.0174	0.1130	0.0652	
	黄毛榕	0.0407	0.0791	0.0599	
	柳杉	0.0872	0.0226	0.0549	
	红果黄肉楠	0.0291	0.0791	0.0541	
	山茶	0.0291	0.0791	0.0541	
	栲	0.0698	0.0226	0.0462	
	崖花海桐	0.0407	0.0226	0.0316	
草本层	物种	相对盖度	相对高度	重要值	
	芒萁	0.3797	0.1250	0.2524	
	芒	0.0949	0.2500	0.1725	
	茅叶荩草	0.1266	0.1250	0.1258	
	浆果薹草	0.0633	0.1500	0.1066	
	冷水花	0.1266	0.0500	0.0883	
	边缘鳞盖蕨	0.0316	0.1250	0.0783	
	楼梯草	0.0949	0.0500	0.0725	
	蒿	0.0633	0.0500	0.0566	
	艾纳香	0.0190	0.0750	0.0470	

9. 枫香、四川大头茶

枫香、四川大头茶林（Form. *Liquidambar formosana*，*Gordonia szechuanensis*）为一类常绿阔叶林遭到

干扰或破坏之后形成的次生林，在保护区内，此类林型分布较少，主要分布于有人居住的海拔 850m 以上的山脊和阳坡地段，群落高度约 12m，林内环境较干燥。群落物种组成中，乔木层主要树种有枫香、四川大头茶、檫木、赤杨叶、杉木、岗柃（*Eurya groffii*）、白兰（*Michelia alba*）、亮叶桦、云贵鹅耳枥等。灌木层中主要树种有野鸦椿、檫木、杉木、细枝柃、长瓣短柱茶、四川山矾（*Symplocos setchuensis*）等。草本层中主要里白、宜昌过路黄（*Lysimachia henryi*）、球穗薹草、狗脊蕨、肖菝葜（*Heterosimilax japonica*），其中里白成片生长，在林下形成较大面积灌木状小群落。

10. 短刺米槠、亮叶桦林

短刺米槠、亮叶桦林（Form. *Castanopsis carlexii* var. *spinulosa*，*Betula luminifera*）主要是以短刺米槠、亮叶桦为主要建群种的混交林类型。群落高度约 18m，乔木层主要树种中常绿树种类除了短刺米槠外，还有栲、楠木、薄叶润楠、岩生厚壳桂等；落叶树种中除了亮叶桦外，还有枫香、灯台树、赤杨叶等落叶树种；灌木层主要由杉木幼树、光叶山矾、黄杞、细枝柃、杜茎山、盐肤木等组成；草本层中，局部地段形成蕨类植物里白聚集群落，其他还有芒（*Miscanthus sinensis*）、狗脊蕨、牛奶菜（*Marsdenia sinensis*）、宜昌过路黄、薹草等物种。

此类群落类型在保护区内分布范围也较小，主要是在有人为干扰活动的山坡地段，主要在黄蜡岩、毛竹坪等地。

11. 短刺米槠、赤杨叶林

短刺米槠、赤杨叶林（Form. *Castanopsis carlexii* var. *spinulosa*，*Alniphyllum fortunei*）在保护区内主要分布于海拔 700m 以上的向阳山谷地段，群落高度一般 18m 左右，群落乔木层一般分为两层，第一乔木层以短刺米槠、赤杨叶优势组成物种，其余还有灯台树、润楠、罗浮柿等物种，高度为 15～18m；亚乔木层一般由赤杨叶、臀果木、川钓樟、短序鹅掌柴、赤水薹树组成，群落高度约 10m。

灌木层主要物种有线柱苣苔、朴树、细枝柃、檫木、假轮叶木姜子、短序鹅掌柴等，草本物种主要由福建观音座莲、阔鳞鳞毛蕨（*Dryopteris championii*）、浆果薹草、乌蕨、狗脊蕨等组成。

主要分布于磨子岩、南厂沟、甘沟等河谷山坡。

12. 楠木、灯台树、毛脉南酸枣林

楠木、灯台树、毛脉南酸枣林（Form. *Phoebe zhennan*，*Cornus controversa*，*Choerospondias axillaris* var. *pubinervis*）主要分布于保护区内海拔 1000m 以上坡度较陡的山坡中部，群落高度 20m 左右，群落郁闭度 0.7 左右，乔木层主要树种为楠木、薄叶润楠、毛脉南酸枣、灯台树等，其他还有吴茱萸（*Euodia rutaecarpa*）、福建柏、罗浮柿等物种。灌木层主要由短序荚蒾（*Viburnum barchybotryum*）、红果黄肉楠（*Actinodaphne cupularis*）、华南云实、红花木莲、糙叶榕（*Ficus irisana*）、粗糠柴、日本珊瑚树（*Viburnum odoratissimum* var. *awabuki*）、五月茶（*Antidesma bunius*）、九节龙（*Ardisia pusilla*）、短序荚蒾、及己（*Chloranthus serratus*）、草珊瑚等物种组成。林下草本层中局部地方有小茎竹生长其中，其他还有日本鸢尾（*Iris japonica*）、楼梯草属（*Elatostema*）物种、冷水花（*Pilea bracteosa*）、密毛蕨（*Pteridium revolutum*）、鳞毛蕨等。

13. 黔桂黄肉楠、灯台树林

黔桂黄肉楠、灯台树林（Form. *Actinodaphne kweichowensis*，*Cornus controversa*）为常绿落叶阔叶混交林，保护区内该群系主要分布于海拔 700m 左右的山坡和河谷处上部，黔桂黄肉楠、灯台林主要以黔桂黄肉楠、灯台树为建群种，群落高度 18～20m，郁闭度较高，林下层覆盖率较高。

乔木层除这两种乔木树种外还有楠木、贵州琼楠、尖叶四照花（*Dendrobenthamia angustata*）、罗浮槭、山地水东哥等；灌木层中有线柱苣苔、九头狮子草、细枝柃、檫木、异叶榕（*Ficus heteromorpha*）、粗糠

柴等；草本层中以林生沿阶草（*Ophiopogon sylvicola*）、浆果薹草、荩草（*Arthraxon hispidus*）等为主。

14. 栲树林

栲树林（From. *Castanopsis cargesii*）在我国分布较广，适应性较强。栲树林内土壤为砂页岩、砂质、泥质页岩、红色、黄褐色砂岩和石灰岩等发育的黄壤或山地黄壤，除山脊、山顶和陡坡土层较薄外，一般厚度多在 1m 左右。

群落外貌绿色呈波浪形，群落疏密不等，保护区内郁闭度的栲树林一般较密，郁闭度在 0.5～0.8，群落高度 15m 左右。栲树林群落内的植物种类十分丰富，结构复杂，乔木层中一般还有其他栲属的植物如短刺米槠、甜槠栲等，其他还有四川大头茶、木荷、青冈、杉木、黄杞、枫香等树种。灌木层主要成分为湖北杜茎山（*Maesa hupehensis* Rehd.）和盐肤木、细齿叶柃、狗骨柴（*Tricalysia dubia*）、五月茶等，局部区域林下有狭叶方竹、水竹（*Phyllostachys heteroclada*）等。草本层以耐阴湿的和地下茎繁殖的植物为主，一般不发达，常以蕨类为主，如狗脊属的植物（如狗脊蕨、狗脊蕨等），还有金毛狗、瘤足蕨（*Plagiogyria adnata*）、瓦韦属（*Lepisorus*）物种、翠云草、山姜、沿阶草属（*Ophiopogon*）物种等植物，另外在林窗环境或光照较好的地方还会有成片的里白、光里白（*Diplopetrygium laevissimum*）（表 3-6）。

该群落类型在保护区内广泛分布，主要分布于海拔 600～1400m 的范围内，包括沟谷两岸及山坡均有分布。

表 3-6　栲树林群落样地资料

地点：南厂沟		植被型：常绿阔叶林		群落类型：栲树林	
取样面积：20m×40m		坐标信息：N28°20′57″ E106°00′57″ 海拔：600m		人为干扰程度：干扰较小	
乔木层	物种	相对多度	相对盖度	相对频度	重要值
	栲	0.2660	0.3434	0.1154	0.2416
	短刺米槠	0.1064	0.1587	0.1154	0.1268
	甜槠栲	0.0638	0.1148	0.1154	0.0980
	四川大头茶	0.0957	0.0717	0.1154	0.0943
	杜鹃	0.0745	0.0748	0.0385	0.0626
	青冈	0.0426	0.0452	0.0769	0.0549
	木荷	0.0426	0.0383	0.0769	0.0526
	枫香	0.0426	0.0348	0.0769	0.0514
	黄杞	0.0213	0.0244	0.0769	0.0409
	赤杨叶	0.0532	0.0278	0.0385	0.0398
	杉木	0.0638	0.0104	0.0385	0.0376
	白楠	0.0426	0.0261	0.0385	0.0357
	光叶山矾	0.0532	0.0070	0.0385	0.0329
	山地水东哥	0.0319	0.0226	0.0385	0.0310
灌木层	物种	相对盖度	相对高度	重要值	
	杜鹃	0.4204	0.1102	0.2653	
	光叶山矾	0.1246	0.1102	0.1174	
	茜树	0.0623	0.0826	0.0725	
	五月茶	0.0779	0.0551	0.0665	
	湖北杜茎山	0.0467	0.0826	0.0647	
	狗骨柴	0.0156	0.0826	0.0491	
	细齿叶柃	0.0195	0.0689	0.0442	
	白毛新木姜子	0.0311	0.0551	0.0431	

续表

地点: 南厂沟		植被型: 常绿阔叶林		群落类型: 栲树林	
取样面积: 20m×40m		坐标信息: N28°20′57″ E106°00′57″ 海拔: 600m		人为干扰程度: 干扰较小	
灌木层	物种	相对盖度	相对高度	重要值	
	栲	0.0311	0.0551	0.0431	
	狭叶方竹	0.0420	0.0413	0.0417	
	盐肤木	0.0125	0.0689	0.0407	
	细枝柃	0.0467	0.0275	0.0371	
	粗叶木	0.0311	0.0413	0.0362	
	川桂	0.0117	0.0551	0.0334	
	四川大头茶	0.0249	0.0413	0.0331	
	杜茎山	0.0019	0.0220	0.0120	
草本层	物种	相对盖度	相对高度	重要值	
	里白	0.1500	0.4348	0.2924	
	单芽狗脊蕨	0.1400	0.1739	0.1570	
	华南紫萁	0.1600	0.0435	0.1017	
	紫萁	0.1600	0.0435	0.1017	
	福建观音座莲	0.1100	0.0696	0.0898	
	狗脊蕨	0.1000	0.0522	0.0761	
	牛膝	0.0700	0.0348	0.0524	
	细穗腹水草	0.0700	0.0348	0.0524	
	芒萁	0.0300	0.0696	0.0498	
	裂叶秋海棠	0.0100	0.0435	0.0267	

15. 甜槠栲林

甜槠栲林（Form. *Castanopsis eyrei*）分布狭窄，分布地处于长江南岸，地势低下，相对高度较小，土壤为砂页岩发育的黄壤。

群落外貌与栲树林类似，甜槠栲一般散分布于其他栲属树种为建群种的群落中，保护区内所见以甜槠栲为建群种的群落较少，乔木层中还有如润楠、栲、西南米槠（刺果米槠）、四川山矾、马尾松等树种。灌木层中以野鸦椿、紫珠（*Callicarpa bodinieri*）、朱砂根、杜茎山、湖北杜茎山、四川蜡瓣花（*Corylopsis willmottiae*）等为主。草本层中层盖度较高，约70%，以蝴蝶花、球穗薹草、黄姜花、短肠蕨为主。

16. 栲、甜槠栲林

栲、甜槠栲林（Form. *Castanopsis cargesii*，*Castanopsis eyrei*）主要分布于我国长江中下游及长江以南地区，海拔约1300m以下的低山丘陵地区，常与其他常绿阔叶林类型交错分布，土壤为花岗岩、砂岩或红棕色砂页岩母质，局部为石灰岩母质等发育的红壤、黄壤和山地黄壤。

保护区内的栲、甜槠栲林，其群落外貌深绿色，或夹有杂色板块，林冠半球形波状起伏，高约20m，总郁闭度0.8～0.9。乔木层主要以栲、甜槠栲、短刺米槠、青冈、薯豆（*Elaeocarpus japonicas*）、赤水蕈树、银木荷（*Schima argentea*）、黄杞、大叶新木姜子（*Neolitsea levinei*）、四川山矾、四川大头茶等组成。灌木层主要以映山红、粗叶木、光叶山矾、栀子（*Galium jasminoides*）、草珊瑚、杜茎山、百两金、朱砂根等为主。草本层由于光照原因，较为贫乏，生长稀疏，一般以耐阴性的蕨类和地下茎繁殖的草本为主，常见的种类有狗脊蕨、铁线蕨（*Adiantum capillusveneris*）、中华复叶耳蕨（*Arachniodes chinensis*）、浆果薹草、黄姜花、山麦冬、周裂秋海棠（*Begonia circumlobata*）等，局部地段还有桫椤、福建观音座莲等出现。

17. 短刺米槠

短刺米槠林（Form. *catanopsis carlesii* var. *spinulosa*）主要分布于海拔 1000m 以下的低山丘陵地区，保护区内主要分布于河谷两侧中下部的斜坡上，为砂页岩风化后形成的黄壤，该地区水热条件优越，群落中的植物生长良好，乔木层、灌木层、草本层生长都很高大茂密。

乔木层覆盖度约 40%，可分为两个亚层，上层高 15～20m，乔木层除了短刺米槠外，还有木荷，其他常绿树的种类也较多，主要有青冈、赤水蕈木、杨梅（*Myrica rubra*）、光叶石楠（*Photinia glabra*）及山地水东哥等。灌木层覆盖度较高，高度在 3m 左右，主要是小乔木及优势种西南米槠和木荷等的幼树，还有中华野独活、草珊瑚、山龙眼等，局部地段靠近河谷的地方有桫椤等树形蕨类等。草本层高达 2m，以蕨类为主，在山体下部附近沟谷一带，以金毛狗为主，中上部以芒萁为主，常见的种类有狗脊蕨、短肠蕨、鳞始蕨（*Lindsaea odorata*）、乌蕨等。

18. 短刺米槠、四川大头茶林

短刺米槠、四川大头茶林（Form. *Castanopsis carlesii* var. *spinulosa*，*Gordonia szechuanensis*）分布于中亚热带海拔 1300m 以下的低山丘陵地区，常与其他常绿阔叶林型交错分布。土壤为砂页岩发育的黄壤和石灰岩发育的山地黄壤。

群落外貌深绿色，林冠波浪形，层次结构较复杂。保护区内这种林型发育良好乔木一般分为三亚层，郁闭度 0.8 左右，高度约 15m，乔木层除了西南米槠、四川大头茶外还有小果润楠、木荷、杉木、四川山矾、栲、甜槠栲（*Castanopsis eyrei*）等树种。灌木层则主要有细齿叶柃、光叶山矾、四川新木姜子、穗序鹅掌柴（*Scheffera delavayi*）、异叶梁王茶（*Nothopanax dowidii*）、铁仔（*Myrsine africana*）等。草本层有蕨类数种，如短肠蕨，另外还有掌裂叶秋海棠等草本。

19. 小果润楠林

小果润楠林（Form. *Machilus microcarpa*）主要分布于我国中亚热带中东部一带的丘陵山地。保护区内此群落主要分布于峡谷陡坡，地形封闭地段，海拔 500～1500m 的沟谷及沟谷上沿山坡。

群落外貌浓绿色，林冠波浪形，高 20m 左右，总郁闭度 0.8 左右。乔木层以小果润楠、贵州琼楠、青冈、木荷、猴欢喜、罗伞等为主；灌木层生有狭叶方竹、刺箭竹、五柱柃、穗序鹅掌柴、异叶梁王茶等物种；草本层物种较少，但蕨类植物丰富，如翅轴蹄盖蕨（*Athyrium delavayi*）、华中瘤足蕨、狗脊蕨、鳞毛蕨等。另外还有层间植物醉魂藤（*Heterostemma alatum*）、菝葜等（表 3-7）。

表 3-7　小果润楠群落样地资料

地点：幺站沟		植被型：常绿阔叶林		群落类型：小果润楠林	
取样面积：20m×40m		坐标信息：N28°23′57″ E106°15′57″ 海拔：600m		人为干扰程度：干扰较小	
乔木层	物种	相对多度	相对盖度	相对频度	重要值
	小果润楠	0.2093	0.3570	0.1154	0.2272
	贵州琼楠	0.0930	0.1509	0.1154	0.1198
	粗糠柴	0.1395	0.0501	0.1154	0.1017
	木荷	0.0930	0.0802	0.0769	0.0834
	猴欢喜	0.0930	0.0549	0.0769	0.0749
	青冈	0.0465	0.0686	0.0769	0.0640
	罗伞	0.0698	0.0412	0.0769	0.0626
	黄牛奶树	0.0465	0.0926	0.0385	0.0592

续表

地点：幺站沟		植被型：常绿阔叶林		群落类型：小果润楠林	
取样面积：20m×40m		坐标信息：N28°23′57″ E106°15′57″ 海拔：600m		人为干扰程度：干扰较小	
乔木层	物种	相对多度	相对盖度	相对频度	重要值
	桫椤	0.0465	0.0219	0.0769	0.0485
	野桐	0.0698	0.0302	0.0385	0.0461
	飞蛾械	0.0465	0.0137	0.0769	0.0457
	五柱枒	0.0233	0.0199	0.0769	0.0400
	水东哥	0.0233	0.0189	0.0385	0.0269
灌木层	物种	相对盖度	相对高度	重要值	
	糙叶榕	0.1429	0.1639	0.1534	
	金珠柳	0.1143	0.1639	0.1391	
	野芭蕉	0.1143	0.1366	0.1254	
	密脉木	0.1714	0.0656	0.1185	
	刺箭竹	0.1429	0.0820	0.1124	
	光叶山矾	0.0857	0.1366	0.1112	
	猴欢喜	0.0686	0.1366	0.1026	
	异叶梁王茶	0.0743	0.0710	0.0727	
	穗序鹅掌柴	0.0857	0.0437	0.0647	
草本层	物种	相对盖度	相对高度	重要值	
	中华鳞盖蕨	0.0741	0.0758	0.0749	
	仙茅	0.0370	0.1212	0.0791	
	重楼排草（落地梅）	0.0222	0.0758	0.0490	
	山麦冬	0.0370	0.0303	0.0337	
	马蓝	0.3704	0.1818	0.2761	
	楼梯草	0.1111	0.0303	0.0707	
	林生沿阶草	0.0296	0.0455	0.0375	
	冷水花	0.0370	0.0303	0.0337	
	福建观音坐莲	0.1111	0.1818	0.1465	
	峨眉姜花	0.1111	0.1515	0.1313	
	短肠蕨	0.0593	0.0758	0.0675	

20. 小果润楠、青冈林

小果润楠、青冈林（Form. *Machilus microcarpa*，*Cyclobalanopsis glauca*）同小果润楠林类似，分布于我国中亚热带丘陵山地，与小果润楠林不同的是，此群系中青冈与小果润楠为共优势种群系。保护区内此群落外貌浓绿色，林冠浑圆稠密，分布于海拔 500～1500m 的山谷及山坡。

乔木层主要以小果润楠、青冈为主，其他如小叶青冈、木荷、岩生厚壳桂、润楠、薄叶润楠、栲、毛脉南酸枣等也是其重要组成树种；灌木层在山谷上部主要由光叶山矾、细枝枒、红果黄肉楠、绒叶木姜子、虎皮楠（*Daphniphyllum oldhamii*）、梁王茶、盐肤木、及己、草珊瑚组成；草本层中以冷水花、楼梯草、日本鸢尾、山姜等为主，在低山河谷处，草本层中则有桫椤、华南紫萁、福建观音座莲等出现。

21. 润楠、楠木林

润楠、楠木林（Form. *Machilus pingii*，*Phoebe zhennan*）是以楠木、润楠为建群种构成的亚热带常绿阔叶林，其在中亚热带中东部地区并不常见，常常受人为影响较大。群落内土壤为紫色砂岩与石灰岩风化而成的黄壤和山地黄壤。

保护区内润楠、楠木林群落外貌深绿色，林冠稠密，群落组成丰富，乔木层中除润楠、楠木外还有栲、小果润楠、薄叶润楠、黑壳楠（*Lindera megaphylla*）等物种；灌木层中主要有细枝柃、红果黄肉楠、粗叶木、川山矾幼树、草珊瑚、湖北杜茎山、青荚叶（*Helwingia japonica*）等灌木树种为主，局部地区还有桫椤生长于林下；草本层以蕨类植物为主，主要由狗脊蕨、鳞毛蕨，楼梯草、冷水花等物种组成。

22. 楠木、黄牛奶树林

楠木、黄牛奶树林（Form. *Phoebe zhennan*, *Symplocos laurina*）为山地常绿阔叶林，建群种和主要优势乔木均为常绿树种，如楠木、黄牛奶树、飞蛾槭等，但其中还夹杂少量落叶树种，如灯台树。保护区内从湿热河谷到海拔 1000m 左右的山坡均有分布，湿热河谷地段的林下植物组成中有热带、南亚热带的植物成分。

群落乔木层可分为两层，第一层主要为楠木、润楠、贵州琼楠、灯台树，层高大约 17m，次层乔木树种主要为黄牛奶树、臀果木、飞蛾槭、罗伞、苹果榕、糙叶榕等；灌木层树种有苹果榕、罗伞、金珠柳（*Maesa montana*）、桫椤、粗叶木、九头狮子草、线柱苣苔等；草本层植物主要有日本鸢尾、大叶仙茅（*Cruculigo capitulata*）、淡绿短肠蕨（*Allantodia virescens*）、华南紫萁、福建观音座莲、林生沿阶草、棕叶狗尾草、浆果薹草等。

23. 楠木林

楠木林（Form. *Phoebe zhennan*）在保护区内主要小片分布于河岸沟谷、峡谷地带，大都呈现"V"形深切峡谷地貌形态，谷底海拔在 400～650m，低海拔沟谷内地形封闭，水热条件优越，植被生长茂密。

该群落类型主要分布于金沙沟、幺站沟、小溪沟沟谷两侧。

乔木层主要以楠木为优势建群种，其他还有薄叶润楠、贵州琼楠等生于其中，冠层郁闭度较低，约 0.4，群落高度约 20m；灌木层主要由桫椤组成，且群落中桫椤生长较好，植株平均高度约 4m，胸径约 10cm，且桫椤密度较大，100m² 内有 10～15 株，群落边界还有慈竹林生长。林下其他灌草层物种以线柱苣苔、九节龙、福建观音座莲、楼梯草、竹叶草（*Oplismenus compositus*）、接骨草（*Sambucus chinensis*）、江南卷柏等物种为主（表 3-8）。

表 3-8　楠木群落样地资料

地点：南厂沟		植被型：常绿阔叶林		群落类型：楠木林	
取样面积：20m×40m		坐标信息：N28°35′57″ E106°15′57″ 海拔：710m		人为干扰程度：干扰较小	
乔木层	物种	相对多度	相对盖度	相对频度	重要值
	楠木	0.3467	0.3875	0.1111	0.2818
	博叶润楠	0.0933	0.1516	0.1111	0.1187
	贵州琼楠	0.0800	0.0861	0.1111	0.0924
	黄杞	0.1200	0.0425	0.1111	0.0912
	薄叶润楠	0.0667	0.0719	0.1111	0.0832
	青冈	0.0533	0.0562	0.0741	0.0612
	杉木	0.0800	0.0625	0.0370	0.0599
	枫香	0.0400	0.0580	0.0370	0.0450
	灯台树	0.0267	0.0322	0.0741	0.0443
	野桐	0.0267	0.0142	0.0741	0.0383

续表

地点：南厂沟		植被型：常绿阔叶林		群落类型：楠木林	
取样面积：20m×40m		坐标信息：N28°35′57″ E106°15′57″ 海拔：710m		人为干扰程度：干扰较小	
乔木层	物种	相对多度	相对盖度	相对频度	重要值
	鸦头梨	0.0267	0.0112	0.0741	0.0373
	光皮桦	0.0267	0.0167	0.0370	0.0268
	宜昌润楠	0.0133	0.0094	0.0370	0.0199
灌木层	物种	相对盖度	相对高度	重要值	
	线柱苣苔	0.2778	0.0288	0.1533	
	桫椤	0.1389	0.0899	0.1144	
	飞蛾槭	0.0444	0.1547	0.0996	
	粗糠柴	0.0722	0.1259	0.0991	
	金珠柳	0.0667	0.1079	0.0873	
	小黄花茶	0.0278	0.1151	0.0714	
	蜡莲绣球	0.0389	0.1007	0.0698	
	黄杞	0.0833	0.0540	0.0686	
	粗叶木	0.0278	0.1079	0.0678	
	细齿叶柃	0.0278	0.0719	0.0499	
草本层	物种	相对盖度	相对高度	重要值	
	艾纳香	0.3125	0.1975	0.2550	
	边缘鳞盖蕨	0.2188	0.0741	0.1464	
	短肠蕨	0.0938	0.1481	0.1209	
	细穗腹水草	0.1250	0.0741	0.0995	
	寒莓	0.0625	0.1235	0.0930	
	红盖鳞毛蕨	0.0188	0.1235	0.0711	
	蕺菜	0.0625	0.0617	0.0621	
	江南卷柏	0.0625	0.0494	0.0559	
	马蓝	0.0063	0.0741	0.0402	
	艳山姜	0.0313	0.0247	0.0280	
	竹叶茳草	0.0063	0.0494	0.0278	

24. 臀果木林

臀果木群落（Form. *Pygeum topengii*）是保护区内少见的以蔷薇科植物为建群种的常绿阔叶林类型，群落外貌与常见的湿润型常绿阔叶林类相似，但群落乔木层分层较为明显，分为两个亚层，第一亚层群落高度 18～20m，次乔木层高度约 10m，群落第一冠层郁闭度为 0.6 左右，但群落第二冠层及林下植被十分丰富，特别是林下植被盖度 90% 左右。

乔木层主要组成树种第一亚层为臀果木、毛脉南酸枣，其中臀果木占绝对优势，第二亚层为臀果木、罗浮槭、楠木、罗伞、岗柃（*Eurya groffii*）、桫椤、檫木等；灌木层主要物种为红雾水葛（*Pouzolzia sanguinea*）、密脉木、线柱苣苔、茜树（*Aidia cochinchinensis*）、罗伞、菱叶冠毛榕（*Ficus gasparriniana* var. *laceratifolia*）等；草本层主要为九头狮子草、福建观音座莲、大叶短肠蕨（*Allantodia maxim*）、掌叶秋海棠、牛膝、华南紫萁等（表 3-9）。

表 3-9　臀果木群落样地资料

地点：官程岩		植被型：常绿阔叶林		群落类型：臀果木林	
取样面积：20m×40m		坐标信息：N28°21′57″ E105°15′57″ 海拔：630m		人为干扰程度：无干扰	
乔木层	物种	相对多度	相对盖度	相对频度	重要值
	臀果木	0.3750	0.0938	0.4381	0.3023
	桫椤	0.1875	0.0625	0.2745	0.1748
	罗伞	0.1667	0.0938	0.0732	0.1112
	川桂	0.0625	0.0938	0.0436	0.0666
	毛叶山胡椒	0.0208	0.0938	0.0420	0.0522
	岗柃	0.0417	0.0938	0.0108	0.0487
	粗糠柴	0.0208	0.0938	0.0205	0.0450
	棯木	0.0208	0.0938	0.0086	0.0411
	楠木	0.0208	0.0625	0.0194	0.0342
	红翅槭	0.0208	0.0625	0.0167	0.0333
	贵州山矾	0.0208	0.0625	0.0135	0.0323
	罗浮柿	0.0208	0.0625	0.0081	0.0305
	毛脉南酸枣	0.0208	0.0313	0.0312	0.0278
灌木层	物种	相对盖度	相对高度	重要值	
	线柱苣苔	0.0957	0.6667	0.3812	
	鸭脚罗伞	0.3043	0.0952	0.1998	
	茜树	0.3043	0.0476	0.1760	
	红雾水葛	0.1565	0.1143	0.1354	
	菱叶冠毛榕	0.0435	0.0190	0.0313	
草本层	物种	相对盖度	相对高度	重要值	
	九头狮子草	0.2373	0.4167	0.3270	
	华南紫萁	0.2712	0.1042	0.1877	
	福建观音座莲	0.1864	0.1667	0.1766	
	大叶短长蕨	0.1695	0.1250	0.1472	
	牛膝	0.1186	0.0833	0.1010	
	裂叶秋海棠	0.0169	0.1042	0.0606	

25. 箬叶竹林

箬叶竹林（Form. *Indocalamus longiauritus*）主要分布于长江流域各省的丘陵山区，箬叶竹在保护区内主要分布于海拔 1000m 左右的山地，常生长于阔叶林下，也有小片的箬叶竹群落，人工亦有种植。箬叶竹群落高度 1~2m，群落下层生长较少山麦冬、兰科植物等。

26. 毛竹林

毛竹亦称楠竹，为我国亚热带主要竹种，广布于南方各省。毛竹林（Form. *Phyllostachys pubescens*）垂直分布于海拔 1000m 以下的低山丘陵地带。在保护区内，毛竹的分布范围主要在海拔 700m 以下的低山丘陵地带，沿河岸两边生长良好。

毛竹最适宜生长于降水丰富且均匀，相对湿度较大，坡度平缓，避风的山麓、丘陵和谷地，在土壤深厚肥沃、排水良好的酸性、中性的紫色土或黄壤土上，生长良好。赤水河流域金沙沟支流流域自然条件十分适合毛竹生长，且毛竹各种产品已经成为当地居民收入的主要来源。

由于保护区内毛竹林多为人工种植，后自然扩张形成。在保护区边缘受人为干扰严重的毛竹林，其乔木层主要以毛竹占优势，高度可达 15m 以上。但是在有些湿润阴坡，人为干扰较少的地区，有楠木、四川大头茶、虎皮楠、黄杞等混生其中。

毛竹林下主要以桫椤、短序鹅掌柴、芭蕉为主，其他灌木物种还有湖北杜茎山、杜茎山、展毛野牡丹、毛桐、大叶鼠刺（*Itea macrophylla*）、粗叶木、细枝柃、异叶榕等。草本层主要物种有乌毛蕨、福建观音座莲、淡竹叶、寒莓（*Rubus buergeri*）、毛叶苣草、浆果薹草、粗齿黑桫椤、鳞毛蕨等。

此外，毛竹林群落中有一类较为特殊的群丛是毛竹-桫椤群丛，其主要由人工种植的毛竹入侵后形成的，该群系在保护区边缘南厂沟、甘沟、金沙沟等处分布较为集中。此群系主要以毛竹和桫椤为主，其他乔灌层物种较少，毛竹为乔木层优势种，偶有混生少量其他乔木树种如润楠、楠木等。

群落中毛竹高度一般在 10～15m，在湿润狭窄的沟谷处，毛竹较高，而在阳坡沟口处，毛竹高度一般较低。灌木层主要由桫椤组成，某些地段也有芭蕉与桫椤形成灌木层优势种。其他灌木物种还有小黑桫椤、中华野独活、香港鹰爪花、湖北杜茎山、粗糠柴、线柱苣苔、异叶榕、蒲桃、黄常山、红雾水葛、毛桐、矩叶鼠刺（*Itea oblonga*）、短序鹅掌柴、细枝柃、展毛野牡丹等；而草本层主要有骤尖楼梯草（*Elatostema cuspidatum*）、黄姜花、福建观音座莲、镰羽复叶耳蕨、淡竹叶、浆果薹草、寒莓等。

27. 狭叶方竹林

狭叶方竹多为灌木状小茎竹，主要分布于四川、云南、贵州和湖北等省。狭叶方竹要求比较温凉潮湿的气候条件，在多雨少风、相对湿度大的生境中生长良好，因此常与常绿阔叶林形成混交，成为乔木下的优势种。

狭叶方竹林（Form. *Chimonobambusa angustifolia*）在保护区内黄蜡岩、和尚岭等海拔较高地有自然分布的群落，其余人工种植的也较多，一般高 3～5m。灌木层中主要树种有宜昌胡颓子、豪猪刺（三颗针）等；草本层天南星科较多，其余如楼梯草、冷水花等也较多。

28. 斑竹林

斑竹又名刚竹，分布于我国长江流域各省，是我国亚热带竹林中分布较多的竹种。主要分布于海拔 1200m 以下的低山、丘陵及河谷地带。其适合生长的环境与毛竹类似，但较毛竹耐寒。

斑竹林（Form. *Phyllostachys bambusoides*）在有些地方和毛竹混生，且还有桫椤生长于附近，斑竹林结构单纯、林冠整齐、群落高度约 10m。由于竹子生长较密，其灌木层盖度较少，物种也较少，主要有细枝柃、山莓、寒莓等；草本层中物种也较少，主要有麦冬、日本鸢尾、牛膝、窃衣（*Torilis scabra*）、鳞毛蕨等物种。

在保护区内的斑竹林自然分布于金沙沟海拔 400～500m 一带的山谷，人为种植的较多，主要分布于房前屋后，但是其面积也都不大。

29. 水竹林

水竹对水土条件要求不高，在我国长江流域各省广有分布。保护区内水竹林（Form. *Phyllostachys congesta*）主要是人工种植，自然分布较少，主要沿河岸、低山分布。

水竹林较矮，约 5m，竹林中常还残留一些黑壳楠、楠木、润楠等阔叶树种，有些水竹林内还混生有狭叶方竹。灌木层盖度一般较低，物种也较少，主要种类有忍冬、挂苦绣球、西南悬钩子（*Rubus assamensis*）、阔叶十大功劳（*Mahonia bealei*）、盐肤木等；草本层主要种类有日本鸢尾、里白、狗脊蕨、翅轴蹄盖蕨、山麦冬等。

30. 硬头黄竹林

硬头黄竹又名撑篙竹，主要分布于广东和四川。硬头黄竹以平原和丘陵生长良好，尤其在河流两岸冲积沙质土上生长最好。

硬头黄竹林（Form. *Bambusa rigida*）结构单纯，外貌整齐，群落高度 7～10m，硬头黄为合轴生长形式，保护区内分布的硬头黄林疏密不均。

由于其主要为人工种植竹林，主要分布在保护区内住户的房前屋后，如黄蜡岩、金沙沟、葫市管理站等附近。

31. 慈竹林

慈竹又称钓鱼竹，在我国主要分布于四川、贵州、云南、广西、湖南等地。慈竹林（Form. *Neosinocalamus affinis*）要求湿润温暖及肥沃的土壤和较荫蔽的环境。保护区内，慈竹林主要分布于海拔 300～1100m 的地区，由于慈竹具有悠久的栽培历史，保护区附近及保护区内及金沙沟河岸两处有大量慈竹林分布，另外在房前屋后多有栽培。

群落高度 6～10m，主要分布于河沟两岸，常有少量乔木树种侵入，如杉木、八角枫（*Alangium chinensis*）、楠木、糙叶榕等；灌木层中主要有窄叶、湖北十大功劳（*Mahonia confusa*）、杜若（*Pollia japonica*）等；草本层主要是日本鸢尾、芦苇（*Phragmites australis*）等。

32. 竹叶榕灌草丛

保护区内的竹叶榕灌草丛（Form. *Ficus stenophylla*）主要属于河滩常绿阔叶灌丛，主要分布于河流冲击形成的宽阔河谷地带，其生境处为砂质河漫滩和砾石沙滩，雨季洪水期河流泛滥时，本群落多遭洪水淹没，旱季时则露出于河水，由于受到流水的冲击，植物多为叶小且狭长的种类，如竹叶榕、长柄竹叶榕（*Ficus stenophylla* var. *maropolocarpa*）等，由于接近水面，植株受水浸泡的几率增加，因此群落较稀疏。

群落植株高 2～3m，也有高者，大约 4m，群落盖度有的大约 50%，大多成丛生长，丛间距离疏密不等，为 1～3m，沿河呈狭条带状分布，灌丛的基部常有大量枯落物和泥沙堆积，叶片枝条叶附着有泥沙，说明其常受洪水冲击。

本群落中主要的优势种有竹叶榕、长柄竹叶榕，另外湖北十大功劳、四川十大功劳、芦苇等也是群落中的重要组成物种；草本层中，主要为荩草、金丝草（*Pogonatherum crinitum*）等岩生草本植物，种类较少。

33. 小梾木、芦苇灌草丛

保护区内小梾木、芦苇灌草丛（Form. *Swida paucinervis*，*Phragmites australis*）主要分布于阔叶林靠近河滩边缘的过渡区域，群落高度一般在 1.5～3m，某些地段也会形成小片的小梾木、芦苇单优势种灌丛或草丛。该群落类型物种组成较为简单，一般灌木层中其他物种还有湖北十大功劳、竹叶榕、长柄竹叶榕等；草本层中主要为荩草、牛筋草（*Eleusine indica*）等。

34. 桫椤、芭蕉、罗伞灌草丛

桫椤、芭蕉、罗伞等本为南亚热带季雨林中的林下层重要组成部分，在保护区内以这几个物种为群落主要组成部分，形成桫椤、芭蕉、罗伞群系（Form. *Alsophia spinulosa*，*Muse basjoo*，*Brassaiopsis glomerulota*），主要分布于保护区内海拔 700m 以下的沟谷地带，主要见于金沙沟及其所属几条支沟沟口、南厂沟等地。

群落中一般芭蕉较多，高度 6m 左右，盖度 30%，而桫椤高度在 5m 左右，盖度约 20%，罗伞往往所占比例在 10%～30%。群落中偶有高大乔木树种生于其中，一般为贵州琼楠、毛桐、灯台树、赤杨叶、粗叶木等。灌木层中主要物种除桫椤、芭蕉、罗伞外，还有毛桐、线柱苣苔、中华野独活、福建观音座莲、小梾木（*Swida paucinervis*）、玉叶金花等。草本层生长较为茂盛，主要有大型天南星科植物海芋、爵床（*Rostellularia procumbens*）、乌毛蕨、长叶实蕨（*Bolbitis heteroclita*）、短肠蕨、西南毛蕨等。另外在河沟滩上还有石菖蒲；河边岩石上生长了丰富的蕨类植物如扇叶铁线蕨（*Adiantum flabellulatum*）（表 3-10 和表 3-11）。

表 3-10　桫椤、芭蕉、罗伞群落样地资料

地点：南厂沟		植被型：灌丛		群落类型：桫椤、芭蕉、罗伞灌丛	
取样面积：10m×10m		坐标信息：N28°21′57″ E105°20′57″ 海拔：500m		人为干扰程度：干扰较轻	
灌木层	物种	相对盖度	相对高度	重要值	
	桫椤	0.3623	0.1225	0.2424	
	野芭蕉	0.2174	0.1140	0.1657	
	罗伞	0.1087	0.1567	0.1327	
	粗叶木	0.1087	0.1368	0.1227	
	飞蛾槭	0.0580	0.1425	0.1002	
	脚骨脆	0.0725	0.1197	0.0961	
	猴欢喜	0.0362	0.1425	0.0893	
	中华野独活	0.0362	0.0655	0.0509	
草本层	物种	相对盖度	相对高度	重要值	
	淡绿短肠蕨	0.3457	0.1923	0.2690	
	马蓝	0.2660	0.1923	0.2291	
	聚合草	0.1862	0.1538	0.1700	
	接骨草	0.0426	0.1923	0.1174	
	中华鳞盖蕨	0.0798	0.1538	0.1168	
	宜昌楼梯草	0.0798	0.1154	0.0976	

表 3-11　罗伞群落样地资料

地点：南厂沟		植被型：灌丛		群落类型：罗伞灌丛	
取样面积：10m×10m		坐标信息：N28°21′57″ E105°15′57″ 海拔：630m		人为干扰程度：干扰较轻	
乔木层	物种	相对盖度	相对高度	相对频度	重要值
	罗伞	0.4688	0.2925	0.1875	0.3163
	脚骨脆	0.0625	0.0956	0.1875	0.1152
	毛竹	0.1250	0.1530	0.0625	0.1135
	桫椤	0.0938	0.1147	0.1250	0.1112
	革叶槭	0.0938	0.1109	0.1250	0.1099
	飞蛾槭	0.0625	0.1090	0.1250	0.0988
	粗糠柴	0.0625	0.0860	0.1250	0.0912
	糙叶榕	0.0313	0.0382	0.0625	0.0440
草本层	物种	相对盖度	相对高度	重要值	
	翠云草	0.0532	0.0175	0.0354	

续表

地点：南厂沟		植被型：灌丛		群落类型：罗伞灌丛	
取样面积：10m×10m		坐标信息：N28°21′57″　E105°15′57″　海拔：630m		人为干扰程度：干扰较轻	
草本层	物种	相对盖度	相对高度	重要值	
	淡绿短肠蕨	0.0266	0.0526	0.0396	
	林生沿阶草	0.0160	0.0526	0.0343	
	楼梯草	0.0798	0.0351	0.0574	
	马蓝	0.2660	0.2105	0.2382	
	薹草	0.0532	0.0877	0.0705	
	峨眉姜花	0.0798	0.3509	0.2153	
	长叶实蕨	0.2660	0.0351	0.1505	
	紫堇	0.0798	0.0526	0.0662	

35. 芭蕉灌草丛

芭蕉灌草丛（Form. *Muse basjoo*）主要是一种间或分布于芭蕉、桫椤群落的一种小群落，群落中的芭蕉生长较组合群系高大，芭蕉一般高 8m 左右。且由于芭蕉为克隆繁殖，因此其群落中芭蕉生长较密，物种组成较为简单，主要以芭蕉为主，偶有桫椤及小灌木生长于群落边缘；草本层在其群落下方间隙也有生长，如海芋、黄姜花、爵床等。

此群落主要见于南厂沟、干沟的河流沟谷处。

36. 峨眉姜花草丛

峨眉姜花草丛（Form. *Hedychium flavescens*）群落盖度较低，一般为 1～2m。保护区内主要分布于墨子岩、三角塘、官呈岩、黑神岩等一带的宽阔河流冲击河滩。群落内物种组成十分简单，主要是密生的峨眉姜花，其地下茎生长十分发达，因此群落中的草本生长较少，主要以少量的荩草、扁穗牛鞭草为主，在群落间隙有少量的菊科植物。

3.4　植被动态

赤水桫椤国家级自然保护区地处中亚热带，其地带性植被为亚热带季风常绿阔叶林。由于其临近南亚热带北缘，加之地形因素影响，在海拔较低的沟谷地区水分条件充沛、雨雾较多，辐射值相对较低，但热量条件好，往往形成具有南亚热带的性质的沟谷雨林植被，也是保护区桫椤群落分布最广的区域。与之相反，在海拔相对较高的地区，往往形成以壳斗科和桦木科种类为主的常绿落叶阔叶混交林。以上这两种类型植被虽然属于演替中的过渡类型，同时也具有一定次生性，但它们却具有相当的稳定性。除此之外，在保护区的中山地区，还分布有大面积的典型次生林，其中多为人工林，如大面积的马尾松林，毛竹林，马尾松与栲、灯台树等阔叶树种的混交林，毛竹与常绿阔叶树种的混交林，落叶的桦木林等。

近年来，由于保护区保护力度的加大，在甘沟、闷头溪、金沙沟和松溪沟等的上段及一些海拔较高的岩上，保存有较好的原生植被。除沟谷地区外，目前保护区内处于演替前期的次生灌草丛和灌丛植被很难看见，处于演替系列阶段的植被主要有马尾松林、毛竹林及次生的常绿落叶阔叶混交林。如以空间代替时间的观点分析，可看出目前保护区植被的演替进程和群落取代顺序为：马尾松林，马尾松同亮叶桦、灯台树、山矾属物种或栲属植物组成的针阔混交林，栲属，青冈属，楠木属，润楠属，樟属植物占优势的稳定的常绿阔叶林。如以动态的观点看，目前保护区在中山地区所有的马尾松林、落叶阔叶林、针阔混交林和常绿落叶阔叶混交林，以及人工种植的竹林，若无人工干扰，将最终为常绿阔叶林所替代。

值得注意的是，在保护区的部分地区，毛竹林存在抚育现象，部分常绿阔叶树种遭到破坏，这可能会导致毛竹大量入侵常绿阔叶林而形成相对稳定的人工顶极，从而导致植被的逆行演替，对保护区的物种多样性造成影响。同时，从我们对沟谷地带的毛竹桫椤混交群落的调查可以发现，桫椤的高度和密度随毛竹密度和高度的增加有降低的趋势，这是否意味着毛竹入侵桫椤群落会对桫椤原有生境造成破会，从而影响桫椤的生长和成活？并导致原有的群落性质发生改变，这个问题值得重视。

3.5　主要保护对象的种群群落调查

3.5.1　桫椤种群群落特征

1. 桫椤种群特征

1）分布特征

保护区内桫椤主要分布于沟谷深处地形封闭的区域内，该区域主要特点是水热湿度条件良好、土壤深厚、呈弱酸性，且这些地方大多植被茂密、生境荫蔽。葫市镇管理站进入到官呈岩一带，所在公路边及河岸沟谷处桫椤分布较多，且生长良好。金沙沟、南厂沟等处的桫椤由于地处景区边缘及毛竹林入侵生长的区域，其桫椤种群特征优势整体不如官呈岩附近的桫椤种群。

2）数量特征

对保护区内桫椤种群进行调查，分别在南厂沟、金沙沟、官呈岩选取的 4 个（20×20）m² 的样方。调查数据显示，1600m² 的样地面积内，共有桫椤 68 株，平均密度是 4.25/100m²。

保护区内各群落内桫椤平均高度都较为一致，但是由于不同群落内物种组成及结构差异，不同群落内桫椤平均高度及胸围各有差异。其中，南厂沟及金沙沟所在的三个桫椤群落，其乔木层主要物种是毛竹，其林下桫椤的平均高度分别是 2.75m、2.08m、1.95m，官呈岩处的桫椤群落，其乔木层优势种是臀果木，群落内的桫椤种群生长较好，平均高度是 5.38m。

就 4 个样方整体数据进行分析，桫椤种群高度结构见图 3-1，其中高度在 1m 以下的植株较少，仅占 5.9%；高度在 1~3m 的桫椤植株数量所占比例较大，为 63.2%；高度在 3~5m 的桫椤植株数量为 9 株，所占比例为 13.2%；5m 以上的桫椤植株数量相对 1~3m 植株而言，其所占比例也较低，为 16.2%。综上，就整体而言，保护区内桫椤植株高度在 1~3m 的植株所占比例较大，而高度在 1m 以下及 5m 以上植株所占比例较小。

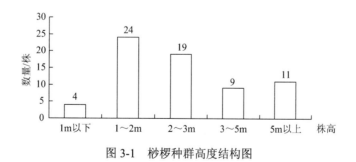

图 3-1　桫椤种群高度结构图

将保护区内桫椤胸径（直径）分为 7.5cm 以下、7.5~10cm、10~12.5cm、12.5cm 以上共 4 个胸径级。其中 7.5~10cm 径级植株数量最大，所占比例也较高，约占 35.29%；其次为 12.5cm 以上，所占比例为 25%；10~12.5cm 径级植株数量约占 22.06%；7.5cm 径级以下最少，所占比例为 17.65%。径级与高度的关系为 10cm 以下的两个径级，其平均高度差异不大，平均高度分别为 1.48m 和 1.93m。10cm 以上的两个径级，其平均高度也较为相近，分别为 3.51m 和 4.45m。综上，就其径级与高度之间的关系，整体表现为径级越大，其平均高度越高的趋势（表 3-12）。

表 3-12　桫椤种群径级数量关系表

胸径/cm	株数/株	平均高度/m	植株占比例/%
<7.5	12	1.48	17.65
7.5~10	24	1.93	35.29
10~12.5	15	3.51	22.06
<12.5	17	4.45	25.00

3）种群结构

南厂沟、金沙沟等处于桫椤公园景区内的桫椤种群处于毛竹林下，林下桫椤幼树及幼苗较少，其种群结构稳定性受到威胁。官呈岩处桫椤种群处于臀果木林下，这是保护区内阔叶林下的具有代表性的桫椤种群，其平均高度及胸围较毛竹林下的桫椤种群而言，具有较大优势，但几乎没有桫椤幼树，这对于整个种群的持续发展不利。

2. 桫椤群落特征

1）群落物种组成

保护区内桫椤所在群落主要有毛竹-桫椤群落、桫椤野-野芭蕉群落、阔叶树-桫椤群落。南厂沟、金沙沟的毛竹-桫椤群落的两个样方中，乔木层主要物种是毛竹，其重要值分别是 0.707 和 0.522，而群落中的桫椤重要值分别为 0.147 及 0.478。南厂沟另一群落类型，毛竹-桫椤-野芭蕉群落中乔木层主要物种也是毛竹，其重要值为 0.550，群落内桫椤和野芭蕉为亚层物种，其重要值分别为 0.223 及 0.173。官呈岩的桫椤群落类型主要是阔叶树-桫椤群落，在 400m² 的样地面积内，乔木层主要物种为臀果木、罗伞、川桂，其重要值分别为 0.113、0.096、0.091，桫椤的重要值则为 0.228。

灌木层物种组成在各个桫椤群落中都很相似，以杜茎山、九头狮子草、线柱苣苔、黄常山（*Dichroa febrifuga*）、粗叶木、展毛野牡丹（*Melastoma normale*）、毛桐、细枝柃、短序鹅掌柴等为主；草本层中主要以淡竹叶、福建观音座莲、黄姜、华南黑桫椤、球穗薹草、短肠蕨、茅叶荩草（*Arthraxon lanceolatus*）、寒莓等为优势种。

总的来看，保护区各类型中桫椤的重要值都较低，主要原因是由于笔者在计算重要值时将桫椤与乔木层一起计算，若将桫椤算入灌木层计算重要值时，其重要值是灌木层中最高的，这说明保护区内桫椤在群落中是重要组成成分，对群落具有较大贡献。

2）生活型

植物的生活型是植物有机体长期适应外界环境条件，综合表现出的外部形态。群落外貌很大程度上取决于组成种类的生活型。笔者参考 C. Raunkiaer 的生活型分类系统，对桫椤群落组成种类的生活型进行统计，其物种生活型组成如图 3-2 所示。其中优势组成为高位芽植物，所占比例为 51.7%；其次为地上芽植物为 19.3%，地面芽植物、地下芽植物及一年生植物所占比例分别为 4.8%、13.8%、10.3%。就生活型组成而言，高位芽植物占明显优势，反映了桫椤具有明显的亚热带常绿阔叶林的外貌特征。另外，地下芽植物中，主要是蕨类植物、姜属植物及海芋等，这也反映出桫椤群落的南亚热带特色。

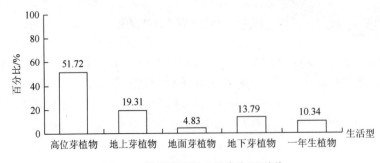

图 3-2　桫椤群落组成种类生活型谱

3）叶的性质

叶的性质也是群落外貌的重要特征，经常分析研究的主要参数可分为几个方面：叶的面积、叶型、叶质、叶缘，其中以叶级谱的研究最为重要。本文根据 C. Raunkiaer 对叶级的分类标准，并结合实际调查数据，对桫椤群落中的伴生植物进行叶级等级划分，分为鳞叶、小叶、中叶、大叶和巨叶 5 个等级。其具体统计结果如图 3-3 所示，以小叶和中叶所占比重最大，共 116 种，所占比例为 82.85%，鳞叶、巨叶、大叶较少，这种组成结构符合典型的亚热带常绿阔叶林的叶级谱特征，反映出桫椤所在群路的亚热带性质。但是在叶级谱中，大叶和巨叶所占比重为 12.86%，主要以具有根状茎的大型蕨类植物如华南黑桫椤、福建观音座莲为主，另外还有颇具热带雨林特色的福建观音座莲、芭蕉（*Muse basjoo*）和海芋组成该种类型。

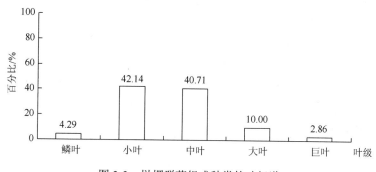

图 3-3 桫椤群落组成种类的叶级谱

4）群落垂直结构

调查样方数据显示，桫椤群落垂直结构较为简单，3 个毛竹-桫椤群落中乔木层平均高度分别为 10.28m、14.28m、16m，桫椤层平均高度为 2.75m、2.08m、1.95m。就其趋势来看，毛竹对林下桫椤生长有较大影响，即毛竹林高度越高，林下桫椤高度越低。林下灌木层平均高度为 0.8m，草本层平均高度为 0.5m。

臀果木-桫椤群落中，乔木层主要分为两层，第一层由臀果木组成，其层平均高度为 14.5m，其次为川桂和罗伞组成的次乔木层，平均高度为 8.5m，桫椤则构成乔灌交界层，其平均高度为 5.4m，林下灌草层，其物种组成及层结构较其他 3 个样方都较为丰富，灌木层平均高度为 2.5m，草本层平均高度为 1.2m。

3. 桫椤保护现状

赤水桫椤的系统保护工作始于 1984 年自然保护区的建立，1992 年又获国务院批准建成国家级的桫椤自然保护区，经过 30 多年的建设，贵州赤水的原生桫椤得到了系统的保护和管理，加上早在 1987 年就开展了引种到贵州省植物园温室及其后移植到赤水桫椤博物馆的景观园进行异地保护的工作，以及目前保护区正在开展的人工繁育工作（图 3-4），赤水桫椤保护工作已较为系统和全面。

图 3-4 桫椤自然野生幼苗（左）和人工繁育幼苗（右）

4. 面临的威胁

综合调查分析的结果，可能影响保护区桫椤生存和发展的现实与潜在威胁有以下几个方面。

（1）原生境的潜在威胁。调查中发现，赤水在经济发展的过程中通过大量栽种慈竹、毛竹等经济竹类，为地方经济发展和提高当地人民的生活水平发挥了积极的作用；但竹类植物往往会通过其快速的无性繁殖迅速侵入到其他种群中，对其他生物的原生生态环境造成破坏。如不加强控制，竹类入侵会对桫椤原生境带来干扰，桫椤茎秆内部较为原始的输导系统很难适应生境可能出现的较大变化。

（2）人类活动的干扰。桫椤竹海生态景区等旅游业的发展，对于帮助更多的人认识和保护桫椤这一珍稀植物有积极的作用，但这也使得景区的桫椤生境趋于开放，人类的活动会间接影响到桫椤的生长。尤其是当景区内的水湿、温度等条件受到外界较大的干扰时，桫椤孢子的萌发可能会受到限制，进而影响到桫椤种群的繁衍。

（3）气候环境变化带来的影响。随着全球环境的变化，当桫椤赖以生存的温暖、潮湿、荫蔽、水分充足、土层肥厚和排水良好的环境受到毁坏或消失时，桫椤本身也将会受到威胁甚至是毁灭。在调查中也发现，如金沙沟上游或其支流出现了断流现象，这必然影响到桫椤生境的水湿条件。

（4）桫椤自身的生物学特性限制其生长和繁衍。一方面，桫椤没有完善的根系，仅靠木质茎秆下部长出的不定根伸进土中或紧紧附着在岩石上，起着固定高大木质茎秆的作用和吸收水分、矿物质的作用，容易在山体垮塌和滚石撞击时倒伏。另一方面，桫椤是木本蕨类物，其生殖周期很长，生殖过程在离体情况下进行，发育进程完全受变化的环境控制，因此不利于生存发展。野外观察发现，苔藓、地衣稀少且生长弱的地方，土壤保水保湿效果差，桫椤幼苗便很少见。

（5）病虫害影响桫椤生长发育。调查中发现黄腹突额叶蝉和褐色桫椤叶蜂2种昆虫是桫椤的重要害虫，黄腹突额叶蝉若虫和成虫吸取桫椤汁液，而褐色桫椤叶蜂幼虫往往集群生活于桫椤叶片上，大量取食桫椤叶片，严重时使叶片仅剩主脉。受到虫害影响的桫椤长势变差甚至死亡。

5. 保护措施与建议

从1984年始建保护区以来，经保护区的强效升位，加之迁地保护和人工繁育工作的逐步实施，赤水桫椤保护工作已较为系统和全面。为进一步解决赤水桫椤保护工作中可能遇到的突出问题和难题，促进保护工作再上新台阶，根据调查和研究的结果，现提出以下建议。

（1）进一步深化对桫椤濒危机制和科学保护的相关研究。建议由主管部门牵头，建立科研单位和保护区合作共同开展相关研究，以制定科学的保护措施。首先要深化对桫椤种群的动态研究，针对各种群落中桫椤种群的生长状态、生境特征和潜在威胁等开展系列研究，才能更为准确地评估其生存质量。其次要开展繁育系统相关研究，特别是人工培育苗科学还植到野外生境的技术与方法，重点提高野外移植成活率。再次，要建立保护区生物多样性信息系统和地理信息系统，对保护区资源与环境进行深入研究和动态管理，为保护区的建设和科学管理提供了可靠资料和决策依据。此外，还应系统开展野生桫椤病虫害调查和防控研究，以利于相关工作的开展。总之，要在进行综合研究的基础上，深入探讨其濒危机制，预测其发展前景，并制定需要采取的有效措施。

（2）加强原生境的保护，确立桫椤种群生境人工控制措施。要保证现有的野生种群的生存，并促进桫椤的天然更新。首先应适度控制在野生桫椤种群附近的旅游观光等人为活动。其次，建立加强生态监护站的建立，要实时监控桫椤的生长环境，同时要尽量避免发生严重的山体滑坡等灾害威胁桫椤生存。同时可在核心区选择典型的群落地段，建立桫椤群落的永久性样地，对群落的种类组成、外貌、结构、种群的数量和质量等特征及动态演替规律进行观测研究，并建立长期的系统档案，随时反映和掌握其生长状况。再次，注意对保护区内竹林的合理控制与管理，确保桫椤原生境稳定。此外，要杜绝对桫椤种群内林下苔藓、地衣层进行破坏，充分发挥其保水保湿作用，以促使桫椤孢子能正常萌发。

（3）形成长效机制，保存种质资源，推动桫椤人工种群的建立。建议在相关研究的基础上，建立科研单位和保护区的长期合作机制，争取专项经费，搞好人工繁育工作。一方面，可以开展种质资源库或基因库的建设，保存珍贵的基因资源。另一方面，除继续完善用孢子进行人工育苗繁殖的技术外，还应开展组织培养的研究。待技术成熟后，成立研究和实践相结合的人工繁殖基地，组织培训一批从事基础研究和人工繁育工作的技术人员，利用组织培养等快速繁殖技术促进人工种群的建立；在保护区内作好规划，进行定向栽培，以扩大桫椤的生物数量，达到更好的保护桫椤的目的。

（4）完善保护区管理体制。建议加大自然保护区的管理力度，规范自然保护区管理体制，以提高自然保护区管理机构的保护能力和法律、法规的执行能力。积极探索合理的资源开发机制，适度开发旅游项目，既是促进游客对桫椤的了解，增强全民保护意识，同时更重要的是促进保护区内经济的发展，以保证有充足的资金对桫椤进行保护，做到自我完善、自我发展、以区养区、持续利用。另外，需确立桫椤保护的专项资金投入机制，以利于保护工作的科学化和保护队伍的专业化。

3.5.2　小黄花茶生物特性及生态学研究

1. 小黄花茶的生物学性状

小黄花茶（*Camellia luteoflora* Li ex Chang）为灌木或小乔木，高 1.5～5.5m；树皮褐色，嫩枝无毛，芽体被白色茸毛。叶长圆形或椭圆形，长 6.5～12cm，最长达 17cm，宽 1.7～5.4cm，最宽达 7cm，先端渐尖或急锐尖，基部阔楔形；中脉干后下陷，侧脉每边 6～8 条，与网脉在上面下陷；边缘有疏锯齿，齿间相隔 2.5～8mm；叶柄长 8～12mm，有褐色柔毛。花单生于叶腋或枝顶，黄色，不展开，无柄，苞被 8～10 片，未分化为苞片及萼片，半圆形至阔椭圆形，长 4～10mm，被疏毛，半宿存，花瓣 7～8 片，阔椭圆形至倒卵状椭圆形，长 11～15mm，基部连生 4mm，开花时不展开，无毛，或有睫毛；雄蕊 2 轮，长 13mm，外轮的花丝基部连生，花丝管长 8mm，无毛，花药黄色，基部着生；子房 3 室，被白色柔毛，花柱长 5mm，顶端 3 裂。蒴果球形，直径 1cm，果皮薄，3 瓣裂开，种子每室 1 个。花期 11 月。模式标本采自贵州赤水（图 3-5）。

图 3-5　小黄花茶植株和花照片

在山茶属中，除金花茶组（*Chrysantha*）的种类花呈金黄色外，小黄花茶也开黄花，但形态结构不属于金花茶组。金花茶组的花有柄，苞片与萼片已分化，而小黄花茶的花无柄，苞被未分化为苞片与萼片。小黄花与短柱茶组（*Paracamellia*）的区别，在于后者花瓣近于离生，外轮花丝决不连合成花丝管，因将小黄花茶单列为小黄花茶组。

2. 小黄花茶的生境及相关研究

小黄花茶于 1981 年 11 月在赤水金沙首次发现，1983 年被国家科学技术委员会（今国家科学技术部）列为我国特殊保护物种，明令禁止外流。1988 年，贵州省将其列为省级珍稀濒危保护植物、贵州特有植物。根据实地调查统计，小黄花茶现存 1708 株，其中幼树 260 株。小黄花茶树形优美、花姿淡雅，具有较高观赏价值，分布范围小，遗传基因宝贵，被植物界称为"茶花皇后"。

小黄花茶其自然分布区限于贵州省赤水桫椤国家级自然保护区内，其分布经纬度范围面积不超过2km²，主要分布于闷头溪，多生长于海拔500~800m的山崖或溪边，海拔在700m以上分布极少。保护区特殊的地理气候为小黄花茶的生长发育提供了适宜的土壤环境（邹天才，2002）。

小黄花茶因其分布数量少、分布范围狭隘，目前研究文献较少，主要集中在繁育和食品开发等方面。邹天才等（2001）从赤水金沙沟保护区采集小黄花茶自然分布地的野生种质资源（种子、植株、枝条），通过种子繁殖、扦插繁殖、组织培养等技术均可得到小黄花茶的幼苗。种子一般都能够自然萌发生长，幼苗根系不发达，多为一条主根，主根上侧根很少，有的几乎没有（郭能彬，2006）。张婷等（2010）采用高效液相色谱对叶片中茶多酚、儿茶素（EC、EGCC、ECG、EGC、C）、没食子酸、咖啡碱几种活性成分进行研究，发现小黄花茶茶多酚和咖啡碱含量较高，品质优异，可以在食品饮料及医药领域进行开发利用。顾志建等（1997）对小黄花茶的核型进行了研究，结果显示，小黄花茶体细胞分裂中期的染色体数目为$2n=2x=30$，为二倍体，核型结构$2n=30=16m$、$10sm$、$4s$。由此可以看出，对小黄花茶的研究还处于较粗浅阶段，后期需开展系统深入的研究。

3. 小黄花茶的分布及群落特征

1）种群特征

小黄花茶分布于闷头溪区域，具体为观音岩、神女瀑、黄泥沟、荃茶窝荡、桫椤王瀑布等处的常绿阔叶林、常绿阔叶落叶混交林及毛竹林内。根据现场调查发现，小黄花茶种群分布主要呈现集群分布特点。但在不同的群落类型中，其集群分布特点略有差异。保护区内小黄花茶种群所在群落具有几种不同的类型，主要包括贵州琼楠、白楠、四川大头茶、小叶栲、栲、野漆树、桤木等阔叶或落叶树种组成的常绿阔叶树-小黄花茶群落、落叶阔叶混交-小黄花茶群落及毛竹-小黄花茶群落，在这些群落内小黄花茶的种群中虽然都是呈集群分布，但在不同群落汇中集群程度各有差异。造成小黄花茶种群的分布差异原因可能是某些地势险要生境条件原始，故集群分布特征较明显，但在人为干扰程度较大的地段特别是毛竹林下的小黄花茶种群，其种群的集群分布程度不高，所以呈现随机分布趋势。

2）群落特征

小黄花茶所在的不同类型的群落，物种组成差异较大。

阔叶树与小黄花茶构成群落中，乔木层主要由樟科、壳斗科、山茶科等的植物组成，主要优势树种包括贵州琼楠、白楠、栲、野漆树、四川大头茶、野漆树等，层平均盖度20m左右，郁闭度0.6~0.8；灌木层层平均高度3m左右，主要由山茶科、樟科、五加科、紫金牛科植物组成，主要优势种除小黄花茶外还有钝叶柃、广东山胡椒、木姜子、穗序鹅掌柴、葱木、罗伞、杜茎山等物种；而草本层则主要由禾本科、菊科、莎草科、荨麻科及蕨类植物组成，其物种组成丰富，层盖度较大，大约为80%，局部地段由于里白等克隆植物的生长，其盖度高达95%以上。

毛竹-小黄花茶群落中，乔木层主要物种为毛竹，层结构单一且均匀，层高度12~15m，林下灌木草本层生长状况不佳，灌木层主要为罗伞和杜茎山等，小黄花茶分布则较为分散，且群落内小黄花茶植株较少，幼树生长状况较阔叶林群落而言也较差；草本层主要由禾本科、莎草科、荨麻科及蕨类植物组成，但层盖度也较低，平均盖度为50%左右。

4. 小黄花茶伴生种子植物物种组成及区系分析

1）伴生种类

通过野外实地调查、标本采集和鉴定及资料查询，统计出保护区内小黄花茶伴生种子植物物种组成，保护区内共有伴生维管植物44科、75属、84种。其中蕨类植物5科、7属、8种；裸子植物2科、2属、2种；被子植物37科、66属、74种。

2）伴生种的科的区系分析

根据李锡文关于中国种子植物科的分布区类型划分，对保护区小黄花茶伴生种子植物 39 科进行归类统计。该区种子植物的科共分为 7 个分布区类型，其中世界分布 11 科，如菊科、蔷薇科、唇形科、禾本科、百合科等，以百合科和禾本科种类最为丰富。热带分布 19 科（2～7 型），占总科数（不含世界分布，以下同）的 67.86%，可见保护区内热带分布科占绝大多数，在小黄花茶群落中占绝对优势；热带分布 19 科中，其中泛热带分布 16 科，占本类型的 84.21%，是保护区内主要分布区类型，而其他 3 种类型仅有 1 科；在泛热带分布科中，种类数量较多的科有樟科、荨麻科、茜草科、山茶科等，而其他的科种类数量相对较少。温带分布科（8～14 型）9 科，占总科数的 32.14%；温带分布科中以北温带分布比例最大，有 8 科，占本类型总科数的 88.89%，如忍冬科、报春花科等；而其他分布类型仅有 1 科（表 3-13）。

表 3-13　小黄花茶伴生种子植物科的分布区类型

	分布区类型	科数	所占比例/%
1	世界分布	11	—
2	泛热带分布	16	57.14
3	热带亚洲和热带美洲间断分布	1	3.57
4	旧世界热带及其变形	1	3.57
7	热带亚洲（印度-马来西亚）分布	1	3.57
8	北温带分布及其变形	8	28.57
9	东亚和北美间断分布	1	3.57
	总计（不包括世界分布类型）	28	100.00

3）属的区系分析

根据吴征镒关于中国种子植物属分布区的划分方案，将保护区 67 属伴生种子植物分为 12 种类型，区内世界分布 9 属；热带分布 38 属，占总属数的 65.52%（不包括世界分布类型，下同）；温带分布共计 18 属，占总属数的 31.03%（表 3-14）。

表 3-14　小黄花茶伴生种子植物属的分布区类型

	分布区类型	属数	所占比例/%
1	世界分布	9	—
2	泛热带分布及其变形	22	37.93
3	热带亚洲和热带美洲间断分布	3	5.17
4	旧世界热带及其变形	6	10.34
5	热带亚洲至热带大洋洲分布	1	1.72
6	热带亚洲至热带非洲	2	3.45
7	热带亚洲（印度-马来西亚）及其变形	4	6.90
8	北温带	4	6.90
9	东亚和北美间断及其变形	6	10.34
11	温带亚洲分布	1	1.72
14	东亚（东喜马拉雅-日本）	7	12.07
15	中国特有分布	2	3.45
	总计（不包括世界分布类型）	58	100.00

小黄花茶伴生种子植物中，世界分布 9 属，具代表性的有：薹草属、悬钩子属（*Rubus*）、铁线莲属（*Clematis*）、千里光属（*Senecio*）等，这些属大多数在我国普遍分布。其中悬钩子属是全温带和热带、亚热带山区的亚热带至温带森林中的主要林下植物，或在次生灌草丛中更占优势。热带分布属中，泛热带分布占绝大多数，有 22 属，占热带分布的 57.89%，如紫金牛属（*Ardisia*）、榕属（*Ficus*）、母草属（*Lindernia*）、

菝葜属（*Smilax*）等。温带分布 18 属，东亚分布、东亚和北美间断分布及其变形占温带分布类型的绝大多数，东亚分布 7 属，占温带分布的 38.89%；东亚和北美间断分布及其变形共计 6 属，占温带分布的 33.33%，如沿阶草属（*Ophiopogon*）、盐肤木属（*Rhus*）、楤木属（*Aralia*）等。中国特有属 2 属，为杉木属（*Cunninghamia*）和箭竹属（*Fargesia*）。

5. 小黄花茶的濒危因素

1）野外条件下繁殖生长困难

在小黄花茶的现状调查中，其生活环境总是在悬崖边和溪边，果实成熟掉落后极易被水冲走或掉落在石缝间，由于土壤薄弱，其种子难以萌发存活。另外，小黄花茶株高一般不超过 5m，小黄花茶下蕨类植物优势明显，丰富度很高，种子萌发后，缺乏足够的阳光而无法存活；小黄花茶分布区藤蔓植物分布较多，被绞缠的小黄花茶无法正常进行光合作用，也影响了枝条的生长，最终干枯致死。

2）人为生产活动的破坏

小黄花茶虽然 1988 年就被贵州省列为保护植物，但由于保护宣传力度不到位，也常被周边居民误砍作柴或作农具之用，造成原始种群数量的降低。小黄花茶具有较高的观赏价值，偷采盗挖也时有发生。近年来，由于小黄花茶的宣传力度加大，人为破坏减少。

6. 小黄花茶的保护对策

（1）依照《中华人民共和国自然保护区条例》、《中华人民共和国森林法》、《中华人民共和国野生植物保护条例》等法律规定，建立完善的保护体制，对人民群众宣传保护小黄花茶的重要意义，严禁砍伐小黄花茶，并对违规者进行处罚。

（2）对保护站工作人员进行系统培训，强化保护意识，提升技术水平，通过采集种子进行萌发或者采用扦插技术等手段，人工扩大小黄花茶的种群数量。

（3）加强对动植物危害的防治，定期对小黄花茶附近的藤蔓植物进行清理，种子成熟期做好鸟类、鼠类等动物的防治工作，或对种子进行套袋，保护种子不受野生动物危害。

第4章 动物多样性

4.1 脊 椎 动 物

根据《中国动物地理》（张荣祖，2011），把保护区的 296 种陆生脊椎动物的区系成分总结如表 4-1。其中东洋种 172 种，占 58.11%；古北种 61 种，占 20.61%；广布种 63 种，占 21.28%。表明保护区的脊椎动物区系以东洋界成分为主，古北种和广布种相当。从哺乳类看，东洋种占 75.0%，古北种占 6.7%，广布种占 18.3%，是以东洋种为主，且占较大优势。从鸟类来看，东洋种占 44.4%，古北种占 31.7%，广布种占 23.9%，仍然是以东洋种为主，但所占比例远低于哺乳类。而且古北种中，主要是鸟类，有 57 种，占保护区全部古北种的 93.4%。两栖动物和爬行动物中均没有古北界成分，以东洋种为主，广布种较少。两栖动物中东洋种占 91.3%，爬行动物中东洋种占 78.8%。

表 4-1 保护区陆生脊椎动物区系成分统计表

类群	东洋种	古北种	广布种	合计
哺乳纲	45	4	11	60
鸟纲	80	57	43	180
爬行纲	26	0	7	33
两栖纲	21	0	2	23
种类合计	172	61	63	296
所占比例/%	58.11	20.61	21.28	100

4.1.1 哺乳类

1. 物种组成

关于贵州赤水桫椤国家级自然保护区的哺乳类调查已经做了不少工作。保护区的哺乳类调查主要是 1987 年 10~11 月，由沈定荣、邹迅、黄桂彬、田应洲等在保护区进行了调查，采集鼠类标本 46 号；调查了 1985~1987 年金沙供销社哺乳类皮张收购情况，共统计 116 张兽皮，涉及 10 余种。根据调查，总结了保护区有哺乳类 8 目 20 科 40 种和亚种。有关成果整理发表在《赤水桫椤自然保护区科学考察集》（贵州省环境保护局，1990）。

另外，《贵州兽类志》（1993）中有一些零散的记载，记载在赤水分布的哺乳类有 30 种。孙亚莉和屠玉麟（2004）系统总结前人资料，把保护区的保护哺乳类的分布情况进行了总结。

邓实群等（2004）在实地调查的基础上，结合文献记载，系统总结了保护区的哺乳类名录，这是迄今为止最为全面研究本保护区哺乳类的文献。本次调查中也没有新的发现，因此仍然使用该名录作为保护区的哺乳类名录。

保护区共有哺乳类 60 种，隶属 8 目 21 科 45 属（附录 7）。其中啮齿目 6 科 16 种、食肉目 5 科 17 种，分别占该地区哺乳类物种总数的 26.67%、28.33%，占有显著的优势地位；其次，翼手目 3 科 12 种，占保护区哺乳类物种总数的 20%。在 21 科中，以鼠科物种最为丰富，共 10 种，占保护区总种数的 16.7%；其次是鼬科，共 7 种，占总数的 11.67%（表 4-2）。

表4-2　保护区哺乳类目、科、属、种数及所占比例

目	科	属	种	所占比例/%
食虫目	鼩鼱科	3	3	5.00
翼手目	蝙蝠科	4	6	
	菊头蝠科	1	5	20.00
	蹄蝠科	1	1	
灵长目	猴科	1	2	3.33
鳞甲目	穿山甲科	1	1	1.67
兔形目	兔科	1	1	1.67
啮齿目	鼯鼠科	1	1	26.67
	松鼠科	1	1	
	豪猪科	2	2	
	竹鼠科	1	1	
	鼠科	5	10	
	猪尾鼠科	1	1	
食肉目	犬科	2	2	30.00
	熊科	1	1	
	鼬科	6	7	
	灵猫科	3	3	
	猫科	4	5	
偶蹄目	猪科	1	1	11.67
	鹿科	3	4	
	牛科	2	2	
合计		21	45	60	100.00

2. 分布区域

哺乳类活动能力较强，分布范围较大。由于习性的不同，它们的分布也有所不同。保护区根据哺乳类在保护区内的分布特征，可以将其分为4种生态类群。

森林哺乳类：保护区内的森林覆盖率高、原始性强，植被类型以常绿阔叶林为主。分布有翼手目一些种类；灵长目的两种猴；鳞甲目的穿山甲；啮齿目的鼯鼠科和松鼠科；食肉目的犬科、熊科、灵猫科、猫科；偶蹄目的鹿科、牛科的大部分种类。实际上保护区内的大多数哺乳类都属于森林哺乳类。

灌丛哺乳类：在灌丛生境内的哺乳类主要有食虫目的几种鼩鼱、兔形目的草兔、啮齿目的一些种类、食肉目鼬科的一些种类、偶蹄目的野猪等，种类相对较少。

水域哺乳类：本类生境包括河谷及其周边地带，植被分布类型多样，主要有食肉目的水獭等。分布在该生境的哺乳类很少。

村庄农田哺乳类：保护区内农耕地生态系统以种植水稻、玉米、马铃薯为主。主要有食虫目的一些种类、翼手目的一些种类、兔形目的草兔、啮齿目的多数种类、食肉目的鼬科的少数种类、偶蹄目的野猪等，这个区域的种类相对较为丰富。

4.1.2　鸟类

1. 物种组成

赤水桫椤国家级自然保护区的鸟类调查时间主要是1983年7～8月和1987年10～11月，由杨炯蠡、田应洲、邹迅、黄桂彬等在保护区进行了两次调查，采集鸟类标本321号，根据标本和野外直接观察，记载了保护区鸟类有14目35科110种和亚种。有关成果整理发表在《赤水桫椤自然保护区科学考察集》（贵州省环境保护局，1990）。

由于目前保护区面积大大增加，根据吴至康等在《贵州鸟类志》（1986）中记载的采自赤水的鸟类，综合分析，将其中55种纳入保护区的鸟类名录。

孙亚莉和屠玉麟（2004）提到了保护区另外还有鸳鸯、白腹锦鸡，红腹角雉、领角鸮、灰林鸮等国家保护动物。但查阅了相关文献，综合分析后认为白腹锦鸡不应该在保护区有分布，因此未予采纳，没有计入名录中，其余几个种计入名录。

2013 年，本项目组于 5 月和 8 月在保护区内进行调查，采用望远镜和长焦照相机观察和记录，记录到 104 种。其中新增加 14 种，包括蛇雕、白腰雨燕、金腰燕、山鹡鸰、丝光椋鸟、松鸦、棕头雀鹛、白领凤鹛、灰头鸦雀、纯色山鹪莺、金眶鹟莺、栗头鹟莺、蓝喉太阳鸟、灰眉岩鹀等。

综合上述资料和考察结果，保护区共有鸟类 180 种，隶属 17 目 47 科（附录 7）。其中雀形目鸟类有 28 科 123 种，占总种数的 68.33%；非雀形目 16 目 19 科 57 种，占总种数的 31.67%。各科中，种数最多的是画眉科，有 19 种，占总种数的 10.56%；鸫科次之，有 16 种，占总种数的 8.89%；莺科第三，有 13 种，占总种数的 7.22%；其余各科种数较少（表 4-3）。

按照鸟类在本保护区内的居留类型，在 180 种鸟类中，留鸟最多，有 99 种，占该区鸟类总种数的 55.00%；夏候鸟次之，有 58 种，占该区鸟类总种数的 32.22%；冬候鸟 23 种，占该区鸟类总种数的 12.78%。

表 4-3　保护区鸟类的种类组成

目	科数	科	种数	所占比例/%
鸊鷉目	1	鸊鷉科	1	0.56
鹈形目	1	卢鹚科	1	0.56
鹳形目	1	鹭科	4	2.22
雁形目	1	鸭科	4	2.22
隼形目	2	鹰科	4	2.22
		隼科	1	0.56
鸡形目	1	雉科	6	3.33
鹤形目	1	秧鸡科	3	1.67
鸻形目	2	鸻科	4	2.22
		鹬科	4	2.22
鸽形目	1	鸠鸽科	3	1.67
鹃形目	1	杜鹃科	6	3.33
鸮形目	1	鸱鸮科	4	2.22
雨燕目	1	雨燕科	3	1.67
咬鹃目	1	咬鹃科	1	0.56
佛法僧目	1	翠鸟科	3	1.67
戴胜目	1	戴胜科	1	0.56
䴕形目	2	拟䴕科	1	0.56
		啄木鸟科	3	1.67
雀形目	28	燕科	3	1.67
		鹡鸰科	6	3.33
		山椒鸟科	5	2.78
		鹎科	5	2.78
		伯劳科	3	1.67
		黄鹂科	1	0.56
		卷尾科	3	1.66
		椋鸟科	2	1.11
		鸦科	7	3.89
		河乌科	1	0.56
		鸫科	16	8.89
		鹟科	6	3.33
		王鹟科	1	0.56
		画眉科	19	10.56
		鸦雀科	2	1.11
		扇尾莺科	3	1.67
		莺科	13	7.22

续表

目	科数	科	种数	所占比例/%
雀形目	28	戴菊科	1	0.56
		绣眼鸟科	2	1.11
		长尾山雀科	1	0.56
		山雀科	3	1.67
		鸭科	1	0.56
		啄花鸟科	1	0.56
		花蜜鸟科	2	1.11
		雀科	2	1.11
		梅花雀科	1	0.56
		燕雀科	7	3.89
		鹀科	6	3.33
合计	47		180	100.00

2. 分布区域

保护区大多数鸟类都是全境分布，它们善于飞行，活动范围广，扩散能力强，在保护区内适宜生境类型中广泛分布。仅有少数种类受到生境、食物等因素的影响，在保护区内分布区域较窄，另外，鸡形目部分种类因扩散能力较弱，且机警胆怯，多分布在人迹罕至的森林、灌丛。

根据鸟类在本保护区内的分布特征，可以将其分为 4 种生态类群。

森林鸟类：保护区内的森林覆盖率高、原始性强，植被类型以常绿阔叶林为主。分布有鸡形目、鸳形目，以及雀形目中的鸦科、燕雀科、画眉科等鸟类，共有 114 种。

灌丛鸟类：灌丛生态系统主要分布有 114 种，主要为雉科、鸦科、画眉科、莺科、鸭科种类，优势种为黄臀鹎、大山雀。

水域鸟类：本类生境包括河谷及其周边地带，植被分布类型多样。鸟类主要为小鹏鹏、普通鸬鹚、鹭科、鸭科、秧鸡科、鸻形目、佛法僧目、鹡鸰科、鸦科种类共 39 种，其中优势种为红尾水鸲、白鹡鸰、灰鹡鸰、小燕尾。

村庄农田鸟类：保护区内农耕地生态系统以种植水稻、玉米、马铃薯为主。本类型鸟类主要为雀形目鸦科、鸦科、鹡鸰科鸟类 53 种，优势种为麻雀、大山雀、金翅雀、白鹡鸰、黄臀鹎。本类群鸟类体型小，繁殖力强，种群数量通常较大，并在长期的进化过程中适应了人居环境，在保护区范围内的农田村庄生境中均有分布，在森林、灌丛等生境中也有少量分布。

有些鸟类生活在多种生境类型中，如雉鸡在森林、灌草丛和村庄农田都有分布。另外，有些鸟类可能是多个生境的优势种，如大山雀。

4.1.3　爬行类

1. 物种组成

赤水桫椤国家级自然保护区的爬行类调查时间主要是 1987 年 10 月下旬至 11 月上旬，李德俊和郑建州在保护区采集到爬行动物标本 50 余号，经分类鉴定，加上原有记录，确定保护区及其周围的爬行动物有 3 目 7 科 20 属 32 种和亚种。有关成果整理发表在《赤水桫椤自然保护区科学考察集》（贵州省环境保护局，1990）。此前《贵州爬行类志》（伍律等，1985）有一些采自于赤水的爬行类的记载。

2013 年，本项目组于 5 月和 8 月在保护区内进行调查，仅采集到蹼趾壁虎 2 号标本、中国石龙子 1 号标本、铜蜓蜥 1 号标本、黑眉锦蛇 1 号标本，2008 年，西南大学生命科学学院谢嗣光等采集到峨眉地蜥 1 号标本。保护区提供的照片表明，2013 年 5 月有 1 尾玉斑锦蛇，2008 年 9 月有 1 尾斜鳞蛇。本次采集情况不太理想。与 1987 年相比，增加了峨眉地蜥。

另外，孙亚莉和屠玉麟（2004）提到了保护区有蟒和山瑞鳖两个保护物种，但查阅了相关文献，综合分析后认为这两个种不应该在保护区有分布，因此未予采纳，没有计入名录中。

经整理所有资料，保护区有爬行动物 33 种，隶属于 2 目、7 科、24 属（附录 7）。有鳞目种类多，有 6 科 32 种，占总种数的 96.97%；龟鳖目仅 1 科 1 种，占总种数的 3.03%。7 科中，游蛇科种类最多，有 13 属 19 种，占总种数的 57.58%；其次为蝰科，有 4 属 4 种，占总种数的 12.12%；蜥蜴科和石龙子科各 2 属 3 种，各占总种数的 9.09%；其余各科种类较少（表 4-4）。

表 4-4　保护区爬行类目、科、属、种数及所占比例

目	龟鳖目	有鳞目						合计
科	鳖科	壁虎科	蛇蜥科	蜥蜴科	石龙子科	游蛇科	蝰科	7
属	1	1	1	2	2	13	4	24
种	1	2	1	3	3	19	4	33
所占比例/%	3.03	6.06	3.03	9.09	9.09	57.58	12.12	100

2. 分布区域

由于爬行动物的隐蔽性强，种群数量不大，野外遇见率较低，采集到的标本较少。总体而言，爬行动物在金沙沟、幺站沟、板桥沟流域分布较多，保护区内海拔较高的区域相对较少。一些种类主要生活在水域或水域附近潮湿的地方，如鳖、蜥蜴类、石龙子类、乌华游蛇、锈链腹链蛇、赤链蛇、崇安斜鳞蛇、斜鳞蛇和灰鼠蛇等。一些种类主要为树栖型种类，如灰腹绿锦蛇、绞花林蛇和竹叶青等。两种壁虎主要是伴随人类生活，在房屋等地生活。多数蛇类分布都较为广泛。

4.1.4　两栖类

1. 物种组成

赤水桫椤国家级自然保护区的两栖类调查时间主要是 1987 年 10 月下旬至 11 月上旬，郑建州和李德俊在保护区采集到两栖动物标本 20 余号，蝌蚪 10 余瓶，共有 1 目 5 科 5 属 10 种和亚种。有关成果整理发表在《赤水桫椤自然保护区科学考察集》（贵州省环境保护局，1990）。此前《贵州两栖类志》（伍律等，1986）有一些采自于赤水的两栖类的记载。

2013 年，本项目组于 5 月和 8 月在保护区内进行调查，由于本次调查时间上比较合适，以及保护区面积的扩大，共采集标本 160 余号，经分类鉴定，有两栖类 22 种，隶属于 6 科、13 属，全为无尾目种类。与 1987 年的调查相比，日本林蛙指名亚种更名为峨眉林蛙，棘胸蛙没有采集到。另外增加了 13 个新纪录种，包括中华蟾蜍华西亚种、仙琴蛙、大绿臭蛙、合江臭蛙、绿臭蛙、花臭蛙、华南湍蛙、泽陆蛙、棘腹蛙、合江棘蛙、峨眉树蛙、斑腿泛树蛙、合征姬蛙。大大丰富了保护区两栖类的资料。

保护区共有两栖动物 23 种，隶属于 6 科 13 属（附录 7）。6 科中，蛙科种类最多，有 7 属 13 种，占总种数的 56.52%；其次为姬蛙科，有 1 属 4 种，占总种数的 17.39%；树蛙科为 2 属 2 种，蟾蜍科为 1 属 2 种，两科均占总种数的 8.70%；角蟾科和雨蛙科各 1 种，两科均占总种数的 4.35%（表 4-5）。

表 4-5　保护区两栖类科、属、种数及所占比例

科	角蟾科	蟾蜍科	雨蛙科	蛙科	树蛙科	姬蛙科	合计
属	1	1	1	7	2	1	13
种	1	2	1	13	2	4	23
所占比例/%	4.35	8.70	4.35	56.52	8.70	17.39	100

2. 分布区域

两栖类主要分布在保护区内的几条支流，其中金沙沟和幺站沟的两栖类物种最为丰富，棘指角蟾和臭

蛙属的很多种类主要分布在金沙沟,仙琴蛙、沼水蛙等主要分布在幺站沟。从分布环境来讲,棘指角蟾、黑斑侧褶蛙、仙琴蛙、沼水蛙、臭蛙类、华南湍蛙、棘蛙类都主要在溪流边生活,不能远离水域生活。华西雨蛙武陵亚种、峨眉树蛙和斑腿泛树蛙3种树栖型的种类主要在靠近溪流的灌丛中生活。中华蟾蜍指名亚种、中华蟾蜍华西亚种、峨眉林蛙、泽陆蛙、姬蛙类能远离溪流边生活,分布较为广泛。

4.1.5 鱼类

1. 物种组成

赤水桫椤国家级自然保护区的鱼类调查主要见于《贵州鱼类志》的零星记载,最重要的一次考察是1987年10月下旬至11月上旬,郑建州和李德俊在金沙沟及其与赤水河的汇流处(同时还在市场收购鱼类标本)共采获鱼类标本120余号,统计有39种和亚种。有关成果整理发表在《赤水桫椤自然保护区科学考察集》(贵州省环境保护局,1990)。

2013年,本项目组于5月和8月在保护区内进行调查,发现历经26年的变化后,保护区的鱼类种类已经变化很大。本次调查仅仅采集到4种鱼类,即泥鳅、四川华吸鳅、云南光唇鱼、乌苏拟鲿,其中乌苏拟鲿为新纪录种。本次共采集74尾标本,其中泥鳅3尾,四川华吸鳅23尾,云南光唇鱼44尾,乌苏拟鲿4尾。这种情况与郑建州和李德俊在上述文献中描述的情况基本吻合,即"金沙沟中上游仅分布有宽口光唇鱼、麦穗鱼、中华鳑鲏、泥鳅、黄鳝等几种小型鱼类,而个体较大的种类皆采自其下游,这与金沙沟中上游水系具有水流落差大、瀑布多、水流湍急的特点有关,从而阻隔了鱼类的洄游和分布,而其下游水流趋于平缓,水域变宽,且与赤水河通连的水系特点是吻合的。"

目前金沙沟水文情势发生较大变化,即使在5月水量也不大,8月初金沙沟多处断流,下游水量也很小,鱼类生存空间受到严重影响。因此综合访问情况和水文情况分析,本次调查确认保护区的水域共有鱼类12种,隶属2目5科12属(附录7)。至于《赤水桫椤自然保护区科学考察集》中记录的大量鱼类在名录中没有保留。

保护区分布的12种鱼类中,以鲤形目最多,共有3科10属10种,占鱼类种数的83%,鲇形目2科2属2种,占17%。各目的科、属、种数及所占比例见表4-6。

表4-6 保护区鱼类目、科、属、种数及所占比例

目	鲤形目			鲇形目		合计
科	鲤科	鳅科	平鳍鳅科	鲿科	鲇科	5
属	8	1	1	1	1	12
种	8	1	1	1	1	12
所占比例/%	83			17		100

2. 分布区域

12种鱼类中,马口鱼、中华倒刺鲃、鲤、鲫、鲇等主要分布在金沙沟下游河口处,泥鳅、四川华吸鳅、中华鳑鲏、大眼华鳊、云南光唇鱼、麦穗鱼、乌苏拟鲿等几个种在保护区几条支流都有分布。其中云南光唇鱼、四川华吸鳅为优势种类,各段均可见到。

4.2 无脊椎动物

4.2.1 昆虫

1. 昆虫物种组成

通过考察,结合文献记载的种类,现已知贵州赤水桫椤自然保护区野生昆虫1278种(附录8),隶属

于 19 目 177 科 844 属，各个目的科、属、种数见表 4-7。各目就种类数量来看，鳞翅目最多，有 579 种，占保护区昆虫总种数的 45.28%，隶属 44 科 375 属；鞘翅目次之，有 166 种，占 12.99%，隶属 24 科 114 属；同翅目第三，有 127 种，占 10.02%，隶属 15 科 84 属；双翅目 95 种，占 7.43%，隶属 10 科 49 属；直翅目有 86 种，占 6.73%，隶属 19 科 61 属；半翅目有 70 种，占 5.48%，隶属 14 科 57 属；种类数量最少是等翅目和襀翅目，分别为 1 种。

表 4-7　保护区昆虫各个目、科、属、种数一览表

目	科数	所占比例/%	属数	所占比例/%	种数	所占比例/%
蜉蝣目 Ephemeroptera	7	3.96	9	1.07	14	1.10
蜻蜓目 Odonata	13	7.35	33	3.91	51	3.99
蜚蠊目 Blattodea	3	1.69	5	0.59	5	0.40
襀翅目 Plecoptera	1	0.56	1	0.12	1	0.08
螳螂目 Mantodea	2	1.12	7	0.83	11	0.86
等翅目 Isoptera	1	0.56	1	0.12	1	0.08
䗛目 Phasmaodea	1	0.56	3	0.36	3	0.24
直翅目 Orthoptera	19	10.74	61	7.23	86	6.73
革翅目 Dermaptera	4	2.26	8	0.95	13	1.02
同翅目 Homoptera	15	8.47	84	9.94	127	10.02
半翅目 Hemiptera	14	7.91	57	6.75	70	5.48
鞘翅目 Coleoptera	24	13.56	114	13.51	166	12.99
广翅目 Megaloptera	1	0.56	2	0.24	2	0.16
脉翅目 Neuroptera	1	0.56	2	0.24	3	0.24
毛翅目 Trichoptera	8	4.52	12	1.42	22	1.72
鳞翅目 Lepidoptera	44	24.86	375	44.43	579	45.28
长翅目 Mecoptera	1	0.56	2	0.24	4	0.32
双翅目 Diptera	10	5.65	49	5.81	95	7.43
膜翅目 Hymenoptera	8	4.52	19	2.25	25	1.96
合计	177	100.00	844	100.00	1278	100.00

对 1987 年、2002 年和 2013 年赤水桫椤自然保护区 3 次综合科学考察记载的昆虫数量进行分析比较（表 4-8）。1987 年记录昆虫 7 目 38 科 114 种，其中新种 1 个；2002 年记录 13 目 126 科 711 种，其中新种 53 个；2013 年记录 16 目 125 科 714 种，其中新种 4 个。保护区现已知昆虫计 1278 种，其中新种 58 个。可见，随着科学考察次数增多，昆虫种类数量会不断增加，从中可以发现一些新分布和新记载。这也为进一步的调查在种类选择上提供参考。

表 4-8　保护区历次昆虫数量统计

目	1987 年		2002 年		2013 年		现有数量	
	科数	种数	科数	种数	科数	种数	科数	种数
蜉蝣目 Ephemeroptera			7	14			7	14
蜻蜓目 Odonata			12	31	12	33（2）	13	51（2）
襀翅目 Plecoptera					1	1	1	1
蜚蠊目 Blattodea					3	5	3	5
螳螂目 Mantodea	1	1	2	10	2	11	2	11
等翅目 Isoptera					1	1	1	1
䗛目 Phasmaodea					1	3	1	3
直翅目 Orthoptera	2	3	14	62（8）	17	41	19	87（8）
革翅目 Dermaptera			4	11	2	3	4	13
同翅目 Homoptera	6	22（1）	13	100（4）	5	32	15	128（5）

续表

目	1987 年		2002 年		2013 年		现有数量	
	科数	种数	科数	种数	科数	种数	科数	种数
半翅目 Hemiptera	3	9	7	34	13	44	14	70
鞘翅目 Coleoptera	3	8	14	102	21	74	24	166
广翅目 Megaloptera					1	2	1	2
脉翅目 Neuroptera					1	3	1	3
毛翅目 Trichoptera			8	22（3）			8	22（3）
鳞翅目 Lepidoptera	22	70	35	227（3）	34	436（1）	44	577（4）
长翅目 Mecoptera			1	4（4）			1	4（4）
双翅目 Diptera			8	78（31）	4	16（1）	10	95（32）
膜翅目 Hymenoptera	1	1	1	16	7	9	8	25
合计	38	114（1）	126	711（53）	125	714（4）	177	1278（58）

注：小括号内数字为新种数量

2. 区系组成特点

1）不同目的科组成

保护区 19 个目昆虫中，有 177 个科，超过 10 个（包括 10 个）科的有 7 个目，占目数的 39.55%，分别是鳞翅目 44 科、鞘翅目 24 科、直翅目 19 科、同翅目 15 科、半翅目 14 科、蜻蜓目 13 科和双翅目 10 科等，共计 139 科，占总科数的 78.53%。

2）不同科的属种组成

从属的数量看，超过 10 个（包括 10 个）属的有 23 个科，占总科数的 12.99%。分别是斑腿蝗科（Catantopidae）10 属、露螽科（Phaneropteridae）13 属、蝽科（Pentatomidae）19 属、猎蝽科（Reduviidae）10 属、飞虱科（Delphacidae）15 属、叶蝉科（Cicadellidae）36 属、步甲科（Carabidae）20 属、叶甲科（Chrysomelidae）18 属、瓢虫科（Coccinellidae）12 属、天牛科（Cerambycidae）16 属、卷蛾科（Tortricidae）15 属、螟蛾科（Pyralidae）40 属、尺蛾科（Noctuidae）36 属、舟蛾科（Notodontidae）24 属、毒蛾科（Lymantriidae）11 属、灯蛾科（Arctiidae）22 属、夜蛾科（Noctuidae）53 属、天蛾科（Sphingidae）22 属、蛱蝶科（Nymphalidae）29 属、灰蝶科（Lycaenidae）10 属、弄蝶科（Hesperiidae）12 属、茧蜂科（Braconidae）10 属和食蚜蝇科（Syrphidae）10 属等，共计 463 属，占总属数的 54.86%。上述各科构成保护区昆虫的优势种类。

从种的数量看，超过 20 种的有 16 个科，占总科数的 9.04%。分别是飞虱科（Delphacidae）22 种、叶蝉科（Cicadellidae）58 种、蝽科（Pentatomidae）22 种、步甲科（Carabidae）30 种、叶甲科（Chrysomelidae）23 种、螟蛾科（Pyralidae）59 种、尺蛾科（Noctuidae）44 种、舟蛾科（Notodontidae）31 种、毒蛾科（Lymantriidae）27 种、灯蛾科（Arctiidae）44 种、夜蛾科（Noctuidae）64 种、天蛾科（Sphingidae）42 种、眼蝶科（Satyridae）22 种、蛱蝶科（Nymphalidae）39 种、弄蝶科（Hesperiidae）20 种和长足虻科（Dolichopodidae）33 种等，共计 580 种，占总种数的 45.38%。

以鳞翅目、鞘翅目、直翅目、同翅目和半翅目各科所包含的属种数划为不同数量等级，对它们的科在各数量等级内所占比重作比较分析（图 4-1 和图 4-2）。

从图 4-1 中可以看出，单属种科所占比重最高，直翅目为 47.37%，同翅目为 46.67%；属在 2～5 的数量范围内的科次之，鞘翅目为 45.83%，半翅目为 42.86%；从图 4-2 中可以看出，种在 2～10 数量范围内的科，半翅目和直翅目的种所占比重最高，分别为 57.14% 和 47.37%；其次为单种种的科，同翅目为 46.67%，直翅目为 42.11%。从上述属、种数量在各科中的分布可以看出，保护区昆虫在各个目的科组成以单属和种在 2～10 数量范围内的小类群为主体。一般讲，同一科的种类有着相似的行为、生物学习性和能量消耗方式。类群小可以充分利用能量，达到资源有效分配，满足有机体生命过程的完成，这种结果反映了保护区昆虫的群落结构比较稳定。

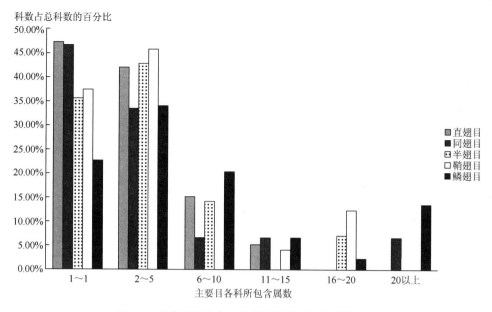

图 4-1　保护区昆虫主要目的属数量等级与科的关系

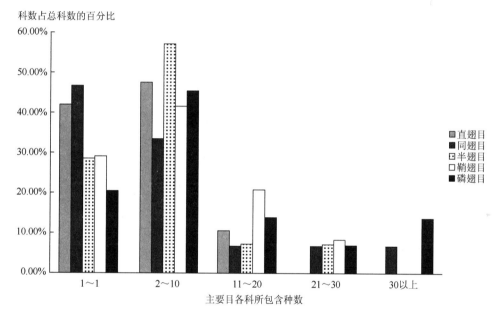

图 4-2　保护区昆虫主要目的种数量等级与科的关系

3. 昆虫资源

昆虫是自然界中一类重要的生物资源，与人类的关系十分密切。昆虫个体相对较小，种类繁多。除了少数种类对人类有害外，绝大多数均对人类是有利或中性的，许多昆虫可以被人类作为重要资源加以利用。保护区昆虫资源丰富，可以利用昆虫较多。昆虫资源主要包括有害昆虫、天敌昆虫、传粉昆虫、药用昆虫、食用昆虫、观赏昆虫、工业原料昆虫和有益于环保的昆虫。

1）有害昆虫

有害昆虫会对农林牧业等带来危害，但是它有较高存在价值，是维持生态平衡的重要因子，对自然界生物群落的稳定及生物种群的发展起着明显的调节和控制作用。保护区有害昆虫主要是直翅目、同翅目、半翅目、鞘翅目和鳞翅目等类群，但真正造成大危害的种类很少，这就反映了有害昆虫的存在价值。真正造成危害的昆虫主要是严重危害桫椤的黄腹突额叶蝉（*Gunungidia xanthina*）和桫椤叶蜂（*Rhopographus cyatheae*）；危害撑绿竹的竹织叶野螟（*Algedonia coclesalis*）和玉米坡天牛（*Pterolophia cervina*）。在试验区大发年时，可以用药进行防治，缓冲区和核心区主要靠天敌控制。

2）天敌昆虫

保护区的植食性昆虫种类除了一部分取食农作物，还有一些是取食杂草的，它们是防治杂草的自然天敌。肉食性昆虫主要包括主要捕食性和寄生性两种类型。天敌昆虫捕食或寄生害虫，在各种生态环境中对抑制害虫的种群数量、维持自然生态平衡起重要作用。在昆虫种群中，保护区天敌昆虫有 11 目 32 科 136 种（表 4-9）。主要有蜻蜓目的蜓科（Aeschnidae）、蜻科（Libellulidae），螳螂目的花螳科（Hymenopodidae）、螳科（Mantidae），革翅目的蠼螋科（Labiduridae）、球螋科（Forficulidae），直翅目的草螽科（Conocephalidae），半翅目的猎蝽科（Reduviidae），鞘翅目的步甲科（Carabidae）、瓢虫科（Coccinellidae），广翅目的齿蛉科（Corydalidae），脉翅目的草蛉科（Chrysopidae），长翅目的蝎蛉科（Panorpidae），双翅目的食蚜蝇科（Syrphidae）、寄蝇科（Tachinidae）和膜翅目的茧蜂科（Braconidae）等类群。

表 4-9　保护区天敌昆虫科属种统计

目	蜻蜓目	螳螂目	直翅目	革翅目	半翅目	鞘翅目	广翅目	脉翅目	长翅目	双翅目	膜翅目	合计
科数	13	2	1	2	3	4	1	1	1	2	2	32
属数	33	7	5	3	13	26	2	2	2	12	10	115
种数	15	11	7	5	18	43	2	3	4	14	16	138

3）传粉昆虫

昆虫喜花是其特殊的行为和生物学特性，有很多类群成为重要的传粉昆虫，促进了植物的繁衍与发展。同时，由于植物的发展，又为昆虫创造了良好的生存环境，表现出明显的协同进化关系。保护区主要的传粉昆虫为蜜蜂科的种类，中华蜜蜂（*Apis ceranan*）是重要的传粉昆虫。双翅目的许多类群的成虫也是重要的传粉昆虫，较为典型的是食蚜蝇类，这个类群的多数种类喜欢访花。此外，鞘翅目中许多类群的成虫，如花金龟、叩甲，以及鳞翅目蝶类和一些蛾类成虫，也是喜花昆虫，在农作物传粉上起重要作用。

4）药用昆虫

药用昆虫是指昆虫虫体本身具有的独特的活性物质可以用于药用的昆虫种类。据《贵州省药用昆虫名录》记载贵州省已知药用昆虫 164 种，大多数在保护区内有分布，可以采取有效措施进行利用。保护区药用昆虫主要分布在螳螂目、直翅目、同翅目、鞘翅目、鳞翅目和膜翅目中。例如，中华稻蝗（*Oxya chinensis*）、东方蝼蛄（*Gryllotlpa orientalis*）干燥成虫入药；螳螂入药主要是它的卵块（螵蛸）；蟪蛄的若虫羽化成虫后，若虫脱下的皮在中医学上称为蝉蜕；芫菁科（Meloidae）昆虫体内能分泌一种称为芫菁素或斑蝥素的刺激性液体，其药用价值在李时珍的《本草纲目》中记载有破血、祛瘀、攻毒等功能；金凤蝶（*Papilio machaon*）干燥成虫入药，药材名为茴香虫。这不过是药典中提到的一些种类，其实，还有很多昆虫的药用价值未被发现。新药的开发，昆虫是一种很好的原材料，因此，研究开发药用昆虫有很大的价值。

5）食用昆虫

作为一类特殊的食用资源，昆虫体内含有丰富的蛋白质、氨基酸、脂肪类物质、无机盐、微量元素、碳水化合物和维生素等成分。据统计，全世界的食用昆虫有 3000 余种，几乎所有目的昆虫都有人食用。保护区的昆虫种类中，常见食用昆虫有蝗虫及鳞翅类、鞘翅类、半翅类和膜翅类等的一些成虫或幼虫。

6）观赏昆虫

保护区观赏昆虫资源丰富。供观赏的鳞翅目、鞘翅目、直翅目、蜻蜓目和半翅目等昆虫种类有 300 多种。例如，翩翩起舞的蝶类中的蛱蝶科（Nymphalidae）、粉蝶科（Pieridae）、环蝶科（Amathusiidae）、斑蝶科（Danaidae）、凤蝶科（Papilionidae）和眼蝶科（Satyridae）及蛾类的大蚕蛾科（Saturniidae）、天蛾科（Sphingidae）等类群，以及形态奇特的甲虫如虎甲、犀金龟、鳃金龟、花金龟、丽金龟、天牛等，都具有很高的观赏价值。直翅目有鸣叫动听、好斗成性的蟋蟀；鸣声高亢的直翅目的螽斯和半翅目的蝉；竹节虫体形呈竹节状和叶片状，高度拟态；体型较大的蜻蜓姿态优美，色彩艳丽，都是人们喜闻乐见的观赏昆虫。

对其开发利用，能更好发挥其资源利用的经济价值。

7）工业原料昆虫

对部分昆虫种类的虫体或其分泌物的进行研究利用，在中国有悠久的历史。保护区可用于工业原料的昆虫有蚕蛾科（Bombycidae）和大蚕蛾科（Saturniidae）的产丝昆虫如樗蚕（*Philosamia cynthia*）；枯叶蛾科（Lasiocampidae）和舟蛾科（Notodontidae）的一些昆虫也有吐丝的习性；蜜蜂科（Apidae）的中华蜜蜂（*Apis cerana*）可分泌蜂蜜。

8）有益于环保的昆虫

昆虫对环境变化十分敏感，利用昆虫对环境污染的不同忍耐程度，可以作为环境指示物，监测环境变化，指示环境质量。保护区有益于环保的昆虫有以下类群：鳞翅目的蝶类对气候和光线非常敏感，许多研究者都认为蝶类很适合作为环境指示物。蜉蝣目、蜻蜓目、襀翅目的幼虫对水体环境的敏感度很高，它们的物种类型和数量与水体环境的水质相关，它们可以作为水体环境变化的指示昆虫，成为现有水质监测工作的重要补充。昆虫对清洁环境也起着很重要作用，如部分昆虫以腐食或其他物质为食物，像微生物一样分解腐烂的物质，如金龟科（Scarabaeidae）的一些种类被称为天然的清洁工。

4.2.2　蜘蛛

蜘蛛为蜘蛛目（Araneae）动物，隶属于节肢动物门、蛛形纲（Arachnida），是常见无脊椎动物重要类群之一。其种类多、数量大，广泛分布于各种自然环境，以小型活体动物为食，是自然生态系统中重要的天敌资源类群，在控制害虫发生、维持生态平衡等方面具有重要作用。

1. 蜘蛛物种组成

对采集到的蜘蛛标本进行分类鉴定，确认为 26 科 83 属 161 种，结合有关文献，保护区共记录有蜘蛛26 科 91 属 180 种（附录 9），其中 1 新种，49 个贵州省新纪录种（表 4-10）。从科级水平的蜘蛛组成看，跳蛛科有 25 个属、41 种，占总属数的 27.47% 和总种数的 22.78%，是已知各科中种类最丰富的类群；其次是园蛛科，有 11 个属、32 种；其三是球蛛科，有 10 个属、25 种。幽灵蛛科、络新妇科、栉足蛛科、褛网蛛科、长纺蛛科、巨蟹蛛科、圆颚蛛科、暗蛛科、逍遥蛛科、卷叶蛛科、栅蛛科等 11 科最少，仅 1 属 1种，各占总属数的 1.10%，占总种数的 0.56%。

表 4-10　保护区蜘蛛组成

科	属数	占总属比例/%	种数	占总种比例/%	省新纪录种	新种
肖蛸科 Tetragnathidae	5	5.49	15	8.33	1	
跳蛛科 Salticidae	25	27.47	41	22.78	12	
球蛛科 Theridiidae	10	10.99	25	13.88	8	
猫蛛科 Oxyopidae	1	1.10	5	2.78	1	
园蛛科 Araneidae	11	12.09	32	17.77	6	
幽灵蛛科 Pholcidae	1	1.10	1	0.56	1	
蟹蛛科 Thomisidae	5	5.49	8	4.44	3	
狼蛛科 Lycosidae	6	6.59	16	8.88	7	
络新妇科 Nephilidae	1	1.10	1	0.56		
拟壁钱科 Oecobiidae	2	2.20	2	1.11	1	
栉足蛛科 Ctenidae	1	1.10	1	0.56		
褛网蛛科 Psechridae	1	1.10	1	0.56		
漏斗蛛科 Agelenidae	3	3.29	3	1.66		
长纺蛛科 Hersiliidae	1	1.10	1	0.56	1	
盗蛛科 Pisauridae	3	3.29	5	2.78		

续表

科	属数	占总属比例/%	种数	占总种比例/%	省新纪录种	新种
拟态蛛科 Mimetidae	2	2.20	4	2.22	3	
管巢蛛科 Clubionidae	1	1.10	4	2.22	1	
巨蟹蛛科 Sparassisae	1	1.10	1	0.56		
平腹蛛科 Gnaphosidae	3	3.29	4	2.22	2	
妩蛛科 Uloboridae	2	2.20	3	1.66		
暗蛛科 Amaurobiidae	1	1.10	1	0.56		
皿蛛科 Linyphiidae	1	1.10	2	1.11		
圆颚蛛科 Corinnidae	1	1.10	1	0.56		
逍遥蛛科 Philodromidae	1	1.10	1	0.56	1	
卷叶蛛科 Dictynidae	1	1.10	1	0.56		1
栅蛛科 Hahnidae	1	1.10	1	0.56	1	
合计	91	100.00	180	100.00	49	1

保护区蜘蛛与贵州省蜘蛛科、属、种数比较,占贵州省已知蜘蛛科的 68.42%、属的 47.15%、种数的 34.22%(表 4-11),这说明赤水桫椤自然保护区的蜘蛛物种丰富度相当高。

表 4-11　保护区与贵州省蜘蛛各个科、属、种数比较

	科数	属数	种数
保护区	26	91	180
贵州省	38	193	526
保护区/贵州省/%	68.42	47.15	34.22

2. 蜘蛛物种组成特点

各科属由多至少的顺序依次为跳蛛科(25)>园蛛科(11)>球蛛科(10)>狼蛛科(6)>肖蛸科、蟹蛛科(5)>漏斗蛛科、盗蛛科、平腹蛛科(3)>拟壁钱科、拟态蛛科、妩蛛科(2)>猫蛛科、管巢蛛科、幽灵蛛科、络新妇科、栉足蛛科、褛网蛛科、长纺蛛科、巨蟹蛛科、圆颚蛛科、暗蛛科、皿蛛科、逍遥蛛科、卷叶蛛科、栅蛛科(1)。

其物种由多至少的顺序依次为跳蛛科(41)>园蛛科(32)>球蛛科(25)>狼蛛科(16)>肖蛸科(15)>蟹蛛科(8)>猫蛛科、盗蛛科(5)>拟态蛛科、管巢蛛科、平腹蛛科(4)>漏斗蛛科、妩蛛科(3)>拟壁钱科、皿蛛科(2)>幽灵蛛科、络新妇科、栉足蛛科、褛网蛛科、长纺蛛科、巨蟹蛛科、圆颚蛛科、暗蛛科、逍遥蛛科、卷叶蛛科、栅蛛科(1)。

把各科所包含的属数、种数划为不同数量等级在各数量等级内所占比重作比较分析,其结果见图 4-3 和图 4-4。

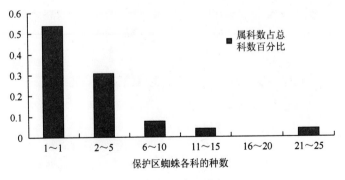

图 4-3　保护区蜘蛛属数量等级与科的关系

从图 4-3 中可看出,1 个属的科数量所占比重最高,占总科数的 53.85%;其次为 2～5 个属的科,占总

科数的 30.77%。从图 4-4 中可看出，种在 1～2 数量范围内的科数量所占比重最高，占总科数的 50.00%；其次为 3～10 种的科，占总科数的 30.77%。从上述属、种数量在各科中的分布来看，保护区蜘蛛科组成以单属和种在 1～2 数量范围内的小类群为主体，反映出保护区蜘蛛科分布的地区复杂性和多样性，说明在这种结构中蜘蛛群落是相对稳定的。一般讲，同一科的种类有着相似的行为、生物学习性和能量消耗方式。类群小可以充分利用能量，达到资源有效分摊，容易满足有机体生命过程的完成。

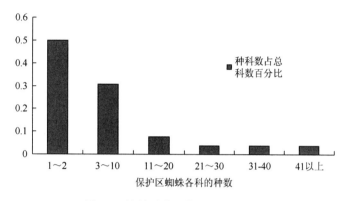

图 4-4　蜘蛛种数量等级与科的关系

3. 蜘蛛群落多样性

调查采集成体蜘蛛标本共计 1937 头，隶属于 24 科 81 属 159 种。其中稻田生境 17 科 77 种 631 头，竹林生境 21 科 79 种 549 头，灌丛生境 20 科 114 种 757 头。在对保护区的蜘蛛物种多样性统计的基础上，对蜘蛛群落的多样性和不同生境群落结构特点分析如下。

1）不同生境蜘蛛多样性的比较

不同生境中蜘蛛赖以生存的条件及动植物组成不同，必然影响到蜘蛛的群落组成。根据蜘蛛捕获猎物的方式，常将其分为游猎型和结网型。现将结网型蜘蛛和游猎型蜘蛛及不同生境的蜘蛛群落进行归类统计分析（表 4-12）。

表 4-12　保护区不同生境蜘蛛群落结构组成

蜘蛛类群		生境								
		稻田			竹林			灌丛		
		个体数	所占比例/%	排序	个体数	所占比例/%	排序	个体数	所占比例/%	排序
结网型蜘蛛	肖蛸科	111	0.4606	1	102	0.2544	1	151	0.3226	1
	球蛛科	57	0.2365	2	114	0.2843	2	135	0.2885	2
	园蛛科	48	0.1992	3	74	0.1845	3	103	0.2201	3
	拟壁钱科	12	0.0498	4	6	0.0150	6	7	0.0150	7
	幽灵蛛科	4	0.0166	6	70	0.1746	4	42	0.0897	4
	络新妇科				24	0.0599	5	15	0.0321	5
	褛网蛛科	8	0.0332	5	2	0.0050	9	3	0.0064	8
	漏斗蛛科				3	0.0075	7	9	0.0192	6
	妩蛛科				1	0.0025	11	3	0.0064	8
	暗蛛科				3	0.0075	7			
	皿蛛科	1	0.0041	7	2	0.0050	9			
	合计	241	1		401	1		468	1	
游猎型蜘蛛	跳蛛科	103	0.2641	2	81	0.5473	1	132	0.4567	1
	猫蛛科	195	0.5000	1	10	0.0676	4	28	0.0969	4
	蟹蛛科	18	0.0462	4	26	0.1757	2	70	0.2422	2
	狼蛛科	54	0.1385	3	11	0.0743	3	32	0.1107	3
	栉足蛛科	13	0.0333	5	1	0.0068	8	9	0.0311	5

续表

蜘蛛类群		生境								
		稻田			竹林			灌丛		
		个体数	所占比例/%	排序	个体数	所占比例/%	排序	个体数	所占比例/%	排序
游猎型蜘蛛	长纺蛛科				9	0.0608	5			
	盗蛛科				3	0.0203	7	5	0.0173	6
	拟态蛛科	1	0.0026	8	5	0.0338	6	2	0.0069	9
	管巢蛛科	2	0.0051	6				3	0.0104	8
	巨蟹蛛科	1	0.0026	8				4	0.0138	7
	平腹蛛科	2	0.0051	6	1	0.0068	8	2	0.0069	9
	圆颚蛛科				1	0.0068	8	2	0.0069	9
	逍遥蛛科	1	0.0026	8						
合计		390	1		148	1		289	1	
游猎型蜘蛛/结网型蜘蛛		1.6183			0.3691			0.6175		

分析表明，稻田生境中，结网型优势蜘蛛类群为肖蛸科、球蛛科、园蛛科；游猎型优势蜘蛛类群为猫蛛科、跳蛛科、狼蛛科。竹林生境中，结网型优势蜘蛛类群为肖蛸科、球蛛科、园蛛科、幽灵蛛科；游猎型优势蜘蛛类群为跳蛛科、蟹蛛科。灌丛生境中，结网型优势蜘蛛类群为肖蛸科、球蛛科、园蛛科；游猎型优势蜘蛛类群为跳蛛科、蟹蛛科、狼蛛科。不同生境间游猎型蜘蛛所占比例存在明显差异，在稻田中所占的比例最高，其次是灌丛。这是因为稻田生境植被单一，人为因素影响大，特别是喷洒农药杀死一些昆虫或产生异味，影响昆虫的分布相，从而影响结网型蜘蛛的食物来源，使得结网型蜘蛛数量减少，但稻田内水面与外界物质交流频繁，食物资源相对丰富，因此游猎型蜘蛛数量明显多于竹林和灌丛。在竹林中，游猎型蜘蛛所占比例最低，这可能是由于其垂直结构下层的群落结构较单一，地表干燥，影响了游猎型蜘蛛的活动。

群落多样性指数是描述和研究群落组织水平特征及其对环境反应的重要指标，可以反映不同群落间的差异，以及群落所处阶段的变化。保护区不同生境下蜘蛛群落相关测度指数整理见表4-13。

表 4-13　保护区蜘蛛群落多样性指数

生境	科数 F	物种数 S	个体数 N	丰富度 E	多样性指数 H′	均匀度 J	优势度 D	集中性指数 C
稻田	17	77	631	11.7879	3.1642	0.7284	0.2171	0.0899
竹林	21	79	495	12.3651	3.5138	0.8042	0.1366	0.0581
灌丛	20	114	757	17.0454	3.7523	0.7923	0.1598	0.0490

从表4-13可看出，科数（F），竹林>灌丛>稻田，物种数（S），灌丛>竹林>稻田，个体数（N），灌丛>稻田>竹林，Margalef 丰富度指数（E），灌丛>竹林>稻田，Shannon-Wiener 信息多样性指数（H′），灌丛>竹林>稻田，集中性指数（C），稻田>竹林>灌丛。这表明：①在群落稳定性方面，灌丛最稳定，而稻田稳定性最差；②在多样性方面同样是灌丛最高，稻田最低。由于灌丛生境中植被类型多样，昆虫等小型动物种类多，群落空间异质性大，适于多种蜘蛛栖息的生境多且食物资源丰富，因此蜘蛛群落多样性指数高、稳定性大。稻田属人为生境，受农事活动（如插秧、除草等）干扰，植被类型单一，可供蜘蛛取食的动物种类和数量较少，因此蜘蛛的多样性较差、群落稳定性差。竹林生境虽然类型较少，但受到人为干扰较少，环境条件相对稳定，故在多样性及群落稳定性方面均高于稻田而低于灌丛生境。

Pielou 均匀度指数（J），竹林>灌丛>稻田，Berger-Parker 优势度指数（D），稻田>灌丛>竹林。这说明：①在分布均匀程度方面竹林最高，稻田最低；②在优势种体现程度上稻田优势种拟斜纹猫蛛（Oxyopes sertatoides）的优势度优于灌丛优势种西里银鳞蛛（Leucauge celebesiana），而竹林优势种与灌丛一样，优势度相差不大。这可能是由于所调查的灌丛与竹林相对距离较近，在物种组成上存在一定程度相似性。故从均匀度（J）和优势度（D）来看，不能在群落结构上体现出灌丛与竹林之间的差异，但能较好体现这两种生境均优于稻田的群落结构。

从上述分析可知，不同生境中蜘蛛群落赖以生存的环境及动植物组成不同，必然影响到蜘蛛的群落组成。

2）不同生境中蜘蛛群落相似性的比较

通过对不同生境中蜘蛛群落进行 Jaccard 相似性指数的分析（表 4-14），可发现 3 种生境中的蜘蛛群落相似性比较差，为中等不相似。3 种生境共有蜘蛛 159 种，而共同种类仅 30 种，占总量的 18.75%。由此也进一步说明，不同生境中蜘蛛群落结构差别较大，植被类型的不同决定了蜘蛛群落组成和结构的不同。

表 4-14　保护区蜘蛛群落相似性指数

生境	稻田	竹林	灌丛
稻田	1		
竹林	0.3109	1	
灌丛	0.4182	0.4088	1

3）不同时间蜘蛛优势种的比较

运用 Berger-Parker 优势度指数公式对保护区内的灌丛生境的蜘蛛群落进行不同时间段分析（表 4-15），可发现在 5 月、6 月和 10 月，灌丛生境中主要优势种为西里银鳞蛛（*Leucauge celebesiana*），这表明该种蜘蛛生活周期较长，在灌丛生境的食物链中起着关键的作用，具有较大的开发利用潜力；但在不同时间，受群落结构变化的影响，它们的优势度指数不一样。在这 3 个不同时间段中，次优势种种类也会发生相应改变。

表 4-15　保护区灌丛中不同时间蜘蛛群落优势种的比较

	优势种	D	次优势种	D
5 月	西里银鳞蛛 *Leucauge celebesiana*	0.1657	波纹花蟹蛛 *Xysticus croceus*	0.1205
6 月	西里银鳞蛛 *Leucauge celebesiana*	0.1201	青新园蛛 *Neoscona scylla*	0.1104
10 月	西里银鳞蛛 *Leucauge celebesiana*	0.3030	棒络新妇 *Nephila clavata*	0.2273

4. 蜘蛛资源

1）天敌蜘蛛

农林是害虫集中发生之地，种类多，发生量大，所以蜘蛛的种类也多，发生量也大。与一般昆虫相比，蜘蛛是长寿命者，一般生活 100 余天，长的可达 282 天至 1 年，最长可达 3 年。若农林间蜘蛛自然种群不受外力破坏，能长期发挥治虫作用。蜘蛛治虫的性能良好，在控制害虫发生、维持生态平衡等方面具有重要作用。天敌蜘蛛的有效利用所带来的直接效益是社会效益，它可有效减少农药使用，从而减轻对环境的污染，保证人们的身体健康，因此，蜘蛛有保护利用的价值。影响蜘蛛多样性和群落结构的主要因素包括：植被复杂程度、人为农事活动、食物资源状况及季节变化等。提高植被复杂性和减少人为活动干扰，可增加蜘蛛群落多样性水平，从而更好发挥蜘蛛在自然环境中控制害虫的作用。

2）药用蜘蛛

蜘蛛可入药，具有解毒、消肿的功能，主治痔疮、疮疡、毒虫螫伤、中风口歪、小儿惊风、阳痿早泄、淋巴结核、狐臭等病。目前，还有很多药用价值正在被发现。新药的开发，蜘蛛是一种很好的原材料，因此，研究开发药用蜘蛛有很大的价值。入药的种类在保护区内主要有园蛛科、漏斗蛛科和跳蛛科等 3 科中的类群。

4.2.3　环节动物

赤水桫椤自然保护区环节动物主要为寡毛纲（Oligochaeta）和蛭纲（Ifirudinea）的种类。属常见无脊椎动物类群之一，广泛分布于保护区各种陆地和水体的自然环境中，在改良土壤、维持生态平衡等方面具有重要作用。

1. 物种组成

对采集到的 300 余份环节动物标本进行分类鉴定，保护区有环节动物 2 纲 2 目 4 科 5 属 14 种，其目、科、属、种数及所占比例见表 4-16，名录见附录 10。

表 4-16　保护区环节动物目、科、属、种数及所占比例

纲	目	科	属	种	占总种数比例/%
寡毛纲	1	3	4	13	93
蛭纲	1	1	1	1	7
合计	2	4	5	14	100

从表 4-16 可见，寡毛纲 3 科 4 属 13 种，占总种数的 93%；蛭纲仅有 1 个属 1 个种，占总种数的 7%。链胃蚓科（Moniligastridae）和正蚓科（Lumbricidae）均仅 1 属 1 种，分别占总种数的 7%；巨蚓科（Megascolecidae）种类最多，有 11 种，占总种数的 78.6%。

2. 物种组成特点

保护区 13 种寡毛纲动物均属后孔寡毛目（Ophisthopora），陆地生活统称蚯蚓，俗称曲蟮，广泛分布于幺站沟、金沙沟和板桥沟的各种环境的土壤中。这与保护区环境属山区有关，居民及耕地较少，有机污染相应减少，加上山溪水流易受雨水的影响，水流冲刷，不利于水生环节动物的生存。因此，水生的蛭纲种类较少，仅有 1 种，属无吻蛭目（Arhynchobdellida）沙蛭科（Salifidae），分布于幺站沟和板桥沟的冬水田中，在中国蛭类地理区划上为中国–日本区的代表种类。

3. 环节动物资源

蚯蚓在土壤中穴居生活，杂食性，以各种腐烂有机物为食，成为新兴的养殖产业。另外，可养殖蚯蚓以处理垃圾及造纸厂产生的污物，以减轻污染，消除公害，保护环境。而蚯蚓肠中有好气和嫌气性孢子细菌，它们可用于发酵堆肥和消除人粪尿的恶臭；蚓粪还是很好的肥料，它含的氮、磷、钾比一般畜禽粪高，尤其可用于城市绿化花卉的栽培。

1）蚯蚓对土壤的改良作用

蚯蚓在土中纵横穿行，又不断排出蚓粪，有利于微生物增殖和植物根系发育。如在作物田地或牧草地里加以养殖蚯蚓，必将增加土壤团粒结构、肥沃土壤、改良草地，促使农作物增产。

2）水质监测动物

巴蛭（*Barbronia weberi*）是喜高山溪流或池塘的常见蚂蟥，属清水种类。在生物监测和水质生物评价调查中多见，对毒物敏感，抗药力较弱，可作为毒性试验的动物材料。

3）药用环节动物

蚯蚓干制中药称地龙，性寒味咸。功能：清热、平肝、止喘、通络。主治高热狂躁、惊风抽搐、风热头痛、目赤、半身不遂等。地龙提取液有良好的定咳平喘的作用。抗癌研究证明，地龙对食管癌有抑制作用，与化疗药物连用对肺癌的近期疗效优于单纯化疗。保护区可作为药用的蚯蚓主要是湖北远盲蚓（*Amynthas hupeiensis*）、加州腔（*Metaphire californica*）和日本杜拉蚓（*Drawida japonica*）。

4.2.4　软体动物

1. 物种组成

赤水桫椤自然保护区软体动物经鉴定、统计，共有 2 纲 4 目 15 科 23 属 45 种，其中腹足纲（Gastropota）种类最多，有 3 目 13 科 21 属 42 种；而瓣鳃纲（Lamellibranchia）仅有 1 目 2 科 2 属 3 种。软体动物种类的组成见表 4-17，名录见附录 11。

表 4-17　保护区软体动物目、科、属、种数及所占比例

纲	目	科	属	种	占总种数比例/%
腹足纲	中腹足目	4	5	7	15.6
	基眼目	2	3	5	11.1
	柄眼目	7	13	30	66.7
瓣鳃纲	真瓣鳃目	2	2	3	6.7
合计		4	15	23	45	100.0

从表 4-17 可见，保护区软体动物以腹足纲为优势种，有 42 种，占总种数的 93.4%，其中柄眼目（Stylommatophore）种类最多有 30 种，占腹足纲总种数的 71.4%，为保护区软体动物的优势类群；其次是中腹足目（Mesogastropoda）的种类有 7 种，占腹足纲总种数的 16.6%；基眼目（Basommatophore）的种类最少，仅 5 种，占腹足纲总种数的 11.9%。而瓣鳃纲真瓣鳃目（Eulamellibranchia）的种类仅 3 种，占总种数的 6.7%。

2. 物种组成特点

保护区 45 种软体动物中，水生种类有 11 种，占总种数的 24.4%，水生软体动物种类贫乏，与保护区水体环境多为小溪流有关，这样的水体水面较狭窄，水位多不稳定，不利于水生软体动物生存，保护区的水生软体动物主要生存和分布地点为农民的小型养鱼池及冬水田中，如蚌科（Unionidae）的背角无齿蚌（*Anodonta woodiana*）和舟形无齿蚌（*Anodonta euscaphys*），蚬科（Corbiculidae）的河蚬（*Corbicula Fluminea*）生活在小溪流中；陆生种类 34 种，以种类数量排序，巴蜗牛科（Bradybaenidae）12 种最多，其次拟阿勇蛞蝓科（Ariophantidae）7 种，烟管螺科 Clausiliidae 6 种，其余科种类较少。整个陆生种类占了总种数的 75.6%，说明保护区软体动物以陆生种类为主，这与保护区自然环境中植被保存较好，为陆生软体动物提供了很好的栖息条件有关，特别是金沙沟、板桥沟种类较多。陆生软体动物种类丰富，与刘畅（2006）的研究结论一致。在《贵州陆生贝类区系及动物地理区划》中记载贵州省陆生软体动物有 250 种及亚种，而在赤水仅记载有 2 种。因此，本次考察为赤水桫椤自然保护区增加陆生软体动物 31 种。

3. 软体动物资源

软体动物在自然平衡中起着重要的作用，陆生种类亦是一类重要的土壤动物。总括起来看，一些种类可以被人类利用、开发，作为食品（如中国圆田螺 *Cipangopaludina chinensis*）、药用，以及畜、禽、水产养殖上的蛋白质饲料；另一部分为有害的种类，系农、林、园艺上的间歇性害虫，也是人畜、禽类及各种野生动物寄生虫的中间宿主。

1）农林业害虫

陆生贝类绝大多数以绿色植物为食，因此它们是一类农业上的间歇性害虫。环口螺 *Cyclophorus*、巴蜗牛 *Bradybaena*、华蜗牛 *Cathaica* 和蛞蝓 *Philomycus* 等分布广、危害性较大。常危害植物生长部分，啃食其枝叶和幼芽。

2）寄生虫的中间宿主

许多软体动物是禽畜、野生动物、人类寄生虫的中间宿主。经调查和记载，保护区的软体动物有 2 科 3 属 4 种可作为寄生虫的中间宿主。其中长角涵螺 *Alocinma longicornis* 作为华支睾吸虫（*Clonorchis sinensis*）第一中间寄主；椭圆萝卜螺（*Radix swinhoei*）作为横川伪毕吸虫（*Pseudobilharziella yokogawai*）、泡状毛毕吸虫（*Trichobilharzia physella*）等的中间寄主；卵萝卜螺（*Radix ovata*）作为肝片吸虫（*Fascioliasis hepatica*）、鸟毕吸虫（*Ornithobilharzia turkestanica*）和毛毕吸虫（*Trichobilharzia*）等的中间寄主；截口土蜗（*Galba truncatula*）为肝片吸虫的中间寄主；同型巴蜗牛（*Bradybaena similaris*）系胰阔盘吸虫（*Eurytrema pancreaticum*）、腔阔盘吸虫（*Eurytrema coelomatium*）、枝睾阔盘吸虫（*Eurytrema cladorchi*）、窄体吸虫（*Lyperosomum mosquensis*）、广州血管圆线虫（*Angiostrongylus cantonensis*）等的中间宿主。

3）药用软体动物

据民间偏方和验方记载，可入药的软体动物种类很多。保护区可作为药用的软体动物有：背角无齿蚌（*A. woodiana woodiana*），其可用于培育珍珠，贝壳作为中药材称为珍珠母；中国圆田螺（*C. chinensis*）贝壳和肉入药；同型巴蜗牛的主要功效为清热解毒、消肿平喘、软坚理疝等，尤其对治疗小儿疳积、痔漏、疮疡效果良好；有的地方蜗牛汤对产妇和久病康复有疗效。作为药用一般采集和加工的方法是：在夏秋季节捕捉，用开水烫死，晒干，放入瓶内贮存备用。

4.2.5　甲壳动物

甲壳动物属于节肢动物门（Arthropod）甲壳纲（Crustacea）。经调查保护区的大型甲壳动物主要属于端足目（Amphipoda）和十足目（Decapoda）的种类。

1. 物种组成

赤水桫椤自然保护区甲壳动物经鉴定、统计，共有 2 目 5 科 6 属 10 种，其中十足目（Decapoda）种类最多，有 4 科 5 属 8 种；端足目（Amphipoda）仅有 1 科 1 属 2 种。甲壳动物种类组成见表 4-18，名录见附录 12。

表 4-18　保护区软体动物目、科、属、种数及所占比例

目	科	属	种	占总种数比例/%
端足目	钩虾科	1	2	20.0
十足目	螯虾科	1	1	10.0
	长臂虾科	1	1	10.0
	匙指虾科	2	3	30.0
	溪蟹科	1	3	30.0
合计		5	6	10	100.0

从表 4-18 可见，10 种甲壳动物以匙指虾科（Atyidae）和溪蟹科（Potamidae）种类最多，各有 3 种，

分别占总种数的 30.0%。钩虾科（Gammadidae）有 2 种，占总种数的 20.0%。长臂虾科（Palaemonidae）和螯虾科（Astacura）种类均为 1 种，各占总种数的 10.0%。

2. 物种组成特点

赤水桫椤自然保护区大型甲壳动物贫乏，仅有 10 种。而报道的贵州省淡水虾类就有 29 种，淡水蟹类 17 种。这与保护区水体较小，缺少江河、水库和大型湖泊有关。

钩虾科（Gammadidae）的聚毛钩虾（*Gammarus accretes* Hou & Li）和缘毛钩虾（*Gammarus craspedotrichus* Hou & Li）为保护区的特有种。

螯虾科（Cambaridae）的克氏原螯虾（*Procambarus clarkii*）为外来物种，仅在幺站沟有发现，由农民养殖户引进了 20 对在小池塘中饲养。

日本沼虾（*Macrobrachium nippomense*）为广布种，但在保护区中的数量较少，因个体较大，仅在低海拔的地方有出现。

匙指虾科（Atyidae）有 3 种，赤水米虾（*Caridina chishuiensis*）为特有种，主要分布在小山溪中。

溪蟹科（Potamidae）有 3 种，赤水华溪蟹（*Sinopotamon chishuiense*）为特有种，主要分布在金沙、板桥沟的小山溪中。

3. 甲壳动物资源

甲壳动物营养丰富，蛋白质含量均达到 40% 以上，干燥后的钩虾脂肪含量可达 7.14%。钩虾的钙和鳞含量分别是 7.40% 与 0.79%，氨基酸组成较为均衡，为人类的传统食品，也是鱼类、小鲵类动物、饲养的家禽的优质饵料。除上述外，甲壳动物还有多种资源价值。

1）寄生虫的中间寄主

钩虾是鸭和鹅小肠内寄生的鸭长颈棘头虫（*Filicollis anatis*）与小多型棘头虫（*Polymorphus minutus*）的中间寄主。溪蟹是人体肺吸虫（*Paragonimus westermani*）的第二中间宿主。

2）医药、工业原材料

甲壳素是一种多糖类生物高分子物质，所有甲壳动物的甲壳中含有甲壳素。在医药卫生上，甲壳素可作为抗癌物质，以及用来制作手术缝线、隐形眼镜片及人造皮肤；在工业上甲壳素是纺织染料的上浆剂、固色剂及处理剂；在环境保护方面，甲壳素可净化污染的水质，特别是用来滤除重金属离子，如汞、镉、银和砷等，效果显著。

4.3 珍稀濒危及特有动物

4.3.1 珍稀濒危脊椎动物

保护区有各级重点保护动物 89 种，其中国家 I 级重点保护动物 3 种，国家 II 级重点保护动物 25 种，省级重点保护动物 61 种（表 4-19）。国家 I 级重点保护动物 3 种均为哺乳类，即豹、云豹和林麝。国家 II 级重点保护动物中，哺乳类 11 种，鸟类 14 种，爬行类、两栖类和鱼类均没有国家级保护动物。省级重点保护动物主要是集中在蛇类、蛙类和杜鹃类、啄木鸟类。

此外，还有 4 种没有列入各级重点保护对象的濒危动物 1 种，即脆蛇蜥，易危动物 3 种，即复齿鼯鼠、红头咬鹃和鳖。孙亚莉和屠玉麟（2004）提到了保护区有蟒、山瑞鳖和白腹锦鸡 3 个保护物种，并给出了分布地点，但查阅了相关文献，咨询了相关专家，综合分析后认为这 3 种不应该在保护区有分布，因此未予采纳，没有计入名录中，也未在此列出。

表 4-19 保护区珍稀濒危动物名录

序号	中文种名	拉丁学名	保护级别	濒危等级	分布区域	最新发现时间	数量状况	数据来源
1	豹	*Panthera pardus*（Linnaeus）	I	濒危	板桥沟、幺站沟、五柱峰	2004	+	邓实群，2004 孙亚莉，2004
2	云豹	*Neofelis nebulosa*（Griffith）	I	濒危	板桥沟、幺站沟	2004	+	邓实群，2004 孙亚莉，2004
3	林麝	*Moschus berezovskii* Fleror	I	濒危	板桥沟	2004	+	贵州省环境保护局，1990 邓实群，2004 孙亚莉，2004
4	猕猴	*Macaca mulatta*（Zimmermann）	II	易危	板桥沟、幺站沟	2004	+	贵州省环境保护局，1990 邓实群，2004 罗蓉，1993 孙亚莉，2004
5	藏酋猴	*Macaca thibetana*（Milne-Edwards）	II	易危	板桥沟、五柱峰	2004	+	贵州省环境保护局，1990 邓实群，2004 罗蓉，1993 孙亚莉，2004
6	穿山甲	*Manis pentodactyla* Linnaeus	II	易危	板桥沟、五柱峰	2004	+	贵州省环境保护局，1990 邓实群，2004 罗蓉，1993 孙亚莉，2004
7	黑熊	*Selenarctos thibetanus*（G. Cuvier）	II	易危	碳厂沟、板桥沟、幺站沟、金沙沟	2004	+	贵州省环境保护局，1990 邓实群，2004 孙亚莉，2004
8	水獭	*Lutra lutra*（Linnaeus）	II	易危	金沙沟、板桥沟、幺站沟	2004	+	贵州省环境保护局，1990 邓实群，2004 罗蓉，1993 孙亚莉，2004
9	大灵猫	*Viverra zibetha* Linnaeus	II	易危	五柱峰、幺站沟	2004	+	贵州省环境保护局，1990 邓实群，2004 罗蓉，1993 孙亚莉，2004
10	小灵猫	*Viverricula indica*（Desmarest）	II	易危	板桥沟、五柱峰	2004	+	贵州省环境保护局，1990 邓实群，2004 罗蓉，1993 孙亚莉，2004
11	丛林猫	*Felis chaus* Guldenstaedt	II	稀有	板桥沟	2004	+	邓实群，2004 孙亚莉，2004
12	金猫	*Profelis temmincki* Vigors et Horsfield	II	易危	板桥沟	2004	+	邓实群，2004 孙亚莉，2004
13	斑羚	*Naemorhedus goral*（Hardwicke）	II	易危	板桥沟	2004	+	邓实群，2004 罗蓉，1993 孙亚莉，2004
14	鬣羚	*Capricornis sumatraensis*（Bechstein）	II	易危	板桥沟、幺站沟	2004	+	邓实群，2004 孙亚莉，2004
15	鸳鸯	*Aix galericulata* Linnaeus	II	易危	板桥沟	2004	+	孙亚莉，2004
16	普通鵟	*Buteo buteo* Hume	II		板桥沟、五柱峰	2013	+	生物活体 贵州省环境保护局，1990
17	白尾鹞	*Circus cyaneus* Linnaeus	II		幺站沟、五柱峰	1987	+	孙亚莉，2004 贵州省环境保护局，1990
18	黑鸢	*Milvus migrans* J.E.Gray	II		广泛分布	1987	+	孙亚莉，2004 贵州省环境保护局，1990
19	蛇雕	*Spilornis cheela* Sclater	II	易危	五柱峰	2013	+	照片
20	红隼	*Falco tinnunculus* Blyth	II		广泛分布	1987	+	孙亚莉，2004 贵州省环境保护局，1990
21	红腹锦鸡	*Chrysolophus pictus* Linnaeus	II	易危	广泛分布	2013	+	访问保护区管理人员 贵州省环境保护局，1990
22	白鹇	*Lophura nycthemera* Tan et Wu	II		板桥沟、幺站沟、五柱峰	1987	+	孙亚莉，2004 贵州省环境保护局，1990

续表

序号	中文种名	拉丁学名	保护级别	濒危等级	分布区域	最新发现时间	数量状况	数据来源
23	白冠长尾雉	*Syrmaticus reevesii* J.E.Gray	II	稀有	与习水交界的山区	1987	+	孙亚莉，2004 丁平，1987 贵州省环境保护局，1990
24	红腹角雉	*Tragopan temminckii* J.E.Gray	II	易危	板桥沟	2013	+	视频 孙亚莉，2004
25	领鸺鹠	*Glaucidium brodiei* Burton	II		广泛分布	1986	+	吴至康，1986
26	斑头鸺鹠	*Glaucidium cuculoides* Blyth	II		广泛分布	2013	+	生物活体 孙亚莉，2004 贵州省环境保护局，1990
27	领角鸮	*Otus bakkamoena* Swinhoe	II		板桥沟	2004	+	孙亚莉，2004
28	灰林鸮	*Strix aluco* Blyth	II		广泛分布	2004	+	孙亚莉，2004
29	赤麂华南亚种	*Muntiacus muntjak*（Boddaert）	省级		广泛分布在海拔较高区域	2004	+	贵州省环境保护局，1990 邓实群，2004
30	小麂	*Muntiacus reevesi*（Ogilby）	省级		广泛分布在海拔较高区域	2004	++	贵州省环境保护局，1990 邓实群，2004 罗蓉，1993
31	毛冠鹿	*Elaphodus cephalophus*（Milne-Edwards）	省级		广泛分布在海拔较高区域	2004	++	贵州省环境保护局，1990 邓实群，2004 罗蓉，1993
32	翠金鹃	*Chrysococcyx maculatus* Gmelin	省级		广泛分布	1986	+	吴至康，1986
33	大杜鹃	*Cuculus canorus* Linnaeus	省级		广泛分布	2013	++	生物活体 贵州省环境保护局，1990
34	四声杜鹃	*Cuculus micropterus* Gould	省级		广泛分布	1986	+	吴至康，1986
35	大鹰鹃	*Cuculus sparverioides* Vigos	省级		广泛分布	2013	+++	生物活体 贵州省环境保护局，1990
36	噪鹃	*Eudynamys scolopacea* Cabanis et Heine	省级		广泛分布	2013	+++	生物活体 吴至康，1986
37	乌鹃	*Surniculus lugubris* Hodgson	省级		广泛分布	1986	+	吴至康，1986
38	戴胜	*Upupa epops* Lonnberg	省级		广泛分布	2013	++	生物活体 贵州省环境保护局，1990
39	大拟啄木鸟	*Megalaima virens* Boddaert	省级		广泛分布	1986	++	吴至康，1986
40	蚁䴕	*Jynx torquilla* Hesse	省级		广泛分布	2013	+	生物活体 贵州省环境保护局，1990
41	斑姬啄木鸟	*Picumnus innominatus* Linnaeus	省级		广泛分布	1987	++	贵州省环境保护局，1990
42	灰头绿啄木鸟	*Picus canus* Gmelin	省级		广泛分布	2013	++	生物活体 贵州省环境保护局，1990
43	大山雀	*Parus major* Linnaeus	省级		广泛分布	2013	++++	生物活体 贵州省环境保护局，1990
44	锈链腹链蛇	*Amphiesma craspedogaster*（Boulenger）	省级		广泛分布	2013	++	访问保护区管理人员 贵州省环境保护局，1990
45	翠青蛇	*Cyclophiops major*（Günther）	省级		广泛分布	2013	++	访问保护区管理人员 贵州省环境保护局，1990
46	赤链蛇	*Dinodon rufozonatum*（Cantor）	省级		广泛分布	2013	++	访问保护区管理人员 贵州省环境保护局，1990
47	王锦蛇	*Elaphe carinata*（Günther）	省级	易危	金沙沟	2013	++	访问保护区管理人员 贵州省环境保护局，1990
48	灰腹绿锦蛇	*Elaphe frenata*（Gray）	省级	易危	金沙沟	1987	++	贵州省环境保护局，1990
49	玉斑锦蛇	*Elaphe mandarinus*（Cantor）	省级	易危	广泛分布	2013	+++	照片摄影 贵州省环境保护局，1990
50	紫灰锦蛇	*Elaphe porphyracea*（Cantor）	省级	易危	金沙沟	1977	+	贵州省环境保护局，1990

续表

序号	中文种名	拉丁学名	保护级别	濒危等级	分布区域	最新发现时间	数量状况	数据来源
51	黑眉锦蛇	*Elaphe taeniura* Cope	省级	易危	广泛分布	2013	+++	标本 贵州省环境保护局，1990
52	贵州小头蛇	*Oligodon guizhouensis* Li	省级		金沙沟	1977	+	贵州省环境保护局，1990
53	平鳞钝头蛇	*Pareas boulengeri*（Angel）	省级		金沙沟	1987	+	贵州省环境保护局，1990
54	钝头蛇	*Pareas chinensis*（Barbour）	省级		金沙沟	1987	++	贵州省环境保护局，1990
55	崇安斜鳞蛇	*Pseudoxenodon karlschmidti* Pope	省级		文献中未提	1987	+	贵州省环境保护局，1990
56	斜鳞蛇	*Pseudoxenodon macrops*（Blyth）	省级		广泛分布	2008	++	照片摄影 贵州省环境保护局，1990
57	灰鼠蛇	*Ptyas korros*（Schlegel）	省级	濒危	金沙沟	1987	++	贵州省环境保护局，1990
58	黑头剑蛇	*Sibynophis chinensis*（Günther）	省级		金沙沟	1987	++	贵州省环境保护局，1990
59	虎斑颈槽蛇	*Rhabdophis tigrinus*（Boie）	省级		广泛分布	2013	+++	访问保护区管理人员 贵州省环境保护局，1990
60	乌华游蛇	*Sinonatrix percarinata*（Boulenger）	省级		金沙沟	1987	++	贵州省环境保护局，1990
61	乌梢蛇	*Zaocys dhumnades*（Cantor）	省级		广泛分布	2013	+++	访问保护区管理人员 贵州省环境保护局，1990
62	绞花林蛇	*Boiga kraepelini*（Stejneger）	省级		板桥沟	1987	+	贵州省环境保护局，1990
63	短尾蝮	*Gloydius brevicaudus*（Stejneger）	省级	易危	广泛分布	1987	++	贵州省环境保护局，1990
64	山烙铁头	*Ovophis monticola*（Günther）	省级		金沙沟、幺站沟	1987	++	贵州省环境保护局，1990
65	原矛头蝮	*Protobothrops mucrosquamatus*（Cantor）	省级		广泛分布	2013	+++	访问保护区管理人员 贵州省环境保护局，1990
66	竹叶青	*Trimeresurus steinegeri* Schmidt	省级		金沙沟、幺站沟	2013	++	访问保护区管理人员 贵州省环境保护局，1990
67	棘指角蟾	*Megophrys spinata* Liu and Hu	省级		金沙沟	2013	+++	标本 贵州省环境保护局，1990
68	中华蟾蜍指名亚种	*Bufo gargarizans gargarizans* Cantor	省级		广泛分布	2013	+++	标本 贵州省环境保护局，1990
69	中华蟾蜍华西亚种	*Bufo gargarizans andrewsi* Schmidt	省级		广泛分布	2013	++	标本
70	华西雨蛙武陵亚种	*Hyla annectans wulingensis* Shen	省级		幺站沟、金沙沟	2013	++	标本 贵州省环境保护局，1990
71	峨眉林蛙	*Rana omeimontis* Ye and Fei	省级		幺站沟	2013	++	标本 贵州省环境保护局，1990
72	黑斑侧褶蛙	*Pelophylax nigromaculata*（Hallowell）	省级		广泛分布	2013	++	标本 贵州省环境保护局，1990
73	仙琴蛙	*Hylarana daunchina*（Chang）	省级		金沙沟	2013	++	标本
74	沼水蛙	*Hylarana guentheri*（Boulenger）	省级		广泛分布	2013	++	标本 贵州省环境保护局，1990
75	大绿臭蛙	*Odorrana livida*（Blyth）	省级		金沙沟	2013	+++	标本
76	合江臭蛙	*Odorrana hejiangensis*（Deng and Yu）	省级		金沙沟	2013	++	标本
77	绿臭蛙	*Odorrana margaertae*（Liu）	省级		金沙沟	2013	++	标本
78	花臭蛙	*Odorrana schmackeri*（Boettger）	省级		金沙沟	2013	+++	标本
79	华南湍蛙	*Amolops ricketti*（Boulenger）	省级		幺站沟、金沙沟	2013	++	标本
80	泽陆蛙	*Fejervarya multistriata*（Boie）	省级		广泛分布	2013	+++	标本
81	棘胸蛙	*Paa spinosa*（David）	省级	易危	幺站沟	2013	+	贵州省环境保护局，1990

续表

序号	中文种名	拉丁学名	保护级别	濒危等级	分布区域	最新发现时间	数量状况	数据来源
82	棘腹蛙	*Paa boulengeri*（Guenther）	省级	易危	广泛分布	2013	++	标本
83	合江棘蛙	*Paa robertingeri* Wu and Zhao	省级		广泛分布	2013	++	标本
84	峨眉树蛙	*Rhacophorus omeimontis* Ye and Fei	省级		金沙沟	2013	+	标本
85	斑腿泛树蛙	*Polypedates megacephalus* Hallowell	省级		广泛分布	2013	++	标本
86	粗皮姬蛙	*Microhyla butleri* Boulenger	省级		广泛分布	2013	++	标本 贵州省环境保护局，1990
87	饰纹姬蛙	*Microhyla ornata*（Dumeril and Bibron）	省级		广泛分布	2013	+++	标本 贵州省环境保护局，1990
88	小弧斑姬蛙	*Microhyla heymonsi* Vogt	省级		广泛分布	2013	+++	标本 贵州省环境保护局，1990
89	合征姬蛙	*Microhyla mixtura* Liu and Hu	省级		广泛分布	2013	++	标本
90	复齿鼯鼠	*Trogopterus xanthipes*		易危	板桥沟、幺站沟	1987	+	贵州省环境保护局，1990 邓实群，2004
91	红头咬鹃	*Harpactes erythrocephalus* Gould		易危	林区	1987	+	贵州省环境保护局，1990
92	鳖	*Pelodiscus sinensis*（Wiegmann）		易危	金沙沟	1987	+	贵州省环境保护局，1990
93	脆蛇蜥	*Ophisaurus harti* Boulenger		濒危	金沙沟、板桥沟	2013	+	访问保护区管理人员 贵州省环境保护局，1990

国家级保护动物简介

（1）豹（*Panthera pardus*）：国家 I 级重点保护动物。体型与虎相似，但较小，为大中型食肉哺乳类。体重 50kg 左右，体长在 1m 以上，尾长超过体长之半。头圆、耳短、四肢强健有力，爪锐利伸缩性强。豹全身颜色鲜亮，毛色棕黄，遍布黑色斑点和环纹，形成古钱状斑纹，故称之为"金钱豹"。豹的栖息环境多种多样，从低山、丘陵至高山森林、灌丛均有分布，具有隐蔽性强的固定巢穴，豹的体能极强，视觉和嗅觉灵敏异常，性情机警，既会游泳，又善于爬树，成为食性广泛、胆大凶猛的食肉类。孙亚莉和屠玉麟（2004）表明豹在保护区内分布于板桥沟、幺站沟和五柱峰一带。从现场调查和访问来看，豹在保护区可能已经绝迹。

（2）云豹（*Neofelis nebulosa*）：国家 I 级重点保护动物。比金猫略大，体重 15～20kg，体长 1m 左右，比豹要小。体侧由数个狭长黑斑连接成云块状大斑，故名之为"云豹"。云豹体毛灰黄，眼周具黑环。颈背有 4 条黑纹，中间 2 条止于肩部，外侧 2 条则继续向后延伸至尾部；胸、腹部及四肢内侧灰白色，具暗褐色条纹；尾长 80cm 左右，末端有几个黑环。云豹属夜行性动物，清晨与傍晚最为活跃。栖息在山地常绿阔叶林内，毛色与周围环境形成良好的保护及隐蔽效果。爬树本领高，比在地面活动灵巧，尾巴成了有效的平衡器官，在树上活动和睡眠。《赤水桫椤自然保护区科学考察集》（1990）记载，活动于元厚一带。孙亚莉和屠玉麟（2004）表明在保护区内云豹分布于板桥沟、幺站沟一带。从现场调查和访问来看，云豹在保护区还可能存在。

（3）林麝（*Moschus berezovskii*）：国家 I 级重点保护动物。是麝属中体型最小的一种。体长 70cm 左右，肩高 47cm，体重 7kg 左右。雌雄均无角，耳长直立，端部稍圆。雄麝上犬齿发达，向后下方弯曲，伸出唇外；腹部生殖器前有麝香囊，尾粗短，尾脂腺发达。四肢细长，后肢长于前肢。体毛粗硬色深，呈橄榄褐色，并染以橘红色。下颌、喉部、颈下以至前胸间为界限分明的白色或橘黄色区。臀部毛色近黑色，成体不具斑点。林麝生活在针叶林、针阔混交林区。性情胆怯，过独居生活，嗅觉灵敏，行动轻快敏捷。随气候和饲料的变化垂直迁移，食物多以灌木嫩枝叶为主。雄麝所产麝香是名贵的中药材和高级香料。《赤水桫椤自然保护区科学考察集》（1990）记载有这个物种，但没有指出分布地点。孙亚莉和屠玉麟（2004）

表明在保护区内林麝分布于板桥沟一带，本次调查未见。

（4）猕猴（*Macaca mulatta*）：国家Ⅱ级重点保护动物。猕猴是我国常见的一种猴类，体长 43～55cm，尾长 15～24cm。头部呈棕色，背上部棕灰或棕黄色，下部橙黄或橙红色，腹面淡灰黄色。鼻孔向下，具颊囊。臀部的胼胝明显。营半树栖生活，多栖息在石山峭壁、溪旁沟谷和江河岸边的密林中或疏林岩山上，群居，一般 30～50 只为一群，大群可达 200 只左右。善于攀援跳跃，会游泳和模仿人的动作，有喜怒哀乐的表现。取食植物的花、果、枝、叶及树皮，偶尔也吃鸟卵和小型无脊椎动物。在农作物成熟季节，有时到田里采食玉米和花生等。目前保护区内还有猕猴的分布，主要分布于板桥沟和幺站沟一带人为活动较少的区域。

（5）藏酋猴（*Macaca thibetana*）：国家Ⅱ级重点保护动物。体型粗壮，是中国猕猴属中最大的一种。头大，颜面皮肤肉色或灰黑色，成年雌猴面部皮肤肉红色。成年雄猴两颊及下颏有似络腮胡样的长毛。头顶和颈毛褐色，眉脊有黑色硬毛；背部毛色深褐，靠近尾基黑色，幼体毛色浅褐。尾短，不超过 10cm。多栖息于山地阔叶林区有岩石的生境中，集群生活，由 10 几只或 20～30 只组成，每群有 2～3 只成年雄猴为首领，遇敌时首领在队尾护卫。喜在地面活动，在崖壁缝隙、陡崖或大树上过夜。以多种植物的叶、芽、果、枝及竹笋为食，亦食鸟及鸟卵、昆虫等动物性食物。目前保护区内还有藏酋猴的分布，主要分布于板桥沟和五柱峰一带人为活动较少的区域。

（6）穿山甲（*Manis pentodactyla*）：国家Ⅱ级重点保护动物。全长约 1m，身被褐色角质鳞片，除头部、腹部和四肢内侧有粗而硬的疏毛外，鳞甲间也有长而硬的稀毛。头小呈圆锥状；吻长无齿；眼小而圆，四肢粗短，五趾具强爪。雄兽肛门后有凹陷，睾丸不外露。穿山甲多在山麓地带的草丛中或丘陵杂灌丛较潮湿的地方挖穴而居。昼伏夜出，遇敌时则蜷缩成球状。舌细长，能伸缩，带有黏性唾液，觅食时，以灵敏的嗅觉寻找蚁穴，用强健的爪掘开蚁洞，将鼻吻深入洞里，用长舌舔食之。外出时，幼兽伏于母兽背尾部。以蚂蚁和白蚁为食，也食昆虫的幼虫等。孙亚莉和屠玉麟（2004）表明在保护区内穿山甲分布于板桥沟、五柱峰。本次调查未见。

（7）黑熊（*Selenarctos thibetanus*）：国家Ⅱ级重点保护动物。大型哺乳类。体长 150～170cm，体重 150kg 左右。体毛黑亮而长，下颏白色，胸部有一块"V"字形白斑。头圆、耳大、眼小，吻短而尖，鼻端裸露，足垫厚实，前后足具 5 趾，爪尖锐不能伸缩。黑熊主要栖息于山地森林，主要在白天活动，善爬树、游泳；能直立行走。视觉差，嗅觉、听觉灵敏。食性较杂，以植物叶、芽、果实、种子为食，有时也吃昆虫、鸟卵和小型哺乳类。2013 年，保护区管理局用红外线照相机拍摄到黑熊，证明了保护区至今还有黑熊生存，黑熊在保护区内主要分布于碳厂沟、金沙沟、板桥沟、幺站沟一带海拔较高的区域。

（8）水獭（*Lutra lutra*）：国家Ⅱ级重点保护动物。体长 60～80cm，体重可达 5kg。体型细长，呈流线型。头部宽而略扁，吻短，下颏中央有数根短而硬的须。眼略突出，耳短小而圆，鼻孔、耳道有防水灌入的瓣膜。四肢短，趾间具蹼，尾长而粗大。体毛短而密，呈棕黑色或咖啡色，具丝绢光泽；腹部毛色灰褐。栖息于林木茂盛的河、溪、湖沼及岸边，营半水栖生活。在水边的灌丛、树根下、石缝或杂草丛中筑洞，洞浅，有数个出口。多在夜间活动，善游泳。嗅觉发达，动作迅速。主要捕食鱼、蛙、蟹、水鸟和鼠类。《赤水桫椤自然保护区科学考察集》（1990）记载獭分布于金沙沟水坝处，孙亚莉和屠玉麟（2004）表明在保护区内水獭分布于板桥沟、幺站沟。本次调查未见。

（9）大灵猫（*Viverra zibetha*）：国家Ⅱ级重点保护动物。体重 6～10kg，体长 60～80cm，比家猫大得多，其体型细长，四肢较短，尾长超过体长之半。头略尖，耳小，额部较宽阔，沿背脊有一条黑色鬃毛。雌雄两性会阴部具发达的囊状腺体，雄性为梨形，雌性呈方形，其分泌物就是著名的灵猫香。体色棕灰，杂以黑褐色斑纹。颈侧及喉部有 3 条波状黑色领纹，间夹白色宽纹，四足黑褐。尾具 5～6 条黑白相间的色环。大灵猫生性孤独，喜夜行，生活于热带、亚热带林缘灌丛。杂食，包括小型哺乳类、鸟类、两栖爬行类、甲壳类、昆虫和植物的果实、种子等。遇敌时，可释放极臭的物质，用于防身。《赤水桫椤自然保护区科学考察集》（1990）记载见到皮张，孙亚莉和屠玉麟（2004）表明在保护区内分布于五柱峰、幺站沟。从现场调查和访问来看，大灵猫在保护区可能还存在，数量极少。

（10）小灵猫（*Viverricula indica*）：国家Ⅱ级重点保护动物。其外形与大灵猫相似而较小，体重 2～4kg，体长 46～61cm，比家猫略大，吻部尖，额部狭窄，四肢细短，会阴部也有囊状香腺，雄性的较大。肛门腺体比大灵猫还发达，可喷射臭液御敌。全身以棕黄色为主，唇白色，眼下、耳后棕黑色，背部有 5 条连续或间断的黑褐色纵纹，具不规则斑点，腹部棕灰。四脚乌黑，故又称"乌脚狸"。尾部有 7~9 个深褐色环纹。栖息于多林的山地，比大灵猫更加适应凉爽的气候。多筑巢于石堆、墓穴、树洞中，有 2~3 个出口。以夜行性为主，虽极善攀援，但多在地面以巢穴为中心活动。喜独居，相遇时经常相互撕咬。小灵猫的食性与大灵猫一样，也很杂。该物种有占区行为，但无固定的排泄场所。《赤水桫椤自然保护区科学考察集》（1990）记载见到皮张，孙亚莉和屠玉麟（2004）表明在保护区内分布于板桥沟、五柱峰。从现场调查和访问来看，小灵猫在保护区可能还存在，数量极少。

（11）丛林猫（*Felis chaus*）：国家Ⅱ级重点保护动物。体形比家猫大，体长 60~75cm，尾长为 25~35cm，体重为 3~5kg。全身的毛色较为一致，缺乏明显的斑纹，背部呈棕灰色或沙黄色，背部的中线处为深棕色，腹面为淡沙黄色。四肢较背部的毛色浅，后肢和臀部具有 2~4 条模糊的横纹。尾巴的末端为棕黑色，有 3~4 条不显著的黑色半环。眼睛的周围有黄白色的纹，耳朵的背面为粉红棕色，耳尖为褐色，上面也有一簇稀疏的短毛，但没有猞猁那样长而显著。多在早晨和黄昏以后外出活动，白天也时常可以见到。巢穴建在石块的下面等较为干燥的地区，也利用獾类的弃洞。它的嗅觉和听觉都很发达，善于奔跑和跳跃，能攀树，常用尿液标记领地。主要以鼠、兔、蛙、鸟为食，也吃腐肉和果实，特别喜欢捕食雉鸡类，偶尔也潜入村庄盗食家禽。性情凶猛，敢于同家狗进行搏斗。孙亚莉和屠玉麟（2004）表明在保护区内分布于板桥沟。从现场调查和访问来看，丛林猫在保护区可能还存在，数量极少。

（12）金猫（*Profelis temmincki*）：国家Ⅱ级重点保护动物。比云豹略小，体长 80~100cm。尾长超过体长的一半。耳朵短小直立；眼大而圆。四肢粗壮，体强健有力，体毛多变，有几个由毛皮颜色而得的别名：全身乌黑的称"乌云豹"；体色棕红的称"红椿豹"；而狸豹以暗棕黄色为主；其他色型统称为"芝麻豹"。属于夜行性动物，白天多在树洞中休息。独居，善攀援，但多在地面行动。活动区域较固定，随季节变化而垂直迁移。食性较广，小型有蹄类、鼠类、野禽都是捕食对象。孙亚莉和屠玉麟（2004）表明在保护区内云豹分布于板桥沟，从现场调查和访问来看，金猫在保护区可能还存在，数量极少。

（13）斑羚（*Naemorhedus goral*）：国家Ⅱ级重点保护动物。体大小如山羊，但无胡须。体长 110~130cm，肩高 70cm 左右，体重 40~50kg。雌雄均具黑色短直的角，长 15~20cm。四肢短而匀称，蹄狭窄而强健。毛色随地区而有差异，一般为灰棕褐色，背部有褐色背纹，喉部有一块白斑。生活于山地森林中，单独或成小群生活。多在早晨和黄昏活动，极善于在悬崖峭壁上跳跃、攀登，视觉和听觉也很敏锐。以各种青草和灌木的嫩枝叶、果实等为食。斑羚保护区内活动于板桥沟附近的山脊上，数量较少。

（14）鬣羚（*Capricornis sumatraensis*）：国家Ⅱ级重点保护动物。外形似羊，略比斑羚大，体重 60~90kg。雌雄均具短而光滑的黑角。耳似驴耳，狭长而尖。自角基至颈背有长十几厘米的灰白色鬣毛，甚为明显。尾巴较短，四肢短粗，适于在山崖乱石间奔跑跳跃。全身被毛稀疏而粗硬，通体略呈黑褐色，但上下唇及耳内污白色。生活于高山岩崖或森林峭壁。单独或成小群生活，多在早晨和黄昏活动，行动敏捷，在乱石间奔跑很迅速。取食草、嫩枝和树叶，喜食菌类。保护区内活动于板桥沟、幺站沟附近获利山脊上，数量较少。

（15）鸳鸯（*Aix galericulata*）：国家Ⅱ级重点保护动物。小型游禽。全长约 40cm。雄鸟羽色艳丽，并带有金属光泽。额和头顶中央羽色翠绿；枕羽金属铜赤色，与后颈的金属暗绿和暗紫色长羽形成冠羽；头顶两侧有纯白眉纹；飞羽褐色至黑褐色，翅上有一对栗黄色、直立的扇形翼帆。尾羽暗褐，上胸和胸侧紫褐色；下胸两侧绒黑。镶以两条纯白色横带；嘴暗红色。脚黄红色。雌鸟体羽以灰褐色为主，眼周和眼后有白色纹；无冠羽、翼帆。腹羽纯白。栖息于山地河谷、溪流、苇塘、湖泊、水田等处。以植物性食物为主，也食昆虫等小动物。繁殖期在 4~9 月，雌雄配对后迁至营巢区。巢置于树洞中，用干草和绒羽铺垫。每窝产卵 7~12 枚，淡绿黄色。在保护区内主要分布在板桥沟附近，数量极少。

（16）普通鵟（*Buteo buteo*）：国家Ⅱ级重点保护动物。中型猛禽，体长 51~59cm，体重 575~1073g。上体深红褐色；脸侧皮黄具近红色细纹，栗色的髭纹显著；下体主要为暗褐色或淡褐色，具深棕色横斑或纵纹，尾羽为淡灰褐色，具有多道暗色横斑，飞翔时两翼宽阔，在初级飞羽的基部有明显的白斑，在高空翱翔时两翼略呈"V"形。普通鵟春季迁徙时间多在 3~4 月，秋季多在 10~11 月。常见在开阔平原、荒漠、旷野、开垦的耕作区、林缘草地和村庄上空盘旋翱翔。大多单独活动，有时也能见到 2~4 只在天空盘旋。性情机警，视觉敏锐，善于飞翔。以各种鼠类为食，也吃蛙、蜥蜴、蛇、野兔、小鸟和大型昆虫等动物性食物，有时也到村庄附近捕食鸡、鸭等家禽。繁殖期为 5~7 月。5~6 月产卵，每窝产卵 2~

3 枚，偶尔也有多至 6 枚和少至 1 枚的。孵化期大约 28 天。保护区内主要分布在板桥沟、五柱峰一带，数量较少。

（17）白尾鹞（*Circus cyaneus*）：国家 II 级重点保护动物。中型猛禽，体长 41～53cm，体重 310～600g。灰色或褐色，具有显眼的白色腰部及黑色翼尖。栖息于平原和低山丘陵地带，冬季有时也到附近的水田、草坡和疏林地带活动。主要以小型鸟类、鼠类、蛙、蜥蜴和大型昆虫等动物性食物为食。主要在白天活动和觅食，尤以早晨和黄昏最为活跃，叫声宏亮。保护区内分布在幺站沟、五柱峰一带，数量极少。

（18）黑鸢（*Milvus migrans*）：国家 II 级重点保护动物。中型猛禽，前额基部和眼先灰白色，耳羽黑褐色，头顶至后颈棕褐色，具黑褐色羽干纹。上体暗褐色，微具紫色光泽和不甚明显的暗色细横纹和淡色端缘，尾棕褐色，呈浅叉状，其上具有宽度相等的黑色和褐色横带呈相间排列，尾端具淡棕白色羽缘；初级覆羽和大覆羽黑褐色，初级飞羽黑褐色，外侧飞羽内翈基部白色，形成翼下一大型白色斑；飞翔时极为醒目。栖息于开阔平原、草地、荒原和低山丘陵地带。白天活动，常单独在高空飞翔，秋季有时亦呈 2～3 只的小群。主要以小鸟、鼠类、蛇、蛙、鱼、野兔、蜥蜴和昆虫等动物性食物为食，偶尔也吃家禽和腐尸。保护区内分布较广，但数量较少。

（19）蛇雕（*Spilornis cheela*）：国家 II 级重点保护动物。大中型鹰类。全长 61～73cm，头顶具黑色杂白的圆形羽冠，覆盖后头。上体暗褐色，下体土黄色，颏、喉具暗褐色细横纹，腹部有黑白两色虫眼斑。飞羽暗褐色，羽端具白色羽缘；尾黑色，中间有一条宽的淡褐色带斑：尾下覆羽白色。喜在林地及林缘活动，多成对活动。每年 3～5 月繁殖，产卵 1 枚，卵色乳白或黄白色杂以红棕色污渍。营巢于高树上，用树枝搭成平台式的巢，内铺绿叶。以小型两栖类、爬行类及鸟类为食。本次调查在五柱峰一带发现蛇雕，为本次调查的新增加种类。

（20）红隼（*Falco tinnunculus*）：国家 II 级重点保护动物。小型猛禽。全长 35cm 左右。雄鸟上体红砖色，背及翅上具黑色三角形斑；头顶、后颈、颈侧蓝灰色。飞羽近黑色，羽端灰白；尾羽蓝灰色，具宽阔的黑色次端斑，羽端灰白色。下体乳黄色带淡棕色，具黑褐色羽干纹及粗斑。嘴基蓝黄色，尖端灰色。脚深黄色。雌鸟上体深棕色，杂以黑褐色横斑；头顶和后颈淡棕色，具黑褐色羽干纹；尾羽深棕色，带 9～12 条黑褐色横斑。栖息于农田、疏林、灌木丛等旷野地带。主要以鼠类及小鸟为食。保护区内分布较广，但数量较少。

（21）红腹锦鸡（*Chrysolophus pictus*）：国家 II 级重点保护动物。大型陆禽，雄鸟全长约 100cm，雌鸟约 70cm。雄鸟头顶具金黄色丝状羽冠；后颈披肩橙棕色。上体除上背为深绿色外，大都为金黄色，腰羽深红色。飞羽、尾羽黑褐色，布满桂黄色点斑。下体通红，羽缘散离。嘴角和脚黄色。雌鸟上体棕褐，尾淡棕色，下体棕黄，均杂以黑色横斑。栖息于海拔 600～1800m 的多岩山坡，活动于竹灌丛地带。以蕨类、麦叶、胡颓子、草籽、大豆等为食。3 月下旬进入繁殖期。红腹锦鸡在保护区内分布较广，还有一定数量。

（22）白鹇（*Lophura nycthemera*）：国家 II 级重点保护动物。大型陆禽。雄鸟全长 100～119cm，雌鸟 58～67cm。头顶及下体为蓝黑色，带金属光泽。脸部裸露皮肤呈红色。颈、背、翅均为白色带 "V" 形黑纹。中央尾羽为白色，两侧带黑纹。跗蹠部为红色。雌鸟全身棕褐色，枕部具黑色羽冠。栖息于海拔 1400～1800m 的密林中，尤其喜欢林下的竹林和灌丛。食昆虫、植物茎叶、果实和种子等。一雄多雌，4 月繁殖。冬季则集群生活。保护区内分布在板桥沟、五柱峰、幺站沟等地，但数量极少。

（23）白冠长尾雉（*Syrmaticus reevesii*）：国家 II 级重点保护动物。大型陆禽。雄鸟全长约 170cm，雌鸟 68cm 左右。雄鸟上体大部金黄色，具黑缘。头、颈均为白色，白色颈部的下方有一黑领。飞羽深栗色，具白斑。尾羽特长，具黑色和栗色并列横斑。下体栗色，具白色杂斑；腹部中央黑色。嘴角绿色，脚灰褐色。雌鸟体羽以棕褐色为主，具大型矢状斑。栖息于海拔 600～2000m 的山区，常见于长满树木的悬崖陡壁下的山谷中。以松、柏、橡树种子及野百合球茎为食，也食昆虫。3 月中旬进入繁殖期。在保护区分布于赤水与习水交界一带的山区，目前可能已经绝迹。

（24）红腹角雉（*Tragopan temminckii*）：国家 II 级重点保护动物。中型陆禽。全长约 60cm。雄鸟体羽及两翅主要为深栗红色，满布具黑缘的灰色眼状斑，下体灰斑大而色浅。头部、颈环及喉下肉裙周缘为黑色；脸、颏的裸出部及头上肉角均为蓝色；后头羽冠橙红色。嘴角褐色。脚粉红，有距。雌鸟上体灰褐色，下体淡黄色，杂以黑、棕、白斑。尾羽栗褐色，有黑色和淡棕色横斑。脚无距。主要食植物种子、果实、幼芽、嫩叶等。多单独活动。繁殖期在 4～6 月。多筑巢于华山松主干侧枝叉处。红腹角雉在保护区内分布于板桥沟一带的高海拔地区，数量较少。

（25）领鸺鹠（*Glaucidium brodiei*）：国家Ⅱ级重点保护动物。小型猛禽，体长 14～16cm，体重 40～64g。面盘不显著，没有耳羽簇。上体为灰褐色而具浅橙黄色的横斑，后颈有显著的浅黄色领斑，两侧各有一个黑斑，特征较为明显，可以同其他鸺鹠类相区别。栖息于山地森林和林缘灌丛地带，除繁殖期外都是单独活动。主要在白天活动，中午也能在阳光下自由地飞翔和觅食。主要以昆虫和鼠类为食，也吃小鸟和其他小型动物。繁殖期为 3～7 月。在保护区内广泛分布，但数量较少。

（26）斑头鸺鹠（*Glaucidium cuculoides*）：国家Ⅱ级重点保护动物。小型猛禽，体长 20～26cm，体重 150～260g。面盘不明显，没有耳羽簇。体羽为褐色，头部和全身的羽毛均具有细的白色横斑，腹部白色，下腹部和肛周具有宽阔的褐色纵纹，喉部还具有两个显著的白色斑。虹膜黄色，嘴黄绿色，基部较暗，蜡膜暗褐色，趾黄绿色，具刚毛状羽，爪近黑色。栖息于从平原、低山丘陵到海拔 2000m 左右的中山地带的阔叶林、混交林、次生林和林缘灌丛，也出现于村寨和农田附近的疏林和树上。大多单独或成对活动。大多在白天活动和觅食，能像鹰一样在空中捕捉小鸟和大型昆虫，也在晚上活动。高大乔木的树窟窿、古老建筑的墙缝和废旧仓库的裂隙，都是它们选择筑巢做窝的理想地点。繁殖期在 3～6 月。在保护区内分布较广，但数量较少。

（27）领角鸮（*Otus bakkamoena*）：国家Ⅱ级重点保护动物。小型猛禽。全长 25cm 左右。上体及两翼大多灰褐色，体羽多具黑褐色羽干纹及虫蠹状细斑，并散有棕白色眼斑。额、脸盘棕白色；后颈的棕白色眼斑形成一个不完整的半领圈。飞羽、尾羽黑褐色，具淡棕色横斑。下体灰白，嘴淡黄染绿色。爪淡黄色。栖息于山地次生林林缘。以昆虫、鼠类、小鸟为食。筑巢于树洞中。在保护区内分布于板桥沟一带，数量极少。

（28）灰林鸮（*Strix aluco*）：国家Ⅱ级重点保护动物。小型猛禽，体长 37～43cm，翼展达 81～96cm。它的头大而且圆，没有耳羽，围绕双眼的面盘较为扁平。灰林鸮指名品种有两个不同的形态，其中一种的上身呈红褐色，另一种的则呈灰褐色，而亦有介乎于两者的。这两种形态的下身都呈白色，有褐色的斑纹。灰林鸮是两性异形的，雌鸟比雄鸟长 5%及重 25%。为夜间活动的猛禽，主要猎食啮齿类。栖息在落叶疏林，有时会在针叶林中，较喜欢近水源的地方。在保护区内分布较广，但数量较少。

4.3.2　特有脊椎动物

保护区脊椎动物中共有中国特有种 28 种（表 4-20），其中 10 余种同时也是国家和省级重点保护动物。

表 4-20　保护区中国特有动物名录

序号	中文种名	拉丁学名	分布区域	最新发现时间	数量状况	数据来源
1	西南鼠耳蝠	*Myotis altarium* Thomas	广泛分布	2004	+	罗蓉，1993 邓实群，2004
2	复齿鼯鼠	*Trogopterus xanthipes*（Milne-Edwards）	板桥沟、幺站沟	1987	+	贵州省环境保护局，1990 邓实群，2004
3	小麂	*Muntiacus reevesi*（Ogilby）	广泛分布在海拔较高区域	2004	++	贵州省环境保护局，1990 邓实群，2004 罗蓉，1993
4	灰胸竹鸡	*Bambusicola thoracica* Temminck	广泛分布	2013	+++	生物活体 贵州省环境保护局，1990
5	红腹锦鸡	*Chrysolophus pictus* Linnaeus	广泛分布	2013	+	访问保护区管理人员 贵州省环境保护局，1990
6	白冠长尾雉	*Syrmaticus reevesii* J.E.Gray	与习水交界的山区	1987	+	孙亚莉，2004 丁平，1987 贵州省环境保护局，1990
7	棕噪鹛	*Garrulax poecilorhynchus* David et Oustalet	广泛分布	1986	+++	吴至康，1986
8	橙翅噪鹛	*Garrulax elliotii* Verreaux	广泛分布	1987	++	贵州省环境保护局，1990

续表

序号	中文种名	拉丁学名	分布区域	最新发现时间	数量状况	数据来源
9	北草蜥	*Takydromus septentrionalis*（Günther）	金沙沟	1987	+	贵州省环境保护局，1990
10	台湾地蜥	*Platyplacopus kuehnei*（van Denburgh）	幺站沟	1987	+	贵州省环境保护局，1990
11	峨眉地蜥	*Platyplacopus intermedius*（Stejneger）	幺站沟	2008	+	标本
12	蓝尾石龙子	*Eumeces elegans*（Gray）	广泛分布	1987	++	贵州省环境保护局，1990
13	锈链腹链蛇	*Amphiesma craspedogaster*（Boulenger）	广泛分布	2013	++	访问保护区管理人员 贵州省环境保护局，1990
14	贵州小头蛇	*Oligodon guizhouensis* Li	金沙沟	1977	+	贵州省环境保护局，1990
15	平鳞钝头蛇	*Pareas boulengeri*（Angel）	金沙沟	1987	++	贵州省环境保护局，1990
16	钝头蛇	*Pareas chinensis*（Barbour）	金沙沟	1987	++	贵州省环境保护局，1990
17	绞花林蛇	*Boiga kraepelini*（Stejneger）	板桥沟	1987	+	贵州省环境保护局，1990
18	棘指角蟾	*Megophrys spinata* Liu and Hu	金沙沟	2013	+++	标本 贵州省环境保护局，1990
19	中华蟾蜍华西亚种	*Bufo gargarizans andrewsi* Schmidt	广泛分布	2013	++	标本
20	华西雨蛙武陵亚种	*Hyla annectans wulingensis* Shen	幺站沟、金沙沟	2013	++	标本 贵州省环境保护局，1990
21	峨眉林蛙	*Rana omeimontis* Ye and Fei	幺站沟	2013	++	标本 贵州省环境保护局，1990
22	仙琴蛙	*Hylarana daunchina*（Chang）	金沙沟	2013	++	标本
23	合江臭蛙	*Odorrana hejiangensis*（Deng and Yu）	金沙沟	2013	++	标本
24	合江棘蛙	*Paa robertingeri* Wu and Zhao	金沙沟	2013	++	标本
25	峨眉树蛙	*Rhacophorus omeimontis* Ye and Fei	金沙沟	2013	+	标本
26	合征姬蛙	*Microhyla mixtura* Liu and Hu	广泛分布	2013	++	标本
27	中华倒刺鲃	*Spinibarbus sinensis*（Bleeker）	金沙沟	1990	+	贵州省环境保护局，1990 伍律 1989
28	云南光唇鱼	*Acrossocheilus yunnanensis*（Regan）	金沙沟、幺站沟	2013	+++	活体生物 贵州省环境保护局，1990 伍律 1989

4.3.3　珍稀昆虫

珍稀昆虫指在《国家重点保护野生动物名录》、《国家保护的有益的或者有重要经济、科学研究价值的陆生野生动物名录》和《中国珍稀昆虫图鉴》中所包括的重点保护昆虫种类。除此以外，一些个体稀少、分布区域狭窄、生存环境特殊、形态特异的种类也可视为珍稀昆虫。保护区珍稀昆虫有江西等蜉（*Isonychia kiangsinensis*）、赤条绿山蟌（*Sinolestes edita*）、褐尾绿综蟌（*Megalestes distans*）、峨眉拟扁蚱（*Pseudogignotettix emeiensis*）、贵州拟真镰蚱（*Eufalconoides guizhouensis*）、链纹裸瓢虫（*Calria sicardi*）、双叉犀金龟（*A. dichotomua*）、巨角多鳃金龟（*Holotrichia grandicornis*）、豹裳卷蛾（*Cerace xanthocosma*）、浅翅凤蛾（*Epicopeia hainesi sinicaria*）、枯球箩纹蛾（*Brahmophthalma wallichii*）、箭环蝶（*Stichophthalma howqua*）、傲白蛱蝶（*Helcyra superba*）、枯叶蛱蝶（*Kallima inachus*）和中华蜜蜂（*Apis cerana*）等 15 种。

所有这些珍稀昆虫都应该加以重点保护，对它们的生物学特性进行研究。

特有昆虫是相对于分布的地区而言，它的依据要受到研究基础的影响。这里主要将以赤水桫椤自然保护区为模式产地的昆虫种类，作为保护区的特有昆虫。就目前文献资料而论，被列为特有种有 58 种，见表 4-21。

表 4-21　保护区特有昆虫统计表

目科	新种	发表人	时间	来源
蜻蜓目 Odonata				
隼螅科 Chlorocyphidae	赤水印度隼螅 *Indocypha chishuiensis* Zhou	周文豹，周昕	2006	昆虫分类学报，82（1）：13～16
山螅 Megapodagriidae	褐带扇山螅 *Rhipidolestes fascia* Zhou	周文豹	2003	武夷科学，19（1）：95～98
直翅目 Orthoptera				
扁角蚱 Discotettigidae	赤水扁角蚱 *Flatocerus chishuiensis* Zheng et Shi	郑哲民，石福明	2002	赤水桫椤景观昆虫
短翼蚱科 Metrodoridae	赤水蚂蚱 *Mazarredia chishuia* Zheng et Shi	郑哲民，石福明	2002	赤水桫椤景观昆虫
	黄条波蚱 *Bolivaritettix luteolineatus* Zheng et Shi	郑哲民，石福明	2002	赤水桫椤景观昆虫
	曲隆波蚱 *Bolivaritettix curvicarina* Zheng et Shi	郑哲民，石福明	2002	赤水桫椤景观昆虫
	缺翅蟾蚱 *Hyboella aelytra* Zheng et Shi	郑哲民，石福明	2002	赤水桫椤景观昆虫
	贵州蟾蚱 *Hyboella guizhouensis* Zheng et Shi	郑哲民，石福明	2002	赤水桫椤景观昆虫
斑腿蝗科 Catantopidae	具尾片峨眉蝗 *Emeiacris furcula* Zheng et Shi	郑哲民，石福明	2002	赤水桫椤景观昆虫
	赤水小蹦蝗 *Pedopodisma chishuia* Zheng et Shi	郑哲民，石福明	2002	赤水桫椤景观昆虫
同翅目 Homoptera				
叶蝉科 Cicadellidae	黄腹突额叶蝉 *Gunungidia xanthina* Li	李子忠	1993	贵州农学院学报，9（1）：43～45
	桫椤拟隐脉叶蝉 *Sophonia cyatheana* Li et Wang	李子忠，汪廉敏	1992	赤水桫椤景观昆虫
	齿茎带叶蝉 *Scaphoideus dentaedeagus* Li et Wang	李子忠，汪廉敏	2002	赤水桫椤景观昆虫
	类齿茎短头叶蝉 *Lassus paradentatus* Li et Wang	李子忠，汪廉敏	1993	赤水桫椤景观昆虫
	白色薄扁叶蝉 *Stenotortor albuma* Li et Wang	李子忠，汪廉敏	2002	赤水桫椤景观昆虫
毛翅目 Trichoptera				
短石蛾科 Brachycentridae	短石蛾 *Micrasema* sp.（另文发表）	杨莲芳，王备新	2002	赤水桫椤景观昆虫
鳞石蛾科 Lepidostomatidae	击槌鳞石蛾 *Lepidostoma brevipalpum* Yang et Weaver	杨莲芳，王备新	2002	赤水桫椤景观昆虫
长角石蛾科 Leptoceridae	姬长角石蛾 *Setodes* sp.（另文发表）	杨莲芳，王备新	2002	赤水桫椤景观昆虫
鳞翅目 Lepidoptera				
祝蛾科 Lecithoceridae	赤水喜祝蛾 *Tegnocharis* sp.（另文发表）	武春生，李后魂	2002	赤水桫椤景观昆虫
巢蛾科 Yponomeutidae	丝高巢蛾 *Yponomeuta* sp.（另文发表）	武春生，李后魂	2002	赤水桫椤景观昆虫
羽蛾科 Pterophoridae	赤水小羽蛾 *Stenoptilia* sp.（另文发表）	武春生，李后魂	2002	赤水桫椤景观昆虫
螟蛾科 Pyralidae	凹头桂斑螟 *Gunungia capitirecava* Ren et Li	任应党，李后魂	2007	动物分类学报，32（3）：568～570
长翅目 Mecoptera				
蝎蛉科 Panorpidae	曲杆蝎蛉 *Panorpa curvata* Zhou	周文豹	2002	赤水桫椤景观昆虫
	刺叶蝎蛉 *Panorpa acanthophylla* Zhou	周文豹	2002	赤水桫椤景观昆虫
	斑点蝎蛉 *Panorpa stigmosa* Zhou	周文豹	2002	赤水桫椤景观昆虫
	苍山新蝎蛉 *Neopanorpa acanthophyllba* Zhou	周文豹	2002	赤水桫椤景观昆虫
双翅目 Diptera				
蝇科 Muscidae	黑秽蝇 *Coenosia nigra* Wei	魏濂艨	2002	赤水桫椤景观昆虫
	亚黑秽蝇 *Coenosia subnigra* Wei	魏濂艨	2002	赤水桫椤景观昆虫
	赤水秽蝇 *Coenosia chishuiensis* Wei	魏濂艨	2002	赤水桫椤景观昆虫
	贵州长鬃秽蝇 *Dexiopsis guizhouensis* Wei	魏濂艨	2002	赤水桫椤景观昆虫
	亚净妙蝇 *Myospila sublauta* Wei	魏濂艨	2011	动物分类学报，36（2）：301～314
花蝇科 Anthomyiidae	敏泉蝇 *Pegomya agilis* Wei	魏濂艨	2002	赤水桫椤景观昆虫
丽蝇科 Calliphoridae	黄端变丽蝇 *Paradichosia flavicauda* Wei	魏濂艨	2002	赤水桫椤景观昆虫
	贵州等彩蝇 *Isomyia guizhouensis* Wei	魏濂艨	2002	赤水桫椤景观昆虫
缟蝇科 Lauxaniidae	赤水同脉缟蝇 *Homoneura chishuiensis* Gao et Yang	高彩霞，杨定	2002	赤水桫椤景观昆虫
	广斑同脉缟蝇 *Homoneura grandipunctata* Gao et Yang	高彩霞，杨定	2002	赤水桫椤景观昆虫

目科	新种	发表人	时间	来源
	双翅目 Diptera			
舞虻科 Empididae	赤水平须舞虻 *Platypalpus chishuiensis* Yang，Zhu et An	杨定，祝芳，安淑文	2002	赤水桫椤景观昆虫
	东方长头舞虻 *Dolichocephala orientalis* Yang，Zhu et An	杨定，祝芳，安淑文	2002	赤水桫椤景观昆虫
	贵州溪舞虻 *Clinocera guizhouensis* Yang，Zhu et An	杨定，祝芳，安淑文	2002	赤水桫椤景观昆虫
长足虻科 Dolichopodidae	脊雅长足虻 *Amblysilopus dirinus* Wei et Song	魏濂艨，宋红艳	2002	赤水桫椤景观昆虫
	大绿异脉长足虻 *Plagiozopelma megochora* Wei et Song	魏濂艨，宋红艳	2002	赤水桫椤景观昆虫
	弱篱口长足虻 *Hercostomus*（*H.*）*amabilis* Wei et Song	魏濂艨，宋红艳	2002	赤水桫椤景观昆虫
	出篱口长足虻 *Hercostomus*（*H.*）*excertus* Wei et Song	魏濂艨，宋红艳	2002	赤水桫椤景观昆虫
	弯篱口长足虻 *Hercostomus*（*H.*）*cyphus* Wei et Song	魏濂艨，宋红艳	2002	赤水桫椤景观昆虫
	武篱口长足虻 *Hercostomus*（*H.*）*hoplitus* Wei et Song	魏濂艨，宋红艳	2002	赤水桫椤景观昆虫
	散篱口长足虻 *Hercostomus*（*H.*）*effuses* Wei et Song	魏濂艨，宋红艳	2002	赤水桫椤景观昆虫
	悦篱口长足虻 *Hercostomus*（*H.*）*hilarosus* Wei et Song	魏濂艨，宋红艳	2002	赤水桫椤景观昆虫
	卷篱口长足虻 *Hercostomus*（*H.*）*conglomerates* Wei et Song	魏濂艨，宋红艳	2002	赤水桫椤景观昆虫
	避篱口长足虻 *Hercostomus*（*H.*）*effugius* Wei et Song	魏濂艨，宋红艳	2002	赤水桫椤景观昆虫
	地篱口长足虻 *Hercostomus*（*H.*）*hypogaeus* Wei et Song	魏濂艨，宋红艳	2002	赤水桫椤景观昆虫
	纯篱口长足虻 *Hercostomus*（*H.*）*ignarus* Wei et Song	魏濂艨，宋红艳	2002	赤水桫椤景观昆虫
	曲篱口长足虻 *Hercostomus*（*G.*）*kurtus* Wei et Song	魏濂艨，宋红艳	2002	赤水桫椤景观昆虫
	池篱口长足虻 *Hercostomus*（*G.*）*lacus* Wei et Song	魏濂艨，宋红艳	2002	赤水桫椤景观昆虫
	滑篱口长足虻 *Hercostomus*（*G.*）*labilis* Wei et Song	魏濂艨，宋红艳	2002	赤水桫椤景观昆虫
	黔滨长足虻 *Thinophilusi qianensis* Wei et Song	魏濂艨，宋红艳	2002	赤水桫椤景观昆虫
	赤水银长足虻 *Argyra chishuiensis* Wei et Song	魏濂艨，宋红艳	2002	赤水桫椤景观昆虫
	齿长异长足虻 *Diaphorus denticulatus* Wei et Song	魏濂艨，宋红艳	2002	赤水桫椤景观昆虫
	房异长足虻 *Diaphorus dioicus* Wei et Song	魏濂艨，宋红艳	2002	赤水桫椤景观昆虫

第5章 旅游资源

随着人类文明的不断发展和进步，人类生活水平和对生活质量的要求也在不断提高，追求回归自然，以森林旅游为主要形式的生态旅游业已在世界各国迅猛发展，生态旅游产业不断转型升级，成为旅游业发展最快的部分，森林旅游以其良好的综合效益和可持续发展特性，已成为具有活力和希望的"朝阳产业"。

我国的生态旅游主要是依托于自然保护区、森林公园、风景名胜区等发展起来的。生态旅游是一种具有环境责任感的旅游方式，其最终目标是将保护自然环境与延续当地住民福祉联系在一起，共同发展。

赤水市因其独特的自然地理环境，拥有迷人的丹霞地貌、众多的大小瀑布群和茂密的森林植被，又具有国家级自然保护区、国家森林公园、世界自然遗产和红色文化等丰富的旅游资源。赤水桫椤国家级自然保护区深处其中，含有部分世界自然遗产地、森林公园，紧邻古镇，位于红色文化区域内，其生态旅游事业的发展具有极强的区位优势。

5.1 赤水市旅游资源简介

5.1.1 人文和自然景观条件优越

赤水市位于贵州省西北，与四川省、重庆市接壤，是黔北的重镇，以红军四渡赤水而闻名。由于其地处贵州高原向四川盆地下降的过渡地带，海拔从 1730m 陡降至 221m，落差极大，雨量充沛，温度适宜，造就了众多瀑布群和茂密的森林植被。赤水有国家一级风景名胜点 12 个；赤水丹霞面积 1200km^2，占世界遗产中国丹霞区面积的 2/3，充分展示了突出的美学价值，赤水具有丰富的生物多样性，也是多种濒危和特有生物的栖息地和避难所。

赤水拥有国家重点风景名胜区、竹海国家森林公园、桫椤国家级自然保护区，赤水市瀑布群遍布大小景区，赤水丹霞是绿色王国的红色壮丽风景，赤水市是古生物化石桫椤的王国…赤水市享有"千瀑之市""竹子之乡""丹霞之冠""桫椤王国"的美誉。

5.1.2 历史、文化内蕴丰富

赤水文物名胜较多，被列为贵州省重点文物保护单位的有：官渡崖墓、官渡崖刻、道场上宋墓群、葫市摩崖造像、石鹅嘴摩崖造像、两会水石窟造像、赤水市古城墙等；被列为县级文物保护单位的有：盘龙和大群的红军标语、红军渡口纪念碑、复兴摩崖碑刻、郑氏节孝坊、陛诏修河碑、黔中生佛碑等 20 处。"仁怀厅十景"今在的有"石龙东渡""泮水西流""桥锁溪泉""马渡鱼梁""天生双桥""瀑飞仙洞"。

5.2 自然保护区旅游资源

5.2.1 生态旅游资源介绍

旅游资源主要包括自然风景旅游资源和人文景观旅游资源。自然风景旅游资源包括高山、峡谷、森林、江河、野生动植物、气候等，可归纳为地貌、水文、气候、生物四大类。人文景观旅游资源包括历史文化古迹、古建筑、民族风情、现代建设新成就、饮食、购物、文化艺术和体育娱乐等，可归纳为人文景物、文化传统、民情风俗、体育娱乐四大类。

　　保护区聚集了地貌、水文、气候和生物四大类自然风景旅游资源，其中地貌景观主要以五柱峰景区、佛光岩景区为主，五柱峰和佛光岩景区除了丹霞地貌外，又可以观看高山流水和野生动植物。在游览过程中，可以观赏到各种类型的瀑布自山间落下，与南亚热带雨林植被景观一起构成了亮丽的风景线。生物峡谷景观以侏罗纪景区最具代表，侏罗纪公园内桫椤广泛分布，也是世界上保存最完好、数量最多的地区之一。可以说保护区结合了地貌、水文、生物等旅游资源。

5.2.2　生态旅游资源评价

1）区位优势

　　保护区地处被称为"黔北门户"的赤水市境，紧靠贯通川黔要道的赤水河和遵义—泸州要道，为川黔众多风景名胜区的中心站，可贯穿贵州北线旅游，形成具川南新兴旅游区的景点。另外，保护区紧邻习水中亚热带常绿阔叶林国家级自然保护区和国家级、省级风景名胜区十丈洞、四洞沟瀑布和闻名中外的红军长征的四渡赤水的渡口等优秀的旅游景点。

2）生态优势

　　赤水金沙沟是世界上桫椤分布最多、最集中的区域，除此以外保护区还具有丰富的动植物资源，以及众多的珍稀濒危植物、保存较好的森林植被、垂直的植被分布带谱、完整的森林生态系统、良好的森林生态环境。这些不仅是建立自然保护区的优势，也是开展森林生态旅游的最佳条件。

3）景观优势

　　保护区内景观呈现多样性和多层次性的特征，保护区内山峦叠翠、溪流纵横、丹崖林立、银瀑四悬、自然景观奇特优美。构成自然景观的基本要素组类丰富、虚实结合、搭配精巧，勾勒出一幅幅充满诗情画意的天然彩墨山水，岩槽阔而神奇，森林茂密而原始、生物多样而珍稀，集大自然之奇、险、雄、秀、幽于一体，天然原始的森林资源，粗犷奇特的丹霞地貌，令人赏心悦目、流连忘返，是开展生态旅游的理想目的地。

4）气候优势

　　保护区属于中亚热带湿润季风气候区，海拔 331～1730m。年均气温 17.7℃，降水量 1200～1300mm，年均相对湿度大于 84%。桫椤生长环境要求封闭性较强、水热条件良好、土壤深厚、人为活动影响较少的低海拔河谷。因该地区受人为活动影响较小，原始植被保存较好。保护区河谷具有类似南亚热带气候特征，气候特点为冬无严寒、夏无酷暑、日照少、温度高、湿度大、降水充沛、云雾雨日多、垂直差异大，是旅游避暑的优良之地。

5.3　旅游承载力分析

　　旅游承载力也称景区旅游容量，它是在一定时间条件下，一定旅游资源的空间范围内的旅游活动能力，即满足游人最低游览要求，包括心理感应气氛及达到保护资源的环境标准，是旅游资源的物质和空间规模所能容纳的游客活动量。旅游承载力包含了自然环境、经济环境和社会环境等基本内容，这些内容是旅游承载力的综合能力的反映。

5.3.1　自然环境的承载力分析

　　保护区距离赤水市 40km，高速公路便捷。由于保护区内无矿业、水电站等污染性企业，目前保护区水环境和土壤环境良好。区内山高谷深、河流深切、地形封闭、水热条件优越、生物物种资源丰富。与世界上其他丹霞地貌景观比较，赤水丹霞地貌中有丰富的河流、瀑布、湖泊，植物物种丰富，森林覆盖率高，这些与丹霞地貌有机地融合在一起，形态组合、色彩变换和对比更丰富，景观基调繁荣。独特的丹霞地貌风光为保护区的生态旅游提供了良好的自然环境条件，能够满足游人要求，同时达到保护自然环境的标准。

5.3.2　经济环境的承载力分析

保护区内开发的旅游景区为五柱峰景区、佛光岩景区、侏罗纪景区，每个景区都具有 2 级路面通往景区，各景区建有旅游接待点，景区内设置有简单的旅游环线步道，减轻了景区可能由交通带来对环境的不利影响，区内无其他的旅游接待设施，也无娱乐设施建设，体现了保护区以生态景观旅游观光为主的特点。整个区域的旅游收入主要以门票收入为主（2011 年全年收入 800 万左右，国庆黄金周接待总量达 28.16 万人次）。住宿和餐饮无统计数据，目前只有金沙管理站区域的居民最多，农家乐规模小，数量较少，只有侏罗纪景区具有旅游度假酒店，床位数量少。整体接待能力不高，餐饮业不发达，体现了过境游的特点。

旅游就业人数除景区售票维护人员以外，另有社区人员兼职的情况（餐饮、住宿类），从业人员的平均受教育程度较低，对生态旅游的发展存在制约。管理制度上生态旅游和保护分开管理，旅游公司在自然保护区的监督下负责旅游建设，自然保护区负责保护区的日常管理和保护工作，使得整个保护区的生态旅游环境得以良好地持续下去。

根据走访调查结果表明，旅游观光人员对该区域环境的影响主要集中在以下几点：游客对保护区的地表植被的影响主要为攀折和践踏，对动物的影响主要体现在旅游活动的惊扰，部分区域由于游客的乱扔垃圾会造成水环境受到影响。整体上来讲，对区域环境的影响较小。

5.3.3　社会环境承载力分析

保护区自开展生态旅游以来，对本地居民的生活方式无大的影响，该地区居民除农业生产以外，以小作坊的形式从事竹筷子加工产业，因而物质生活较为一般、社会治安良好。在黄金旺季，本地居民数量远远低于游客数量，但不会超过自然环境的承载力。居民受教育程度均在大专以下，学历达高中教育的少，主要为中小学文化程度。景区旅游服务队伍数量少，相比国家级风景区的称号，旅游服务产业设施和接待能力过于薄弱，无法通过生态旅游大幅度提高该地经济收入，不能充分地利用区位优势发挥其接待作用。

5.4　生态旅游活动对保护区威胁调查评价

保护区生态旅游开发建设活动较少，生态旅游活动对保护区的威胁影响因素主要有以下几个方面。

（1）改变保护区的景观生态。旅游开发必然会进行房屋、道路等公共基础设施建设，自然会形成干扰廊道，这将分割保护区内自然生物群落，降低自然景观的连通性，从而提高景观破碎度，破坏了生物群落中内部种的生存环境。

（2）影响生物多样性。在保护区内开展生态旅游，建设旅游设施而改变植被覆盖率或植被性质，必然会破坏动植物繁殖习性，间接影响动物的迁移，游客的踩踏等也对植物产生影响。由于物种之间生态关系复杂，以及它们在生态系统食物网中的重要地位，其数量、质量和行为的改变也可能引起整个生态系统结构和功能出现较大的改变，从而影响生物多样性。

（3）对保护区环境质量构成威胁。旅游活动对保护区环境质量的影响主要表现为游客随意丢放垃圾，特别是一些难以降解腐败的垃圾，这些垃圾不仅损害自然景观，还会对水、土、大气等产生污染。

5.5　旅 游 策 略

5.5.1　保持区内原始风貌，少建设多维护

保护区内各景区规划良好，有效地保护了自然生态植被。由于桫椤生长环境要求严格，不同于其他丹

霞景观，为防止旅游建设对丹霞环境的破坏，应在满足现有旅游接待条件下，尽量避免大量建设，多对基础设施进行维护，实现生态旅游的可持续发展。

5.5.2 提高本地区旅游服务接待能力

应增强保护区本地居民的旅游服务接待能力，提升旅游从业人员的整体素质，充分发挥旅游业的辐射带动效应，大力发展相关行业，做长旅游产业链，提高旅游业的综合效益，以便通过生态旅游带动经济发展，增加居民收入，使得该区社会环境的承载力有所提升。该区域气候良好，生态环境优越，应打造驻地游、度假旅游的服务能力，从而提高本地服务业的发展，增加居民收入。

5.5.3 发展与生态旅游配套产业

（1）发挥竹林优势，开发本地旅游产品。赤水桫椤保护区及周边竹林面积大、竹类丰富，在保护好植被的前提下，应提高该区竹类产品种类和改善经营模式。保护区沿线有古镇和红色旅游项目，应带动当地居民，建设竹产品加工基地，改变景区产品单一化，打造具有地方特色的旅游产品，而不是通过购入外地产品当地销售的方式。

（2）打造生态农业产业链，建设与本地相适宜的生态农林业观光园和发展农副产品加工业，丰富旅游产品种类。

第6章 社会经济状况

6.1 社 会 经 济

6.1.1 社区分区及人口

保护区内涉及 4 个社区，分别是天堂村、金沙村、五柱峰村和高新村，共有 107 户 402 口人，其中天堂村有 9 户 39 人；金沙村有 40 户 163 人；五柱峰村有 24 户 104 人；高新村有 34 户 96 人。核心区内无人居住，柏杨坪缓冲区内有 27 户居住，其余的分布于实验区内。

6.1.2 道路交通及通讯

保护区内路面主要有幺站沟、金沙沟、干河沟和闷头溪 4 条公路，除幺站沟外，其他路面均已硬化。主要路线为管理处—大水沟—两岔河、管理处—板桥—南厂、管理处—闷头溪。保护区交通条件差，部分主要通道路面还未硬化，缓冲区和核心区无公路，核心区内山体陡峭，行人稀少，小道路况极差，尤其在雨季行走困难。

保护区通讯设施较差，无基站。实验区内信号良好，部分缓冲和核心区内无信号。目前电力能够满足保护区内居民的生活需要。

6.1.3 社区能源和教育医疗条件

保护区社区的生活能源主要为木材，区内无水电站，无煤矿开采。区内供电和煤都来自于保护区外，保护区境内无学校和医院，保护区周边有两所小学和两个乡村医疗所，卫生、医疗条件差。社区居民教育程度大部分为小学文化水平，少量为初中文化水平。人口年龄结构也以老年人和未成年人为主。

6.1.4 社区经济结构

保护区涉及元厚、金沙和葫市 3 个乡镇，这 3 个乡镇总人口数量为 5.25 万人口，区域面积为 58 350km²，人口密度约 1 人/km²，人口主要以汉族、彝族、苗族、布依族、壮族、回族、土家族等为主。保护区内分布人口为 402 人，人口密度为 3 人/km²，所在区域以农业、林业、竹木加工业、养殖业和旅游业为主，其中农业以种植水稻、玉米为主，畜牧养殖以猪、羊、牛为主；林业主要以种植楠竹、黄柏、杜仲等经济林为主。

根据保护区开展的人口经济来源调查统计显示，保护区社区居民的经济来源主要以农业和养殖业为主。农业以种植水稻、玉米等作物为主；副业以竹产品加工、养蜂、杨梅种植为主，养殖业以猪、牛为主。由于多以老年人和未成年为主，人均收入低，区内居民人均年收入为 2022 元（表 6-1）。

表 6-1 保护区周边社区社会经济状况调查表

保护区社区	行政村和居委会	土地总面积/km²	总人口/万	主要产业	工业总产值/万元	农业总产值/万元	第三产业总值/万元	位于保护区的村	分布于保护区的人口
元厚镇	9	14700	1.65	农业、畜牧业、林业	12306	7528.10	—	五柱峰村、高新村	200
葫市镇	7	20350	1.64	竹木加工、旅游业	23800	8514.38	—	金沙、天堂村	202
旺隆镇	10	23300	2.16	农、畜牧业	10200	10254.44	—	鸭岭村	无人口分布

注：—表示无数据来源，表内其他数据分别参照 2006 年《赤水市志》、2008 年《贵州赤水桫椤国家级自然保护区志》

6.2　保护区土地权属

　　保护区位于赤水市东南部，地理坐标东经 105°57′54″～106°7′7″，北纬 28°20′19″～28°28′40″，保护区涉及 2 个林场（葫市楠竹林场和官渡林场）、3 个乡镇、5 个村社，总面积 13 300hm²。

　　保护区内的土地既有国有林地也有集体林地。国有林地包括部分葫市楠竹林场、官渡林场，占保护区总面积的 56.8%。集体土地包括高兴村、葫市村、金沙村、五柱峰村、鸭岭村和尖山村部分，占保护区总面积的 43.2%。保护区内资源权属实行所有权、经营权和管理权三权不变的原则，边界清楚，权属清晰，无土地使用纠纷。保护区的土地利用类型以林地为主，农用地和荒地较少。区内分布有一个柏杨坪水库，水域主要以河流为主。

第7章　自然保护区管理

7.1　能力建设

保护区近30年在贵州省环保厅和地方政府的支持下，取得了巨大的发展。

（1）在基础设施建设方面。到目前为止，保护区管理局在城区有一座办公楼及博物馆，并在保护区建有桫椤培育点。在金沙、元厚、葫市设立3个保护站，均有独立的办公楼，同时还配套了相应的基础设施。整个保护区也配备了必要的巡护监测设备，可供巡逻使用的汽车8辆。

（2）在保护制度建设方面。管理局常抓不懈地落实相关法律、法规，同时采取各种措施，保护自然生态环境。对整个保护区实行分片保护管理，落实各个保护站责任制。建立了保护区巡护制度，采取定期巡护和季节巡护相结合的方式，加大了巡护力度，基本上控制了偷猎、挖药等人为活动对保护区的干扰和破坏，对进入保护区进行违法行为的人员，实行教育和行政处罚相结合。

（3）在人员能力建设方面。保护区定期派出员工外出参加学习、考察、进修等培训。另外，到保护区进行考察研究的国内外科研人员较多，保护区职工也获得了许多学习的机会。

7.2　机构设置

保护区内部管理体系规划为管理局、保护站两级管理体系。

保护区管理局设在赤水市区，管理局内设综合科和业务科。管理局下设金沙保护站、元厚管理站、葫市管理站共3个保护站。

保护区编制为15人，其中行政管理人员有7人，技术人员（含科研、监测、社区事务）有8人，临聘人员有11人。各保护站人员情况：金沙管理站在编人员2名，看护员3名；元厚管理站在编人员2名，看护员3名；葫市管理站在编人员2名，看护员2名。保护区的人员编制均为森林公安编制。

7.3　社区共管

7.3.1　社区环境

自然保护区一般位于比较贫困的边远山区，这里生态环境良好，森林植被覆盖率高，生物多样性丰富，但是居民生活水平低，所受的教育程度也低。赤水桫椤保护区内的人口相对较少，多数为留守人员，围绕在保护区外的社区居民人口数量较多。保护区内人口密度小，人口压力较小，保护区的资源环境压力来自于保护区周边社区居民生产生活所需的资源开发。

7.3.2　保护区与社区共管关系

保护区管理局保护区内社区成立有多种合作关系，包括促进经济发展和生态保护的组织和协会，通过共建组织和协会，共同管理发展，共同保护生态家园，提高社区居民的收入，同时形成保护生态环境的意识。目前社区成立有天堂、柏杨坪、小黄花茶和高峰四个保护协会，并且协会制定了协会管理章程，对保护区内从事的采伐行为实行统一审定。通过协会向保护区反映社区居民的问题，在一定程度上起到了良好的沟通作用。协会组织社区居民，保护区管理局引入技术和项目，与协会共同促进社区的经济发展。

7.3.3　保护区已开展项目

保护区所在地赤水市地处黔北西部，深入川南，紧靠长江，著名的赤水河贯穿全境而离黔进川入长江，是川黔重要通道。保护区紧邻赤水河，周边旅游资源较为丰富，交通方便。保护区由幺站沟、金沙沟、板桥沟 3 条主要沟谷组成，水资源丰富，区内山高谷深，河流深切，地形封闭，水热条件优越，为生物物种提供了良好的栖息地。优越的地理气候条件，为该区域发展竹业加工、农副产品提供了有利条件。

保护区在保护植被和森林生态环境的前提下，突出对国家重点保护野生动植物的保护，开展科学研究、物种驯化等活动，并在此基础上，适度合理开发生物资源，增强保护区的自养能力。同时积极引入国际、国内生态示范项目，学习先进农业技术，提高社区居民的收入，提高社区保护生态环境的积极性和热情。目前保护区内开展的项目有如下几项。

1）竹产业加工

保护区及周边地区竹林多，保护区周边居民早期砍伐木材出售，或砍楠竹进行粗加工后卖半成品，但因是粗加工，耗费资源大、收入低，并使原有森林急剧减少，林竹蓄积量大幅下降。2004 年，在贵州省环境保护局国际合作中心的帮助下，与贵州师范大学"自然保护与社区发展合作中心"取得联系，获得扶贫资金，根据区位优势，对区域楠竹林进行高产栽培管理、对笋竹两用林地进行培育。为社区居民购买机器加工竹筷，改变社区竹产品粗加工方式，对社区居民进行技术培训，提高楠竹的利用率，减少楠竹资源的浪费。

2）杨梅种植基地产业

保护区气候属于亚热带湿润季风气候区，杨梅是最具特色的亚热带生态经济树种，它适应性广，南方大多数地方都能生长并表现出良好性状，尤其在微酸性和酸性的土壤中生长良好。

2002 年，保护区管理局在经过考察、调查、论证的基础上充分征集当地居民的意愿，决定在柏杨坪建立杨梅基地，为了提高社区农户的种植积极性，保护区与农户达成协议，保护区管理局负责提供种苗资金、栽培技术指导、苗期肥料、农药，农户提供土地、负责日常管理，收益归农户。同年保护区从贵阳乌当区阿里杨梅基地引种东魁、荸荠两个品种共 4000 株种苗，2003 年，从该基地引种建成了 200 亩规模的杨梅基地。经过多年的栽培管理，2013 年部分农户售果收入超万元。

3）中华蜜蜂养殖产业

保护区内原生植被保存良好、物种多样性丰富、自然环境优美。在这样的环境中发展养蜂产业，一方面有利于提高社区居民收入，同时又有效地利用了天然的蜜源，也能够促使社区居民参与到保护生态环境的队伍中来。2009 年，保护区管理局与云南农业大学联合在保护区开展《中华蜜蜂规模化饲养和技术集成研究示范》项目，保护区管理局多次聘请专家到实地对蜂农进行养蜂技术培训，并免费为蜂农提供蜂箱 200只，帮助农户扩大养殖规模。目前保护区从事养蜂农户有 20 多户，共计养殖蜜蜂 1000 多群，养蜂户拥有蜂群最多达 100 群，收入超 10 万元。

4）中药材产业

2010 年，保护区管理局根据闷头溪沟谷闭阴、裸露岩石多等有利条件，投入 40 万元资金在闷头溪帮助农户发展了 200 亩石斛。

通过以上各类项目的实施，提高了社区居民的收入，发挥了保护区的社会、生态效益，并增强了周边社区居民对林地资源的可持续利用和生态保护意识，促进了自然保护区与社区共管的良好关系。

7.4 社区共管关系分析

7.4.1 协同增效分析

保护区利用自身的资源优势，结合地理气候条件，充分发挥产业结构优势，通过与政府、高校合作交流，为保护区及周边社区居民引进多个生态项目资金和技术支持。一方面有利于削弱社区经济发展和保护的矛盾，解决社区生产生活问题；另一方面提高了社区参与共管模式的积极性，对保护区的保护提供力量和支持。也只有通过保护区管理部门和社区的不断交流和合作，才能不断地提高管理人员对社区共管模式的认识，让社区居民由参与者转变为管理者，共同维护保护区的生态环境，促进保护区事业的发展，达到相互促进、相互依靠的关系。

7.4.2 共管冲突分析

长期以来，自然保护区在解决保护环境与社区发展之间的矛盾时，主要依靠行政命令和法律法规等手段，忽视社区生存和发展的客观需要，使保护区与社区的矛盾日益加剧，保护区与当地政府也存在权属及资源利用等方面的冲突。目前保护区与周边社区之间存在的主要矛盾冲突有以下几方面。

（1）权属冲突。保护区在划建时，采用简单的行政命令手段，把一部分集体所有的土地划归保护区，按照法律规定，保护区拥有管理权。但由于社区居民的认识不足，以及生产生活需要，与保护区产生相应的冲突，引发权属冲突。

（2）资源保护与资源利用冲突。保护区位于相对偏远的地区，社区经济较为落后，自然保护区的建立客观上一定程度制约了社区经济的发展，社区的生存空间和资源利用受到约束，进而减少了社区群众的经济收入。另外，保护区内引入旅游开发公司，当地社区未获得任何补偿，给保护区的管理带来困难，造成社区关系紧张。

7.5 社区共管评价

保护区通过与社区居民开展多项活动，社区成立各类协会和合作组，通过社区共管模式，在一定程度上缓解了保护区与周围社区的矛盾，使得社区从生态环境的威胁者变成了资源保护者；使社区从单纯的生物多样性保护的受害者变成生物多样性保护的共同利益者；提高了社区居民对自然保护区建立的认识；使实用技术得到了普及和推广，提高了资源的利用率；增加了社区成员的收入，推动了示范社区经济的发展；提高了保护区对共管工作的认识，提高了工作人员的管理和社区服务能力等。

7.6 社区共管中存在的主要问题

1）共管人员缺乏共识

在保护区的管理中，社区参与程度不高，保护区的管护几乎依托于保护区管理局，虽然一直在推进共管模式，但是由于社区居民的参与共管的意识不强、意愿不高，以及保护区共管人员缺乏必要的相关背景知识和共管经验，保护区未找到最佳的社区参与自然资源共管的切入点（项目支撑），保护区的社区共管还停留保护区重视、社区轻视的层面。

2）社区发展和保护区的保护之间的矛盾

社区考虑过多的是发展经济，而忽略对保护自然资源的责任，保护区则要坚守保护第一的原则，两者从而不同程度上产生了矛盾。

3）社区项目缺乏持续性

保护区由于地理位置的关系，社区居民的文化程度普遍不够，经济落后。由此不管是保护区的管理和社区的意识形态都容易把社区共管简单片面地理解成扶贫，缺乏可持续发展的理念。在社区投资基金选项方面，与现代农林牧等方面高校、技术部门交流不够。

4）生态补偿不到位

野生动物损坏农作物的补偿，随着保护区生态环境的不断改善，区内野生动物下山觅食的频率增多，每年都有农户向保护区反映此问题，依照《中华人民共和国森林法》，野生动物损坏农作物应该由当地政府负责赔偿，但具体措施未落到实处。

7.7　自然保护区发展方向建议

根据保护区生物多样性资源特点及所处的地理位置，本次调查完成了生物多样性的普查工作，建议以后开展以下内容。

7.7.1　构建生物多样性观测网络

1）开展生物多样性观测网络构建和标准化建设

建设观测站和观测样区。加强综合观测站和观测样区基础设施、仪器设备和信息平台的建设。根据物种资源空间分布格局，以及观测样区的典型性、重要性和代表性，开展以生态系统为主的生物多样性综合监测。建议观测样区选择重要生态系统及植物样地（如桫椤样地、常绿阔叶林样地和阔叶林与竹林的混交地带）作为长期监测区，对其物种多样性及其种群动态开展观测。在固定时间对哺乳动物、鸟类、爬行动物、两栖动物、鱼类、经济昆虫等物种资源开展常态化观测，掌握生物多样性和威胁因素的长期变化趋势。

2）紧密联系高校科研单位，加强保护区人员队伍的职业化培训

加强与高校和科研单位的合作，组建监测队伍，学习观测技术，加强人员培训，使得社会资源得到有效地整合，提高保护区工作人员的专业素养，改变保护区单一的管护模式。划拨专项经费，委托相关院校对保护区人员进行职能培训，提高管护的实际能力。不断加强与高等院校的合作，建立相关合作项目，听取专家意见，借助科学的力量，对保护区实行科学有效的管理。

3）生物多样性预警体系建设

开发预警预测模型和技术，建设保护区生物多样性预警预测平台。通过构建预警模型，整合和分析生物多样性观测数据，提出针对性的保护对策，为生物多样性保护和管理提供信息支撑。

7.7.2　民族传统文化与生物多样性保护共建

自然保护区发展的这几十年中，一直在强调自然保护区的发展和保护，通过几十年的调查积累，保护区已经建立起管理网络，对区内的生物多样性有了较为系统的认识。但是随着生物多样性的保护，民族传统文化的保护也应和生物多样性保护提到相同的地位上来。人类对自然的认识和利用越来越深入，但随着人口增加、经济的快速发展，使得传统文化在不断地消亡殆尽，传统文化在外在经济的刺激下，缺乏认同感。如何将保护区周边的传统文化与保护区的保护工作结合起来，共同保护和发展是保护区建设中值得开展探索的课题。从而为社区共管提供更合理有效的途径。

7.7.3　生物多样性减贫示范

在保护区及周边社区因地制宜推动改水、改厨、改厕和改圈，开展小型新能源设施、小型农村饮水安全设施、小型农田水利设施、生活污水和垃圾收集处理设施等民生基础设施建设。根据不同区域的生物多样性资源条件和优势，选择符合当地条件的药用植物、菌类植物、能源植物、观赏植物、工业原料植物、非木材林产品，以及畜禽和鱼类资源等，引进推广生物医药、有机农业、生物能源、生物制造等生物资源可持续利用与产业发展的实用技术，通过整治土地、基础设施建设、设备配套、种源提供、人才引进、技术推广等，开展生物资源可持续利用产业化基地建设，推动地区特色生物资源的产业化、规模化、品牌化。

7.7.4　保护区自身能力建设

近年来，国家及社会对保护区的投入和关注度越来越高，保护区的工作也在不断地向前发展。赤水桫椤保护区各方面的建设也得到了加强，成绩也开始显现出来。为此，针对保护区的实际情况提以下两点建议：①自然保护区是划定了边界的保护，而人才储备和工作却不能划定界限，应不断地吸引人才，加强保护区的人才队伍建设，扩大保护区的社会影响力，同时带动保护区周边生态和社会环境的发展。②目前保护区的基础设施设备还很不完善，人员学历不是很高。建议保护区在科研方面立足于当下，将业务方面的工作人员培养成科普能手，通过联合高校培训和野外实地考察，实现专业水平的提升；在保护区开展的科研项目，管理局能够委派人员实际参与这些项目，从而将科研成果转化为保护区自身能力优势。

参 考 文 献

曹玲珍，徐芳玲，杨茂发. 2011. 贵州省蜻蜓目蜻总科昆虫种类研究[J]. 安徽农业科学，39（31）：19033-19035，19056

陈安泽. 2004. 论砂（砾）岩地貌类型划分及其在旅游业中的地位和作用[J]. 国土资源导刊，1（1）：11-16

陈邦杰，吴鹏程. 1964. 中国叶附生苔类植物的研究[J]. 植物分类学报，9（3）：213-275

陈德牛，高家祥. 1984. 中国农区贝类[M]. 北京：农业出版社

陈德牛，高家祥. 1987. 中国经济动物志　陆生软体动物[M]. 北京：科学出版社

陈德牛，张国庆. 1999. 中国动物志　软体动物门腹足纲柄眼目烟管螺科[M]. 北京：科学出版社

陈德牛，张国庆. 2004. 中国动物志　软体动物门腹足纲柄眼目巴蜗牛科[M]. 北京：科学出版社

陈封政，李书华，向清祥. 2006. 濒危植物桫椤不同部位化学组分的比较研究[J]. 安徽农业科学，34（15）：3710-3711

陈封政，向清祥，李书华. 2008. 孑遗植物桫椤叶化学成分的研究[J]. 西北植物学报，28（6）：1246-1249

陈会明. 2006. 蜘蛛目//金道超，李子忠. 赤水桫椤景观昆虫[M]. 贵阳：贵州科技出版社

陈家骅，杨建全. 2006. 中国动物志　昆虫纲第46卷膜翅目茧蜂科窄径茧蜂亚科[M]. 北京：科学出版社

陈连水，袁凤辉，饶军. 2005. 江西马头山自然保护区蜘蛛群落多样性研究[J]. 江西农业大学学报，27（3）：429-434

陈谦海. 2004. 贵州植物志[M]. 贵阳：贵州科技出版社

陈世骧. 1986. 中国动物志　昆虫纲鞘翅目铁甲科[M]. 北京：科学出版社

陈树椿. 1999. 中国珍稀昆虫图鉴[M]. 北京：中国林业出版社

陈小荣，许大明，鲍毅新，等. 2013. G-F指数测度百山祖兽类物种多样性[J]. 生态学杂志，32（6）：1421-1427

陈一心. 1999. 中国动物志　昆虫纲第16卷鳞翅目夜蛾科[M]. 北京：科学出版社

陈义. 1956. 中国蚯蚓[M]. 北京：科学出版社

程治英，张风雷，兰芹英，等. 1991. 桫椤的快速繁殖与种质保存技术的研究[J]. 云南植物研究，13（2）：181-188

褚新洛等. 1999. 中国动物志　硬骨鱼纲　鲇形目[M]. 北京：科学出版社

戴爱云，宋玉技，李鸣皋，等. 1984. 贵州省淡水蟹类的研究Ⅰ[J]. 动物分类学报，9（3）：257-267

戴爱云，宋玉技，李鸣皋，等. 1985. 贵州省淡水蟹类的研究Ⅱ[J]. 动物分类学报，10（1）：34-43

戴爱云，袁森林. 1988. 贵州省赤水县淡水蟹类的调查研究[J]. 动物分类学报，13（2）：127-130

戴爱云. 1999. 中国动物志　节肢动物门软甲纲十足目束腹蟹科溪蟹科[M]. 北京：科学出版社

邓实群，郭微，黎道洪. 2004. 贵州省赤水桫椤自然保护区兽类的初步研究[J]. 贵州师范大学学报（自然科学版），3（22）：10-19

邓一德，吴本寿，张梅. 1997. 贵州省的淡水虾类[J]. 动物学杂志，32（1）：5-8

丁访军，王兵，钟洪明，等. 2009. 赤水河下游不同林地类型土壤物理特性及其水源涵养功能[J]. 水土保持学报，23（3）：179-183

杜友珍，裴玉昌，吴洪亮. 2007. 旅游概论[M]. 重庆：西南师范大学出版社

范滋德等. 1997. 中国动物志　昆虫纲第6卷双翅目丽蝇科[M]. 北京：科学出版社

费梁，叶昌媛，江建平. 2012. 中国两栖动物及其分布[M]. 成都：四川科学技术出版社

冯国楣. 1996. 中国珍稀野生花卉（I）[M]. 北京：中国林业出版社

傅立国，谭清，楷勇. 2002. 中国高等植物图鉴[M]. 青岛：青岛出版社

顾志建，孙先凤. 1997. 山茶属17个种的核形态学研究[J]. 云南植物研究，19（2）：159-170

贵州省地层古生物工作队. 1977. 西南地区区域地层表：贵州省分册[M]. 北京：地质出版社：13-20

贵州省地质矿产局. 1987. 贵州省区域地质志[M]. 北京：地质出版社

贵州省环境保护局. 1990. 赤水桫椤自然保护区科学考察集[M]. 贵阳：贵州民族出版社：1-132

贵州省环境科学研究设计院. 2010. 贵州省生物多样性现状[M]. 贵阳：贵州科技出版社

郭建军，檀军，张平. 2012. 贵州省药用昆虫名录[J]. 西南师范大学学报（自然科学版），3（2）：51-65

韩见宇，曾莉莉，王用平，等. 1991. 桫椤的孢子繁殖[J]. 贵州科学，9（1）：61-64

何林，黄正莉，张仁波. 2011. 大板水国家森林公园苔藓植物区系地理组成研究[J]. 广东农业科学，38（21）：148-149

胡鸿钧，李尧英，魏印心，等. 1980. 中国淡水藻类[M]. 上海：上海科学技术出版社

胡人亮. 1987. 苔藓植物学[M]. 北京：高等教育出版社：460-463

黄大卫，肖晖. 2005. 中国动物志 昆虫纲第 42 卷膜翅目金小蜂科[M]. 北京：科学出版社

黄福珍. 1982. 蚯蚓[M]. 北京：农业出版社

黄健，徐芹，孙振钧，等. 2006. 中国蚯蚓资源研究：I.名录及分布[J]. 中国农业大学学报，11（3）：920

黄威廉，屠玉麟，杨龙. 1988. 贵州植被[M]. 贵阳：贵州人民出版社

黄威廉. 1990. 赤水桫椤自然保护区科学考察集[M]. 贵阳：贵州民族出版社

黄族豪，刘宾. 2011. 江西省爬行动物 G-F 指数分析[J]. 井冈山大学学报（自然科学版），32（3）：124-127

季必金，熊源新，郭彩清，等. 2008. 贵定岩下大鲵自然保护区苔藓植物的物种组成[J]. 山地农业生物学报，27（1）：33-41

姜建双，詹志来，冯子明，等. 2012. 桫椤化学成分研究[J]. 中药材，35（4）：568-570

蒋书楠，陈力. 2001. 中国动物志 昆虫纲第 21 卷鞘翅目天牛科花天牛亚科[M]. 北京：科学出版社

蒋志刚，纪力强. 1999. 鸟兽物种多样性测度的 G-F 指数方法[J]. 生物多样性，7（3）：220-225

金道超，李子忠. 2002. 赤水桫椤景观昆虫[M]. 贵阳：贵州科技出版社

克拉默，兰格-贝尔塔洛. 2012. 欧洲硅藻鉴定系统[M]. 刘威，朱远生，黄迎艳译. 广州：中山大学出版社

乐佩奇等. 2000. 中国动物志 硬骨鱼纲 鲤形目（下卷）[M]. 北京：科学出版社

黎尚豪，毕列爵. 1998. 中国淡水藻志[M]. 第五卷. 绿藻门. 北京：科学出版社

李博，杨持，林鹏. 2000. 生态学[M]. 北京：高等教育出版社

李丰生. 2005. 生态旅游环境承载力研究——以漓江风景名胜区为例的分析[D]. 长沙：中南林业大学博士学位论文

李鸿昌，夏凯龄. 2006. 中国动物志 昆虫纲第 43 卷直翅目蝗总科斑腿蝗科[M]. 北京：科学出版社

李霞，董颖，李采，等. 2013. 贵州赤水丹霞国家地质公园内地质遗迹特征及资源评价[J]. 中国地质灾害与防治学报，24（1）：118-125

李先源. 2007. 观赏植物学[M]. 重庆：西南师范大学出版社

李振基，陈圣宾. 2011. 群落生态学[M]. 北京：气象出版社

李仲，王露雨，李宗煦，等. 2011. 贵州赤水桫椤自然保护区蜘蛛群落多样性分析[J]. 四川动物，30（6）：972-976

梁盛，金方梅. 2010. 赤水桫椤物候初探[J]. 环保科技，16（2）：46-48

梁象秋. 1993. 贵州米虾属二新种（甲壳纲：十足自：匙指虾科）[J]. 动物分类学报，18（1）：22-25

梁象秋. 2004. 中国动物志 第三十六卷十足目匙指虾科[M]. 北京：科学出版社

林碧琴，谢淑琦. 1988. 水生藻类与水体污染监测[M]. 沈阳：辽宁大学出版社：9-38，206-263

林玉成. 2005. 贵州钩虾属（*Gammarus*）的分类学研究[D]. 贵阳：贵州师范大学硕士学位论文

刘畅. 2006. 贵州陆生贝类区系及动物地理区划[D]. 贵阳：贵州师范大学硕士学位论文

刘初钿. 2001. 中国珍稀野生花卉（II）[M]. 北京：中国林业出版社

刘家武，王国秀，杨其仁. 2000. 武汉天河机场地区蜘蛛群落及多样性研究[J]. 蛛形学报，9（2）：107-110

刘友樵，李广武. 2002. 中国动物志 昆虫纲第 26 卷鳞翅目卷蛾科[M]. 北京：科学出版社

刘友樵，武春生. 2006. 中国动物志 昆虫纲第 47 卷鳞翅目枯叶蛾科[M]. 北京：科学出版社

刘月英等. 1979. 中国经济动物志 淡水软体动物[M]. 北京：科学出版社

罗成德. 2003. 关于建立丹霞地貌学体系几个问题的思考[J]. 经济地理，23：1-5

罗浩，陈敬堂，钟国平. 2006. 丹霞地貌与岩溶地貌旅游景观之比较研究[J]. 热带地理，26（1）：12-17

罗平源，江燕，张万萍. 2006. 贵州不同竹笋林地土壤理化性状分析[J]. 耕作与栽培，3：20-22

罗蓉，黎道洪. 2001. 贵州兽类物种多样性现状及保护对策[J]. 贵州科学，19（1）：10-16

马肖静. 2013. 谈贵州赤水丹霞地貌世界遗产的价值与保护[J]. 城市旅游规划，3：112-113

穆彪，张宗兰，刘宗富. 1999. 赤水林区气候特征[J]. 山地农业生物学报，18（2）：68-73

彭贤锦，谢莉萍，肖小芹. 1993. 中国跳蛛（蛛形纲：蜘蛛目）[M]. 长沙：湖南师范大学出版社

齐德利. 2005. 中国丹霞地貌多尺度对比研究[D]. 南京：南京师范大学博士学位论文

齐雨藻，李家英. 2004. 中国淡水藻志 第十卷硅藻门羽纹纲[M]. 北京：科学出版社

齐雨藻. 1995. 中国淡水藻志 第四卷硅藻门中心纲[M]. 北京：科学出版社

齐钟彦等. 1985. 中国动物图谱 软体动物第四册[M]. 北京：科学出版社

秦松，范成五，孙锐锋. 2009. 贵州土壤资源的特点、问题及利用对策[J]. 贵州农业科学，37（5）：94-98

邱江平. 1987. 贵州梵净山陆栖寡毛类初步调查[J]. 四川动物，6（4）：4-8

任远. 2010. 赤水丹霞科普旅游资源评价及产品设计[J]. 经济研究导刊, 25: 169-170

申敬民, 李茂, 侯娜, 等. 2010. 贵州外来植物研究[J]. 四川师范大学学报, 29 (6): 52-56

施之新. 1999. 中国淡水藻志　第六卷裸藻门[M]. 北京: 科学出版社

施之新. 2004. 中国淡水藻志　第十二卷硅藻门异极藻科[M]. 北京: 科学出版社

施之新. 2006. 中国淡水藻志　第十三卷红藻门褐藻门[M]. 北京: 科学出版社

舒晓金. 2002. 赤水市丹霞地貌环境优势与可持续发展[J]. 贵州环保科技, 8 (1): 44-48

四川植被协作组. 1978. 四川植被[M]. 成都: 四川人民出版社

宋大祥, 冯钟琪. 1978. 蚂蟥[M]. 北京: 科学出版社

宋大祥, 朱明生, 张锋. 2004. 中国动物志　蛛形纲蜘蛛目平腹蛛科[M]. 北京: 科学出版社

宋大祥, 朱明生. 1997. 中国动物志　蛛形纲蜘蛛目蟹蛛科逍遥蛛科[M]. 北京: 科学出版社

宋希强. 2012. 观赏植物种质资源学[M]. 北京: 中国建筑工业出版社

宋永昌. 2001. 植被生态学[M]. 上海: 华东师范大学出版社

孙亚莉, 屠玉麟. 2004. 赤水桫椤自然保护区受危物种现状及保护[J]. 贵州师范大学学报 (自然科学版), 22 (4): 22-26

谭娟杰, 王书永, 周红章. 2005. 中国动物志　昆虫纲第 40 卷鞘翅目肖叶甲科肖叶甲亚科[M]. 北京: 科学出版社版

田明中, 程捷. 2009. 第四纪地质学与地貌学[M]. 北京: 地质出版社: 80-82

万方浩, 谢柄炎, 褚栋. 2008. 生物入侵: 管理篇[M]. 北京: 科学出版社

汪廉敏, 刘清炳, 吴红英, 等. 1996. 桫椤叶蜂生物学特性观察及防治[J]. 昆虫知识, 33 (3): 155-157

汪松, 解炎. 2004. 中国物种红色名录[M]. 第 1 卷. 红色名录. 北京: 高等教育出版社

汪松, 解炎. 2004. 中国物种红色名录[M]. 第 2 卷. 红色名录. 北京: 高等教育出版社

汪松, 解炎. 2005. 中国物种红色名录[M]. 第 3 卷. 无脊椎动物. 北京: 高等教育出版社

王洪全. 2006. 中国稻区蜘蛛群落结构和功能的研究[M]. 长沙: 湖南师范大学出版社

王经源. 2002. 桫椤居群遗传多样性及遗传结构的 RAPD 分析[D]. 福州: 福建师范大学硕士学位论文

王景佑, 姚世鸿, 程光中. 1997. 贵州桫椤的核型研究[J]. 贵州师范大学学报 (自然科学版), 15 (2): 21-25

王全喜. 2007. 中国淡水藻志　第十一卷黄藻门[M]. 北京: 科学出版社

王艇, 苏应娟, 李雪雁, 等. 2003. 孑遗植物桫椤种群遗传变异的 RAPD 分析[J]. 生态学报, 23 (6): 1200-1205

王晓宇, 李燕, 杨朝东. 2003. 贵州六冲河下游苔藓植物的鉴定及分类[J]. 山地农业生物学报, 22 (4): 310-316

韦美静, 何林, 孙中文. 2012. 贵州万佛山省级森林公园苔藓植物的种类调查[J]. 贵州农业科学, 40 (2): 148-151

魏刚, 陈服官, 李德俊. 1989. 贵州两栖动物区系及地理区划的初步研究[J]. 动物学研究, 10 (3): 241-249

魏刚, 徐宁, 张国防, 等. 2007. 贵州大沙河自然保护区两栖爬行动物多样性研究[J]. 四川动物, 26 (2): 347-350

魏刚, 徐宁. 2004. 贵州各动物地理省爬行动物分布聚类探讨[J]. 生物学杂志, 21 (2): 38-41

魏濂艨. 2011. 中国贵州妙蝇属 (双翅目, 蝇科) 研究及净妙蝇群五新种记述[J]. 动物分类学报, 36 (2): 301-314

魏印心. 2003. 中国淡水藻志　第七卷绿藻门[M]. 北京: 科学出版社

翁玲, 陈宇. 2012. 赤水丹霞气候分析[J]. 农业与技术, 32 (3): 94-95

吴晓雯, 罗晶, 陈家宽, 等. 2006. 中国外来入侵植物的分布格局及其与环境因子和人类活动的关系[J]. 植物生态学报,
　　30 (4): 576-584

吴燕如. 2000. 中国动物志　昆虫纲第 20 卷膜翅目准蜂科蜜蜂科[M]. 北京: 科学出版社

吴征镒, 孙航, 周浙昆, 等. 2011. 中国种子植物区系地理[M]. 北京: 科学出版社

吴征镒, 周浙昆, 孙航, 等. 2006. 种子植物的分布区类型及其起源和分化[M]. 昆明: 云南科技出版社

吴征镒. 1991. 中国种子植物属的分布[J]. 云南植物研究, 增刊: 1-139

伍律, 董谦, 须润华. 1986. 贵州两栖类志[M]. 贵阳: 贵州人民出版社

伍律, 金大雄, 郭振中. 1985. 贵州爬行类志[M]. 贵阳: 贵州人民出版社

伍律等. 1989. 贵州鱼类志[M]. 贵阳: 贵州人民出版社

武国辉. 2006. 贵州地质遗迹资源[M]. 北京: 冶金工业出版社

向速林, 王继辉. 2003. 贵州省地下水资源利用分析及保护管理对策探讨[J]. 贵州科学, 21 (4): 68-71

谢凝高. 2004-7-1. 7 项做事保护世界遗产[N]. 中国花卉报

谢嗣光, 李树恒. 2010. 贵州赤水桫椤自然保护区蝶类组成及多样性格局[J]. 四川动物, 22 (3): 954-959

熊康宁，陈浒，容丽. 2009. 赤水丹霞地貌生态过程与生物多样性[M]. 贵阳：贵州科技出版社：1-176

熊源新，闫晓丽. 2008. 贵州红水河谷地区苔藓植物区系研究[J]. 广西植物，28（1）：37-46

徐国钧，何宏贤，徐珞珊，等. 1996. 中国药材学[M]. 北京：中国医药科技出版社

徐海根，强胜. 2004. 中国外来入侵物种编目[M]. 北京：中国环境科学出版社

徐海根，强胜. 2011. 中国外来入侵生物[M]. 北京：科学出版社

徐宁，高喜明，江亚猛，等. 2008. 贵州省 8 个自然保护区两栖动物分布研究[J]. 四川动物，27（6）：1165-1168

徐宁，高喜明. 2010. 贵州省 8 个自然保护区爬行动物多样性研究[J]. 贵州农业科学，38（4）：135-137

杨广斌，安裕伦，屠玉麟. 2011. 基于 GIS 和 RS 的赤水桫椤自然保护区生态环境调查[J]. 中南林业科技大学学报，31（11）：
　　125-130

杨广斌，李亦秋，屠玉麟. 2011. 赤水桫椤自然保护区生态环境调查与分析[J]. 林业资源管理，（5）：94-100

杨龙，荣丽. 2006. 赤水国家级风景名胜区生物多样性[J]. 贵州林业科技，34（1）：41-43

杨明德，祝安. 2004. 锥状喀斯特区溶洞景观特征及其旅游资源评价[J]. 中国岩溶，23（2）：101-106

杨胜元，张建江，赵国宜，等. 2008. 贵州环境地质[M]. 贵阳：贵州科技出版社：155-158

杨潼. 1996. 中国动物志　环节动物门蛭纲[M]. 北京：科学出版社

杨星科，杨集昆，李文柱. 2005. 中国动物志　昆虫纲第 39 卷脉翅目草蛉科[M]. 北京：科学出版社

杨星科. 1997. 长江三峡库区昆虫[M]. 重庆：重庆出版社

尹长民，彭贤锦，谢莉萍. 1997. 中国狼蛛[M]. 长沙：湖南师范大学出版社

尹长民，王家福，朱明生等. 1997. 中国动物志　蛛形纲蜘蛛目园蛛科[M]. 北京：科学出版社

袁锋，周尧. 2002. 中国动物志　昆虫纲第 28 卷同翅目角蝉总科犁胸蝉科角蝉科[M]. 北京：科学出版社

张宏达. 1980. 华夏植物区系的起源与发展[J]. 中山大学学报，19（1）：89-98

张家贤，张志. 2001. 赤水桫椤幸存原因浅析[J]. 贵州林业科技，29（2）：63-64

张家贤，周伟，李跃. 1989. 贵州省赤水县桫椤调查初报[J]. 生态学杂志，8（2）：10-13

张家贤，周伟. 1992. 桫椤物候研究[J]. 生态学杂志，11（3）：62-64

张家贤. 1989. 赤水县竹类资源及分布情况[J]. 贵州林业科技，17（1）：52-54

张荣祖. 2011. 中国动物地理[M]. 北京：科学出版社

张绍彬. 2012. 重庆四面山自然保护区苔藓植物资源调查[J]. 安徽农业科学，40（28）：13689-13724

张婷，刘海燕，邹天才. 2010. 贵州 8 种野生山茶叶片主要化学成分的含量[J]. 贵州农业科学，38（11）：78-80

张巍巍，李元胜. 2011. 中国昆虫生态图鉴[M]. 重庆：重庆大学出版社

赵文. 2005. 水生生物学[M]. 北京：中国农业出版社

赵心益. 1994. 贵州赤水桫椤国家自然保护区周围地区社会经济环境研究[J]. 环保科技，2：16-20

郑哲民，任国栋. 2005. 贵州省小蹦蝗属一新种（直翅目：斑腿蝗科）[J]. 陕西师范大学学报（自然科学版），33（1）：92-94

《中国高等植物图鉴》编写组. 1986. 中国高等植物图鉴[M]. 北京：科学出版社

中国科学院《中国植物志》编辑委员会. 1981. 中国植物志. [M]. 北京：科学出版社

中国科学院动物研究所. 1983. 中国蛾类图鉴Ⅰ，Ⅱ，Ⅲ，Ⅳ[M]. 北京：科学出版社

中国植被编辑委员会. 1980. 中国植被[M]. 北京：科学出版社

中国科学院《中国植物志》编辑委员会. 1959～2004. 中国植物志[M]. 北京：科学出版社

钟金贵. 2012. 赤水丹霞地貌旅游资源保护的探讨[J]. 清远职业技术学院学报，5（1）：82-84

周崇军. 2006. 赤水桫椤国家级自然保护区功能区划分方法研究[D]. 贵阳：贵州师范大学硕士学位论文

周文豹，周昕. 2006. 中国隼蟌科二新种（蜻蜓目：隼蟌科）[J]. 昆虫分类学报，82（1）：13-16

周文豹. 2003. 中国扇山蟌属两新种记述（蜻蜓目：山蟌科）[J]. 武夷科学，19（1）：95

周运超. 1995. 紫色森林土壤发育特点的研究[J]. 热带亚热带土壤科学，4（4）：233-237

朱浩然. 1991. 中国淡水藻志[M]. 第二卷. 蓝藻门　色球藻纲. 北京：科学出版社

朱浩然. 2007. 中国淡水藻志[M]. 第九卷. 蓝藻门　藻殖段纲. 北京：科学出版社

朱弘复，王林瑶. 1997. 中国动物志　昆虫纲第 11 卷鳞翅目天蛾科[M]. 北京：科学出版社

朱蕙忠，陈嘉佑. 2000. 中国西藏硅藻[M]. 北京：科学出版社

朱明生，宋大祥，张俊霞. 2003. 中国动物志　蛛形纲蜘蛛目肖蛸科[M]. 北京：科学出版社

朱明生. 1998. 中国动物志　蛛形纲蜘蛛目球蛛科[M]. 北京：科学出版社

朱太平，刘亮，朱明. 2007. 中国资源植物[M]. 北京：科学出版社

左家哺，傅德志，彭代文. 1996. 植物区系的数值分析[M]. 北京：中国科学技术出版社：8-9

左仁勇，张玉富，张志升. 2009. 贵州赤水桫椤自然保护区蜘蛛名录[J]. 蛛形学报，18（2）：82-84

邹天才. 2001. 贵州特有 20 种植物迁地栽培及扩繁技术的研究[J]. 贵州师范大学学报（自然科学版），19（3）：29-33

邹天才. 2002. 贵州特有植物小黄花茶的物种起源探讨[J]. 贵州师范大学学报（自然科学版），20（1）：6-10

广濑弘幸，山岸高旺. 1977. 日本淡水藻图鉴. 东京：内田老鹤圃新社

Deng S C，Guo W，Li D H. 2004. Preliminary research on the mammals is nature reserve of *Alsophila* of Chishui in Guizhou province [J]. 贵州师范大学学报（自然科学版），22（3）：10-18

Dleve-Euler，A.，Die Diatomeen von Schweden und Finnland.（Teil Ⅰ，1951）.Fig.8-294，（Teil Ⅱ，1953）. Fig.292-483，（Teil Ⅲ，1953）. Fig.485-970，（Teil Ⅳ，1955）. Fig.971-1306，（Teil Ⅴ，1952）. Fig.1318-1581

Hou Z E，Li S Q. 2002. Freshwater amphipod crustaceans（Gammaridae）from Chishui and its adjacent regions. China. Raffles Bulltin of Zoology，50（2）：407-418

Song D X，Zhu M S，Chen J. 1999. The Spiders of China[M]. Shijiazhuang：Hebei Science and Technology Publishing House：640

Zhang Z S，Yang Z Z，Zhang Y G. 2009. A newspecies of the genus *Lathys*（Araneae，Dictynidae）from China[J]. 动物分类学报，34（2）：199- 202

相关研究论文

1. 华波，马建伦，邓洪平，等. 2010. 赤水桫椤自然保护区种子植物区系特征分析[J]. 西南师范大学学报（自然科学版），35（5）：167-172

2. 谢嗣光，李树恒. 2010. 贵州赤水桫椤自然保护区蝶类组成及多样性格局[J]. 四川动物，22（3）：954-959

3. 王馨，邓洪平. 2011. 常见伴生植物对药用植物金毛狗（*Cibotium barometz*）孢子萌发和配体子体发育的化感作用研究[J]. 中国中药杂志，36（8）：973-976

4. 印显明. 2013. 赤水桫椤国家级自然保护区脊椎动物多样性研究[D]. 重庆：西南大学硕士学位论文

5. 郭金，操梦帆，邓洪平. 2013. 贵州赤水兰科植物新记录[J]. 西南师范大学学报，39（8）：48-50

6. 李树恒，谢嗣光. 2014. 贵州省赤水桫椤自然保护区昆虫生物多样性分析. 已投《自然科学与博物馆研究》.

7. 谢嗣光，李树恒. 贵州赤水桫椤自然保护区天蛾科昆虫区系的初步研究. 已投《自然科学与博物馆研究》.

附录1 保护区种子植物名录

中文名	拉丁名	资源/生活型	来源	中国红色名录
裸子植物门				
1. 银杏科	Ginkgoaceae			
银杏属	*Ginkgo* linn.			
银杏	*G. biloba* L.	■●▲★DA	iii	CR
2. 松科	Pinaceae			
松属	*Pinus* Linn.			
马尾松	*P. massoniana* Lamb.	◆ EA	iii	LC
3. 杉科	Taxodiaceae			
柳杉属	*Cryptomeria* D. Don.			
柳杉	*C. fortunei* Hooibrenk ex Otto et Dietr.	■●◆ EA	iii	
杉木属	*Cunninghamia* R. Br.			
杉木	*C. lanceolata*（Lamb.）Hook.	■●★◆ EA	iii	
4. 柏科	Cupressaceae			
柏木属	*Cupressus* Linn.			
柏木	*C. funebris* Endl.	■◆ EA	iii	LC
福建柏属	*Fokienia* Henry et Thomas.			
福建柏	*F. hodginsii*（Dunn）Henry et Thom.	■●★◆ EA	iii	VU
侧柏属	*Platycladus* Spach			
侧柏	*P. orientalis*（Linn.）Franco	■●◆ EA	iii	LC
圆柏属	*Sabina* Mill.			
圆柏	*S. chinensis*（Linn.）Ant.	■●◆ EA	iii	LC
5. 罗汉松科	Podocarpaceae			
罗汉松属	*Podocarpus* L'He'r. ex Pers.			
百日青	*P. neriifolius* D. Don	■●◆ EA	ii	VU
6. 三尖杉科	Cephalotaxaceae			
三尖杉属	*Cephalotaxus* Sieb. et Zucc. ex Endl.			
三尖杉	*C. fortunei* Hook. f.	■●◆ EA	ii	LC
7. 红豆杉科	Taxaceae			
穗花杉属	*Amentotaxus* Pilg.			
穗花杉	*A. argotaenia*（Hance）Pilger	■★◆ EA	ii	LC
红豆杉属	*Taxus* Linn.			
红豆杉	*T. chinensis*（Pilger.）Rehd	■●▲★◆ EA	iii	VU
南方红豆杉	*T. chinensis*（Pilger）Rehd. var. *mairei*（Lemee et Lévl.）Cheng et L. K. Fu	■●▲★◆ EA	iii	VU
被子植物门				
双子叶植物纲				
1. 木兰科	Magnoliaceae			
八角属	*Illicium* Linn.			
厚皮香八角	*I. ternstroemioides* A. C. Smith	●◆ EA	iii	NT

中文名	拉丁名	资源/生活型	来源	中国红色名录
鹅掌楸属	*Liriodendron* L.			
鹅掌楸	*L. chinense*（Hemsl.）Sarg.	■●★◆ DA	iii	LC
木兰属	*Magnolia* L.			
厚朴	*M. officinalis* Rehd. et Wils.	■●★◆ DA	iii	LC
木莲属	*Manglietia* Blume			
桂南木莲	*M. chingii* Dandy	●◆ EA	iii	LC
木莲	*M. fordiana* Oliv.	■●◆ EA	iii	LC
红花木莲	*M. insignis*（Wall.）Bl.	■●◆ EA	iii	VU
含笑属	*Michelia* L.			
白兰花	*M. alba* DC.	■●◆ EA	iii	
黄心夜合	*M. martinii*（Lévl.）Lévl.	●◆ EA	iii	NT
阔瓣含笑	*M. platypetala* Hand-Mazzt.	● EA	ii	LC
野含笑	*M. skinneriana* Dunn.	EA	ii	LC
川含笑	*M. szechuanica* Dandy	●◆ EA	ii	VU
峨眉含笑	*M. wilsonii* Finet et Gagnep.	■●◆ EA	ii	VU
2. 番荔枝科	Annonaceae			
鹰爪花属	*Artobotrya*			
香港鹰爪花	*A. hoogkongensis* Hance	◆ ES	i	LC
野独活属	*Miliusa*			
中华野独活	*M. sinensis* Finet et Gagnep.	◆ EA	iii	LC
3. 樟科	Lauraceae			
黄肉楠属	*Actinodaphne*			
红果黄肉楠	*A. cupularis*（Hemsl.）Gamble	■◆ ES	iii	LC
黔桂黄肉楠	*A. kweichowensis* Yang et Huang	■◆ EA	iii	NT
柳叶黄肉楠	*A. lecomtei* Allen	◆ EA	ii	LC
峨嵋黄肉楠	*A. omeiensis*（Liou）Allen	◆EA	ii	
毛果黄肉楠	*A. trichocarpa* Allen	◆ EA	ii	LC
琼楠属	*Beilschmiedia* Nees			
贵州琼楠	*B. kweichowensis* Cheng	◆ EA	iii	LC
樟属	*Cinnamomum* Trew			
樟	*C. camphora*（L）Presl.	■●★◆ EA	iii	LC
毛桂	*C. appelianum* Schewe	■◆ EA	iii	LC
油樟	*C. inunctum*（Nees）Meissn.	●★◆ EA	iii	NT
少花桂	*C. pauciflorum* Nees	■◆ EA	iii	LC
阔叶樟	*C. platyphyllum*（Diels）Allen	■●◆ EA	iii	VU
香桂	*C. subavenium* Miq.	●◆ EA	ii	LC
川桂	*C. wilsonii* Gamble	■●◆ EA	iii	LC
厚壳桂属	*Cryptocarya* R. Br.			
岩生厚壳桂	*C. calcicola* H. W. Li	◆ EA	i	LC
丛花厚壳桂	*C. densiflora* Bl.	◆ EA	i	LC
山胡椒属	*Lindera* Thunb.			
香叶树	*L. communis* Hemsl.	■◆ ES	iii	LC
山胡椒	*L. glauca*（Sieb. et Zucc.）Bl.	■●◆ DS	iii	LC

中文名	拉丁名	资源/生活型	来源	中国红色名录
广东山胡椒	L. kwangtungensis（Liou）Allen	■●◆ EA	iii	LC
黑壳楠	L. megaphylla Hemsl.	■●◆ EA	iii	LC
绒毛山胡椒	L. nacurna（D. Don）Merr.	◆ ES	iii	LC
香粉叶	L. pulcherrima（Wall.）Benth. var. attenuata Allen	■◆ EA	ii	LC
川钓樟	L. pulcherrima Benth. var. hemsleyana（Diels）H. P. Tsui	◆ EA	iii	LC
峨眉钓樟	L. prattii Gamble	EA	ii	
四川山胡椒	L. setchuanensis Gamble	ES	ii	LC
三股筋香	L. thomsonii Allen	◆ EA	ii	LC
木姜子属	Litsea Lam.			
豹皮樟	L. coreana Lévl. var. sinensis（Allen）Yang et P. H. Huang	■◆ ES	ii	LC
山鸡椒	L. cubeba（Lour.）Pers.	■◆ DS	ii	LC
黄丹木姜子	L. elongata（Wall. ex Nees）Benth. et Hook. f.	◆ EA	ii	LC
石木姜子	L. elongata（Wall. ex Nees）Benth. et Hook. f. var. faberi（Hemsl.）Yang et P. H. Huang	◆ EA	ii	LC
近轮叶木姜子	L. elongata（Wall. ex Nees）Benth. et Hook. f. var. subverticillata（Yang）Yang et P. H. Huang	◆ EA	ii	LC
毛叶木姜子	L. mollis Hemsl.	◆ DA	ii	LC
木姜子	L. pungens Hemsl.	◆ DA	ii	LC
红叶木姜子	L. rubescens Lec.	◆ DA	ii	LC
绒叶木姜子	L. wilsonii Gamble	◆ EA	ii	LC
润楠属	Machilus Nees			
安顺润楠	M. cavaleriei Lévl.	★◆ ES	ii	NT
川黔润楠	M. chuanchienensis S. Lee	★◆ES	ii	NT
道真润楠	M. dauzhenensis Y. K. Li	★◆ES	ii	NT
贵州润楠	M. guizhouensis K. M Lan	★◆ES	ii	
薄叶润楠	M. leptophylla Hand.-Mazz.	★◆ EA	i	LC
小果润楠	M. microcarpa Hemsl.	●★◆ ES	iii	LC
峨眉润楠	M. microcarpa Hemsl. var. omeiensis S. Lee	★◆ES	ii	VU
南川润楠	M. nanchuanensis N. Chao et S. Lee	★◆EA	ii	VU
润楠	M. pingii Cheng ex Yang	●★◆ EA	iii	EN
狭叶润楠	M. rehderii Allen	★◆EA	ii	LC
新木姜子属	Neolitsea Merr.			
新木姜子	N. aurata（Hay.）Koidz.	■◆ EA	iii	LC
粉叶新木姜子	N. aurata（Hay.）Koidz. var. glauca Yang	◆ EA	iii	LC
短梗新木姜子	N. brevipes H. W. Li	◆ EA	i	LC
大叶新木姜子	N. levinei Merr.	◆ EA	iii	LC
卵叶新木姜	N. ovalifolia Yang et P. H. Huang	◆ EA	ii	LC
羽脉新木姜子	N. pinniervis Yang et P. H. Huang	◆ ES	iii	LC
楠属	Phoebe Nees			
闽楠	P. bournei（Hemsl.）Yang	◆ EA	iii	VU
楠属	P. sp.	◆ EA	iii	
白楠	P. neurantha（Hemsl.）Gamble	●◆ EA	iii	LC
光枝楠	P. neuranthoides S. Lee et F. N. Wei	◆ EA	iii	LC
紫楠	P. sheareri（Hemsl.）Gamble	■◆ EA	iii	LC

中文名	拉丁名	资源/生活型	来源	中国红色名录
峨眉楠	*P. sheareri*（Hemsl.）Gamble var. *omeiensis*（Yang）N. Chao	●◆ EA	iii	LC
楠木	*P. zhennan* S. Lee et F. N. Wei	●★◆EA	iii	VU
檫木属	*Sassafras* Trew.			
檫木	*S. tsumu* Hemsl.	●◆DA	iii	
4. 金粟兰科	Chloranthaceae			
金粟兰属	*Chloranthus* Swartz			
及己	*C. serratus*（Thunb.）Roem. et Schult.	■ H	ii	
草珊瑚属	*Sarcandra* Gardn.			
草珊瑚	*S. glabra*（Thunb.）Nakai	●■ ES	iii	LC
5. 三白草科	Saururaceae			
蕺菜属	*Houttuynia* Thunb.			
蕺菜	*H. cordata* Thunb.	■▲ H	iii	
6. 胡椒科	Piperaceae			
胡椒属	*Piper* Linn.			
山蒟	*P. hancei* Maxim.	■ FL	ii	LC
华山蒌	*P. sinense*（Champ.）C. DC.	◆ FL	iii	LC
毛山蒟	*P. martinii* C. DC.	■◆ FL	iii	
7. 马兜铃科	Aristolochiaceae			
马兜铃属	*Aristolochia* L.			
广西马兜铃	*A. kwangsiensis* Chun et How	■ H	ii	LC
细辛属	*Asarum* L.			
尾花细辛	*A. caudigerum* Hance	■ H	iii	LC
花叶尾花细辛	*A. caudigerum* Hance var. *cardiophyllum*（Franch.）C. Y. Cheng et C. S. Yang	H	iii	
青城细辛	*A. splendens*（Maekawa）C. Y. Cheng et C. S. Yang	●H	iii	
马蹄香属	*Saruma* Oliv.			
马蹄香	*S. henryi* Oliv.	■ H	ii	EN
8. 五味子科	Schizandraceae			
南五味子属	*Kadsura* Juss.			
南五味子	*K. longipedunculata* Finet et Gagnep.	■FL	iii	LC
五味子属	*Schisandra* Michx.			
华中五味子	*S. sphenanthera* Rehd. et Wils.	■◆ FL	iii	DD
红花五味子	*S. rubriflora*（Franch.）Rehd. et Wils.	■◆ FL	iii	LC
翼梗五味子	*S. henryi* Clarke	FL	ii	LC
毛叶五味子	*S. pubescens* Hemsl. et Wils.	■FL	ii	LC
9. 毛茛科	Ranunculaceae			
乌头属	*Aconitum* L.			
乌头	*A. carmichaeli* Debx.	■ H	ii	LC
银莲花属	*Anemone* L.			
打破碗花花	*A. hupehensis* Lem.	■◆ H	iii	LC
星果草属	*Asteropyrum* Drumm. et Hutch.			
裂叶星果草	*A. cavaleriei*（Lévl. et Vant.）Drumm. et Hutch.	■ H	ii	NT
升麻属	*Cimicifuga* L.			
小升麻	*C. acerina*（Sieb. et Zucc.）Tanaka	■ H	ii	LC

中文名	拉丁名	资源/生活型	来源	中国红色名录
铁线莲属	*Clematis* L.			
钝齿铁线莲	*C. apiifolia* DC. var. *obtusidentata* Rehd. et Wils.	■◆ FL	iii	LC
小木通	*C. armandii* Franch.	■◆ FL	iii	LC
威灵仙	*C. chinensis* Osbeck.	■●◆ FL	iii	LC
山木通	*C. finetiana* Lévl. et Vant.	■◆ FL	iii	
锈毛铁线莲	*C. lsechenautina* DC.	■◆ FL	i	
毛柱铁线莲	*C. meyeniana* Walp.	■◆ FL	ii	LC
钝萼铁线莲	*C. peterae* Hand.-Mazz.	■ FL	ii	LC
尾叶铁线莲	*C. urophylla* Franch.	■ FL	ii	LC
曲柄铁线莲	*C. repens* Finet et Gagnep.	◆ FL	iii	LC
黄连属	*Coptis* Salisb.			
黄连	*C. chinensis* Franch.	■◆ H	iii	VU
翠雀花属	*Delphinium* Linn.			
还亮草	*D. anthriscifolium* Hance	■ H	ii	LC
毛茛属	*Ranunculus* L.			
禺毛茛	*R. cantoniensis* DC.	■◆ H	iii	
茴茴蒜	*R. chinensis* Bunge	■◆ H	ii	
毛茛	*R. japonicus* Thunb.	■◆ H	iii	
石龙芮	*R. sceleratus* Linn.	■ H	iii	
扬子毛茛	*R. sieboldii* Miq.	■◆ H	iii	
猫爪草	*R. ternatus* Thunb.	■◆H	ii	LC
天葵属	*Semiaquilegia* Makino			
天葵	*S. adoxoides*（DC.）Makino	■ H	iii	
唐松草属	*Thalictrum* L.			
尖叶唐松草	*T. acutifollm*（Hand.-Mazz.）Boivin	■◆ H	iii	NT
唐松草	*T. aquilegifolium* Linn. var. *sibiricum* Regel et Tiling	■◆ H	iii	LC
10. 小檗科	Berberidaceae			
小檗属	Berberis L.			
豪猪刺	*B. julianae* Schneid.	■◆ ES	iii	LC
八角莲属	*Dysosma* R. E. Woodson			
八角莲	*D. versipellis*（Hance）M. Cheng	■★◆ H	iii	VU
贵州八角莲	*D. majorensis*（Gagnep.）Ying	■ ★H	ii	VU
淫羊藿属	*Epimedium* L.			
粗毛淫羊藿	*E. acuminatum* Franch.	■◆ H	iii	LC
淫羊藿	*E. brevicornu* Maxim.	■●◆ H	iii	NT
三枝九叶草	*E. sagittatum*（Sieb. et Zucc.）Maximt	H	ii	NT
十大功劳属	*Mahonia* L.			
阔叶十大功劳	*M. bealei*（Fort.）Carr.	■●◆ ES	iii	
湖北十大功劳	*M. confusa* Sprague	■◆ ES	iii	
十大功劳	*M. fortunei*（Lindl.）Fedde	■●◆ ES	iii	
细柄十大功劳	*M. gracilipes*（Oliv.）Fedde	■●◆ ES	iii	LC
平坝十大功劳	*M. ganpinensis*（Lévl.）Fedde	ES	ii	
阿里山十大功劳	*M. oiwadensis* Hayata	ES	ii	LC

中文名	拉丁名	资源/生活型	来源	中国红色名录
南天竹属	*Nandina* Thunb			
南天竹	*N. domestica* Thunb	■●◆ ES	iii	
11. 大血藤科	Sargentodoxa ceae			
大血藤属	*Sargentodoxa* Rehd. et Wils.			
大血藤	*S. cuneata*（Oliv.）Rehd. et Wils.	■ FL	ii	LC
12. 木通科	Lardizabalaceae			
木通属	*Akebia* Decne			
木通	*A. quinqtq*（Thunb.）Decne	■◆ FL	iii	LC
白木通	*A. trifoliate*（Thunb.）Koidz. var. *australis*（Diels）Rehd.	■DS	iii	LC
三叶木通	*A. trifoliate*（Thunb.）Koidz.	■◆ FL	iii	LC
猫儿屎属	*Decaisnea* Hook. f. et Thoms.			
猫儿屎	*D. fargesii* Franch.	■▲DS	ii	LC
八月瓜属	*Holboellia* Wall.			
鹰爪枫	*H. coriacea* Deils	■◆ FL	iii	LC
五枫藤	*H. fargesii* Reaub.	■◆ FL	iii	
牛姆瓜	*H. grandiflora* Rèaub.	■◆ FL	iii	LC
13. 防己科	Menispermaceae			
木防己属	*Cocclus* DC.			
木防己	*C. orbiculatus*（L.）Dc.	■◆ FL	iii	
秤钩风属	*Diploclisia* Miers			
秤钩风	*D. affinis*（Oliv.）Diels	■◆ FL	iii	LC
细圆藤属	*Pericampylus* Miers			
细圆藤	*P. glaucus*（Lam.）Merr.	■◆ FL	ii	LC
防己属	*Sinomenium* Diels			
风龙	*S. acutum*（Thumb.）Rehd. et Wils.	■◆ FL	i	LC
千金藤属	*Stephania* Lour.			
桐叶千金藤	*Stephania hernandifolia*（Willd.）Walp.	■◆ FL	i	LC
金线吊乌龟	*S. cepharantha* Hayata	■ FL	ii	
千金藤	*S. japonica*（Thunb.）Miers	■◆ FL	ii	
汝兰	*S. sinica* Diels	■ FL	ii	LC
粉防己	*S. tetrandra* S. Moore	■◆ FL	iii	LC
青牛胆属	*Tinospora* Miers ex Hook. f. et Thoms.			
金果榄	*T. capillipes* Gagnep.	■ H	ii	
青牛胆	*T. sagittata*（Oliv.）Gagnep.	■ HL	ii	EN
58. 马桑科	Coriariaceae			
马桑属	*Coriaria* L.			
马桑	*C. nepalensis* Wall.	■DS	iii	LC
14. 清风藤科	Sabiaceae			
泡花树属	*Meliosma* Blume			
泡花树	*M. cuneifolia* Franch.	■● DS	ii	LC
山樣叶泡花树	*M. thorelii* Lecomet	■● DA	i	
红枝柴	*M. oldhamii* Maxim	DA	ii	
清风藤属	*Sabia* Colebr.			

中文名	拉丁名	资源/生活型	来源	中国红色名录
四川清风藤	S. schumanniana Diels	■◆ FL	iii	LC
尖叶清风藤	S. swinhoei Hemsl.	■◆ FL	iii	LC
15. 罂粟科	Papaveraceae			
紫堇属	Corydalis Vent.			
紫堇	C. edulis Maxim.	■H	iii	
小花黄堇	C. racemosa（Thunb.）Pers.	■H	iii	
南黄堇	C. daviddi Franch.	■ H	iii	LC
血水草属	Eomecon Hance			
血水草	E. chionantha Hance	■★ H	iii	LC
博落回属	Macleaya R. Br.			
博落回	M. cordata（Willd.）R. Br.	■ H	iii	
16. 水青树科	Tetracentraceae			
水青树属	Tetracentroni Oliv.			
水青树	T. sinense Oliv.	★ DA	ii	LC
17. 领春木科	Eupteleaceae			
领春木属	Euptelea Sieb. et Zucc.			
领春木	E. pleioperma Hook. f. et Thoms.	■◆ DA	ii	LC
18. 金缕梅科	Hamamelidaceae			
蕈树属	Altingia Nor.			
蕈树	A. chinensis（Champ.）Oliv.	◆ EA	iii	LC
赤水蕈树	A. multinervia Cheng	★◆ EA	iii	EN
蜡瓣花属	Corylopsis Sieb. et Zucc.			
大果蜡瓣花	C. multiflora Hance	DS	ii	
四川蜡瓣花	C. willmottiae Rehd. et Wils.	■● DS	iii	LC
蚊母树属	Distylium Sieb. et Zucc.			
中华蚊母树	D. chinense（Fr.）Diels	● ES	iii	EN
杨梅叶蚊母树	D. myrsicoides Hemsl.	● ES	ii	
枫香属	Liquidambar L.			
枫香树	L. formosana Hance	■●◆ DA	iii	LC
檵木属	Loropetalum R. Br.			
檵木	L. chinensis（R. Br.）Oliv.	■● ES	iii	
水丝梨属	Sycopsis Oliv.			
水丝梨	S. sinensis Oliver	EA	iii	LC
19. 悬铃木科	Platanaceae			
悬铃木属	Platanus Linn.			
二球悬铃木	P. acerifolia（Ait.）Willd.	● DA	iii	
20. 交让木科	Daphniphyllaceae			
虎皮楠属	Daphniphyllum Bl.			
交让木	D. macropodum Miq	■● EA	i	LC
虎皮楠	D. oldhamii（Hemsl.）Rosenth.	■●◆ EA	iii	LC
21. 杜仲科	Eucommiaceae			
杜仲属	Eucommia Oliv.			
杜仲	E. ulmoides Oliv.	■●★◆ DA	iii	VU

中文名	拉丁名	资源/生活型	来源	中国红色名录
22. 榆科	Ulmaceae			
糙叶树属	*Aphananthe* Planch.			
糙叶树	*A. aspera*（Thunb.）Planch.	■◆ DA	ii	LC
朴树属	*Celtis* L.			
紫弹朴	*C. biondii* Pamp.	●◆ EA	iii	
假玉桂	*C. cinnamomea* Lindl. ex Planch.	◆ EA	iii	LC
朴树	*C. sinensis* Pers.	■●◆ EA	iii	LC
珊瑚朴	*C. julianae* Schneid	●◆ DA	iii	LC
山黄麻属	*Trema* Lour.			
光叶山黄麻	*T. cannabina* Lour.	■◆ EA	i	LC
山油麻	*T. cannabia* Lour. var. *dielsiana*（Hand.-Mazz.）C. L. Chen	■◆ EA	iii	LC
山黄麻	*T. orientalis*（L.）BI.	■◆ EA	iii	LC
羽脉山黄麻	*T. levigata* Hand.-Mazz.	◆ EA	iii	LC
银毛叶山黄麻	*T. nitida* C. J. Chen	◆ EA	iii	LC
榆属	*Ulmus* L.			
多脉榆	*U. castaneifolia* Hemsl.	■●◆ DA	ii	LC
23. 大麻科	Cannabidaceae			
葎草属	*Humulus* L.			
葎草	*H. scandens*（Lour.）Merr.	■◆HL	iii	
24. 桑科	Moraceae			
构树属	*Broussonetia* Vent.			
蔓构	*B. kaempferi* Sieb. et Zucc.	◆ DS	iii	
藤构	*B. kaempferi* Sieb. et Zucc. var. *australis* Suzuki.	■◆ FL	iii	LC
构树	*B. papyrifera*（L.）L. ex Vent.	■◆ DA	iii	LC
榕树属	*Ficus* L.			
石榕树	*F. abelii* Miq.	■ ES	iii	LC
无花果	*F. carica* L.	■●▲ DA	iii	
黄毛榕	*F. fulva* Reinw.	■ EA	iii	LC
菱叶冠毛榕	*F. gasparriniana* Miq. var. *laceratifolia*（Lévl. et Vant.）Corner	■ ES	iii	LC
小果榕	*F. gaspariniana* Miq. var. *viridescens*（Levl. et Vant.）Corner	EA	iii	
尖叶榕	*F. henryi* Ward. ex Diels	EA	iii	LC
异叶榕	*F. heteromorpha* Hemsl.	ES	iii	LC
青藤公	*F. langkokensis* Drake	EA	iii	LC
细叶榕	*F. microcarpa* L. f.	●■ EA	ii	
九丁榕	*F. nervosa* Heyne ex Roth	EA	iii	LC
薜荔	*F. pumila* Linnaeus	■▲FL	iii	LC
钩毛榕	*F. praetermissa* Corner	FL	iii	NT
尾尖爬藤榕	*F. sarmentosa* Buch.-Ham. ex J. E. Sm. var. *lacrymans*（Lévl. et Vant.）Corner	■ FL	iii	LC
珍珠莲	*F. sarmentosa* Buch.-Ham. ex J. E. Sm. var. *henryi*（King ex Oliv.）Corner	■ FL	iii	LC
竹叶榕	*F. stenophylla* Hemsl.	■ ES	ii	LC
长柄竹叶榕	*F. stenophylla* Hemsl. var. *macropodocarpa*（Lévl. et Vant.）Corner	ES	iii	
地果	*F. tikoua* Bur.	■▲FL	iii	LC
楔叶榕	*F. trivia* Corner	ES	iii	VU

中文名	拉丁名	资源/生活型	来源	中国红色名录
糙叶榕	*F. irisana* Elmer	ES	iii	LC
苹果榕	*F. oligodon* Miquel	EA	iii	
白肉榕	*F. vasculosa* Wall. ex Miq.	ES	ii	LC
绿黄葛树	*F. virens* Aiton	EA	ii	
黄葛树	*F. virens* Ait. var. *sublanceolata*（Miq.）Corner	●■EA	iii	LC
柘属	*Cudrania* Trec.			
柘树	*C. tricuspidata*（Carr.）Bur. ex Lavall.	■●◆ DS	iii	
桑属	*Morus* L.			
桑	*M. alba* Linn.	■◆ DA	iii	LC
鸡桑	*M. australis* Poir.	■◆ DS	iii	LC
华桑	*M. cathayana* Hemsl.	◆ DA	ii	LC
25. 荨麻科	Urticaceae			
苎麻属	*Boehmeria* Jacq.			
细野麻	*B. longispica* Steud.	◆ H	iii	
苎麻	*B. nivea*（L.）Gaud.	■◆ H	iii	LC
水麻属	*Debregeasia* Gaud.			
长叶水麻	*D. longifolia*（Burm. F.）Wedd.	■◆ ES	iii	LC
水麻	*D. orientalis* C. J. Chen	■◆ ES	iii	LC
鳞片水麻	*D. squamata* King	■◆ ES	iii	LC
楼梯草属	*Elatostema* Forst.			
对叶楼梯草	*E. ainense* H. Schroter	■ H	iii	LC
骤尖楼梯草	*E. cuspidatum* W. T. Wang var. *cuspidatum* Wight	■ H	iii	LC
五肋楼梯草	*E. cuspidatum* Wight	■ H	iii	
楼梯草	*E. involucratum* Fr. et Sav.	■ H	iii	LC
石生楼梯草	*E. rupestre*（Ham.）Wedd.	■ H	iii	LC
庐山楼梯草	*E. stewardii* Merr.	■ H	iii	LC
托叶楼梯草	*E. stipulosum* Hand.-Mazz.	■ H	iii	LC
赤水楼梯草	*E. strigulosum* W. T. Wang var. *semitriplinerve* W. T. Wang	■ H	ii	
蝎子草属	*Girardinia* Gaud.			
蝎子草	*G. suborbiculata* C. J. Chen	◆ H	ii	LC
大蝎子草	*G. palmata* Gaud.	■ H	iii	LC
糯米团属	*Gonostegia* Turcz.			
糯米团	*G. hirta*（Bl.）Miq.	■◆ H	iii	
假楼梯草属	*Lecanthus* Wedd.			
假楼梯草	*L. peduncularis*（Wall. ex Royle）Wedd.	■ H	iii	LC
花点草属	*Nanocnide* Bl.			
花点草	*N. japonica* Bl.	■ H	ii	
毛花点草	*N. lobata* Wedd.	■ H	iii	
水丝麻属	*Maoutia* Wedd.			
水丝麻	*M. puya*（Hook.）Wedd.	◆ ES	iii	NT
紫麻属	*Oreochnide* Gaud.			
紫麻	*O. frutescens*（Thurb.）miq.	■◆ H	iii	LC
赤车属	*Pellionia* Gaud.			

中文名	拉丁名	资源/生活型	来源	中国红色名录
赤车	*P. radicans*（Sieb. et Zucc.）Wedd.	■ H	iii	LC
小叶异被赤车	*P. heteroloba* Wedd. var. *minor* W. T. Wang	■ H	ii	
冷水花属	*Pilea* Lindl.			
多苞冷水花	*P. bracteosa* Wedd.	■ H	iii	LC
疣果冷水花	*P. errucosa* Hand.-Maxim.	■ H	iii	LC
粗齿冷水花	*P. fasciata* Franch.	■ H	iii	LC
透茎冷水花	*P. mongolica* Wedd	■ H	iii	
冷水花	*P. notata* C. H. Wright	■ H	iii	
矮冷水花	*P. peploides*（Gaudich.）Hook. et Arn.	■ H	ii	LC
西南冷水花	*P. plataniflora* C. H. Wright	■ H	iii	
翅茎冷水花	*P. subcoriucea*（Hand.-Mazz.）C. J. Chen	■ H	iii	LC
三角形冷水花	*P. swinglei* Merr.	■ H	iii	LC
雾水葛属	*Pouzolzia* Gaudich.			
雅致雾水葛	*P. elegans* Wedd.	■◆ H	iii	LC
红雾水葛	*P. sanguinea*（Bl.）Merr.	■◆ H	iii	LC
雾水葛	*P. zeylanica*（L.）Benn.	■◆ H	iii	
26. 胡桃科	Juglandaceae			
青钱柳属	*Cyclocarya* Iljinskaja			
青钱柳	*C. paliurus*（Batal.）Iljinsk.	■●★◆ DA	ii	LC
黄杞属	*Engelhardtia* Leschen			
少叶黄杞	*E. fenzelii* Merr.	◆ EA	iii	
黄杞	*E. roxburghiana* Wall.	■◆ EA	ii	LC
胡桃属	*Juglans* L.			
野核桃	*J. cathayensis* Dode	■▲◆ DA	iii	
胡桃	*J. regia* L.	■●▲★◆ DA	iii	VU
化香树属	*Platycarya* Sieb. et Zucc.			
圆果化香	*P. longipes* Wu	■●◆ DA	ii	
化香树	*P. strobilacea* Sieb. et Zucc.	■●◆ DA	iii	LC
枫杨属	*Pterocarya* Kunth			
枫杨	*P. stenoptera* C. DC.	■●◆ DA	iii	
27. 杨梅科	Myricaceae			
杨梅属	*Myrica* L.			
毛杨梅	*M. esculenta* Buch.-Ham.	■▲ EA	iii	LC
杨梅	*M. rubra*（Lour.）Sieb. et Zucc.	■▲EA	iii	LC
28. 壳斗科	Fagaceae			
栗属	*Castanea* Mill.			
板栗	*C. mollissima* Bl.	■▲◆ DA	iii	
茅栗	*C. sequinii* Dode	■▲◆ DA	i	
栲树属	*Castanopsis* Spach.			
小红栲	*C. carlesii*（Hemsl.）Hay.	◆ EA	i	LC
短刺米槠	*C. carlexii* carlesii（Hemsl.）Hay. var. *spinulosa* Cheng et Chao	◆ EA	iii	LC
瓦山栲	*C. ceratacantha* Rehd. et Wils.	◆ EA	ii	LC
甜槠栲	*C. eyrei*（Champ. ex Benth）Tutch.	◆ EA	iii	LC

中文名	拉丁名	资源/生活型	来源	中国红色名录
厚皮锥	*C. chunii* Cheng	EA	iii	
栲	*C. fargesii* Franch.	■◆ EA	iii	
红锥	*C. hystrix* Miq.	◆ EA	iii	LC
湖北栲	*C. hupehensis* C. S. Chao	◆ EA	ii	LC
钩栲	*C. tibetana* Hance	◆ EA	ii	LC
青冈属	*Cyclobalanopsis* Oerst.			
碟斗青冈	*C. disciformis*（Chun & Tsiang）Hsu & Jen	◆ EA	iii	VU
青冈	*C. glauca*（Thunb.）Oerst.	◆ EA	iii	LC
细叶青冈	*C. gracilis*（Rehd. et Wils.）Cheng et T. Hong	◆ EA	ii	LC
窄叶青冈	*C. augustinii*（Skan）Schott.	EA	ii	LC
贵州青冈	*C. stewadiana*（A. Camus）K. M. Lan	EA	ii	EN
水青冈属	*Fagus* L.			
水青冈	*F. longipetiolata* Seem.	◆ EA	ii	LC
柯属	*Lithocarpus*. Bl.			
短尾柯	*L. brevicaudatus*（Skan）Hay.	EA	ii	LC
包果柯	*L. cleistocarpus* Rehd. et Wils.	EA	ii	LC
泥柯	*L. fenestratus*（Roxb.）Rehd.	EA	ii	LC
窄叶柯	*L. confinis* Huang	◆ EA	iii	LC
烟斗柯	*L. corneus*（Loureiro）Rehder	◆ EA	iii	LC
白皮柯	*L. dealbatus*（DC.）Rehd.	■◆ EA	iii	LC
川柯	*L. fangii*（Hu et Cheng）Huang et Y. T. Chang	◆ EA	iii	LC
大叶石栎	*L. megalophyllus* Rehd. et Wils.	◆ EA	ii	NT
圆锥柯	*L. paniculatus* Hand.-Mazz.	◆ EA	ii	LC
南川柯	*L. rosthornii*（Schott.）Burn.	◆ EA	iii	LC
硬壳柯	*L. hancei*（Benth.）Rehd.	◆ EA	iii	LC
耳叶柯	*L. spicatus* Rehd. et Wils.	◆ EA	iii	NT
栎属	*Quercus* L.			
麻栎	*Q. acutissima* Carruth.	◆ DA	iii	
槲栎	*Q. aliena* Bl.	◆ DA	ii	LC
白栎	*Q. fabri* Hance	■●◆ DA	iii	LC
乌冈栎	*Q. phillyraeoides* A. Gray	◆ DA	iii	LC
枹栎	*Q. serrata* Thunb	◆ DA	ii	LC
短柄枹栎	*Q. serrata* Thunb. var. *brevipetiolata*（A. DC.）Nakai	◆ DA	ii	LC
栓皮栎	*Q. variabilis* Bl.	■◆ DA	iii	LC
29. 桦木科	Betulaceae			
桤木属	*Alnus* Mill.			
桤木	*A. cremastogyne* Burk.	■●◆ DA	ii	LC
桦木属	*Betula* L.			
华南桦	*B. aurtro-sinensis* Chun	■◆ DA	iii	LC
亮叶桦	*B. luminifera* H. Winkl.	■◆ DA	iii	LC
糙皮桦	*B. utilis* D. Don	◆ DA	iii	LC
鹅耳枥属	*Carpinus* L.			
云贵鹅耳枥	*C. pubescens* Burk.	◆ DA	iii	LC

中文名	拉丁名	资源/生活型	来源	中国红色名录
榛属	*Corylus* L.			
川榛	*C. heterophylla* Fisch ex Bess var. *sutchuensis* Franch.	■▲◆ DS	iii	LC
30. 商陆科	Phytolaccaceae			
商陆属	*Phytolacca* L.			
商陆	*P. acinosa* Roxb.	■ H	iii	
垂序商陆	*P. americana* Linn.	■H	iii	
31. 藜科	Chenopodiaceae			
藜属	*Chenopodium* L.			
藜	*C. album* L.	■ H	iii	LC
土荆芥	*C. ambrosioides* Linn.	■ H	iii	
小藜（白藜）	*C. serotinum* Linn.	■ H	iii	
32. 苋科	Amaranthaceae			
牛膝属	*Achyranthes* L.			
土牛膝	*A. aspera* L.	■ H	iii	LC
牛膝	*A. bidentata* Bl.	■ H	iii	LC
白花苋属	*Aerva* Forsk.			
白花苋	*A. sanguinolenta*（Linn.）Blume	■ H	iii	LC
莲子草属	*Alternanthera* Forsk.			
空心莲子草	*A. philoxeroides*（Mart.）Griseb.	■ H	iii	
苋属	*Amaranthus* L.			
绿穗苋	*A. hybridus* L.	H	iii	
尾穗苋	*A. caudatus* L.	■ H	iii	
野苋	*A. ascendens* Loisel.	H	iii	
反枝苋	*A. retroflexus* L.	■▲ H	ii	
苋	*A. tricolor* L.	■ ▲H	iii	
青葙属	*Celosia* Linn.			
青葙	*C. argentea* L.	●■ H	iii	
33. 马齿苋科	Portulacaceae			
土人参属	*Talinum* Aclans.			
土人参	*T. paniculatum*（Jacq）Gaertn.	■ H	iii	
34. 落葵科	Basellaceae			
落葵薯属	*Anredera* Juss.			
落葵薯	*A. cordifolia*（Ten.）Steen.	■▲ HL	iii	
落葵属	*Basella* L.			
落葵	*B. alba* L.	■▲ HL	ii	
35. 石竹科	Caryophyllaceae			
无心菜属	*Arenaria* L.			
无心菜	*A. serpyllifolia* L.	■ H	iii	LC
卷耳属	*Cerastium* L.			
球序卷耳	*C. glomeratum* Thuill.	■ H	iii	LC
丛生卷耳	*C. tontanum* Bge. Subsp. *triviale*（Link.）Talas	■ H	iii	
狗筋蔓属	*Cucubalus* L.			
狗筋蔓	*C. baccifer* Linn.	■ H	ii	LC

续表

中文名	拉丁名	资源/生活型	来源	中国红色名录
鹅肠菜属	*Myosoton* Moench			
鹅肠菜	*M. aquaticum*（L.）Moench	■▲ H	ii	
孩儿参属	*Pseudostellaria* Pax			
细叶孩儿参	*P. sylvatica*（Maxim.）Pax	■ H	ii	LC
漆姑草属	*Sagina* L.			
漆姑草	*S. japonica*（Sweet）Ohwi	■ H	iii	LC
蝇子草属	*Silene* L.			
掌脉蝇子草	*S. asclepiadea* Franch.	■ H	iii	LC
绳子草	*S. fortunei* Vis.	■ H	iii	
繁缕属	*Stellaria* L.			
雀舌草	*S. alsine* Grimm var. *alsine* Grimm	■ H	iii	
繁缕	*S. media*（L.）Cyr.	■ H	iii	LC
石生繁缕	*S. vestita* Kurz	■ H	ii	LC
箐姑草	*S. vestita* Kurz. var. *vestita* Kurz.	■ H	iii	LC
巫山繁缕	*S. wushanensis* Williams	■ H	iii	
36. 蓼科	Polygonaceae			
金线草属	*Antenoron* Raf.			
金线草	*A. filiforme*（Thunb.）Rob. et Vaut.	■H	iii	LC
短毛金线草	*A. filiforme*（Thunb.）Rob. et Vaut. var. *neofiliforme*（Nakai）A. J. Li	■H	ii	LC
荞麦属	*Fagopyrum* Mill.			
苦荞麦	*F. tataricum*（L.）Gaertn.	■▲ H	iii	
硬枝野荞麦	*F. urophyllum*（Bur et Franch.）H. Dross	H	iii	LC
蓼属	*Polygonum* L.			
萹蓄	*P. aviculare* L.	■ H	iii	LC
毛蓼	*P. barbatum* L.	■ H	iii	
习见蓼	*P. plebeium* R. Br. Prodr.	■ H	iii	
丛枝蓼	*P. caespitosum* Bl.	■ H	iii	
头花蓼	*P. capitatum* Buch.-Ham ex D. Don	■ H	iii	
火炭母	*P. chinensis* L.	■ H	iii	LC
稀花蓼	*P. dissitiflorum* Hemsl.	■ H	iii	
水蓼	*P. hydropiper* L.	■ H	iii	
粗毛水蓼	*P. hydropiper* L. var. *hispidam*（Hook. f.）Steward	■ H	i	
蚕茧草	*P. japonicum* Meisn.	■ H	iii	
酸模叶蓼	*P. lapathifolium* Linn.	■ H	ii	LC
长鬃蓼	*P. longisetum* de Bruyn.	H	iii	LC
大花蓼	*P. macranthum* Meisn.	H	i	
何首乌	*P. multiflorum* Thunb.	■ HL	iii	LC
尼泊尔蓼	*P. nepalense* Meisn.	H	iii	
杠板归	*P. perfoliatum* L.	■ H	iii	
桃叶蓼	*P. persicaria* L.	■ H	i	LC
赤胫散	*P. runcinatum* Buch.-Ham.	■ H	iii	LC
戟叶蓼	*P. thunbergii* Sieb. et Zucc.	■ H	ii	
圆穗蓼	*P. sphaerostachyum* Meisn.	■◆ H	ii	

中文名	拉丁名	资源/生活型	来源	中国红色名录
虎杖属	*Reynoutria* Houtt.			
虎杖	*R. japonica* Houtt.	■H	iii	
酸模属	*Rumex* L.			
酸模	*R. acetosa* Linn.	■H	iii	
齿果酸模	*R. franzenbachii* Munt.	■H	iii	
皱叶酸模	*R. crispus* Linn.	■H	iii	
37. 山茶科	Theaceae			
杨桐属	*Adinandra* Jack.			
川杨桐	*A. bockiana* Pritzel ex Diels	ES	iii	LC
尖叶川杨桐	*A. bockiana* var. *acutifolia*（Hand.-Mazz.）Kobuski	ES	iii	LC
大萼杨桐	*A. glischroloma* var. *macrosepala*（Metcalf）Kobuski	ES	iii	LC
红淡比属	*Cleyera* Thunb.			
齿叶红淡比	*C. japonica* Thunb. var. *lipingensis*（Hand.-Mazz.）Kobuski	DA	iii	LC
红淡比	*C. japonica* Thunb	EA	iii	LC
山茶属	*Camellia* L.			
贵州连蕊茶	*C. costei* Lévl.	●ES	iii	LC
尖连蕊茶	*C. cuspidata*（Kochs）Wright ex Gard.	■ ES	iii	
美丽红山茶	*C. delicata* Y. K. Li	ES	iii	
冬青叶山茶	*C. ilicifolia* Y. K. Li	★ES	ii	
贵州红山茶	*C. kweichouensis* Chang	EA	ii	
石果红山茶	*C. lapida* Wu	EA	ii	
黎平瘤果茶	*C. lipingensis* Chang	EA	ii	
长柱红山茶	*C. longistyla* Chang apue zeng et Zhou	ES	iii	
荔果茶	*C. litchi* Chang	ES	iii	
长瓣短柱茶	*C. grijsii* Hance	★ES	iii	NT
秃房茶	*C. gymnogyna* Chang	■▲ES	i	LC
山茶	*C. japonica* L.	■● ES	iii	
冬青叶山茶	*C. ilicifolia* Y. K. Li	ES	iii	
小黄花茶	*C. luteoflora* Li ex Chang	★ ES	iii	VU
大果红山茶	*C. magnocarpa* Chang	ES	iii	
毛蕊红山茶	*C. mairei*（Lévl.）Melch.	★ES	iii	LC
狭叶瘤果茶	*C. neriifolia* Chang	★EA	iii	LC
芳香短柱茶	*C. odorata* L. S. Xie et Z. Y. Zhang	ES	ii	
油茶	*C. oleifera* Abel.	■●▲ ES	iii	LC
峨眉红山茶	*C. omeiensis* Chang	ES	iii	
小长尾尖连蕊茶	*C. parvicaudata* Chang	ES	ii	
连蕊茶	*C. paterna* Hance	■ES	ii	
西南红山茶	*C. pitardii* Coh. St.	■● ES	iii	LC
皱果茶	*C. rhytidocarpa* Chang et Liang	●ES	iii	LC
川鄂连蕊茶	*C. rosthorniana* Hand.-Mazz.	ES	iii	LC
普洱茶	*C. assamica*（Mast.）Chang	▲ES	ii	VU
毛萼金屏连蕊茶	*C. tsingpienensis* Hu var. *pubisepala* Chang	ES	ii	NT
秃梗连蕊茶	*C. dubia* Sealy	ES	iii	

续表

中文名	拉丁名	资源/生活型	来源	中国红色名录
茶	*C. sinensis*（L.）O. Ktze.	■▲ ES	iii	DD
细萼连蕊茶	*C. tsofui* Chien	● ES	iii	
瘤果茶	*C. tuberculata* Chien	● ES	iii	
长毛红山茶	*C. villosa* Chang et S. Y. Ling ex Chang	ES	iii	
柃木属	*Eurya* Thunb.			
川黔尖叶柃	*E. acuninoides* Hu et L. K. Ling	▲ ES	iii	NT
二列叶柃	*E. distichophylla* Hemsl.	ES	iii	LC
大叶柃	*E. gigantofolia* Y. K. Li	■DA	ii	NT
岗柃	*E. groffii* Merr.	■▲ ES	iii	LC
细枝柃	*E. loquaniana* Dunn	■▲ ES	iii	LC
金叶细枝柃	*E. loquiana* Dunn var. *aureo-punctata* H. T. Chang	▲ ES	iii	LC
贵州毛柃	*E. kueichowensis* Hu et L. K. Ling	▲ ES	iii	LC
格药柃	*E. muricata* Dunn	▲ ES	iii	LC
毛枝格药柃	*E. muricata* Dunn var. *huiana*（Kobuski）L. K. Ling	▲ ES	iii	LC
细齿柃	*E. nitida* Korthals	■▲ ES	iii	LC
黄背叶柃	*E. nitida* Korthals var. *aurescens*（Rehd. et Wils.）Kobuski	▲ ES	i	
矩圆叶柃	*E. oblonga* Yang var. *oblonga* Yang	◆ ES	iii	LC
钝叶柃	*E. obtusifolia* H. T. Chang	■▲ ES	iii	LC
大叶五室柃	*E. quinquelocularis* Kobuski	▲ES	ii	NT
半齿柃	*E. semiserrata* Chang	ES	ii	LC
窄叶柃	*E. stenophylla* Merr.	▲ ES	iii	LC
大头茶属	*Gordonia* Ellis.			
四川大头茶	*G. acuminata* Chang	●◆ EA	iii	LC
广西大头茶	*G. kwangsiensis* Chang	■◆ EA	iii	
黄药大头茶	*G. chrysandra* Cowan	■●◆ EA	iii	LC
木荷属	*Schima* Reinw			
银木荷	*S. argentea* Pritz. ex Diels	■●◆ EA	iii	LC
小花木荷	*S. parviflora* Cheng et Chang ex Chang	◆ EA	iii	LC
中华木荷	*S. sinensis*（Hemsl.）Airy-Shaw	◆ EA	iii	LC
木荷	*S. superba* Gardn. et Champ.	■●◆ EA	iii	LC
厚皮香属	*Ternstroemia* Mutis et L. f.			
四川厚皮香	*T. sichuanensis* L. K. Ling	●◆ EA	ii	NT
亮叶厚皮香	*T. nitida* Merr.	EA	ii	LC
石笔木属	*Tutcheria* Dunn			
贵州石笔木	*T. kweichowensis* Chang et Y. K. Li	★ EA	ii	
38. 藤黄科	Guttiferae			
金丝桃属	*Hypericum* L.			
扬子小连翘	*H. faberi* R. Keller	■H	iii	LC
金丝桃	*H. monogynum* L	■● ES	iii	LC
地耳草	*H. japonicum* Thunb. ex Murra	■H	iii	
金丝梅	*H. patulum* Thunb. ex Murray	■● ES	iii	
元宝草	*H. sampsonii* Hance	■H	iii	
滇金丝桃（遍地金）	*H. wightanum* Wall. ex Wight et Arn.	■H	iii	LC

中文名	拉丁名	资源/生活型	来源	中国红色名录
39. 猕猴桃科	Actinidiaceae			
猕猴桃属	*Actinidia* Lindl.			
硬齿猕猴桃	*A. callosa* Lindl. var. *callosa*	▲ FL	ii	
京梨猕猴桃	*A. callosa* Lindl. var. *henryi* Maxim.	■▲ FL	iii	
中华猕猴桃	*A. chinensis* Planch.	■▲◆ FL	ii	LC
硬毛猕猴桃	*A. chinensis* Planch. var. *hispida* C. F. Liang	■▲ FL	ii	
毛花猕猴桃	*A. eriantha* Benth	▲ FL	ii	LC
阔叶猕猴桃	*A. latifolia*（Gardn. et Champ.）Merr. var. *latifolia*	▲FL	ii	
薄叶猕猴桃	*A. leptophylla* C. Y. Wu	▲FL	ii	
葛枣猕猴桃	*A. polygama*（Sieb. et Zucc.）Maxim.	■ ▲FL	iii	LC
红茎猕猴桃	*A. rubricaulis* Dunn	■▲◆ FL	iii	NT
革叶猕猴桃	*A. rubricaulis* Dunn var. *coriacea* C. F. Liang	■▲◆ FL	iii	LC
水东哥属	*Saurauia* Willd.			
山地水东哥	*S. napaulensis* DC. var. *montana* C. F. Liang et Y. S. Wang	■▲◆ EA	iii	LC
聚锥水东哥	*S. tristyla* DC.	■▲◆ EA	iii	LC
40. 杜英科	Elaeocarpaceae			
杜英属	*Elaeocarpus* L.			
中华杜英	*E. chinensis*（Gardn. et Champ.）Hook. f. ex Benth.	EA	ii	
杜英	*E. decipiens* Hemsl.	■● EA	i	LC
大果杜英	*E. fleuryi* A. Chev. ex Gagnep.	● EA	iii	
日本杜英	*E. japonicas* Sieb. et Zucc	● EA	iii	
山杜英	*E. sylvestris*（Lour.）Poir.	● EA	iii	
猴欢喜属	*Sloanea* L.			
仿栗	*S. hemsleyana* Rehd. et Wils.	▲ EA	ii	LC
薄果猴欢喜	*S. leptocarpa* Diels	EA	ii	LC
猴欢喜	*S. sinensis*（Hance）Hemsl.	● EA	iii	LC
41. 椴树科	Tiliaceae			
田麻属	*Corchoropsis* Sieb. et Zucc.			
田麻	*C. tomentosa*（Thunb.）Makino	■ H	ii	
椴树属	*Tilia* L.			
椴树	*T. tuan* Szyszyl.	■▲DA	ii	LC
42. 梧桐科	Sterculiaceae			
梧桐属	*Firmiana* Marsili			
梧桐	*F. simplex*（L.）F. W. Wight	■●▲DS	iii	
苹婆属	*Sterculia* Linn.			
假苹婆	*S. lanceolata* Cav.	■●▲◆EA	iii	LC
梭椤树属	*Reevesid* Lindl.			
梭罗树	*R. pubescens* Mast.	EA	ii	LC
73. 锦葵科	Malvaceae			
锦葵属	*Malva* L.			
野葵	*M. verticillata* Linn.	■▲ H	iii	LC
梵天花属	*Urena* Linn.			
波叶梵天花	*U. repanda* Roxb.	H	iii	LC

续表

中文名	拉丁名	资源/生活型	来源	中国红色名录
地桃花	*U. lobata* Linn.	■ H	iii	LC
43. 大风子科（刺篱木科）	Flacourtiaceae			
山羊角树属	*Carrierea* Franch.			
山羊角树	*C. calycina* Franch.	DA	ii	LC
脚骨脆属	*Casearia* Jacq.			
脚骨脆	*C. balansae* Gagn.	EA	iii	
山桐子属	*Idesia* Maxim.			
山桐子	*I. polycarpa* Maxim.	■◆ DA	iii	LC
毛叶山桐子	*I. polycarpa* Maxim. var. *vestita* Diels.	◆ DA	ii	
柞木属	*Xylosma* Forster.			
柞木	*X. racemosum*（Sieb. et Zucc.）Miq.	■ EA	iii	
长叶柞木	*X. longifolium* Clos	■ EA	ii	LC
44. 旌节花科	Stachyuraceae			
旌节花属	*Stachyurus* Sieb. ex Zucc.			
中国旌节花	*S. chinensis* Franch.	■ DS	iii	
西域旌节花	*S. himalaicus* Hook. f. et Thoms.	■ DS	iii	LC
矩圆叶旌节花	*S. oblongifolius* Wang et Tang	DS	iii	
倒卵叶旌节花	*S. obovatus*（Rehd.）Li	■ DS	i	LC
柳叶旌节花	*S. salicifolius* Franch. var. *lancifolius* C. Y. Wu	■ ES	ii	LC
45. 堇菜科	Violaceae			
堇菜属	*Viola* L.			
戟叶堇菜	*V. betonicifolia* Smith	■ H	iii	LC
阔萼堇菜	*V. grandisepala* W. Beck.	H	ii	LC
毛堇菜	*V. thomsonii* Oudem.	H	ii	
心叶堇菜	*V. cordifolia* W. Beck.	H	iii	LC
七星莲	*V. diffusa* Ging.	■ H	iii	LC
长萼堇菜	*V. inconspicua* Blume	■ H	iii	
紫花地丁	*V. philippica* Cav.	■▲ H		
柔毛堇菜	*V. principis* H. de Boiss	H	ii	LC
浅圆齿堇菜	*V. schneideri* W. Beck.	H	iii	
堇菜	*V. verecunda* A. Gray	■ H	iii	
云南堇菜	*V. yunnanfuensis* W. Beck.	H	ii	LC
46. 西番莲科	Passifloraceae			
西番莲属	*Passiflora* Linn.			
西番莲	*P. caerulea* L.	■●▲◆ HL	i	
47. 葫芦科	Cucurbitaceae			
绞股蓝属	*Gynostemma* Bl.			
绞股蓝	*G. pentaphyllum*（Thunb.）Makino	■ HL	iii	LC
葫芦属	*Lagenaria* Ser.			
瓠子	*L. siceraria*（Molina）Standl. cv. Hispida	■▲ H	iii	
苦瓜属	*Momordica* Linn.			
木鳖子	*M. cochinchinensis*（Lour.）Spreng.	■ H	iii	LC

中文名	拉丁名	资源/生活型	来源	中国红色名录
赤瓟属	*Thladiantha* Bunge			
大苞赤瓟	*T. calcarata*（Wall.）Clarke	HL	iii	LC
川赤瓟	*T. davidii* Franch.	HL	iii	LC
球果赤瓟	*T. globicarpa* A. M. Lu et Z. Y. Zhang	HL	iii	LC
皱果赤瓟	*T. henryi* Hemsl.	HL	iii	LC
南赤瓟	*T. nudiflora* Hemsl.	■ HL	ii	LC
鄂赤瓟	*T. oliveri* Cogn. ex Mottet	HL	iii	
栝楼属	*Trichosanthes* Linn.			
中华栝楼	*T. rosthornii* Harms	■ HL	iii	LC
48. 秋海棠科	Begoniaceae			
秋海棠属	*Begonia* L.			
周裂秋海棠	*B. circumlobata* Hance	■ H	iii	LC
紫背天葵	*B. fimbristipula* Hance	■ H	iii	LC
秋海棠	*B. grandis* subsp. *grandis* Dry.	■● H	iii	LC
柔毛中华秋海棠	*B. grandis* Irmsch. var. *villosa* Ku	H	iii	LC
戟叶秋海棠	*B. limprichtii* Irmsch.	■ H	i	LC
掌裂叶秋海棠	*B. pedatifida* Lévl.	■ H	iii	LC
长柄秋海棠	*B. simithiana* Yu	■ H	iii	LC
中华秋海棠	*B. sinensis* A. DC.	■● H	iii	LC
49. 杨柳科	Salicaceae			
杨属	*Populus* L.			
响叶杨	*P. adenopoda* Maxim.	■●◆ DA	iii	LC
柳属	*Salix* L.			
秋华柳	*S. cathayana* Diels	●◆ DS	iii	LC
皂柳	*S. wallichiana* Anderss.	■●◆ DA	iii	LC
小叶柳	*S. hypoleuca* Seemen	●◆ DA	ii	LC
50. 十字花科	Cruciferae			
拟南芥属	*Arabidopsis* Haynh			
鼠耳芥	*A. thaliana*（Linn.）Haynh	H	ii	LC
荠属	*Capsella* Medic.			
荠	*C. bursa-pastoris*（L.）Medic.	■▲◆ H	iii	LC
碎米荠属	*Cardamine* L.			
弯曲碎米荠	*C. flexuosa* With.	■◆ H	iii	
碎米荠	*C. hirsute* L.	■▲◆ H	iii	
弹裂碎米荠	*C. impatiens* L.	■▲◆ H	iii	
白花碎米荠	*C. leucantha*（Tausch）O. E. Schulz	■▲ H	ii	LC
独行菜属	*Lepidium* L.			
独行菜	*L. apetalum* Willd	■ H	ii	LC
北美独行菜	*L. virginicum* L.	■ H	ii	LC
蔊菜属	*Rorippa* Scop.			
无瓣蔊菜	*R. dubia*（Pers.）Hara	■▲◆ H	iii	LC
蔊菜	*R. montana*（Wall.）Small	■▲◆ H	iii	LC
51. 桤叶树科	Clethraceae			

中文名	拉丁名	资源/生活型	来源	中国红色名录
桤叶树属	*Clethra*（Gronov.）Linn.			
单穗桤叶树	*C. monostachya* Rehd. et Wils.	DA	iii	
52. 杜鹃花科	Ericaceae			
吊钟花属	*Enkianthus* Lour.			
吊钟花	*E. quinqueflorus* Lour.	● ES	iii	LC
齿缘吊钟花	*E. serrulatus*（Wils.）Schneid.	■ ES	iii	LC
白珠树属	*Gaultheria* Kalm ex Linn.			
滇白珠	*G. leucocarpa* Bl. var. *crenulata*（Kurz）T. Z. Hsu	■▲ ES	iii	DD
珍珠花属	*Lyonia* Nutt.			
珍珠花	*L. ovalifolia*（Wall.）Drude	■▲ ES	iii	LC
小果珍珠花	*L. ovalifolia*（Wall.）Drude var. *elliptica* Hand.-Mazz.	■●▲ ES	iii	LC
狭叶珍珠花	*L. ovalifolia* Drude var. *lanceolata*（Wall.）Hand.-Mazz.	● ES	iii	LC
马醉木属	*Pieris* D. Don			
美丽马醉木	*P. formosa*（Wall.）D. Don	● ES	iii	LC
杜鹃属	*Rhododendron* L.			
腺萼马银花	*R. bechii* Lévl	●ES	iii	
粗脉杜鹃	*R. coeloneurum* Diels	EA	ii	LC
溪畔杜鹃	*R. rivulare* Hand.-Mazz.	ES	i	LC
杜鹃（映山红）	*R. simsii* Planch.	■●▲ DS	iii	LC
长蕊杜鹃	*R. stamineum* Franch.	■● ES	iii	LC
越橘属	*Vaccinium* Linn.			
南烛	*V. bracteatum* Thunb.	■●▲◆ ES	iii	LC
短尾越橘	*V. carlesii* Dunn	■◆ ES	iii	LC
黄背越橘	*V. iteophyllum* Hance	◆ ES	iii	LC
江南越橘	*V. mandarinorum* Diels	■◆ ES	iii	LC
53. 柿树科	Ebenaceae			
柿属	*Diospyros* Linn.			
乌柿	*D. cathayensis* Steward	■●◆ EA	iii	LC
岩柿	*D. dumetorum* W. W. Smith	■◆ EA	iii	LC
柿	*D. kaki Thunb.* var. *sylvestris* Makino	■●▲◆ EA	iii	LC
罗浮柿	*D. morrisiana* Hance	■●◆ EA	iii	LC
君迁子	*D. totus* L.	■●◆ EA	iii	LC
54. 安息香科	Styracaceae			
赤杨叶属	*Alniphyllum* Matsum.			
赤杨叶	*A. fortunei*（Hemsl.）Makino	■● EA	iii	LC
山茉莉属	*Huodendron* Rehd.			
西藏山茉莉	*H. tibeticum*（Anthony）Rehd.（存疑）	EA	iii	NT
陀螺果属	*Melliodendron* Hand.-Mazz.			
陀螺果	*M. xylocarpum* Hand.-Mazz.	EA	iii	LC
白辛树属	*Pterostyrax* Sieb. et Zucc.			
白辛树	*P. psilophyllus* Diels ex Perk.	●★ EA	iii	NT
木瓜红属	*Rehderodendron* Hu			
木瓜红	*R. macrocarpum* Hu	●★ EA	iii	VU

中文名	拉丁名	资源/生活型	来源	中国红色名录
安息香属	*Styrax* Linn.			
赛山梅	*S. confusus* Hemsl.	EA	ii	LC
野茉莉	*S. japonica* Sieb. et Zucc.	■● ES	iii	LC
大花野茉莉	*S. grandi florus* Griff.	■ ES	iii	LC
55. 山矾科	Symplocaceae			
山矾属	*Symplocos* Jacq.			
总状山矾	*S. botryamtha* Franch.	■◆ EA	iii	
薄叶山矾	*S. anomala* Brand.	◆ EA	ii	LC
华山矾	*S. chinensis*（Lour.）Druce	■ DS	ii	
叶萼山矾	*S. lucida*（Thunb.）Sieb. et Zucc.	■▲◆ EA	ii	
光叶山矾	*S. lancifolia* Sieb. et Zucc.	◆ EA	iii	LC
黄牛奶树	*S. laurina* Wall.	●◆ EA	iii	LC
白檀	*S. paniculata*（Thunb.）Mic	■●◆ DS	iii	LC
四川山矾	*S. setchuensis* Brand.	■●◆ EA	iii	
老鼠矢	*S. stellaris* Brand	●◆ EA	iii	LC
铜绿山矾	*S. aenea* Hand.-Mazz.	◆ EA	iii	LC
山矾	*S. sumuntia* Buch.-Ham. ex D. Don	■◆ EA	i	LC
56. 紫金牛科	Myrsinaceae			
紫金牛属	*Ardisia* Swartz			
九管血	*A. brevicaulis* Diels	■ ES	iii	LC
大叶百两金	*A. crispa*（Thunb.）A. DC. var. *amplifolia* Walker	● ES	ii	LC
尾叶紫金牛	*A. caudata* Hemsl.	■ ES	iii	LC
硃砂根	*A. crenata* Sims var. *crenata*	■● ES	iii	LC
红凉伞	*A. crenata* Sims var. *bicolor*	■● ES	iii	LC
百两金	*A. crispa*（Thunb.）DC. var. *crispa*	■● ES	iii	LC
圆果罗伞	*A. depressa* C. B. Clarke	■ ES	i	
细柄百两金	*A. faberi* Hemsl. var. *oblanceifolia* C. Chen	ES	iii	LC
紫金牛	*A. japonica*（Thunb）Blume	■ ES	iii	LC
酸藤子属	*Embelia* Burm. f.			
多脉酸藤果	*E. eblongifolia* Hemsl.	■ FL	i	
网脉酸藤子	*E. rudis* Hand.-Mazz.	■ FL	iii	LC
杜茎山属	*Maesa* Forsk.			
湖北杜茎山	*M. hupehensis* Rehd.	■ ES	i	LC
毛穗杜茎山	*M. insignis* Chun.	ES	ii	LC
杜茎山	*M. japonica*（Thunb.）Mor. ex Zoll	■ ES	iii	LC
金珠柳	*M. montana* A. DC.	■▲ ES	iii	LC
鲫鱼胆	*M. pelarius*（Lour.）Merr.	■ ES	i	LC
软弱杜茎山	*M. tenera* Mez.	▲ ES	i	LC
铁仔属	*Myrsine* Linn.			
铁仔	*M. africana* L.	■● ES	iii	LC
针齿铁仔	*M. semiserrata* Wall.	■▲ ES	i	LC
光叶铁仔	*M. stolonifera*（Koidz）Walker	■▲ ES	iii	LC
密花树属	*Rapanea* Aubl.			

中文名	拉丁名	资源/生活型	来源	中国红色名录
尖叶密花树	*R. faberi* Mez	EA	ii	LC
钝叶密花树	*R. linearis*（Lour.）S. Moore	EA	ii	LC
密花树	*R. neriifolia*（Sieb.）et Zucc. Mez	■◆ EA	iii	LC
57. 报春花科	Primulaceae			
点地梅属	*Androsace* L.			
贵州点地梅	*A. kouytchensis* Bonati	● H	i	LC
珍珠菜属	*Lysimachia* L.			
广西过路黄	*L. alfredii* Hance	■● H	iii	LC
细梗香草	*L. capillipes* Hemsl.	●◆ H	iii	LC
过路黄	*L. christinae* Hance	■ H	iii	
临时救	*L. congestiflora* Hemsl.	■ H	iii	
长柄过路黄	*L. esquirolii* Bonati.	H	iii	
大叶排草 （大叶过路黄）	*L. fordiana* Oliv.	■ H	iii	NT
点腺过路黄	*L. hemsleyana* Maxim.	■ H	iii	
重楼排草 （落地梅）	*L. paridiformis* Franch.	■● H	iii	LC
狭叶落地梅	*L. paridiformis* Franch. var. *stenophylla* Franch.	● H	iii	LC
叶头过路黄	*L. phyllocephala* Hand.-Mazz.	● H	iii	NT
显苞过路黄	*L. rubiginosa* Hemsl.	H	ii	LC
矮桃	*L. clethroides* Duby	■▲ H	iii	
伞花落地梅	*L. sciadantha* C. Y. Wu	H	ii	EN
报春花属	*Primula* L.			
习水报春	*P. lithophila* Chen et C. M. Hu	★ H	iii	LC
黔西报春	*P. cavaleriei* Petitm.	H	ii	VU
鹅黄灯台报春	*P. cockburniana* Hemsl.	■H	ii	
贵州报春	*P. kweichouensis* W. W. Smith.	H	ii	NT
报春花	*P. malacoides* Franch.	■ H	ii	LC
58. 海桐花科	Pittosporaceae			
海桐花属	*Pittosporum* Banks			
大叶海桐	*P. adaphniphylloides* Hu et Wang	EA	ii	LC
短萼海桐	*P. brevicalyx*（Oliv.）Gagnep.	■ ES	ii	LC
皱叶海桐	*P. crispulum* Gagnep.	■◆ ES	ii	LC
光叶海桐	*P. glabratum* Lindl.	■ EA	ii	LC
狭叶海桐	*P. glabratum* Lindl. var. *neriifolium* Rehd. et Wils.	■◆ ES	iii	LC
海金子	*P. illicioides* Mak.	■ ES	ii	LC
柄果海桐	*P. podocarpum* Gagnep.	■◆ ES	iii	LC
海桐	*P. tobira*（Thunb.）Ait.	■●◆ ES	iii	
棱果海桐	*P. trigonocarpum* Lévl	◆ ES	i	LC
菱叶海桐	*P. truncatum* Pritz.	ES	ii	LC
波叶海桐	*P. undulatifolium* Chang et Yan	EA	ii	LC
木果海桐	*P. xylocarpum* Hu et Wang	■ ES	ii	LC
59. 景天科	Crassulaceae			
景天属	*Sedum* L.			

中文名	拉丁名	资源/生活型	来源	中国红色名录
费菜	*S. aizoon* L.	■ H	iii	LC
珠芽景天	*S. bulbiferum* Makino	■● H	iii	
细叶景天	*S. elatinoides* Franch.	■● H	ii	LC
凹叶景天	*S. emarginatum* Migo	■● H	iii	
佛甲草	*S. lineare* Thunb.	■● H	iii	
齿叶景天	*S. odontophyllum* Fröd.	■ H	iii	
垂盆草	*S. sarmentosum* Bunge	■● H	iii	LC
60. 虎耳草科	Saxifragaceae			
落新妇属	*Astilbe* Buch.-Ham.			
落新妇	*A. chinensis*（Maxim.）Franch. et Savat.	■●◆ H	iii	
大落新妇	*A. grandis* Stapf. ex Wils.	■ H	ii	LC
金腰属	*Chrysosplenium* L.			
天胡荽金腰	*C. hydrocotylifolium* Lévl. et Vant.	H	ii	LC
溲疏属	*Deutzia* Thunb.			
长叶溲疏	*D. longifolia* Franch	●◆ DS	iii	LC
溲疏	*D. scabra* Thunb.	■●◆ DS	iii	
川溲疏	*D. setchunensis* Franch.	●◆ DS	iii	LC
常山属	*Dichroa* Lour.			
黄常山	*D. febrifuga* Lour.	■◆ DS	iii	
罗蒙常山	*D. yaoshanensis* Y. C. Wu	◆ DS	i	LC
绣球属	*Hydrangea* Linn.			
冠盖绣球	*H. anomala* D. don	■◆ FL	iii	LC
中国绣球	*H. chinensis* Maxim.	◆ DS	ii	LC
伞形绣球	*H. umbellata* Rehd.	■◆ DS	ii	
西南绣球	*H. davidii* Franch.	■●◆ DS	iii	LC
圆锥绣球	*H. paniculata* Sieb.	■●◆ DS	iii	LC
蜡莲绣球	*H. strigosa* Rehd.	■●◆ DS	iii	LC
挂苦绣球	*H. xanthoneura* Diels	■●◆ DS	iii	LC
柔毛绣球	*H. villosa* Rehder	■●◆ DS	iii	
鼠刺属	*Itea* Linn.			
矩叶鼠刺	*I. oblonga* Hand.-Mazz.	■◆ ES	iii	
山梅花属	*Philadelphus* Linn.			
山梅花	*P. incanus* Koehne	■●◆ DS	iii	
虎耳草属	*Saxifraga* L.			
虎耳草	*S. stolonifera* Curt.	■◆ H	iii	
黄水枝属	*Tiarella* L.			
黄水枝	*T. polyphylla* D. Don	■ H	ii	LC
61. 蔷薇科	Rosaceae			
龙牙草属	*Agrimonia* L.			
龙芽草	*A. pilosa* Ledeb.	■ H	iii	LC
樱属	*Cerasus* Mill.			
尾叶樱桃	*C. dielsiana*（Schneid.）Yu et Li	●▲ DS	iii	LC
崖樱桃	*C. scopulorum*（Koehne）Yu et Li	●▲ DA	ii	

中文名	拉丁名	资源/生活型	来源	中国红色名录
木瓜属	*Chaenomeles* Lindl.			
毛叶木瓜	*C. cathayensis*（Hemsl.）Schneid.	● DA	ii	LC
枸子属	*Cotoneaster* B. Ehrhart			
黄杨叶枸子	*C. buxifolius* Lindl.	ES	iii	LC
平枝枸子	*C. horizontalis* Dcne	■ ES	ii	LC
小叶平枝枸子	*C. horizontalis* Dcne var. *perpusillus* Schneid.	● DS	ii	LC
西南枸子	*C. franchetii* Bois	■ ES	ii	LC
毡毛枸子	*C. pannosa* Franch.	ES	ii	LC
蛇莓属	*Duchesnea* J. E. Smith			
蛇莓	*D. indica*（Andr.）Focke	■◆ H	iii	
枇杷属	*Eriobotrya* Lindl.			
大花枇杷	*E. cavaleriei*（H. Lévl.）Rehd.	●▲ DA	iii	LC
路边青属	*Geum* L.			
柔毛路边青	*G. japonicum* Thunb. var. *chinense* F. Bolle	■ H	iii	LC
棣棠花属	*Kerria* DC.			
棣棠花	*K. japonica*（L.）DC.	■ DS	iii	LC
桂樱属	*Laurocerasus* Tourn. ex Duham.			
南方桂樱	*L. australis* Yu et Lu	DA	iii	VU
大叶桂樱	*L. zippeliana*（Miq.）Browicz	■● EA	iii	LC
刺叶桂樱	*L. spinulosa* Sieb. et Zucc.	■ EA	ii	LC
苹果属	*Malus* Mill.			
湖北海棠	*M. hupehensis*（Pamp.）Rehd.	■●▲◆ DA	iii	LC
石楠属	*Photinia* Lindl.			
中华石楠	*P. beauverdiana* Schneid.	■ DS	ii	LC
贵州石楠	*P. bodinieri* Lévl.	EA	iii	LC
光叶石楠	*P. glabra*（Thanb.）Maxim.	■●▲◆ EA	iii	LC
桃叶石楠	*P. prunifolia*（Hook et Arn.）Lindl.	EA	ii	LC
石楠	*P. serrulata* Lindl.	■●▲◆ EA	iii	LC
窄叶石楠	*P. stenophylla* Hand.-Mazz.	ES	iii	VU
椤木石楠	*P. davidsoniae* Rehd. &Wils.	■ EA	iii	
毛叶石楠	*P. villosa*（Thunb.）DC	EA	ii	LC
委陵菜属	*Potentilla* L.			
三叶委陵菜	*P. freyniana* Bornm.	■ H	iii	LC
蛇含委陵菜	*P. kleiniana* Wight et Arn.	■H	iii	
西南委陵菜	*P. lineata* Treviranus	■ H	iii	LC
臀果木属	*Pygeum* Gaertn.			
臀果木	*P. topengii* Merr.	◆ EA	iii	LC
火棘属	*Pyracantha* Rocm.			
全缘火棘	*P. atalantioides*（Hance）Stapf	■●▲ ES	iii	LC
细圆齿火棘	*P. crenulata*（D. Don）Roem.	■●▲◆ ES	iii	LC
火棘	*P. fortuneana*（Maxim.）Li	■●▲ ES	iii	LC
蔷薇属	*Rosa* L.			
伞房蔷薇	*R. corymbulosa* Rolfe	■●◆ ES	iii	LC

中文名	拉丁名	资源/生活型	来源	中国红色名录
小果蔷薇	R. cysoma Tratt.	■•▲◆ ES	iii	LC
金樱子	R. laevigata Michx.	■•▲◆ ES	iii	
野蔷薇	R. multiflora Thunb.	■•◆ ES	iii	
缫丝花	R. roxburghii Tratt.	■•◆ ES	iii	LC
悬钩子蔷薇	R. rubus Lévl. et Vant.	■•◆ ES	iii	LC
悬钩子属	Rubus L.			
西南悬钩子	R. assamensis Focke	▲◆ ES	iii	LC
粉枝莓	R. biflorus Butch.-Ham.	▲ ES	iii	LC
长序莓	R. chiliadenus Focke	▲ ES	ii	NT
寒莓	R. buergeri Miq.	■▲ ES	iii	LC
掌叶覆盆子	R. chingii Hu	■▲ ES	iii	LC
山莓	R. corchorifolius L. f.	■▲◆ ES	iii	LC
毛萼莓	R. chroosepalus Focke	▲◆ ES	iii	LC
插田泡	R. coreanus Miq.	■▲◆ ES	iii	LC
毛叶插田泡	R. coreanus Miq. var. tomentosus Card.	■▲◆ ES	iii	LC
栽秧泡	R. ellipticus Smith var. obcordatus（Franch.）Focke	■▲ ES	iii	LC
腺毛大红泡	R. eustephanus Focke ex Diels var. glanduliger Yü et Lu	▲◆ ES	iii	LC
弓茎悬钩子	R. flosculosus Focke	■▲◆ ES	iii	LC
宜昌悬钩子	R. inchangensis Hemsl. et O. Kuntze	■▲◆ ES	iii	LC
白叶莓	R. innominatus S. Moore	■▲◆ ES	iii	LC
无腺白叶莓	R. innominatus S. Moore var. kuntzeanus Bailey	■▲ DS	ii	LC
密腺白叶莓	R. innominatus S. Moore var. aralioides（Hance）Yu et Lu	▲ DS	ii	LC
红花悬钩子	R. inopertus（Diels）Focke	▲ ES	ii	LC
高粱泡	R. lambertianus Ser.	■▲◆ ES	iii	
光滑高粱泡	R. lambertianus Ser. var. glaber Hemsl.	■▲ ES	iii	LC
毛叶高粱泡	R. lambertianus Ser. var. paykouangensis（Levl.）Hand.	▲ ES	ii	LC
棠叶悬钩子	R. malifolius Focke.	▲ ES	iii	LC
喜阴悬钩子	R. mesogaeus Focke	▲ ES	ii	LC
刺毛悬钩子	R. multisetosus Yu et Lu	■▲◆ ES	iii	DD
红泡刺藤	R. niveus Thunb.	■ EA	ii	LC
乌泡子	R. parkeri Hance	■▲ ES	iii	LC
茅莓	R. parvifolius L.	■▲◆ ES	iii	
红毛悬钩子	R. pinfaensis Lévl. et Vant.	■▲ ES	iii	LC
五叶鸡爪茶	R. playfairianus Hemsl. ex Focke	■◆ ES	iii	LC
川莓	R. setchuenensis Bureau et Franch.	■▲◆ ES	iii	LC
三花悬钩子	R. trianthus Focke	■▲ ES	ii	LC
红腺悬钩子	R. sumatranus Miq.	■▲ ES	i	LC
黄脉莓	R. xanthoneurus Focke	▲ ES	ii	LC
木莓	R. swinhoei Hance	■▲◆ ES	iii	LC
花楸属	Sorbus L.			
美脉花楸	S. caloneura（Stapf）Rehd.	■•▲EA	iii	LC
疣果花楸	S. corymbifera（Miquel）N. T. Kh'ep et G. P. Yakovlev	■▲EA	iii	LC
石灰花楸	S. folgneri（Schneid.）Rehd.	■• EA	i	LC

续表

中文名	拉丁名	资源/生活型	来源	中国红色名录
华西花楸	*S. wilsoniana* Schneid.	●DA	ii	LC
绣线菊属	*Spiraea* L.			
麻叶绣线菊	*S. cantoniensis* Lour.	■●ES	ii	
珍珠梅属	*Sorbaria*（Ser.）A. Br. ex Aschers.			
光叶高丛珍珠梅	*S. arborea* Schneid. var. *glabrata* Rehd.	■ DS	iii	LC
红果树属	*Stranvaesia* Lindl.			
毛萼红果树	*S. amphidoxa* Schneid.	EA	ii	LC
绒毛红果树	*S. tomentosa* Yu et Ku	ES	ii	LC
红果树	*S. davidiana* Dcne	ES	ii	LC
62. 含羞草科	Mimosaceae			
合欢属	*Albizia* Durazz.			
楹树	*A. chinensis*（Osb.）Merr.	■◆ EA	ii	LC
山合欢（山槐）	*A. kalkora*（Roxb.）Prain	■●▲ ES	iii	LC
63. 云实科	Caesalpiniaceae			
羊蹄甲属	*Bauhinia* Linn.			
马鞍羊蹄甲	*B. faberi* Oliv.	■● DS	i	
粉叶羊蹄甲	*B. glauca*（Wall. ex Benth.）Benth.	■● FL	iii	LC
云实属	*Caesalpinia* L.			
云实	*C. decapetala*（Roth）Alston	■●◆ FL	iii	LC
华南云实	*C. crista* Linn.	■●FL	iii	
喙荚云实	*C. minax* Hance	■FL	ii	LC
紫荆	*C. chinensis* Bunge	■● EA	ii	LC
皂荚属	*Gleditsia* L.			
皂荚	*G. sinensis* Lam.	■●◆ DA	ii	LC
肥皂荚	*G. chinensis* Baill.	■◆ DA	ii	LC
老虎刺属	*Pterolobium* R. Br. ex Wigth et Arn.			
老虎刺	*P. punctatum* Hemsl.	■FL	ii	LC
64. 蝶形花科	Papilionaceae			
黄芪属	*Astragalus* L.			
紫云英	*A. sinicus* L.	■▲ H	ii	
杭子梢属	*Campylotropis* Bunge.			
三棱枝杭子梢	*C. trigonoclada*（Franch.）Schindl.	■ DS	iii	LC
锦鸡儿属	*Caragana* Fabr.			
锦鸡儿	*C. sinica*（Buchog.）Rehd.	■◆ DS	ii	LC
紫荆属	*Cercis* Linn.			
湖北紫荆	*C. glabra* Pampan.	■● DA	iii	
黄檀属	*Dalbergia* L. f.			
秧青	*D. assamica* Benth.	DS	iii	EN
藤黄檀	*D. hancei* Benth.	■◆ FL	iii	LC
山蚂蝗属	*Desmodium* Desv.			
小槐花	*D. caudatum*（Thunb.）DC.	■◆ DS	iii	LC
圆锥山蚂蝗	*D. elegans* DC.	■ ES	ii	LC
宽卵叶山蚂蝗	*D. fallax* Schindl	■ ES	ii	

中文名	拉丁名	资源/生活型	来源	中国红色名录
山蚂蝗	*D. sambuense*（D. Don）DC.	■◆ H	iii	
长波叶山蚂蝗	*D. sequax* Wall.	■◆ DS	iii	LC
四川山蚂蝗	*D. szechuense*（Craib）Schindle	■◆ DS	iii	
木蓝属	*Indigofera* L.			
多花木蓝	*I. amblyantha* Craib.	ES	ii	LC
马棘	*I. pseudotinctoria* Matsum.	■ ES	ii	
鸡眼草属	*Kummerowia* Schindl.			
鸡眼草	*K. striata*（Thunb.）Schindl.	■▲◆ H	iii	
胡枝子属	*Lespedeza* Michx.			
胡枝子	*L. bicolor* Turcz.	■●◆ DS	iii	LC
截叶铁扫帚	*L. cuneata*（Thunb.）G. Don.	◆ DS	iii	
大叶胡枝子	*L. davidii* Franch.	■●▲◆ DS	iii	
铁马鞭	*L. pilosa*（Thunb.）Sieb. et Zucc.	■H	ii	LC
苜蓿属	*Medicago* L.			
天蓝苜蓿	*M. lupulina* L.	■▲◆ H	iii	
草木樨属	*Melilotus* Mill.			
黄花草木樨	*M. officinalis*（L.）Desr.	■◆ H	iii	
野苜蓿	*M. falcata* L.	■◆ H	iii	LC
崖豆藤属	*Millettia* Wight et Arn.			
香花崖豆藤	*M. dielsiana* Harms	■●◆ DS	iii	
异果崖豆藤	*M. dielsiana* Harms var. *heterocarpa*（Chun ex T. Chen）Z. Wei	■◆ DS	iii	
皱果崖豆藤	*M. oosperma* Dunn.	■◆ DS	iii	
厚果崖豆藤	*M. pachycarpa* Benth.	■◆ DS	iii	LC
海南崖豆藤	*M. pachyloba* Drake	■◆ DS	i	LC
锈毛崖豆藤	*M. sericosema* Hance	ES	ii	
黧豆属	*Mucuna* Adans.			
常春油麻藤	*M. sempervirens* Hemsl.	■▲◆ DS	iii	LC
猴耳环属	*Pithecellobium* Mart.			
亮叶猴耳环	*P. lucidum* Benth.	■●◆ DS	iii	LC
葛属	*Pueraria* DC.			
葛	*P. lobata*（Willd.）Ohwi	▲◆ FL	i	LC
粉葛	*P. thomsonii* Benth.	■▲◆ FL	iii	LC
长柄山蚂蝗属	*Podocarpium*（Benth.）Yang et Huang			
长柄山蚂蝗	*P. podocarpum*（DC.）Yang et Huang in Bull. Bot. Lab.	■◆ DS	iii	
宽卵叶长柄山蚂蝗	*P. podocarpum*（DC.）Yang et Huang var. *fallax*（Schindl.）Yang et Huang	■ ES	ii	
尖叶长柄山蚂蝗	*P. podocarpum*（DC.）Yang et Huang var. *oxyphyllum*（DC.）Yang et Huang	ES	ii	
四川长柄山蚂蝗	*P. podocarpum*（DC.）Yang et Huang var. *szechuenense*（Craib）Yang et Huang	ES	ii	
鹿藿属	*Rhynchosia* Lour.			
鹿藿	*R. volubilis* Lour.	■●▲◆ FL	i	
刺槐属	*Robinia* Linn.			
刺槐	*R. pseudoacacia* L.	■●◆ DA	iii	LC
槐属	*Sophora* L.			续表
槐	*S. japonica* L.	■●◆ DA	iii	LC

中文名	拉丁名	资源/生活型	来源	中国红色名录
西南槐	*S. prazeri* Prain	■◆ DA	i	LC
短绒槐	*S. velutina* Lindl.	DS	ii	LC
野豌豆属	*Vicia* L.			
四籽野豌豆	*V. tetrasperma*（Linn.）Schreber	■▲◆ H	iii	LC
广布野豌豆	*V. cracea* L.	■▲◆ H	iii	LC
65. 胡颓子科	Elaeagnaceae			
胡颓子属	*Elaeagnus* L.			
长叶胡颓子	*E. bockii* Diels	■▲ ES	i	LC
巴东胡颓子	*E. difficilis* Serv.	■▲ ES	i	LC
蔓胡颓子	*E. glabra* Thunb.	■ES	iii	LC
宜昌胡颓子	*E. henryi* Warb.	■ ES	iii	LC
披针叶胡颓子	*E. lanceolata* Ward. ex Diels	■ ES	ii	LC
银果牛奶子	*E. magna* Rehd.	▲ DS	ii	LC
牛奶子	*E. umbellata* Thunb.	■▲DS	iii	LC
南川胡颓子	*E. nanchuanensis* C. Y. Chang	▲DS	iii	
66. 山龙眼科	Proteaceae			
银桦属	*Grevillea* R. Br.			
银桦	*G. robusta* A. Cunn. ex R. Br.	●■ EA	iii	
山龙眼属	*Helicia* Linn.			
网脉山龙眼	*H. reticulate* W. T. Wang	■▲EA	i	LC
67. 小二仙草科	Haloragidaceae			
小二仙草属	*Haloragis* J. R. & G. Forst.			
小二仙草	*H. micrantha*（Thunb.）R. Br.	■ H	iii	
68. 千屈菜科	Lythraceae			
紫薇属	*Lagerstroemia* Linn.			
紫薇	*L. indica* L.	■●◆ DS	iii	
节节菜属	*Rotala* Linn.			
圆叶节节菜	*R. rotundifolia*（Buch.-Ham. ex Roxb.）Koehne	■ H	iii	LC
69. 瑞香科	Thymelaeaceae			
瑞香属	*Daphne* Linn.			
瑞香	*D. odora* Thunb.	■●◆ ES	iii	
结香属	*Edgeworthia* Meisn.			
结香	*E. chrysantha* Lindl.	■● ES	iii	
荛花属	*Wikstroemia* Endl.			
小黄构	*W. micrantha* Hemsl.	■● DS	iii	LC
北江荛花	*W. monnula* Hance	■● DS	ii	LC
70. 八角枫科	Alangiaceae			
八角枫属	*Alangium* Lam. nom. cons.			
八角枫	*A. chinensis*（Lour.）Harms	■● DA	iii	LC
瓜木	*A. platanifolium*（Sieb. et Zucc.）Harms	■● DS	iii	
小花八角枫	*A. faberi* Oliv.	■●DS	iii	LC
71. 桃金娘科	Myrtaceae			
桉属	*Eucalyptus* L. Herit			

中文名	拉丁名	资源/生活型	来源	中国红色名录
短喙赤桉	*E. camaldulensis* Dehnh. var. *brevirostris*（F. V. Muell.）Blak.	▲ EA	iii	
大桉	*E. grandis* R. Baker	EA	iii	
蒲桃属	*Syzygium* Gaertn.			
赤楠	*S. buxifolium* Hook. et Arn.	■ES	iii	LC
簇花蒲桃	*S. fruticosum*（Roxb.）DC.	■ EA	iii	LC
蒲桃	*S. jambos*（L.）Alston	■●▲ EA	iii	DD
四川蒲桃	*S. szechuanense* Chang et Miau	●▲ ES	iii	NT
72. 蓝果树科	Nyssaceae			
喜树属	*Camptotheca* Decne.			
喜树	*C. acuminata* Decne.	■●★ DA	iii	LC
73. 柳叶菜科	Onagraceae			
露珠草属	*Circaea* L.			
谷蓼	*C. erubescens* Franch. et Savat.	■ H	i	LC
南方露珠草	*C. mollis* Sieb. et Zucc.	■ H	iii	LC
水珠草	*C. quadrisulcata*（Maxim.）Franch.	■H	ii	LC
柳叶菜属	*Epilobium* L.			
滇藏柳叶菜	*E. wallichianum* Hausskn.	H	iii	LC
毛脉柳叶菜	*E. amurense* Hausskn.	■ H	iii	LC
丁香蓼属	*Ludwigia* Linn.			
假柳叶菜	*L. epilobioides* Maxim.	H	iii	
丁香蓼	*L. prostrata* Roxb.	■ H	i	
74. 野牡丹科	Melastomataceae			
野海棠属	*Bredia* Blume			
贵州野海棠	*B. cordata* H. L. Li	● DS	ii	
心叶野海棠	*B. esquirolii*（Lévl.）Lauener var. *cordata*（H. L. Li）C. Chen	■● DS	i	LC
赤水野海棠	*B. esquirolii*（Lévl.）Lauener var. *esquirolii*	DS	ii	
野海棠	*B. hirsuta* Blume var. *scandens* Ito et Matsum.	■● DS	i	LC
长萼野海棠	*B. longiloba*（Hand.-Mazz.）Diels	■●DS	i	LC
云南野海棠	*B. yunnanensis*（Lévl.）Diels	●DS	i	LC
异药花属	*Fordiophyton* Stapf			
异药花	*F. faberi* Stapf	◆ H	iii	LC
肥肉草	*F. fordii*（Oliv.）Krass	■ H	iii	LC
野牡丹属	*Melastoma* L.			
展毛野牡丹	*M. normale* D. Don	■▲ DS	iii	LC
金锦香属	*Osbeckia* L.			
金锦香	*O. chinensis* L.	■ H	ii	
锦香草属	*Phyllagathis* Blume（emend）			
小花叶底红	*P. fordii*（Hance）C. Chen var. *micrantha* C. Chen	H	iii	
肉穗草属	*Sarcopyramis* Wall.			
肉穗草	*S. bodinieri* Lévl. et Vant.	■ H	iii	LC
楮头红	*S. nepalensis* Wall.	■ H	iii	LC
75. 山茱萸科	Cornaceae			
桃叶珊瑚属	*Aucuba* Thunb.			

中文名	拉丁名	资源/生活型	来源	中国红色名录
桃叶珊瑚	*A. chinensis* Benth.	●ES	iii	LC
倒心叶珊瑚	*A. obcordata*（Rohd.）Fu	ES	ii	LC
灯台树属	*Bothrocaryum*（Koehne）Pojark.			
灯台树	*B. controversum*（Hemsl.）Pojark.	■●▲ DA	iii	LC
四照花属	*Dendrobenthamia* Hutch.			
尖叶四照花	*D. angustata*（Chun）Fang	●▲ EA	iii	LC
黑毛四照花	*D. melanotricha*（Pojark.）Fang	▲ EA	iii	LC
青荚叶属	*Helwingia* Willd.			
小叶青荚叶	*H. chinensis* Batal. var. *microphylla* Fang et Soong	ES	iii	
喜马拉雅青荚叶	*H. himalaica* Clarde	ES	ii	
青荚叶	*H. japonica*（Thunb.）Dietr.	■● ES	iii	LC
梾木属	*Swida* Opiz			
长圆叶梾木	*S. oblonga*（Wall.）Sojak	■▲ ES	iii	LC
小梾木	*S. paucinervis*（Hance）Sojak	■●▲ ES	iii	LC
光皮梾木	*S. wilsoniana*（Wanger.）Sojak	●▲ ES	iii	LC
鞘柄木属	*Toricellia* DC.			
鞘柄木	*T. tiliifolia* DC.	DA	iii	LC
角叶鞘柄木	*T. angulata* Oliv.	■ DS	iii	LC
有齿鞘柄木	*T. angulata* Oliv. var. *intermedia*（Harms.）Hu	DS	ii	
76. 铁青树科	Olacaceae			
青皮木属	*Schoepfia* Schreb.			
青皮木	*S. jasminodora* Sieb. et Zucc.	■◆ DA	ii	LC
77. 桑寄生科	Loranthaceae			
鞘花属	*Macrosolen*（Blume）Reichb.			
鞘花	*M. cochinchinensis*（Lour.）van Tiegh.	■ DS	ii	
桑寄生属	*Loranthus* Jacq.			
华中桑寄生	*L. pseudo-odoratus* Lingelsh.	DS	iii	DD
钝果寄生属	*Taxillus* Van Tiegh.			
桑寄生	*T. sutchuenensis*（Lecomte）Danser	■ DS	i	LC
78. 蛇菰科	Balanophoraceae			
蛇菰属	*Balanophora* Forst.			
穗花蛇菰	*B. spicata* Hayata	■ H	ii	LC
怀茎蛇菰	*B. subcupularis* Tam.	■ H	i	DD
79. 卫矛科	Celastraceae			
南蛇藤属	*Celastrus* L.			
青江藤	*C. hindsii* Benth.	■ FL	ii	LC
南蛇藤	*C. orbiculatus* Thunb.	■◆ FL	iii	LC
短梗南蛇藤	*C. rosthornianus* Loes.	■◆ FL	i	LC
长序南蛇藤	*C. vaniotii*（Lévl）Rehd.	■◆ FL	i	LC
卫矛属	*Euonymus* L.			
刺果卫矛	*E. acanthocarpus* Franch.	■ FL	iii	LC
百齿卫矛	*E. centidens* Lévl.	■ ES	iii	LC
长梗卫矛	*E. dolichopus* Merr. ex J. S. Ma	■ ES	iii	DD

中文名	拉丁名	资源/生活型	来源	中国红色名录
扶芳藤	E. fortuei（Turcz.）Hand.-Mazz.	■ ES	iii	
西南卫矛	E. hamiltonianus Wall. F. lancifolius C. Y. Cheng	■ ES	iii	LC
常春卫矛	E. hederaceus Champ. ex Benth.	■ ES	iii	
疏花卫矛	E. laxiflorus Champ.	■ ES	iii	LC
冬青卫矛	E. japonicus L.	■● ES	iii	
爬藤卫矛	E. scandens Graham	■ ES	iii	
黄刺卫矛	E. saculeatus Hemsl.	◆ ES	iii	
无柄卫矛	E. subressilis Sprague	■ ES	iii	
长刺卫矛	E. wilsonii Sprague	■ ES	iii	LC
假卫矛属	Microtropis Wall.			
三花假卫矛	M. triflora Merr. et Freem.	ES	ii	LC
80. 冬青科	Aquifoliaceae			
冬青属	Ilex L.			
短梗冬青	I. buergeri Miq.	■ES	iii	LC
台湾冬青	I. formosana Maxim.	ES	ii	LC
凸脉冬青	I. edidicostata Hu et Tang	ES	ii	LC
冬青	I. chinensis Sims	■● ES	iii	LC
珊瑚冬青	I. corallina Franch.	■ ES	iii	LC
弯尾冬青	I. cyrtura Merr.	■ ES	iii	LC
榕叶冬青	I. ficoidea Hemsl.	■ EA	iii	LC
大叶冬青	I. latifolia Thunb.	■EA	i	LC
大果冬青	I. macrocarpa Oliv.	■EA	iii	LC
河滩冬青	I. metabaptista Loes. ex Diels	ES	ii	LC
小果冬青	I. micrococca Maxim.	■ EA	iii	LC
四川冬青	I. szechwanensis Loes.	■● ES	iii	LC
灰叶冬青	I. tetramera（rehd.）C. J. Tseng	■ EA	iii	LC
三花冬青	I. triflora Bl.	■● ES	iii	LC
紫果冬青	I. tsoii Merr. et Chun	DS	ii	LC
尾叶冬青	I. wilsonii Loes.	■ES	ii	LC
香冬青	I. suaveolens（Lévl.）Loes.	EA	ii	LC
81. 茶茱萸科	Icacinaceae			
假柴龙树属	Nothapodytes Bl.			
马比木	N. pittosporoides（Oliv.）Sleum.	■● ES	iii	LC
82. 黄杨科	Buxaceae			
黄杨属	Buxus L.			
黄杨	B. microphylla Sieb. et Zucc. var. sinica Rehd. et Wils.	■●◆ ES	iii	
匙叶黄杨	B. harlandii Hance	■●◆ ES	iii	LC
野扇花属	Sarcococca Lindl.			
野扇花	S. ruscifolia Stapf	■●◆ ES	iii	LC
83. 省沽油科	Staphyleaceae			
野鸦椿属	Euscaphis Sieb. et Zucc.			
野鸦椿	E. japonica（Thunb.）Dippel	■◆ DA	LC	LC
山香圆属	Turpinia Vent.			

中文名	拉丁名	资源/生活型	来源	中国红色名录
山香圆	*T. montana*（Bl.）Kurz	■●◆ DA	LC	LC
大果山香圆	*T. pomifera*（Roxb.）DC.	■●▲◆ DA	i	
山麻风树	*T. pomifera*（Roxb.）DC. var. *minor* C. C. Huang	▲◆ DA	i	LC
84. 大戟科	Euphorbiaceae			
铁苋菜属	*Acalypna* L.			
铁苋菜	*A. australis* L.	■◆ H	iii	LC
山麻杆属	*Alchornea* Sw.			
山麻杆	*A. davidii* Franch.	■◆ DS	iii	LC
五月茶属	*Antidesma* L.			
五月茶	*A. bunius*（Linn.）Spreng	■◆ DS	iii	LC
日本五月茶	*A. japonicum* Sieb. et Zucc.	■◆ DS	ii	
小叶五月茶	*A. venosum* E. Mey. ex Tul.	■◆ DS	ii	LC
重阳木属	*Bischofia* Bl.			
重阳木	*B. trifoliate*（Roxb.）Hook.	●▲◆ DA	iii	LC
黑面神属	*Breynia* J. R. et G. Forst.			
黑面神	*B. fruticosa*（L.）Hook. f.	■▲◆ ES	i	LC
巴豆属	*Croton* L.			
巴豆	*C. tiglium* L.	■◆ EA	iii	LC
大戟属	*Euphorbia* L.			
泽漆	*E. heliquorum* L.	■◆ H	iii	
地锦	*E. humifusa* Willd. ex Schlecht.	■ H	iii	LC
大戟	*E. pekinensis* Rupr.	■ H	iii	
飞扬草	*E. hirta* L.	■◆ H	iii	
算盘子属	*Glochidion* Forst.			
算盘子	*G. puberum*（L.）Hutch.	■◆ DA	iii	LC
湖北算盘子	*G. wilsonii* Hutch.	■◆ DA	ii	LC
野桐属	*Mallotus* Lour.			
毛桐	*M. barbatus*（Wall.）Muell. -Arg.	■● DA	iii	LC
粗糠柴	*M. philippinensis*（Lam.）Muell. -Arg.	■● DA	iii	LC
石岩枫	*M. repandus*（Willd.）Muell. Arg.	■ ES	iii	LC
野桐	*M. japonicus*（Thunb.）Muell. Arg. var. *floccosus* S. M. Hwang	● DS	iii	LC
叶下珠属	*Phyllanthus* L.			
余甘子	*P. emblica* Linn.	■▲ DA	iii	LC
青灰叶下珠	*P. glaucus* Wall.	■ DS	iii	LC
蜜甘草	*P. ussuriensis* Rupr. et Maxim.	■H	iii	
叶下珠	*P. urinria* L.	■H	i	
蓖麻属	*Ricinus* L.			
蓖麻	*R. communis* L.	■◆ H	iii	
乌桕属	*Sapium* Jacquin.			
山乌桕	*S. discolor*（Champ.）Muell.-Arg.	■●◆ DA	iii	
乌桕	*S. sebiferum*（L.）Roxb.	■●◆ DA	iii	
守宫木属	*Sauropus* Bl.			
苍叶守宫木	*S. garrettii* Craib	DS	iii	LC

中文名	拉丁名	资源/生活型	来源	中国红色名录
油桐属	*Vernicia* Lour.			
油桐	*V. fordii*（Hemsl.）Airy-Shaw	■● ◆ DA	iii	LC
木油桐	*V. montana* Lour.	■◆ DA	iii	LC
85. 鼠李科	Rhamnaceae			
勾儿茶属	*Berchemia* Neck			
多花勾儿茶	*B. floribunda* Brongn.	■ ES	ii	LC
光枝勾儿茶	*B. polyphylla* Wall. var. *leioclada* Hand.-Mazz.	■●▲ ES	iii	LC
勾儿茶	*B. sinica* Schneid	■● ES	iii	LC
苞叶木属	*Chaydaia* Pitard.			
苞叶木	*C. rubrinervis*（Lévl.）C. Y. Wu	■◆ ES	iii	LC
枳椇属	*Hovenia* Thunb.			
拐枣（枳椇）	*H. acerba* Lindl.	■●▲ ◆ DA	iii	LC
马甲子属	*Paliurus* Tourn ex Mill.			
马甲子	*P. ramosissimus* Poir.	■●◆ DS	iii	LC
鼠李属	*Rhamnus* L.			
长叶冻绿	*R. crenata* Sieb. et Zucc.	■◆ DS	iii	LC
冻绿	*R. utilis* Decne.	■◆ DS	iii	LC
贵州鼠李	*R. esquinervis*（Lévl.）	DS	iii	LC
大花鼠李	*R. grandiflora* C. Y. Wu	DS	iii	LC
毛叶鼠李	*R. henryi* Schneid.	EA	iii	LC
异叶鼠李	*R. heterophylla* Oliv.	DS	iii	LC
雀梅藤属	*Sageretia* Brongn.			
钩刺雀梅藤	*S. hamosa*（Wall.）Brongn.	ES	ii	
疏花雀梅藤	*S. laxiflora* Hand.-Mazz.	▲ DS	iii	LC
皱叶雀梅藤	*S. rugosa* Hance	ES	ii	LC
71. 葡萄科	Vitaceae			
蛇葡萄属	*Ampelopsis* Michx.			
羽叶蛇葡萄	*A. chaffanjoni*（Lévl. et Vant.）Rehd.	FL	iii	LC
三裂叶蛇葡萄	*A. delavayana* Planch.	■FL	iii	LC
毛三裂蛇葡萄	*A. delavayana* Planch. var. *setulosa*（Diels et Gilg）C. L. Li	FL	iii	LC
乌蔹莓属	*Cayratia* Juss.			
乌蔹莓	*C. japonica*（Thunb.）Gagnep.	■ HL	iii	
毛乌蔹莓	*C. japonica*（Thunb.）Gagnep. var. *mollis*（Wall.）	■HL	i	LC
鸟足乌蔹莓	*C. pedata*（Lamk.）Juss. ex Gagnep.	FL	iii	LC
崖爬藤属	*Tetrastigma* Planch			
三叶崖爬藤	*T. hensleyanum* Diels et Gilg	■ FL	iii	LC
崖爬藤	*T. obtectum*（Wall.）Planch.	■FL	iii	LC
无毛崖爬藤	*T. obtectum*（Wall.）Planch. var. *glabrum*（Levl. et Vaniot）Gagn.	■ FL	iii	LC
毛叶崖爬藤	*T. obtectum*（Wall.）Planch. var. *pilosum* Gagnep.	FL	iii	
扁担藤	*T. planicaule*（Hook.）Gagnep.	■ FL	iii	LC
葡萄属	*Vitis* L.			
毛葡萄	*V. heyneana* Roem.	■▲ FL	iii	LC
网脉葡萄	*V. wilsonae* Veitch.	▲FL	ii	LC

续表

中文名	拉丁名	资源/生活型	来源	中国红色名录
俞藤属	*Yua* C. L. Li			
俞藤	*Y. thomsoni*（Laws.）C. L. Li	◆ FL	iii	LC
86. 亚麻科	Linaceae			
石海椒属	*Reinwardtia* Dum.			
石海椒	*R. indica* Dum.	■● ES	iii	LC
87. 远志科	Polygalaceae			
远志属	*Polygala* L.			
瓜子金	*P. japonica* Houtt	■ H	ii	LC
黄花倒水莲	*P. fallax* Hemsl.	■● ES	iii	LC
荷包山桂花	*P. arillata* Buc H.-Ham. ex D. Don	■● ES	iii	LC
西伯利亚远志	*P. sibirica* Linn.	■ H	iii	LC
长毛籽远志	*P. wattersii* Hance.	■ H	iii	LC
88. 钟萼木科	Bretschneideraceae			
伯乐树属	*Bretschneidera* L.			
伯乐树	*B. sinensis* Hemsl	■●★ DA	iii	NT
89. 无患子科	Sapinaceae			
栾树属	*Koelreuteria* Laxm.			
复羽叶栾树	*K. bipinnata* Framch.	■●◆ DA	iii	
栾树	*K. paniculata* Laxm.	■●◆ DA	ii	LC
无患子属	*Sapindus* Linn.			
无患子	*S. mukorossi* Gaertn.	■●◆ DA	i	LC
90. 七叶树科	Hippocastanaceae			
七叶树属	*Aesculus* Linn.			
天师栗	*A. wilsonii* Rehd.	■● DA	iii	LC
91. 槭树科	Aceraceae			
槭树属	*Acer* L.			
三角槭	*A. buergerianum* Miq.	● DA	iii	LC
樟叶槭	*A. cinnamomifolium* Hayata	DA	iii	LC
革叶槭	*A. coriaceifolium* Lévl.	DA	iii	LC
青榨槭	*A. davidii* Fr.	■● DA	iii	LC
罗浮槭	*A. fabri* Hance	■● DA	iii	LC
红果罗浮槭	*A. fabri* Hance var. *rubrocarpum* Metc.	●EA	ii	
光叶槭	*A. laevigatum* Wall.	DA	iii	LC
飞蛾槭	*A. oblongum* Wall. ex DC.	●DA	iii	LC
五裂槭	*A. oliverianum* Pax	■● DA	iii	LC
中华槭	*A. sinense* Pax	■● DA	iii	LC
三峡槭	*A. wilsonii* Rehd.	DA	ii	
92. 漆树科	Anacardiaceae			
南酸枣属	*Choerospondias* Burtt et Hill			
南酸枣	*C. axillaries*（Roxb.）Burtt et A. W. Hill	■●▲◆ DA	iii	LC
毛脉南酸枣	*C. axillaris*（Roxb.）Burtt et Hill var. *pubinervis*（Rehd. et Wils）Burtt et Hill	■●▲ DA	iii	VU
黄连木属	*Pistacia* L.			
黄连木	*Pistacia chinensis* Bunge	■●◆ DA	iii	LC

中文名	拉丁名	资源/生活型	来源	中国红色名录
清香木	*P. weinmanifolia* Poiss.	■● ◆ES	iii	
盐肤木属	*Rhus*（Tourn）L.			
盐肤木	*R. chinensis* Mill.	■●▲ DS	iii	LC
毛叶麸杨	*R. punjabensis* Stewart var. *pilosa* Engl.	● DA	ii	LC
漆属	*Toxicodendron*（Tourn.）Mill.			
野漆	*T. succedaneum*（L.）Kuntze	■◆ DA	iii	LC
漆	*T. vernicifluum*（Stokes）F. A. Barkl.	■◆ DA	iii	
93. 苦木科	Simaroubaceae			
臭椿属	*Ailanthus* Desf.			
臭椿	*A. altissima*（Mill.）Swingl.	■◆ DA	iii	
苦木属	*Picrasma* Bl.			
苦树	*P. quassioides*（D. Don）Benn.	■◆ DA	iii	LC
94. 楝科	Meliaceae			
麻楝属	*Chukrasia* A. Juss.			
毛麻楝	*C. tabularis* A. Juss. var. *velutina*（Wall.）King	DA	ii	
浆果楝属	*Cipadessa* Bl.			
灰毛浆果楝	*C. cinerascens*（Pell.）Hand.-Mazz.	■◆ DA	i	
楝属	*Melia* L.			
川楝	*M. toosendan* Sieb. et Zucc.	■●◆ DA	iii	
香椿属	*Toona*（Endl.）Roem.			
香椿	*T. sinensis*（A. Juss.）Roem.	■●▲◆ DA	iii	LC
95. 芸香科	Rutaceae			
柑橘属	*Citrus* L.			
宜昌橙	*C. ichangensis* Swingle	■ EA	ii	
黄皮属	*Clausena* Burm. f.			
齿叶黄皮	*C. dunniana* Lévl.	■ DA	ii	
毛齿叶黄皮	*C. dunniana* Lévl. var. *robusta*（Tan.）Huang	DA	ii	LC
吴茱萸属	*Evodia* Forst			
臭辣吴萸	*E. fargesii* Dode	DA	iii	LC
吴茱萸	*E. rutaecarpa* Benth.	■◆ DS	iii	LC
臭常山属	*Orixa* Thunb.			
常山	*O. japonica* Thunb.	■ DS	ii	LC
山麻黄属	*Psilopeganum* Hemsl.			
裸芸香	*P. sinensis* Hemsl.	■ ES	ii	EN
黄檗属（黄柏属）	*Phellodendron* Rupr.			
川黄檗	*P. chinense* Rupr. var. *chinense* Schnekd.	■★◆ ES	iii	LC
飞龙掌血属	*Toddalia* Juss.			
飞龙掌血	*T. asiatica*（Linn.）Lam.	■◆ FL	i	LC
花椒属	*Zanthoxylum* L.			
竹叶花椒	*Z. armatun* DC.	■●◆ DA	iii	
砚壳花椒	*Z. dissitum* Hemsl.	■◆ DS	iii	LC
刺壳花椒	*Z. echinocarpum* Hemsl.	◆ DS	iii	LC
大花花椒	*Z. macranthum*（Hand.-Mazz.）Huang	◆ FL	iii	NT

中文名	拉丁名	资源/生活型	来源	中国红色名录
异叶花椒	*Z. ovalifolium* Wight	■◆ DA	ii	LC
贵州花椒	*Z. esquirolii* Lévl.	◆ DA	ii	LC
96. 牻牛儿苗科	Geraniaceae			
老鹳草属	*Geranium* L.			
尼泊尔老鹳草	*G. nepalense* Sweet	■ H	iii	
汉荭鱼腥草	*G. robertianum* L.	H	ii	LC
97. 酢浆草科	Oxalidaceae			
酢浆草属	*Oxalis* L.			
酢浆草	*O. corniculata* L.	■◆ H	iii	
山酢浆草	*O. griffithii* Edgew et Hook. f.	■● H	iii	LC
红花酢浆草	*O. corymbosa* DC.	■● H	iii	
98. 凤仙花科	Balsaminaceae			
凤仙花属	*Impatiens* L.			
黄金凤	*I. siculifer* Hook. f.	■ H	iii	LC
大叶凤仙花	*I. apalophylla* Hook. f.	■ H	iii	LC
赤水凤仙花	*I. chishuiensis* Y. X. Xiong	■ H	iii	NT
细柄凤仙花	*I. leptocaulon* Hook. f.	■ H	i	LC
蒙自凤仙花	*I. mengtzeana* Hook. f.	■ H	i	LC
山地凤仙花	*I. monticola* Hook. f.	■ H	iii	LC
匙叶凤仙花	*I. spathuiata* Y. X. Xiong	H	ii	LC
湖北凤仙花	*I. pritzelii* Hook. f.	H	iii	VU
红纹凤仙花	*I. rubrostriata* Hook. F.	■ H	iii	LC
99. 五加科	Araliaceae			
五加属	*Acanthopanax* Miq.			
吴茱萸五加	*A. evodiaefolius* Franch. var. *evodiaefolius*	■ ES	iii	VU
糙叶藤五加	*A. leucorrhizus*（Oliv.）Harms var. *fulvescens* Harms Rehd.	■ES	iii	LC
白簕	*A. trifoliatus*（Linn.）Merr.	■ ES	iii	
楤木属	*Aralia* Linn.			
楤木	*A. chinensis* L.	■ ES	iii	LC
白背叶楤木	*A. chinensis* L. var. *nuda* Nakai	ES	iii	LC
毛叶楤木	*A. chinensis* Linn. var. *dasyphylloides* Hand.-Mazz.	■ ES	ii	
罗伞属	*Brassaiopsis* Decne. & Planch.			
罗伞	*B. glomerulota*（Bl.）Kegal.	● ES	iii	LC
锈毛掌叶树	*B. ferrugine*（Li）Hoo	ES	ii	
长梗罗伞	*B. glomerulata*（Bl.）Regel var. *longipedicellata* Li	ES	ii	
树参属	*Dendropanax* Decne. & Planch.			
缅甸树参	*D. burmanicus* Merr.	ES	ii	LC
树参	*D. dentiger*（Harms）Merr.	■ EA	ii	LC
常春藤属	*Hedera* Linn.			
常春藤	*H. nepalensis* K. Koch var. *sinensis*（Tobl.）Rehd.	■ FL	iii	LC
刺楸属	*Kalopanax* Miq.			
刺楸	*K. septemlobus*（Thunb.）Koidz.	■ DA	ii	LC
大参属	*Macropanax* Miq.			

中文名	拉丁名	资源/生活型	来源	中国红色名录
短梗大参	*M. rosthornii*（Harms）C. Y. Wu ex Hoo	■ ES	i	LC
梁王茶属	*N. othopanax* Miq.			
异叶梁王茶	*N. dowidii*（Franch.）Harms ex Diels	■ ES	iii	LC
鹅掌柴属	*Schefflera* J. R. & G. Forst. nom. conserv.			
短序鹅掌柴	*S. bodinieri* Lévl.	ES	iii	LC
穗序鹅掌柴	*S. delavayi*（Franch）Harms ex Diels	■● ES	iii	LC
星毛鸭脚木	*S. minutistellata* Merr. et Li	■●ES	i	LC
密脉鹅掌柴	*S. elliptica*（Bl.）Harms.	■ ES	ii	LC
通脱木属	*Tetrapanax* K. Koch			
通脱木	*T. papyriferus*（Hook.）K. Koch.	■ ES	iii	LC
100. 伞形科	Umbelliferae			
当归属	*Angelica* L.			
拐芹	*A. polymorpha* Maxim.	■ H	ii	LC
积雪草属	*Centella* L.			
积雪草	*C. asiatica*（L.）Urban	■ H	iii	
芫荽属	*Coriandrum* L.			
芫荽	*C. sativum* L.	■▲◆ H	iii	
鸭儿芹属	*Cryptotaenia* DC.			
鸭儿芹	*C. japonica* Hassk.	■ H	iii	LC
胡萝卜属	*Daucus* L.			
野胡萝卜	*D. carota* L.	■▲ H	ii	
天胡荽属	*Hydrocotyle* L.			
中华天胡荽	*H. chinensis*（Dunn）Craib	■ H	iii	LC
红马蹄草	*H. nepalensis* Hook.	■ H	iii	LC
天胡荽	*H. sibthorpioides* Lam.	■ H	iii	
藁本属	*Ligusticum* L.			
匍匐藁本	*L. reptans*（Diels.）Wolff.	H	ii	LC
藁本	*L. sinene* Oliv.	■▲ H	ii	LC
白苞芹属	*Nothosmyrnium* Miq.			
白苞芹	*N. japonicum* Miq.	H	ii	
水芹属	*Oenanthe* L.			
水芹	*O. javanica*（Bl.）DC.	■▲ H	iii	LC
卵叶水芹	*O. rosthornii* Diels	■ H	iii	LC
变豆菜属	*Sanicula* L.			
变豆菜	*S. chinensis* Bunge	■ H	iii	
天蓝变豆菜	*S. coerulescens* Franch.	■ H	iii	NT
薄片变豆菜	*S. lamelligera* Hance	■ H	iii	LC
窃衣属	*Torilis* Adans.			
破子草（小窃衣）	*T. japonica*（Houtt.）DC.	■ H	iii	
窃衣	*T. scabra*（Thunb.）DC.	■ H	iii	
101. 马钱科	Loganiaceae			
醉鱼草属	*Buddleja*（Buddleia auct.）Linn.			
驳骨丹（白背枫）	*B. asiatica* Lour.	■● DS	iii	LC

续表

中文名	拉丁名	资源/生活型	来源	中国红色名录
大叶醉鱼草	B. dabidii Franch.	■● DS	iii	LC
菊花藤	B. duclouxii Marq.	DS	i	
醉鱼草	B. lindleyana Fort.	● DS	iii	LC
密蒙花	B. officinalis Maxim.	■● DS	iii	LC
蓬莱葛属	Gardneria Wall.			
蓬莱葛	G. multiflora Makino	■ FL	i	LC
钩吻属	Gelsemium Juss.			
钩吻	G. elegans（Gardn. et Champ.）Benth.	■ FL	iii	LC
102. 龙胆科	Gentianaceae			
匙叶草属	Latouchea Franch.			
匙叶草	L. fokiensis Franch.	▲ H	ii	DD
双蝴蝶属	Tripterospermum Blume			
心叶双蝴蝶	T. cordifolioides J. Murata	H	iii	LC
103. 夹竹桃科	Apocynaceae			
鳝藤属	Anodendron A. DC.			
鳝藤	A. affine（Hook. et Arn.）Druce	FL	iii	LC
链珠藤属	Alyxia Banks ex R. Br.			
狭叶链珠藤	A. schlechteri Lévl	FL	i	LC
贵州链珠藤	A. kweichowensis Tsiang et P. T. Li	ES	ii	LC
山橙属	Melodinus J. R. et G. Forst.			
尖山橙	M. fusiformis Champ. ex Benth.	■ FL	i	LC
川山橙	M. hemsleyanus Diels	■ FL	iii	LC
杜仲藤属	Parabarium Pierre			
杜仲藤	P. micranthum（A. DC.）Pierre	■◆ FL	i	LC
络石属	Trachelospermum Lem.			
紫花络石	T. axillare Hook. f.	■● FL	iii	LC
络石	T. jasminoides（Lindl.）Lem.	■● FL	iii	LC
湖北络石	T. gracilipes Hook. f. var. hupehense Tsiang et P. T. Li	●ES	ii	
104. 萝藦科	Asclepiadaceae			
鹅绒藤属	Cynanchum Linn.			
白薇	C. atratum Bunge	■ H	ii	LC
牛皮消	C. auriculatum Royle ex Wight	■ FL	iii	LC
鹅绒藤	C. chinense R. Br	■ H	ii	LC
柳叶白前	C. stauntonii（Decne）Schltr. ex Lévl	■ DS	i	LC
醉魂藤属	Heterostemma Wight et Arn.			
醉魂藤	H. alatum Wight.	■ FL	iii	
牛奶菜属	Marsdenia R. Br.			
牛奶菜	M. sinensis Hemsl.	■ FL	iii	LC
萝藦属	Metaplexis R. Br.			
华萝藦	M. hemsleyana Oliv.	■ HL	iii	
石萝藦属	Pentasacme Wall. ex Wight			
石萝藦	P. championii Benth.	■ H	iii	
杠柳属	Periploca Linn.			

中文名	拉丁名	资源/生活型	来源	中国红色名录
杠柳	*P. sepium* Bunge	■ ES	iii	LC
青蛇藤	*P. calophylla*（Wight.）Fale.	■◆ FL	iii	LC
黑鳗藤属	*Stephanotis* Thou.			
黑鳗藤	*S. mucronata*（Blanco）Merr.	■ FL	iii	LC
弓果藤属	*Toxocarpus* Wight et Arn.			
毛弓果藤	*T. villosus*（Bl.）Decne.	FL	iii	LC
球兰属	*Hoya* R. Br.			
黄花球兰	*H. fusca* Wall.	H	iii	
105. 茄科	Solanaceae			
地海椒属	*Archiphysalis* Kuang			
地海椒	*A. sinensis*（Hemsl.）Kuang	H	iii	VU
夜香树属	*Cestrum* L.			
夜香树	*C. nocturnum* L.	■● ES	iii	
红丝线属	*Lycianthes*（Dunal）Hassl.			
红丝线	*L. biflora*（Lour.）Bitter	■ H	iii	LC
单花红丝线	*L. lysimachioides*（Wallich）Bitter	■ H	iii	LC
枸杞属	*Lycium* L.			
枸杞	*L. chinense* Mill.	■ ES	iii	LC
假酸浆属	*Nicandra* Adans.			
假酸浆	*N. physaloides*（L.）Gaertn.	■ H	iii	
散血丹属	*Physaliastrum* Makino			
江南散血丹	*P. heterophyllum*（Hemsley）Migo	H	iii	LC
酸浆属	*Physalis* L.			
小酸浆	*P. minima* L.	■ H	iii	LC
苦蘵	*P. angulata* Linn.	■ H	iii	LC
茄属	*Solanum* L.			
喀西茄	*S. aculeatissimum* Jacq.（*S. khasianum* Clarke）	■ H	iii	LC
千年不烂心	*S. cathayanum* C. Y. Wu et S. C. Huang	■ H	iii	
白英	*S. lyratum* Thunb.	■ H	iii	LC
海桐叶白英	*S. pittosporifolium* Hemsl.	H	iii	LC
龙葵	*S. nigrum* L.	■ H	iii	LC
少花龙葵	*S. photeinocarpum* Nakamura et Odashima	■ H	iii	LC
珊瑚豆	*S. pseudocapsicum* Linn. var. *diflorum*（Vellozo）Bitter	■ H	iii	
106. 旋花科	Convolvulaceae			
打碗花属	*Calystegia* R. Br.			
旋花	*C. sepium*（L.）R. Br.	■ H	iii	
打碗花	*C. hederacea* Wall ex Roxb.	■ H	iii	LC
107. 紫草科	Boraginaceae			
斑种草属	*Bothriospermum* Bge.			
柔弱斑种草	*B. tenellim*（Hornem.）Fisch. et Mey.	■ H	iii	
厚壳树属	*Ehretia* L.			
厚壳树	*E. thyrsiflora*（Sieb. et Zucc.）Nakai	■◆ DA	iii	
光叶粗糠树	*E. macrophylla* Wall. var. *glabrescens*（Nakai）Y. L. Liu	◆ DA	iii	LC

中文名	拉丁名	资源/生活型	来源	中国红色名录
盾果草属	*Thyrocarpus* Hance			
盾果草	*T. sampsonii* Hance	■★ H	iii	
附地菜属	*Trigonotis* Stev.			
西南附地菜	*T. cavaleriei*（Lévl.）Hand.-Mazz.	■ H	iii	LC
毛脉附地菜	*T. microcarpa*（Wall.）Benth.	■ H	iii	LC
附地菜	*T. peduncularis*（Trev.）Benth. ex Baker et Moore	■▲ H	iii	
飞蛾藤属	*Porana* Burm. f.			
大果飞蛾藤	*P. sinensis* Hemsl.	FL	ii	
108. 马鞭草科	Verbenaceae			
紫珠属	*Callicarpa* Linn.			
华紫珠	*C. cathayana* H. T. Chang	◆ DS	iii	LC
紫珠	*C. bodinieri* Lévl.	■ DS	iii	LC
老鸦糊	*C. giraldii* Hesse ex Rehd.	■ DS	i	LC
日本紫珠	*C. japonica* Thunb.	DS	iii	LC
红紫珠	*C. rubella* Lindl.	■ DS	iii	LC
野枇杷（枇杷叶紫珠）	*C. kochiana* Makino	■ DS	ii	LC
莸属	*Caryopteris* Bunge			
三花莸	*C. terniflora* Maxim.	■● H	iii	LC
短梗三花莸	*C. terniflora* Maxim. f. *brevipedunculata* Pei et S. L. Chen	H	iii	
大青属	*Clerodendrum* Linn.			
臭牡丹	*C. bungei* Steud.	■ ES	iii	LC
海通	*C. mandarinorum* Diels	■● DA	iii	LC
海州常山	*C. trichotomum* Thunb.	■● DS	iii	
透骨草属	*Phryma* L.			
透骨草	*P. leptostachya* L. var. *asiatica* Hara	■ H	i	LC
豆腐柴属	*Premna* Linn.			
狐臭柴	*P. puberula* Pamp.	■▲ DS	iii	LC
臭黄荆	*P. ligustroides* Hemsl.	■DS	iii	
豆腐柴	*P. microphylla* Turcz.	▲ ES	ii	LC
马鞭草属	*Verbena* Linn.			
马鞭草	*V. officinalis* L.	■H	iii	
牡荆属	*Vitex* Linn.			
黄荆	*V. negundo* L.	■DS	iii	LC
灰毛牡荆	*V. canescens* Kurz	DS	iii	LC
牡荆	*V. negundo* L. var. *cannabifolia*（Sieb. et Zucc.）Hand.-Mazz.	■ DS	i	LC
109. 唇形科	Labiatae			
藿香属	*Agastache* Clayt. in Gronov.			
藿香	*A. rugosa*（Fisch. et Meyer）O. Kyze.	■▲ H	i	
筋骨草属	*Ajugra* Linn.			
金疮小草	*A. decumbens* Thunb.	■ H	iii	LC
紫背金盘	*A. nipponensis* Makino	■● H	iii	LC
风轮菜属	*Clinopodium* Linn.			

中文名	拉丁名	资源/生活型	来源	中国红色名录
风轮菜	*C. chinense*（Benth.）O. Ktze.	■ H	iii	
邻近风轮菜	*C. confine*（Hance）O. Ktze.	■ H	iii	
细风轮菜	*C. gracile*（Benth.）Matsum.	■ H	iii	
寸金草	*C. megalanthum*（Diels）C. Y. Wu et Hsuan ex H. W. Li	■ H	ii	LC
匍匐风轮菜	*Clinopodium repens*（D. Don）Wall.	H	i	LC
香薷属	*Elsholtzia* Willd.			
野草香	*E. cypriani*（Pavol.）S. Chow ex Hsu	■ H	i	LC
紫花香薷	*E. argyi* Lévl.	■● H	iii	LC
广防风属	*Epimeredi* Adans.			
广防风	*E. indica*（L.）Rothm.	■ H	i	
活血丹属	*Glechoma* Linn.			
活血丹	*G. longituba*（Nakai）Kupr.	■● H	iii	
夏至草属	*Lagopsis* Bunge ex Benth.			
夏至草	*L. supine*（Steph.）	■ H	iii	
野芝麻属	*Lamium* Linn.			
野芝麻	*L. barbatum* Sied. et Zucc.	■◆H	iii	
益母草属	*Leonurus* Linn.			
益母草	*L. artemisia*（Laur.）S. Y. Hu	■ H	iii	
绣球防风属	*Leucas* R. Br.			
绣球防风	*L. ciliata* Benth.	■ H	iii	LC
白绒草	*L. mollissima* Wall.	■H	i	
龙头草属	*Meehania* Britt. ex Small et Vaill.			
华西龙头草	*M. fargesii*（Lévl.）C. Y. Wu	■ H	iii	LC
龙头草	*M. henryi*（Hemsl.）Sun ex C. Y. Wu	■H	iii	LC
石荠苎属	*Mosla* Buch.-Ham. ex Maxim.			
小鱼仙草	*M. dianthera*（Buch.-Ham.）Maxim.	■H	iii	LC
石荠苎	*M. scabra*（Thunb.）C. Y. Wu et H. W. Li	■H	iii	LC
荆芥属	*Nepeta* Linn.			
心叶荆芥	*N. fordii* Hemsl.	■H	iii	LC
牛至属	*Origanum* Linn.			
牛至	*O. vulgare* Linn.	■H	ii	
紫苏属	*Perilla* Linn.			
野生紫苏	*P. frutescens* var. *acuta*（Thunb.）Kuko	■▲ H	iii	LC
紫苏	*P. frutescens*（L.）Britt.	■●▲ H	iii	
假糙苏属	*Paraphlomis* Prain			
假糙苏	*P. javanica*（Bl.）Prain	H	iii	LC
小叶假糙苏	*P. javanica*（Bl.）Prain var. *coronata*（Vaniot）C. Y. Wu et H. W. Li	■H	i	LC
糙苏属	*Phlomis* Linn.			
糙苏	*P. umbrosa* Turcz.	■H	iii	
夏枯草属	*Prunella* Linn.			
夏枯草	*P. vulgaris* L.	■ H	iii	
香茶菜属	*Rabdosia*（Bl.）Hassk.			
碎米桠	*R. rubescens*（Hemsl.）Hara	■ ES	iii	LC

中文名	拉丁名	资源/生活型	来源	中国红色名录
细锥香茶菜	*R. coetsa*（Brch.-Ham. ex D. Don）Hara	■H	ii	LC
鼠尾草属	*Salvia* Linn.			
贵州鼠尾草	*S. cavaleriei* Lévl.	H	iii	LC
血盆草	*S. cavaleriei* Lévl. var. *simplicifolia* Stib.	■H	i	LC
荔枝草	*S. plebeia* R. Br.	■H	ii	
地梗鼠尾草	*S. scapiformis* Hance	■H	ii	LC
佛光草	*S. substolonifera* Stib.	■H	iii	LC
黄芩属	*Scutellaria* Linn.			
黄芩	*S. baicalensis* Georgi	■H	iii	LC
赤水黄芩	*S. chihshuiensis* C. Y. Wu et H. W. Li	■H	iii	NT
岩藿香	*S. franchetiana* Lévl.	H	iii	LC
韩信草	*S. indica* Linn.	■H	iii	LC
紫苏叶黄芩	*S. violacea* Heyne ex Benth. var. *sikkimensis* Hook. f.	■H	iii	
柳叶红茎黄芩	*S. yunnanensis* Lévl. var. *salicifolia* Sun ex G. H. Hu	■H	iii	LC
钝叶黄芩	*S. obtusifolia* Hemsl.	■H	i	LC
水苏属	*Stachys* Linn.			
针筒菜	*S. oblongifolia* Benth.	■H	iii	
香科科属	*Teucrium* Linn.			
血见愁	*T. viscidum* Bl.	■H	i	LC
长毛香科科	*T. pilosum*（Pamp.）C. Y. Wu. et S. Chow	H	ii	LC
110. 车前科	Plantaginaceae			
车前属	*Plantago* L.			
车前	*P. asiatica* L.	■H	iii	LC
疏花车前	*P. asiatica* L. subsp. *erosa*（Wall.）Z. Y. Li	H	iii	LC
尖萼车前	*P. cavaleriei* Lévl.	H	iii	NT
大车前	*P. major* L.	■H	iii	
111. 木犀科	Oleaceae			
连翘属	*Forsythia* Vahl			
金钟花	*F. viridissma* Lindl.	■● ES	iii	
梣属	*Fraxinus* Linn.			
白蜡树	*F. chinensis* Roxb.	■●EA	iii	
苦枥木	*F. floribunda* Wall. subsp. *insularis*（Hemsl.）S. S. Sun	DA	ii	LC
素馨属	*Jasminum* Linn.			
清香藤	*J. lanceolarium* Roxb.	■● ES	i	LC
女贞属	*Ligustrum* Linn.			
丽叶女贞	*L. henryi* Hemsl.	ES	i	LC
女贞	*L. lucidwm* Ait	■●▲ EA	iii	LC
小叶女贞	*L. quihoui* Carr.	■●ES	iii	LC
粗壮女贞	*L. robustum*（Roxb.）Blume	■ ES	iii	LC
光萼小蜡	*L. sinense* Lour. var. *myrianthum*（Didls）Hoefker	■ES	iii	LC
小蜡	*L. sinensis* Lour.	■●▲ ES	iii	
112. 玄参科	Scrophulariaceae			
来江藤属	*Brandisia* Hook. f. et Thoms.			

中文名	拉丁名	资源/生活型	来源	中国红色名录
来江藤	*B. hancei* Hook. f.	■◆ ES	iii	LC
石龙尾属	*Limnophila* R. Br.			
石龙尾	*L. sessiliflora*（Vahl）Blume	■ H	iii	
母草属	*Lindernia* All.			
母草	*L. crustacea*（L.）Muell.	■ H	iii	
旱田草	*L. ruellioides*（Colsm.）Pennell	■ H	iii	
通泉草属	*Mazus* Lour.			
毛果通泉草	*M. spicatus* Vant.	■ H	iii	LC
通泉草	*M. japonicus*（Thunb.）O. Kuntze	■ H	iii	
岩白菜	*M. omeiensis* H. L. Li	■ H	iii	LC
沟酸浆属	*Mimulus* L.			
尼泊尔沟酸浆	*M. tenellus* Bunge var. *nepalensis*（Benth.）Tsoong	H	iii	LC
泡桐属	*Paulownia* Sieb. et Zucc.			
川泡桐	*P. fargesii* Franch.	■●▲◆ DA	iii	
毛泡桐	*P. tomentosa*（Thunb.）Steud.	■●◆ DA	iii	
白花泡桐	*P. fortunei*（Seem）Hemsl.	■●▲◆ DA	iii	
蝴蝶草属	*Torenia* L.			
光叶蝴蝶草	*T. glabra* Osbeck	■ H	iii	
紫萼蝴蝶草	*T. violacea*（Azaola）Penell	■ H	iii	
婆婆纳属	*Veronica* L.			
北水苦荬	*V. anagallis-aquatica* L.	■▲ H	ii	
华中婆婆纳	*V. henryi* Yamazaki	■ H	iii	LC
直立婆婆纳	*V. arvensis* L.	■ H	iii	
疏花婆婆纳	*V. laxa* Benth.	H	ii	LC
婆婆纳	*V. didyma* Tenore	■ H	ii	
腹水草属	*Veronicastrum* Heist. ex Farbic.			
宽叶腹水草	*V. latifolium*（Hemsl.）Yamazaki	H	iii	LC
细穗腹水草	*V. stenostachyum*（Hemsl.）Yamazak	■ H	iii	LC
113. 列当科	Orobanchaceae			
野菰属	*Aeginetia* L.			
野菰	*A. indica* L.	■ H	i	LC
114. 苦苣苔科	Gesneriaceae			
异唇苣苔属	*Allocheilos* W. T. Wang			
异唇苣苔	*A. cortusiflorum* W. T. Wang	H	iii	EN
大苞苣苔属	*Anna* Pellegr.			
白花大苞苣苔	*A. ophiorrhizoides*（Hemsl.）Burtt et Davidson	■ H	iii	LC
横蒴苣苔属	*Beccarinda* Kuntze			
横蒴苣苔	*B. tonkinensis*（Pellegr）Burtt	H	ii	LC
粗筒苣苔属	*Briggsia* Craib			
粗筒苣苔	*B. amabilis*（Diels）Craib	H	iii	LC
川鄂粗筒苣苔	*B. rosthornii*（Diels）Burtt	H	iii	LC
盾叶粗筒苣苔	*B. longipes*（Hemsl.）Carib	H	ii	LC
革叶粗筒苣苔	*B. mihieri*（Franch.）Craib	■ H	iii	LC

中文名	拉丁名	资源/生活型	来源	中国红色名录
筒花苣苔属	*Briggsiopsis* K. Y. Pan			
筒花苣苔	*B. delavayi*（Franch.）K. Y. Pan	★ H	iii	LC
唇柱苣苔属	*Chirita* Buch.-Ham. ex D. Don			
牛耳朵	*C. eburnea* Hance	■ H	ii	LC
珊瑚苣苔属	*Corallodiscus* Batalin			
珊瑚苣苔	*C. cordatulus*（Craib）Burtt	■ H	iii	
漏斗苣苔属	*Didissandra* Clarke			
大苞漏斗苣苔	*D. begoniifolia* Lévl.	H	iii	LC
长蒴苣苔属	*Didymocarpus* Wall.			
腺毛长蒴苣苔	*D. glandulous*（W. W. Smith.）W. T. Wang	H	iii	LC
疏毛长蒴苣苔	*D. stenanthos* Clarke var. *pilosellus* W. T. Wang	H	iii	LC
半蒴苣苔属	*Hemiboea* Clarke			
贵州半蒴苣苔	*H. cavaleriei* Lévl.	H	i	LC
华南半蒴苣苔	*H. follicularis* Clarke	■ H	iii	LC
纤细半蒴苣苔	*H. gracilis* Franch.	H	iii	LC
柔毛半蒴苣苔	*H. mollifolia* W. T. Wang	H	iii	LC
紫花苣苔属	*Loxostigma* Clarke			
紫花苣苔	*L. griffithii*（Wight）Clarke	■ H	iii	LC
吊石苣苔属	*Lysionotus* D. Don			
吊石苣苔	*L. pauciflorus* Maxim.	■● H	iii	LC
线柱苣苔属	*Rhynchotechum* Bl.			
线柱苣苔	*R. obovatum*（Griff.）Burtt	■ H	iii	
异叶苣苔属	*Whytockia* W. W. Smith			
白花异叶苣苔	*W. triangiana*（Hand.-Mazz.）A. Weber	■ H	i	DD
115. 爵床科	Acanthaceae			
白接骨属	*Asystasiella* Lindau			
白接骨	*A. neesiana*（Wall.）Lindau	■ H	i	LC
板蓝属	*Baphicacanthus* Bremek.			
板蓝	*B. cusia*（Nees）Bremek.	■ H	iii	LC
钟花草属	*Codonacanthus* Nees			
钟花草	*C. pauciflorus* Nees	■ H	i	LC
黄猄草属	*Championella* Bremek.			
日本黄猄草	*C. japonica*（Thunb.）Bremek.	H	ii	LC
金足草属	*Goldfussia* Nees			
球花马蓝	*G. pentstemonoides*（Nees）T. Anders	■ H	iii	LC
拟地皮消属	*Leptosiphonium* F. v. Muell.			
拟地皮消	*L. venustum*（Hance）E. Hossaia	H	iii	
观音草属	*Peristrophe* Nees			
九头狮子草	*P. japonica*（Thunb.）Bremek	■ H	iii	LC
马蓝属	*Pteracanthus*（Nees）Bremek.			
翅柄马蓝	*P. alatus*（Nees）Bremek.	H	iii	LC
爵床属	*Rostellularia* Reichenb.			
爵床	*R. procumbens*（L.）Ness	■ H	iii	

中文名	拉丁名	资源/生活型	来源	中国红色名录
116. 狸藻科	Lentibulariaceae			
狸藻属	*Utricularia* L.			
黄花狸藻	*U. gibba* Linn.	H	iii	
117. 桔梗科	Campanulaceae			
沙参属	*Adenophora* Fisch.			
丝裂沙参	*A. capillaris* Hemsl.	■H	iii	LC
湖北沙参	*A. longipedicellata* Hong	H	iii	LC
轮叶沙参	*A. tetraphylla*（Thunb.）Fisch.	■▲H	iii	LC
无柄沙参	*A. stricta* Miq. subsp. *sessilifolia* Hong	H	ii	LC
金钱豹属	*Campanumoea* Bl.			
金钱豹	*C. javanica* Bl.	■H	iii	LC
长叶轮钟草	*C. lancifolia*（Roxb.）Merr.	■H	i	
党参属	*Codonopsis* Wall.			
心叶党参	*C. cordifolia* Rom.	■◆H	i	NT
党参	*C. pilosula*（Franch.）Nannf.	■H	iii	LC
铜锤玉带属	*Pratia* Gaudich.			
铜锤玉带草	*P. nummularia*（Lam.）A. Br. et Aschers	■H	iii	
桔梗属	*Platycodon* A. DC.			
桔梗（泡参）	*P. grandiflorus*（Jacq.）A. DC.	■▲ H	ii	LC
蓝花参属	*Wahlenbergia* Schrad. ex Roth			
蓝花参	*W. marginata*（Thunb.）A.	■H	iii	
118. 茜草科	Rubiaceae			
茜树属	*Aidia* Lour.			
香楠	*A. canthioides*（Champ. ex Benth.）Masam.	ES	iii	LC
茜树	*A. cochinchinensis* Lour.	ES	iii	LC
虎刺属	*Damnacanthus* Gaertn. f.			
虎刺	*D. indicus*（L.）Gaertn. f.	ES	ii	LC
香果树属	*Emmenopterys* Oliv.			
香果树	*E. henryi* Oliv.	■ ★DA	iii	NT
拉拉藤属	*Galium* Linn.			
猪殃殃	*G. aparine* L. var. *tenerum*（Gren. Et Godr.）Rebb.	■H	iii	
硬毛拉拉藤	*G. oreale* Linn. var. *ciliatum* Nakai	H	iii	LC
六叶葎	*G. asperuloides* Edgew. var. *hoffmeisteri*（Klotzsch）Hand.-Mazz.	H	ii	
四叶葎	*G. bungei* Steud.	■H	iii	
四川拉拉藤	*G. elegans* Wall. ex Roxb. var. *nemorosum* Cuf.	H	ii	LC
栀子	*G. jasminoides* Ellis	■●◆ ES	iii	LC
小叶猪殃殃	*G. trifidum* L.	■H	iii	
耳草属	*Hedyotis* Linn.			
白花蛇舌草	*H. diffusa* Willd.	■H	iii	
长节耳草	*H. uncinella* Hook. et Arn.	■H	iii	LC
粗叶木属	*Lasianthus* Jack. nom. cons.			
梗花粗叶木	*L. biermanni* King ex Hook.	ES	iii	LC
粗叶木	*L. chinensis*（Champ.）Benth.	■ ES	iii	LC

续表

中文名	拉丁名	资源/生活型	来源	中国红色名录
西南粗叶木	L. henryi Hutchins.	ES	iii	LC
薄柱草属	Nertera Banks ex J. Gaertn. nom. cons.			
薄柱草	N. sinensis Hemsl.	■ H	iii	LC
巴戟天属	Morinda L.			
羊角藤	M. umbellata L.	■ ES	iii	
玉叶金花属	Mussaenda Linn.			
展枝玉叶金花	M. divaricata Hutch.	■● ES	iii	LC
黐花（大叶白纸扇）	M. esquirolii Lévl.	■ ES	iii	LC
腺萼木属	Mycetia Reinw.			
华腺萼木	M. sinensis（Hemsl.）Craib	ES	iii	LC
密脉木属	Myrioneuron R. Br. ex Kurz			
密脉木	M. faberi Hemsl.	■ ES	iii	LC
蛇根草属	Ophiorrhiza Linn.			
广州蛇根草	O. cantoniensis Hance	■ H	i	LC
日本蛇根草	O. japonica Bl.	■◆ H	iii	LC
鸡矢藤属	Paederia Linn. nom. cons.			
耳叶鸡矢藤	P. cavaleriei Lévl.	HL	iii	LC
鸡矢藤	P. scandens（Lour.）Merr.	■ HL	iii	
毛鸡矢藤	P. yunnanensis（Lévl.）Rehd.	HL	iii	
九节属	Psychotria Linn. nom. cons.			
云南九节	P. yunnanensis Hutch.	ES	iii	LC
茜草属	Rubia Linn.			
茜草	R. cordifolia L.	■◆ H	iii	
多花茜草	R. wallichiana Decne. Recherch. Anat. et Physiol.	◆ H	iii	
白马骨属	Serissa Comm. ex A. L. Jussieu			
六月雪	S. japonica（Thunb.）Thunb. Nov. Gen.	■● ES	iii	
鸡仔木属	Sinoadina Ridsd.			
鸡仔木	S. racemosa（Sieb. et Zucc.）Ridsd.	■ DS	iii	LC
狗骨柴属	Diplospora DC.			
狗骨柴	D. dubia（Lindl.）Masam.	■◆ ES	iii	LC
毛狗骨柴	D. fruticosa Hemsl.	◆ ES	i	LC
钩藤属	Uncaria Schreber nom. cons.			
毛钩藤	U. hirsuta Havil.	■ FL	iii	LC
钩藤	U. rhynchophylla（Miq.）Jadis	■FL	iii	LC
攀茎钩藤	U. scandens（Smith）Hutchins.	■ FL	iii	LC
华钩藤	U. sinensis（Oliv.）Hav.	FL	ii	LC
水锦树属	Wendlandia Bartl. ex DC. nom. cons.			
水晶棵子	W. longidens（Hance）Hutch.	DS	iii	LC
119. 忍冬科	Caprifoliaceae			
忍冬属	Lonicera Linn.			
长距忍冬	L. calcarata Hemsl.	■▲ FL	iii	LC
华南忍冬	L. confusa（Sweet）DC.	■▲FL	iii	LC

中文名	拉丁名	资源/生活型	来源	中国红色名录
苦糖果	*L. fragrantissima* subsp. *standishii* Hsu et H. J. Wang	■ ES	iii	LC
蕊被忍冬	*L. gynochlamydea* Hemsl.	■ DS	iii	LC
忍冬	*L. japonica* Thunb.	■● ▲ FL	iii	LC
女贞叶忍冬	*L. ligustrina* Wall.	■ ES	iii	LC
灰毡毛忍冬	*L. macranthoides* Hand.-Mazz.	■● FL	iii	LC
短柄忍冬	*L. pampaninii* Lévl.	■FL	iii	LC
蕊帽忍冬	*L. pileata* Oliv.	■ ES	iii	LC
细毡毛忍冬	*L. similis* Hemsl.	■ FL	iii	LC
盘叶忍冬	*L. tragophylla* Hemsl.	■▲FL	iii	LC
接骨木属	*Sambucus* Linn.			
接骨草	*S. chinensis* Lindl.	■ H	iii	LC
接骨木	*S. williamsii* Hance	■ DS	iii	LC
荚蒾属	*Viburnum* Linn.			
桦叶荚蒾	*V. betulifolium* Batal.	■DS	ii	LC
短序荚蒾	*V. barchybotryum* Hemsl.	■ ES	iii	LC
金佛山荚蒾	*V. chinshanense* Graebn.	ES	iii	LC
水红木	*V. cylindricum* Buch. Ham. ex D. Don	■ ES	iii	LC
荚蒾	*V. dilatatum* Thunb.	■ DS	iii	LC
宜昌荚蒾	*V. erosum* Thunb.	■◆ DS	iii	LC
直角荚蒾	*V. foetidum* Wall. var. *rectangulatum*（Graebn.）Rehd.	DS	iii	LC
巴东荚蒾	*V. henryi* Hemsl.	ES	iii	LC
少花荚蒾	*V. oliganthum* Batal.	ES	iii	LC
狭叶球核荚蒾	*V. propinquum* Hemsl. var. *mairei* W. W. Smith	ES	iii	LC
汤饭子（茶荚蒾）	*V. segiterum* Hance	DS	iii	LC
三叶荚蒾	*V. ternatum* Rehd.	DS	iii	LC
烟管荚蒾	*V. utile* Hemsl.	◆ ES	iii	LC
120. 败酱科	Valerianaceae			
败酱属	*Patrinia* Juss.			
攀倒甑	*P. villosa*（Thunb.）Juss.	■H	iii	LC
少蕊败酱	*P. monandra* C. B. Clarke	■H	iii	LC
窄叶败酱	*P. heterophylla* Bunge subsp. *angustifolia*（Hemsl.）H. J. Wang	■H	i	
缬草属	*Valeriana* Linn.			
长序缬草	*V. hardwickii* Wall.	■ ◆H	iii	LC
瑞香缬草	*V. daphniflora* Hand.-Mazz.	◆H	ii	LC
蜘蛛香	*V. jatamansi* Jones	■◆ H	ii	LC
121. 菊科	Compositae			
蓍属	*Achillea* L.			
云南蓍	*A. wilsoniana* Heimerl ex Hand.-Mazz.	■H	iii	LC
下田菊属	*Adenostemma* J. R. et G. Forst.			
下田菊	*A. lavenia*（L.）O. Kuntze	■H	i	
宽叶下田菊	*A. lavenia*（L.）O. Kuntze var. *latifolium*（D. Don）Hand.-Mazz.	H	ii	LC
藿香蓟属	*Ageratum* L.			
藿香蓟	*A. conyzoides* L.	■H	iii	

中文名	拉丁名	资源/生活型	来源	中国红色名录
兔儿风属	*Ainsliaea* DC.			
长穗兔儿风	*A. henryi* Diels.	■ H	ii	LC
光叶兔儿风	*A. glabra* Hemsl.	■ H	i	DD
香青属	*Anaphalis* DC.			
旋叶香青	*A. contorta*（D. Don）Hook. f.	◆ H	i	LC
乳白香青	*A. lactea* Maxim.	■◆ H	iii	LC
宽翅香青	*A. latialata* Ling et Y. L. Chen	◆ H	iii	LC
珠光香青线叶变种	*A. margaritacea*（L.）Benth. et Hook. f. var. *japonica*（Sch.-Bip.）Makino	◆ H	iii	LC
牛蒡属	*Arctium* L.			
牛蒡	*A. lappa* L.	■ H	iii	
蒿属	*Artemisia* Linn. Sensu stricto，excl. Sect. Seriphidium Bess.			
黄花蒿	*A. annua* L.	■ H	iii	LC
艾	*A. argyi* Lévl. et van.	■ H	iii	
茵陈蒿	*A. capillaris* Thunb.	■ H	iii	
牡蒿	*A. japonica* Thunb.	■ H	iii	
灰苞蒿	*A. roxburghiana* Bess.	H	i	LC
紫菀属	*Aster* L.			
三脉紫菀	*A. ageratoides* Turcz.	■ H	iii	LC
微糙三脉紫菀	*A. ageratoides* Turcz. var. *scaberulus*（Miq.）Ling. comb. nov.	H	i	LC
三脉紫菀-毛枝变种	*A. ageratoides* Turcz. var. *lasiocladus*（Hayata）Hand.-Mazz.	■ H	i	LC
三脉紫菀-宽伞变种	*A. ageratoides* Turcz. var. *laticorymbus*（Vant.）Hand.-Mazz.	H	iii	LC
小舌紫菀	*A. albescens*（DC.）Hand.-Mazz.	■ H	iii	
耳叶紫菀	*A. auriculatus* Franch.	■ H	iii	
狗舌紫菀	*A. senecioides* Franch.	■ H	iii	LC
鬼针草属	*Bidens* L.			
鬼针草（原变种）	*B. pilosa* L. var. *pilosa*	H	i	
金盏银盘	*B. biternata*（Lour.）Merr. et Sherff	■ H	iii	
狼杷草	*B. tripartita* Linn.	■ H	iii	
艾纳香属	*Blumea* DC.			
裂苞艾纳香	*B. martiniana* Vaniot	■ H	iii	LC
东风草	*B. megacephala*（Ronderia）Chang et Treng	■ H	iii	LC
艾纳香	*B. balsamifera*（L.）DC.	■ H	ii	LC
天名精属	*Carpesium* L.			
烟管头草	*C. cernuum* L.	■ H	iii	
天名精	*C. abrotanoides* L.	■ H	iii	
金挖耳	*C. divaricatum* Sieb. et Zucc.	■ H	iii	
贵州天名精	*C. faberi* Winkl.	H	iii	LC
大花金挖耳	*C. macrocephalum* Franch. et Sav.	■ H	iii	LC
小花金挖耳	*C. minum* Hemsl.	■ H	iii	LC
蓟属	*Cirsium* Mill. emend. Scop.			
蓟	*C. japonicum* Fisch. et DC.	■ H	iii	LC
刺儿菜	*C. setosum*（Willd.）MB.	■ H	iii	LC

中文名	拉丁名	资源/生活型	来源	中国红色名录
牛口刺	*C. shansiense* Petr.	■H	ii	LC
白酒草属	*Conyza* Less.			
香丝草	*C. bonariensis*（L.）Cronq.	■H	iii	
小蓬草	*C. canadensis*（Linn.）Cronq.	■H	iii	
白酒草	*C. japonica*（Thunb.）Less.	■H	iii	
苏门白酒草	*C. sumatrensis*（Retz.）Walker	■H	iii	LC
菊属	*Dendranthema*（DC.）Des Moul.			
野菊	*D. indicum*（L.）Des Moul.	■◆H	iii	
鱼眼草属	*Dichrocephala* DC.			
鱼眼草	*D. auriculata*（Thunb.）Druce	■H	iii	
小鱼眼草	*D. benthamii* C. B. Clarke	■H	iii	
鳢肠属	*Eclipta* L.			
鳢肠	*E. prostrata*（Linn.）Linn.	■H	iii	
菊芹属	*Erechtites* Rafin			
梁子菜	*E. hieracifolia*（L.）Raf. ex DC.	H	iii	LC
飞蓬属	*Erigeron* L.			
一年蓬	*E. annuus*（Linn.）Pers.	■H	iii	
泽兰属	*Eupatorium* L.			
华泽兰（多须公）	*E. chinense* Linn.	■H	iii	LC
异叶泽兰	*E. heterophyllum* DC.	■H	iii	LC
林泽兰	*E. lindleyanum* DC.	■H	iii	LC
牛膝菊属	*Galinsoga* Ruiz et Pav.			
牛膝菊	*G. parviflora* Cav.	■H	iii	
鼠麴草属	*Gnaphalium* L.			
鼠麴草	*G. affine* D. Don	■H	iii	
秋鼠麴草	*G. hypoleucum* DC.	■H	ii	
匙叶鼠麴草	*G. pensylvanicum* Willd.	■H	iii	
田基黄属	*Grangea* Adans.			
田基黄	*G. maderaspatana*（Linn.）Poir.	■H	iii	LC
菊三七属	*Gynura* Cass. nom. cons.			
野茼蒿	*G. crepidioides* Benth.	■H	iii	
向日葵属	*Helianthus* L.			
菊芋	*H. tuberosus* L.	■●H	iii	
泥胡菜属	*Hemistepta* Bunge			
泥胡菜	*H. lyrata*（Bunge）Bunge	■H	iii	
山柳菊属	*Hieracium* L.			
山柳菊	*H. umbellatum* L.	H	ii	LC
旋覆花属	*Inula* L.			
羊耳菊	*I. cappa*（Buch.-Ham.）DC.	■H	iii	LC
旋覆花	*I. japonica* Thunb.	■H	ii	
小苦荬属	*Ixeridium*（A. Gray）Tzvel.			
中华小苦荬	*I. chinense*（Thunb.）Tzvel.	H	iii	
窄叶小苦荬	*I. gramineum*（Fisch.）Tzvel.	H	iii	

续表

中文名	拉丁名	资源/生活型	来源	中国红色名录
抱茎小苦荬	I. sonchifolium（Maxim.）Shih	■H	iii	
苦荬菜属	Ixeris Cass.			
齿缘苦荬	I. dentata（Thunb.）Nakai	■H	iii	
细叶苦荬	I. gracilis Stebb.	■H	iii	
马兰属	Kalimeris Cass.			
马兰	K. indica（L.）Sch.-Bip.	■H	iii	LC
山马兰	K. lautureana（Debx.）Kitam.	■H	iii	LC
莴苣属	Lactuca L.			
莴苣	L. sativa Linn.	H	iii	
橐吾属	Ligularia Cass.			
齿叶橐吾	L. dentate（A. Gray）Hara	H	ii	LC
鹿蹄橐吾	L. hodgsonii Hook	■H	ii	LC
粘冠草属	Myriactis Less.			
圆舌粘冠草	M. nepalensis Lees.	■H	ii	LC
粘冠草	M. wightii DC.	H	iii	LC
假福王草属	Paraprenanthes Chang ex Shih			
密毛假福王草（腺毛莴苣）	P. glandulosissima（Chang）Shih	H	ii	DD
三角叶假福王草	P. hastata Shih	H	iii	DD
蕨叶假福王草（水龙骨叶苣）	P. polypodifolia（Franch.）Chang	H	iii	DD
假福王草	P. sororia（Miq.）Shih	H	ii	LC
银胶菊属	Parthenium L.			
银胶菊	P. hysterophorus Linn.	H	iii	LC
蜂斗菜属	Petasites Mill.			
毛裂蜂斗菜	P. tricholobus Franch.	■H	ii	LC
秋分草属	Rhynchospermum Reinw. ex Blume.			
秋分草	R. verticillatum Reinw. ex Bl.	H	iii	LC
风毛菊属	Saussurea DC.			
松林风毛菊	S. pinetorum Hand.-Mazz.	H	iii	LC
千里光属	Senecio L.			
千里光	S. scandens Buch.-Ham. ex D. Don	■H	iii	
匍枝千里光	S. filiferus Franch.	H	ii	
豨莶属	Siegesbeckia L.			
豨莶	S. orientalis Linn.	■H	iii	
蒲儿根属	Sinosenecio B. Nord.			
蒲儿根	S. oldhamianus（Maxim.）B. Nord.	■H	iii	
耳柄蒲儿根	S. winklerianus Hand.-Mazz.	H	iii	
一枝黄花属	Solidago L.			
一枝黄花	S. decurrens Lour.	■H	i	
苦苣菜属	Sonchus L.			
苣荬菜	S. arvensis Linn.	■H	iii	LC
苦苣菜	S. oleraceus L.	■H	ii	
金纽扣属	Spilanthes Jacq.			

中文名	拉丁名	资源/生活型	来源	中国红色名录
金纽扣	*S. paniculata* Wall. ex DC.	■ H	iii	
金腰箭属	*Synedrella* Gaertn.			
金腰箭	*S. nodiflora*（L.）Gaertn.	■ H	iii	
蒲公英属	*Taraxacum* F. H. Wigg.			
蒲公英	*T. mongolicum* Hand.-Mazz	■ H	iii	
斑鸠菊属	*Vernonia* Schreb.			
夜香牛	*V. cinerea*（L.）Less.	■ H	iii	
展枝斑鸠菊	*V. extensa*（Wall.）DC.	DS	iii	LC
糙叶斑鸠菊	*V. aspera*（Roxb.）Buch.-Ham.	■ H	ii	LC
南川斑鸠菊	*V. nantcianensis*（Pamp.）Hand. –Mazz.	DS	iii	LC
蟛蜞菊属	*Wedelia* Jacq.			
蟛蜞菊	*W. chinensis*（Osbeck.）Merr.	■ H	ii	
黄鹌菜属	*Youngia* Cass.			
红果黄鹌菜	*Y. erythrocarpa*（Vant.）Babc. et Stebb.	H	ii	
黄鹌菜	*Y. japonica*（L.）DC.	■ H	iii	
单子叶植物纲				
123. 泽泻科	Alismataceae			
泽泻属	*Alisma* Linn.			
泽泻	*A. plantago-aquatica* Linn.	■● H	iii	
慈姑属	*Sagittaria* Linn.			
野慈姑	*S. trifolia* Linn. var. *trifolia*	H	ii	LC
124. 水鳖科	Hydrocharitaceae			
黑藻属	*Hydrilla* Rich.			
黑藻	*H. verticillata*（Linn. f.）Royle	● H	ii	
125. 眼子菜科	Potamogetonaceae			
眼子菜属	*Potamogeton* Linn.			
菹草	*P. cripus* Linn.	●▲H	ii	LC
光叶眼子菜	*P. lucens* Linn.	H	ii	LC
竹叶眼子菜	*P. malaianus* Miq.	■H	ii	LC
尖叶眼子菜	*P. oxyphyllus* Miq.	H	ii	LC
126. 茨藻科	Najadaceae			
茨藻属	*Najas* Linn.			
纤细茨藻	*N. gracillima*（A. Br.）Magnus	■H	ii	LC
大茨藻	*N. marina* L.	◆H	ii	LC
小茨藻	*N. minor* All.	H	ii	LC
127. 棕榈科	Palmae			
棕竹属	*Rhapis* Linn. f. ex Ait.			
矮棕竹	*R. humilis* Bl.	●◆ ES	iii	
棕榈属	*Trachycarpus* H. Wendl.			
棕榈	*T. fortunei*（Hook. f.）H. Wendl.	■●◆ ES	iii	
128. 菖蒲科	Acoraceae			
菖蒲属	*Acorus* L.			
菖蒲	*A. calamus* L.	■● H	iii	

续表

中文名	拉丁名	资源/生活型	来源	中国红色名录
金钱蒲	A. gramineus Soland.	■●H	i	LC
长苞菖蒲	A. rumphianus S. Y. Hu	■● H	iii	
石菖蒲	A. tatarinowii Schott	■● H	iii	LC
129. 天南星科	Araceae			
海芋属	Alocasia（Schott）G. Don			
海芋	A. macrorrhiza（L.）Schott	■●H	iii	
魔芋属	Amorphophallus Blume			
魔芋	A. rivieri Durieu FOC	■▲H	iii	NT
天南星属	Arisaema Mart.			
一把伞南星	A. consanguineum Schott	■● H	iii	LC
天南星（虎掌南星）	A. heterophyllim Blume	■ H	iii	LC
花南星	A. lobatum Engl.	■ H	iii	LC
绥阳雪里见	A. rhizomatum C. E. C. Fisch.	■H	ii	
芋属	Colocasia Schott			
芋	C. esculenta（Linn.）Schott	■● H	iii	
半夏属	Pinellia Tenore			
滴水珠	P. cordata	■ H	ii	LC
半夏	P. ternata（Thunb.）Breit.	■● H	iii	LC
石柑属	Pothos L.			
紫苞石柑	P. cathcartii Schott.	ES	ii	LC
石柑子	P. chinensis（Raf.）Merr.	■● H	iii	LC
长柄石柑	P. chinensis var. lotienensis C. Y. Wu et H. Li	■ H	iii	
崖角藤属	Rhaphidophora Schott			
爬树龙	R. decursiva（Roxb.）Schott	■ H	i	LC
犁头尖属	Typhonium Schott			
犁头尖	T. divaricatum（Linn.）Decne.	■● H	iii	LC
130. 浮萍科	Lemnaceae			
浮萍属	Lemna L.			
浮萍	L. minor L.	■ H	i	
紫萍属	Spirodela Schleid.			
紫萍	S. Polyrhiza（L.）Schleid.	■ H	i	
131. 鸭跖草科	Commelinaceae			
鸭跖草属	Commelina L.			
鸭跖草	C. communis L.	■ H	iii	
大苞鸭跖草	C. palidosa Bl.	■ H	i	LC
蓝耳草属	Cyanotis D. Don			
蓝耳草	C. vaga（Lour.）Roem. et Schult.	■H	ii	
聚花草属	Floscopa Lour.			
聚花草	F. scandens Lour.	■ H	i	LC
水竹叶属	Murdannia Royle			
牛轭草	M. loriformis（Hassk.）Rolla Rao et Kammathy	■ H	iii	LC
水竹叶	M. triquetra（Wall.）Bruckn.	■ H	iii	

续表

中文名	拉丁名	资源/生活型	来源	中国红色名录
杜若属	*Pollia* Thunb.			
杜若	*P. japonica* Thunb.	■ H	iii	LC
川杜若	*P. miranda*（Levl.）Hara	H	iii	LC
132. 谷精草科	Eriocaulaceae			
谷精草属	*Eriocaulon* Linn.			
谷精草	*E. buergerianum* Koern.	■ H	i	LC
133. 灯心草科	Juncaceae			
灯心草属	*Juncus* L.			
翅茎灯心草	*J. alatus* Franch. et Sav.	■◆ H	i	
灯心草	*J. effuses* L.	■◆ H	iii	
细灯芯草	*J. gracillimus*（Buch.）V. Krecz et Gontsch	■◆ H	i	
笄石菖	*J. prismatocarpus* R. Br.	■◆ H	iii	
野灯心草	*J. setchuanensis* Buchen.	■◆ H	iii	
134. 莎草科	Cyperaceae			
球柱草属	*Bulbostylis* C. B. Clarke			
丝叶球柱草	*B. densa*（Wall.）Hand.-Mzt.	■ H	iii	LC
薹草属	*Carex* L.			
球穗薹草	*C. amgunensis* Fr. Schmidt	◆ H	iii	LC
浆果薹草	*C. baccans* Nees	■◆ H	iii	LC
青绿薹草	*C. breviculmis* R. Br.	◆ H	i	LC
褐果薹草	*C. brunnea* Thunb	◆ H	iii	LC
十字薹草	*C. crucuate* Wahlenb.	■◆ H	i	LC
蕨状薹草	*C. filicina* Nees	◆ H	iii	LC
套鞘薹草	*C. maubertiana* Boott	◆ H	iii	LC
粉被薹草	*C. pruinosa* Boott	◆ H	iii	LC
遵义薹草	*C. zunyiensis* Tang et Wang ex S. Y. Liang	H	ii	LC
花葶薹草	*C. scaposa* C. B. Clarke	■ H	ii	LC
莎草属	*Cyperus* L.			
扁穗莎草	*C. compressus* L.	■◆ H	iii	LC
异型莎草	*C. difformis* L.	■◆ H	iii	LC
碎米莎草	*C. iria* L.	■◆ H	iii	LC
毛轴莎草	*C. pilosus* Vahl	■◆ H	iii	LC
香附子	*C. rotundus* L.	■◆ H	iii	LC
荸荠属	*Eleocharis* R. Br.			
牛毛毡	*H. yokoscensis*（Franch. et Savat.）Tang et Wang	■◆ H	iii	LC
紫果蔺	*H. atropurpurea*（Retz.）Presl	H	iii	DD
羊胡子草属	*Eriophorum* Linn.			
丛毛羊胡子草	*E. comosum* Nees	■◆ H	iii	LC
飘拂草属	*Fimbristylis* Vahl			
复序飘拂草	*F. bisumbellata*（Forsk.）Bubani	◆ H	iii	LC
两歧飘拂草	*F. dichotoma*（L.）Vahl	■◆ H	iii	LC
线叶两歧飘拂草	*F. dichotoma* form. *annua*（All.）Ohwi. Cyper	◆ H	iii	
拟二叶飘拂草	*F. diphylloides* Makino	◆ H	iii	LC

续表

中文名	拉丁名	资源/生活型	来源	中国红色名录
水虱草	*F. miliacea*（L.）Vahl	■◆ H	iii	LC
嵩草属	*Kobresia* Willd.			
钩状嵩草	*K. uncinoides*（Boott）C. B. Clarke	◆ H	iii	LC
水蜈蚣属	*Kyllinga* Rottb.			
短叶水蜈蚣	*K. brevifolia* Rottb.	■◆ H	iii	LC
砖子苗属	*Mariscus* Gaertn.			
砖子苗	*M. unbellatus* Wahl	■◆ H	iii	
扁莎属	*Pycreus* P. Beauv.			
球穗扁莎（原变种）	*P. globosus*（All.）Reichb. var. *globosus*	◆ H	iii	LC
直球穗扁莎	*P. globosus*（All.）Reichb. var. *strictus*（Roxb.）C. B. Clarke	◆ H	iii	LC
藨草属	*Scirpus* Linn.			
萤蔺	*S. juncoides* Roxb.	■◆ H	iii	LC
百球藨草	*S. rosthornii* Diels	■◆ H	iii	LC
类头状花序藨草	*S. subcapitatu*s Thw.	◆ H	iii	
珍珠茅属	*Scleria* Berg.			
光果珍珠茅	*S. laeviformis* Tang et Wang	■◆ H	iii	LC
毛果珍珠茅	*S. levis* Retz.	■◆ H	iii	LC
珍珠茅	*S.* sp.	H	iii	
135. 禾本科	Gramineae			
剪股颖属	*Agrostis* Linn.			
华北剪股颖	*A. clavata* Trin.	◆H	ii	LC
剪股颖	*A. matsumurae* Hack. ex Honda	◆H	iii	
大锥剪股颖	*A. megathyrsa* Keng	◆H	ii	LC
微药剪股颖	*A. micrandra* Keng	◆H	ii	
多花剪股颖	*A. myriandra* Hook. f.	◆H	ii	
看麦娘属	*Alopecurus* Linn.			
看麦娘	*A. aequalis* Sobol.	■◆ H	iii	LC
荩草属	*Arthraxon* Beauv.			
荩草	*A. hispidus*（Thunb.）Makino	■◆ H	iii	LC
茅叶荩草	*A. lanceolatus*（Roxb.）Hochst.	◆ H	iii	LC
野古草属	*Arundinella* Raddi			
毛秆野古草	*A. hirta*（Thunb.）Tanaka	◆ H	i	LC
石芒草	*A. nepalensis* Trin.	◆ H	iii	LC
芦竹属	*Arundo* L.			
芦竹	*A. donax* L.	■●◆ H	iii	LC
箣竹属	*Bambusa* Retz. corr. Schreber			
粉单竹	*B. chungii* McCl.	●◆ ES	iii	
料慈竹	*B. distegia*（Keng et Keng f.）Chia et H. L. Fung	◆ ES	iii	
绵竹	*B. intermedia* Hsueh et Yi	● ES	iii	
孝顺竹	*B. multiplex* Raeusch. var. *multiplex*	●◆ ES	iii	
小琴丝竹	*B. multiplex*（Lour.）Raeusch. ex Schult. cv. Alphonse-Kar R. A. Young	●◆ ES	iii	
凤尾竹	*B. multiplex*（Lour）Raeusch. cv. fernleaf	■●◆ ES	iii	
硬头黄竹	*B. rigida* Keng et Keng f.	◆ EA	iii	

中文名	拉丁名	资源/生活型	来源	中国红色名录
车筒竹	B. sinospinosa McClure	◆ ES	iii	LC
黄金间碧竹	B. vulgaris Schrader ' Vittata ' McClure	■● ES	iii	
孔颖草属	Bothriochloa Kuntze			
臭根子草	B. bladhii（Retz.）S. T. Blake	◆ H	iii	LC
雀麦属	Bromus L.			
疏花雀麦	B. remotiflorus（Steud.）Ohwi	■◆ H	iii	LC
拂子茅属	Calamagrostis Adans.			
野青茅	C. arundinaceae（L.）Roth.	◆ H	iii	LC
疏穗野青茅	C. effusiflora Rendle	◆ H	i	LC
拂子茅	C. epigejos（L.）Roth	■◆ H	iii	LC
细柄草属	Capillipedium Stapf			
硬秆子草	C. assimile（Steud）A. Camus.	◆ H	iii	LC
细柄草	C. parviflorum（R. Br.）Stap f.	◆ H	ii	
硬秆子草	C. assimile（Steud.）A. Camus	◆ H	iii	
寒竹属	Chimonobambusa Makino			
狭叶方竹	C. angustifolia Chu et Chao	●◆ ES	iii	LC
箐竹	C. hejiangensis Chu et Chao	◆ ES	i	i
方竹	C. quadrangularis（Fenzi）Makino	▲◆ES	i	LC
虎尾草属	Chloris Sw.			
虎尾草	C. virgata Sw.	■◆ H	ii	LC
薏苡属	Coix Linn.			
薏苡	C. lacryma-jobi L.	■●◆ H	i	LC
狗牙根属	Cynodon Rich.			
狗牙根	C. dactylon（L.）Pers.	■◆ H	iii	LC
弓果黍属	Cyrtococcum Stapf			
弓果黍	C. patens（L.）A. Camus	◆ H	iii	LC
牡竹属	Dendrocalamus Nees			
大叶慈	D. farinosus（Keng et Keng f.）Chia et Fung	●◆ EA	i	LC
麻竹	D. latiflorus Munro	■●◆ ES	iii	DD
马唐属	Digitaria Hall.			
升马唐	D. ciliaris（Retz.）Koel.	◆ H	ii	LC
毛马唐	D. chrysoblephara Fig. et de Not	◆ H	ii	LC
十字马唐	D. cruciata（Nees）A. Camus	■◆ H	iii	LC
长花马唐	D. longiflora（Retz.）Pers.	◆ H	ii	LC
马唐	D. sanguinalis（L.）Scop.	■◆ H	iii	LC
短颖马唐	D. microbachne（Presl）Henr.	◆ H	iii	LC
紫马唐	D. violascens Link.	◆ H	ii	LC
镰序竹属	Drepanostachyum Keng f.			
爬竹	D. scandens（Hsueh et W. D. Li）Keng f. et Yi	◆ H	iii	LC
稗属	Echinochloa Beauv.			
光头稗	E. colonum（Linn.）Link	◆ H	iii	LC
稗	E. crusgalli（L.）Beauv.	■◆ H	iii	LC
西来稗	E. crusgalli Beauv. var. zelayensis（H. B. K.）Hitchc.	◆ H	iii	LC

中文名	拉丁名	资源/生活型	来源	中国红色名录
穆属	*Eleusine* Gaertn			
牛筋草	*Eleusine indica*（L.）Gaertn.	■◆ H	iii	LC
画眉草属	*Eragrostis* Wolf			
大画眉草	*E. cilianensis*（All.）Link.	■◆ H	iii	
知风草	*E. ferruginea*（Thurb.）Beauv.	■◆ H	iii	LC
小画眉草	*E. minor* Host	■◆ H	iii	LC
蜈蚣草属	*Eremochloa* Buse			
蜈蚣草	*E. ciliaris*（Linn.）Merr.	■◆ H	iii	LC
野黍属	*Eriochloa* Kunth			
野黍	*E. villosa*（Thunb.）Kunth	■◆ H	iii	LC
黄金茅属（拟）	*Eulalia* Kunth			
四脉金茅	*E. quadrinervis*（Hack.）Kuntze	◆ ES	ii	LC
金茅	*E. speciosa*（Debeaux）Kuntze	◆ ES	ii	LC
羊茅属	*Festuca* L.			
高羊茅	*F. elata* Keng	◆ ES	ii	LC
弱须羊茅	*F. leptopogon* Stapf.	◆ ES	ii	
小颖羊茅	*F. parvigluma* Steud.	◆ ES	ii	LC
箭竹属	*Fargesia* Franch. emend. Yi			
刺箭竹	*F. radicata* Hsueh	★◆ ES	i	
红壳箭竹	*F. porphyrea* Yi	★◆ ES	iii	DD
井冈寒竹属	*Gelidocalamus* Wen			
西风竹（亮竿竹）	*G. annulatus* Wen	●★◆ ES	iii	
牛鞭草属	*Hemarthria* R. Br.			
扁穗牛鞭草	*H. compressa*（Linn. f.）R. Br.	◆ H	iii	LC
黄茅属	*Heteropogon* Pers.			
黄茅	*H. contortus*（Linn.）Beauv. ex Roem. et Schult.	◆ ES	ii	LC
白茅属	*Imperata* Cyrillo			
丝茅	*I. koenigii*（Retz.）Beauv. FOC	■◆ H	iii	
白茅	*I. cylindrica*（L.）Beauv.	■◆ H	i	
箬竹属	*Indocalamus* Nakai			
箬叶竹	*I. longiauritus* Hand.-Mazz.	■●◆ ES	iii	LC
赤水箬竹	*I. chishuiensis* Y. L. Yang & Hsueh	★◆ ES	iii	LC
柳叶箬属	*Isachne* R. Br.			
白花柳叶箬	*I. albens* Trin.	◆ ES	i	LC
柳叶箬	*I. globosa*（Thunb.）Kuntze.	■◆ H	ii	LC
千金子属	*Leptochloa* Beauv.			
虮子草	*L. panicea*（Retz.）Ohwi	◆ H	iii	LC
黑麦草属	*Lolium* L.			
多花黑麦草	*L. multiflorum* Lamk.	◆ H	iii	LC
淡竹叶属	*Lophatherum* Brongn.			
淡竹叶	*L. gracile* Brongn.	■◆ H	iii	LC
中华淡竹叶	*L. sinense* Rendle	■◆ H	iii	LC
莠竹属	*Microstegium* Nees			

中文名	拉丁名	资源/生活型	来源	中国红色名录
刚莠竹	*M. ciliatum*（Trin.）A. Camus	◆ H	i	LC
竹叶茅	*M. nudum*（Trin.）A. Camus	◆ H	i	LC
柔枝莠竹	*M. vimineum*（Trin.）A. Camus	◆ H	i	LC
芒属	*Miscanthus* Anderss.			
五节芒	*M. floridulus*（Labill.）Warb. ex K. Schum. & Lauterb.	◆ H	iii	LC
芒	*M. sinensis* Anderss.	■◆ H	iii	LC
慈竹属	*Neosinocalamus* Keng f.			
慈竹	*N. affinis*（Rendle）Keng f.	■●★◆ EA	iii	LC
求米草属	*Oplismenus* Beauv.			
竹叶草	*O. compositus*（L.）Beauv.	■◆ H	iii	LC
求米草	*O. undulatifolius*（Arduino）Beauv.	◆ H	iii	LC
黍属	*Panicum* L.			
糠稷	*P. bisulcatum* Thunb.	◆ H	i	LC
雀稗属	*Paspalum* L.			
毛花雀稗	*P. dilatatum* Piro.	◆H	ii	LC
圆果雀稗	*P. orbiculare* G. Forst.	■◆H	ii	LC
雀稗	*P. thunbergii* Kunth ex Steud.	◆ H	i	LC
狼尾草属	*Pennisetum* Rich.			
狼尾草	*P. alopecuroides*（L.）Spreng	■◆ H	i	LC
芦苇属	*Phragmites* Adans.			
芦苇	*P. australis*（Cav.）Trin. ex Steud.	■●◆ ES	iii	LC
刚竹属	*Phyllostachys* Sieb. et Zucc.			
人面竹	*P. aurea* Carrière ex Rivière & C. Rivière	◆ ES	iii	LC
寿竹（平竹）	*P. bambusoides* Sieb. et Zucc. f. *shouzhu* Yi	◆ ES	iii	
桂竹（斑竹）	*P. bambusoides* Sieb. et Zucc.	◆ ES	iii	
水竹	*P. heteroclada* Oliv.	●◆ ES	iii	LC
白夹竹（篌竹）	*P. nidularia* Munro	◆ ES	iii	
紫竹	*P. nigra*（Loddges）Munro	■◆ ES	iii	
毛竹	*P. pubescens* Mazel ex H. de Leharie	■●▲◆ ES	iii	
金竹	*P. subphurea*（Carr.）Kiriere	●◆ ES	iii	LC
大明竹属	*Pleioblastus* Nakai			
苦竹	*P. amarus* Keng f.	■●◆ ES	iii	LC
斑苦竹	*P. maculatus*（McClure）C. D. Chu et C. S. Chao	◆ ES	iii	LC
早熟禾属	*Poa* L.			
白顶早熟禾	*P. acrileuca* Steud.	H	ii	LC
早熟禾	*P. annua* L.	■◆ H	i	LC
华灰早熟禾	*P. botryoides* Trin ex Bess.	◆ H	ii	
硬质早熟禾	*P. sphondylodes* Trin ex Bunge	■ H	ii	LC
金发草属	*Pogonatherum* Beauv.			
金丝草	*P. crinitum*（Thunb.）Kunth	■◆ H	iii	LC
金发草	*P. paniceum* Hack.	■◆ H	iii	LC
棒头草属	*Polypogon* Desf.			
棒头草	*P. fugex* Nees ex Steud.	■◆ H	iii	LC

续表

中文名	拉丁名	资源/生活型	来源	中国红色名录
甘蔗属	*Saccharum* Linn.			
斑茅	*S. arundinaceum* Retz.	■ H	iii	LC
甜根子草	*S. spontaneum* Linn.	■◆ H	iii	LC
鹅观草属	*Roegneria* C. Koch.			
纤毛鹅观草	*R. ciliaris*（Trin.）Nevski	◆ H	iii	
鹅观草	*R. kamoji* Ohwi	◆ H	iii	
囊颖草属	*Sacciolepis* Nash			
囊颖草	*S. indica*（L.）A. Chase	◆ H	i	LC
裂稃草属	*Schizachyrium* Nees			
裂稃草	*S. brevifolium*（Swartz）Nees ex Buse	◆ H	i	LC
狗尾草属	*Setaria* Beauv.			
西南莩草	*S. forbesiana*（Nees）Hook. f.	◆ H	iii	LC
金色狗尾草	*S. glauca*（L.）Beauv.	■◆ H	iii	
棕叶狗尾草	*S. palmaefolia*（Koen.）Stapf	■◆ H	iii	LC
皱叶狗尾草	*S. plicata*（Lam.）T. Cooke	■◆ H	iii	LC
狗尾草	*S. viridis*（L.）Beauv.	■◆ H	iii	LC
鼠尾粟属	*Sporobolus* R. Br.			
鼠尾粟	*S. fertili*（Steud.）W. D. Clayton	◆ H	iii	LC
菅属	*Themeda* Forssk.			
苞子草	*T. candata*（Nees）A. Camus	■◆ H	iii	LC
黄背草	*T. triandra* Forsk. var. *japonica*（Willd.）Makino	■◆ H	ii	LC
菅	*T. villosa*（Poir.）Bur. et Jacks.	◆ H	ii	LC
棕叶芦属	*Thysanolaena* Nees			
棕叶芦	*T. maxima*（Roxb.）O. Ktze.	■◆ H	i	
草沙蚕属	*Tripogon* Roem. et Schult.			
线形草沙蚕	*T. filiformis* Nees ex Steud.	◆ H	i	LC
三毛草属	*Trisetum* Pers.			
三毛草	*T. bifidum*（Thunb.）Ohwi	H	ii	LC
玉山竹属	*Yushania* Keng f.			
赤水玉山竹	*Y. chishuiensis* Hsueh	★◆ ES	i	
136. 芭蕉科	Musaceae			
芭蕉属	*Musa* L.			
芭蕉	*M. basjoo* Sieb. et Zucc.	■● H	iii	
137. 姜科	Zinqiberaceae			
山姜属	*Alpinia* Roxb.			
山姜	*A. japonica*（Thunb.）Miq.	■● H	iii	LC
华山姜	*A. chinensis*（Retz.）Rose.	■ H	i	LC
箭杆风	*A. stachyodes* Hance	● H	iii	LC
红豆蔻	*A. galanga*（L.）Willd.	■ H	iii	DD
舞花姜属	*Globba* L			
舞花姜	*G. racemosa* Smith	H	iii	LC
姜花属	*Hedychium* L.			
峨眉姜花	*H. flavescens* Carey ex Roscoe	■● H	iii	LC

续表

中文名	拉丁名	资源/生活型	来源	中国红色名录
黄姜花	*H. flavum* Roxb.	■H	iii	
姜属	*Zingiber* Boehm.			
阳荷	*Z. striolatum* Diels	■H	i	LC
138. 美人蕉科	Cannaceae			
美人蕉属	*Canna* L.			
蕉芋	*C. edulis* Ker.	■●◆ H	iii	
139. 雨久花科	Pontederiaceae			
雨久花属	*Monochoria* Presl			
鸭舌草	*M. vaginalis*（Burm. f.）Presl ex Kunth	■● H	i	
140. 百合科	Liliaceae			
粉条儿菜属	*Aletris* L.			
高山粉条儿菜	*A. alpestris* Diels	■H	iii	LC
无毛粉条儿菜	*A. glabra* Bur. et Franch.	■H	iii	LC
长柄粉条儿菜	*A. pedicellata* F. T. Wang et Tang	■H	iii	LC
粉条儿菜	*A. spicata*（Thunb.）Franch.	■▲ H	iii	LC
狭瓣粉条儿菜	*A. stenoloba* Franch.	■H	iii	LC
葱属	*Allium* L.			
薤白	*A. macrostemon* Bunge.	■▲◆ H	ii	LC
野葱	*A. chrysanthum* Regel	■▲◆ H	iii	LC
天门冬属	*Asparagus* L.			
羊齿天门冬	*A. filicinus* Buch-Ham	■H	iii	LC
丛生蜘蛛抱蛋	*A. caespitosa* Pei	●H	iii	LC
蜘蛛抱蛋	*A. elatior* Bulme	■● H	iii	
九龙盘	*A. typica* Baill.	■H	i	LC
大百合属	*Cardiocrinum*（Endl.）Lindl.			
大百合	*C. giganfeum*（Wall.）Makno	◆ H	iii	LC
山菅属	*Dianella* Lam.			
山菅	*D. ensifolia*（Linn.）DC.	■● H	iii	LC
万寿竹属	*Disporum* Salisb.			
万寿竹	*D. cantoniense*（Lour.）Merr.	■● H	iii	LC
长蕊万寿竹	*D. longistylum*（H. Léveillé et Vaniot）hara	■● H	iii	LC
宝铎草	*D. smilacinum* A. Gray	■H	iii	LC
独尾草属	*Eremurus* M. Bieb.			
独尾草	*E. chinensis* Fedtsch.	H	iii	LC
萱草属	*Hemerocallis* L.			
小萱草	*H. dumortieri* Morr.	■H	iii	
萱草	*H. fulva*（L.）L.	■● H	iii	LC
黄花菜	*H. sitrina* Baroni	■●▲ H	iii	
肖菝葜属	*Heterosmilax* Kunth			
肖菝葜	*H. japonica* Kunth	■DS	iii	LC
华肖菝葜	*H. chinensis* Wang	DS	iii	LC
玉簪属	*Hosta* Tratt.			
玉簪	*H. plantaginea*（Lam.）Aschers.	■● H	iii	

中文名	拉丁名	资源/生活型	来源	中国红色名录
紫萼	*H. ventricosa*（Salisb.）Stearn	■●H	ii	
百合属	*Lilium* L.			
野百合	*L. borownil* F. E. Brown	■● H	iii	LC
百合	*L. brownii* F. E. Brown ex Miellez var. *viridulum* Baker	■● H	iii	LC
川百合	*L. davidii* Duchartre ex Elwes	■ H	iii	
湖北百合	*L. henryi* Baker	■ H	ii	
淡黄花百合	*L. sulphureum* Baker apud Hook. f.	■◆ H	iii	LC
通江百合	*L. sargentiae* Wilson	■H	iii	
山麦冬属	*Liriope* Lour.			
阔叶山麦冬	*L. muscari*（Decaisne）L. H. Bailey	■● H	iii	LC
山麦冬	*L. spicata*（Thunb.）Lour.	■● H	iii	LC
舞鹤草属	*Maianthemum* Web.			
鹿药	*M. japonicum*（A. Gray）La Frankie	■● H	iii	LC
沿阶草属	*Ophiopogon* Ker-Gawl.			
沿阶草	*O. bodinieri* Lévl.	■● H	iii	LC
长茎沿阶草	*O. chingii* F. T. Wang et Tang	■ H	iii	LC
褐鞘沿阶草	*O. dracaenoides*（Baker）Hook. f.	H	iii	LC
沿阶草	*O.* sp.	H	iii	
间型沿阶草	*O. intermedius* D. Don	■ H	iii	LC
麦冬	*O. japonicus*（L. f.）Ker-Gawl	■ H	iii	
林生沿阶草	*O. sylvicola* Wang et Tang	H	iii	NT
重楼属	*Paris* L.			
球药隔重楼	*P. fargesii* Franch.	H	iii	NT
七叶一枝花	*P. polyphylla* Smith	■● H	iii	NT
狭叶重楼	*P. polyphylla* Sm. var. *stenophylla* Franch.	■● H	iii	NT
球子草属	*Peliosanthes* Andr.			
大盖球子草	*P. macrostegia* Hance	■● H	iii	LC
黄精属	*Peliosanthes* Andr.			
黄精	*P. sibiricum* Delar. ex Redoute	■● H	iii	LC
卷叶黄精	*P. cirrhifolium*（Wall.）Royle	■ H	iii	LC
多花黄精	*P. cyrtonema* Hua	■H	ii	NT
小玉竹	*P. hunile* Fisch. ex Maxim	■ H	ii	LC
玉竹	*P. odoratum*（Mill.）Druce	■● H	iii	LC
吉祥草属	*Reineckia* Kunth			
吉祥草	*R. carnea*（Andr.）Kunth	■● H	iii	
141. 石蒜科	Amaryllidaceae			
石蒜属	*Lycoris* Herb.			
稻草石蒜	*L. straminea* Lindl.	■H	ii	VU
石蒜	*L. radiata*（L Her.）Herb.	■● H	iii	
仙茅属	*Curculigo* Gaertn.			
大叶仙茅	*C. capitulata*（Lour.）O. Kuntze	■●◆ H	iii	LC
仙茅	*C. orchioides* Gaertn.	■●◆ H	iii	LC
142. 鸢尾科	Iridaceae			

中文名	拉丁名	资源/生活型	来源	中国红色名录
鸢尾属	*Iris* L.			
蝴蝶花	*I. japonica* Thunb.	■● H	iii	LC
鸢尾	*I. tectorum* Maxim.	■● H	iii	
扇形鸢尾	*I. wattii* Baker	H	ii	
143. 蒟蒻薯科	Taccaceae			
裂果薯属	*Schizocapsa* Hane			
裂果薯	*S. plantaginea* Hance	■ H	ii	
144. 百部科	Stemonaceae			
百部属	*Stemona* Lour.			
大百部	*S. tuberosa* Lour.	■ H	iii	LC
145. 菝葜科	Smilacaceae			
菝葜属	*Smilax* L.			
疣枝菝葜	*S. aspericaulis* Wall. ex A. DC.	◆ ES	ii	LC
西南菝葜	*S. biumbellata* T. Koyama	■◆ DS	iii	LC
密疣菝葜	*S. chapaensis* Warb.	◆ ES	ii	LC
菝葜	*S. china* Li.	■◆ DS	iii	
柔毛菝葜	*S. chingii* Wang et Tang	◆ DS	iii	LC
银叶菝葜	*S. Cocculoides* Warb.	◆ DS	iii	LC
长托菝葜	*S. ferox* Wall. ex Kunth	◆ DS	iii	LC
土茯苓	*S. glabra* Roxb.	■▲◆ DS	iii	LC
马甲菝葜	*S. lanceifolia* Roxb.	◆ DS	iii	LC
折枝菝葜	*S. lanceifolia* Roxb. var. *elongata*（Warb.）Wang et Tang	◆ES	ii	LC
暗色菝葜	*S. lanceifolia* Roxb. var. *opaca* A. DC.	◆ES	ii	
粗糙菝葜	*S. lebrunii* Lévl.	◆ DS	iii	LC
无刺菝葜	*S. mairei* Lévl.	◆ DS	i	LC
小叶菝葜	*S. microphylla* C. H. Wright	■◆ DS	iii	LC
牛尾菜	*S. riparia* A. DC.	■◆ DS	iii	
梵净山菝葜	*S. vanchingshanensis*（Wang et Tang）Wang et Tang	■◆ DS	ii	LC
三脉菝葜	*S. trinervula* Miq.	◆ DS	iii	LC
146. 薯蓣科	Dioscoreaceae			
薯蓣属	*Dioscorea* L.			
参薯	*D. alata* L.	■▲ HL	iii	
薯莨	*D. cirrhosa* Lour.	■ HL	iii	LC
异块茎薯莨	*D. cirrhosa* Lour. var. *cylindrica* C. T. Ting et M. C. Chang	HL	iii	NT
薯蓣	*D. opposita* Prain et Burk.	■▲ HL	iii	LC
黄山药	*D. panthaica* Prain et Burkill	■ HL	iii	EN
147. 兰科	Orchidaceae			
白芨属	*Bletilla* Rchb. f.			
小白及	*B. formosana*（Hayata）Schltr.	■● H	iii	EN
黄花白芨	*B. ochracea* Schltr	■●H	ii	EN
白芨	*B. striata*（Thunb. ex A. Murray）Rchb. F.	■●◆ H	iii	EN
虾脊兰属	*Calanthe* R. Br.			
泽泻虾脊兰	*C. alismaefolia* Lindl.	H	ii	LC

中文名	拉丁名	资源/生活型	来源	中国红色名录
弧距虾脊兰	*C. arcuata* Rolfe	H	ii	VU
肾唇虾脊兰	*C. brevicornu* Lindl.	H	ii	LC
密花虾脊兰	*C. densiflora* Wall ex Lindl.	H	iii	LC
圆唇虾脊兰	*C. petelotiana* Gagnep.	H	iii	EN
流苏虾脊兰	*C. tricarinata* Lindl.	■ H	iii	LC
剑叶虾脊兰	*C. davidii* Franch.	H	ii	LC
虾脊兰	*C. discolor* Lindl.	● H	ii	LC
兰属	*Cymbidium* Sw.			
建兰	*C. Ensifolium*（L.）SW.	■● H	ii	VU
蕙兰	*C. faberi* Rolfe	● H	iii	LC
送春	*C. faberi* Rolfe var. *szechuanicum*（Y. S. Wu et S. C. Chen）	H	ii	NT
春兰	*C. goeringii*（Rchb. f.）Rchb. f.	●H	iii	VU
春剑	*C. geoeringii*（Rchb. f.）Rchb. f. var. *longibracteatum*（Y. S. Wu et S. C. Chen）Y. S. Wu et S. C. Chen	● H	iii	VU
寒兰	*C. kanran* Makino	H	ii	VU
兔耳兰	*C. lancifolium* Hook.	H	iii	LC
杓兰属	*Cypripedium* L.			
绿花杓兰	*C. henryi* Rolfe	● H	ii	NT
石斛属	*Dendrobium* Sw.			
流苏石斛	*D. fimbriatum* Hook.	■ H	ii	VU
罗河石斛	*D. lohohense* T. Tang et F. T. Wang	■ H	ii	EN
石斛	*D. nobile* Lindl.	■● H	iii	VU
广东石斛	*D. wilsonii* Rolfe	■ H	iii	CR
山珊瑚属	*Galeola* Lour.			
山珊瑚	*G. faberi* Rolfe	■ H	iii	LC
肉果兰属	*Cyrtosia* Bl.			
矮小肉果兰	*C. nana*（Rolfe ex Downie）Garay	H	iii	VU
毛兰属	*Eria*			
密花毛兰	*E. spicata*（D. Don）Hand.-Mazz.	H	ii	LC
天麻属	*Gastrodia* R. Br.	H		
天麻	*G. elata* Bl.	■ H	iii	DD
斑叶兰属	*Goodyera* R. Br.	H		
高斑叶兰	*G. procera*（Ker-Gawl.）Hook.	■ H	iii	LC
大斑叶兰	*G. schlechtendaliana* Rchb. f.	H	ii	NT
绒叶斑叶兰	*G. velutina* Maxim.	H	ii	LC
玉凤花属	*Habenaria* Willd.			
长距玉凤花	*H. davidii* Franch.	H	iii	NT
玉凤花	*H.* sp.	H	iii	
角盘兰属	*Herminium* L.			
叉唇角盘兰	*H. lanceum*（Thunb.）Vuijk	■ H	ii	LC
羊耳蒜属	*Liparis* Rich.			
镰翅羊耳蒜	*L. bootanensis* Griff.	H	iii	LC
大花羊耳蒜	*L. distans* C. B. Clarke	■ H	iii	LC

中文名	拉丁名	资源/生活型	来源	中国红色名录
见血青	*L. nervosa*（Thunb. ex A. Murray）Lindl.	■ H	iii	LC
长唇羊耳蒜	*L. pauliana* Hand.-Mazz.	H	ii	LC
沼兰属	*Malaxis* Sw.	H		
沼兰	*M. monophyllos*（L.）Sw.	H	ii	LC
阔蕊兰属	*Peristylus* Bl.	H		
一掌参	*P. forceps* Finet	■ H	iii	LC
鹤顶兰属	*Phaius* Lour.	H		
紫花鹤顶兰	*P. mishmensis*（Lindl. et Paxt.）Rchb. f.	■ H	iii	VU
鹤顶兰	*P. tankervilleae*（Banksex L'Herit.）Bl.	● H	ii	LC
黄花斑叶鹤顶兰	*P. woodfordii*（Hook）Merr.	H	ii	
石仙桃属	*Pholidota* Lindl. ex Hook.	H		
细叶石仙桃	*P. cantonensis* Rolfe	H	ii	LC
云南石仙桃	*P. yunnanensis* Rolfe	H	ii	NT
独蒜兰属	*Pleione* D. Don	H		
独蒜兰	*P. bulbocodioides*（Franch.）Rolfe	● H	iii	LC
毛唇独蒜兰	*P. hookeriana*（Lindl.）B. S. Williams	H	ii	VU
朱兰属	*Pogonia* Juss.	H		
朱兰	*P. japonica* Rchb. f.	■● H	iii	NT
绶草属	*Spiranthes* L. C. Rich.	H		
绶草（盘龙参）	*S. sinensis*（Pers.）Ames	■●◆ H	iii	LC
金佛山兰属	*Tangtsinia* S. C. Chen	H		
金佛山兰	*T. nanchuanica* S. C. Chen	H	ii	EN
竹茎兰属	*Tropidia* Lindl.	H		
阔叶竹茎兰	*T. angulosa*（Lindl.）Bl	H	ii	NT

注：①种子植物共计 154 科 708 属 1775 种；

　　②种子植物的科按照克朗奎斯特被子植物分类系统（1998）顺序编排，部分采用《中国植物志》科的编排；

　　③资源符号示意：■. 药用；●. 观赏；▲. 食用；★. 种质资源；◆. 工业。参考何明勋的《植物资源学》（华东师大出版社，1996 年）。
生活型缩写示意：EA. 常绿乔木；DA. 落叶乔木；ES. 常绿灌木；DS. 落叶灌木；FL. 木质藤本；HL. 草质藤本；H. 草本。数据来源：i 表示来源于《赤水桫椤自然保护区科学考察集》（贵州民族出版社，1990 年）；ii 表示来源于 2008 赤水申遗资料；iii 表示来源于 2008 年的标本采集和本次科考调查数据；GS 表示数据来源于《贵州生物多样性》（2008 年）

附录 2 保护区蕨类植物名录

中文名	拉丁名	资源/生活型	来源	中国红色名录
1. 石杉科	Huperziaceae			
石杉属 *Huperzia* Bernh.				
赤水石杉	*H. chishuiensis* X. Y. Wang et P. S. Wang	■★ H	GS	DD
皱叶石杉	*H. crispate*（Ching）Ching	■ H	GS	
蛇足石杉	*H. serrata*（Thunb.）Trev.	■ H	GS	EN
马尾杉属 *Phlegmariurus*（Herter）Holub				
闽浙马尾杉	*P. mingchegensis* Ching	■ H	iii	LC
2. 石松科	Lycopodiaceae			
石松属 *Lycopodium* L.				
石松	*L. japonicum* Thunb.	■◆ H	i	LC
藤石松	*L. casuarinoides*（Spring）Holub	■◆ H	iii	LC
地刷子石松	*L. cornplanatum* L.	■◆ H	i	
垂穗石松属 *Palhinhaea* Franco et Vasc. ex Vasc. et Franco				
垂穗石松	*P. cernua*（L.）Franco et Vasc.	■ ◆H	i	LC
3. 卷柏科	Selaginellaceae			
卷柏属 *Selaginella* P. Beauv				
毛枝卷柏	*S. trichoclada* Alston	■ H	GS	LC
薄叶卷柏	*S. delicatula*（Desv.）Alston	■ H	iii	LC
异穗卷柏	*S. heterostachys* Baker	■ H	GS	LC
兖州卷柏	*S. involvens*（Sw.）Spring	■ H	i	LC
细叶卷柏	*S. labordei* Heron. ex Christ	■ H	GS	LC
江南卷柏	*S. labordei* Heron. ex Christ	■ H	iii	LC
伏地卷柏	*S. nipponica* Franch. et Sav.	■ •H	iii	LC
疏叶卷柏	*S. remotifolia* Spring	■ H	iii	LC
翠云草	*S. uncinata*（Desv.）Spring	■• H	iii	LC
大叶卷柏	*S. bodinieri* Hieron.	■ H	i	LC
深绿卷柏	*S. doellendorffii* Hieron.	■• H	iii	LC
膜叶卷柏	*S. leptophylla* Baker	■ H	i	LC
单子卷柏	*S. monospora* Spring	■ H	i	LC
4. 木贼科	Equisetaceae			
木贼属 *Equisetum* L.				
问荆	*E. arvense* L.	■ H	GS	LC
披散木贼	*E. difusum* D. Don	■ H	iii	LC
木贼	*E. hyemale* L. subsp. *hyemale* L.	■ H	i	LC
笔管草	*E. ramosissimum* Desf. subsp. *debile*（Roxb. ex Vauch.）Hauke	■ H	iii	LC
节节草	*E. ramosissima*（Desf.）Boerner	■ H	iii	LC
5. 松叶蕨科	Psilotaceae			
松叶蕨属 *Psilotum* Sw.				
松叶蕨	*P. nudum*（L.）Beauv.	■ H	iii	VU
6. 阴地蕨科	Botrychiaceae			
阴地蕨属 *Botrychium* Sw.				

续表

中文名	拉丁名	资源/生活型	来源	中国红色名录
阴地蕨	*B. ternatum*（Thunb.）Sw.	■H	iii	LC
薄叶阴地蕨	*B. daucifolium* Wall.	■H	iii	NT
7. 观音座莲科	Angiopteridaceae			
观音座莲属 *Angiopteris* Hoffm.				
福建观音座莲	*A. fokiensis* Hieron.	■●▲H	iii	LC
8. 瓶尔小草科	Ophioglossaceae			
瓶尔小草属 *Ophioglossum* Linn.				
瓶尔小草	*O. vulgatum* L.	■H	i	LC
9. 紫萁科	Osmundaceae			
紫萁属 *Osmunda* Linn.				
紫萁	*O. japonica* Thunb.	■▲H	iii	LC
宽叶紫萁	*O. javanica* Bl.	■H	iii	DD
华南紫萁	*O. vachellii* Hook.	■H	iii	LC
10. 瘤足蕨科	Plagiogyriaceae			
瘤足蕨属 *Plagiogyria* Mett.				
瘤足蕨	*P. adnata*（Bl.）Bedd.	■H	iii	LC
镰叶瘤足蕨	*P. distinctissima* Ching	■H	i	LC
华中瘤足蕨	*P. euphlebia*（kunze）Mett.	■H	iii	LC
华东瘤足蕨	*P. japonica* Nakai	■H	iii	LC
11. 里白科	Gleicheniaceae			
芒萁属 *Dicranopteris* Bernh.				
芒萁	*D. dichotoma*（Thunb.）Berhn.	■H	iii	LC
里白属 *Hicriopteris* Presl				
中华里白	*H. chinensis*（Ros.）Ching.	■H	iii	LC
里白	*H. glauca*（Thunb.）Ching	■H	iii	LC
光里白	*H. laevissima*（Christ）Ching	■H	iii	LC
峨眉里白	*H. omeiensis* Ching et Chiu	■H	iii	
12. 海金沙科	Lygodiaceae			
海金沙属 *Lyodium* Sw.				
海金沙	*L. japonicum*（Thunb.）Sw.	■H	iii	LC
13. 膜蕨科	Hymenophyllaceae			
团扇蕨属 *Gonocormus* V. D. Bosch				
团扇蕨	*G. minutus*（Bl.）V. D. B	H	iii	LC
膜蕨属 *Hymenophyllum* Sm.				
华东膜蕨	*H. barbatum*（V. D. B）Baker	■H	iii	LC
瓶蕨属 *Vandenboschia* Cop.				
瓶蕨	*V. auriculata*（Bl.）Cop.	■H	i	LC
华东瓶蕨	*V. orientalis*（C. Chr.）Ching	■H	GS	
漏斗瓶蕨	*V. naseana*（Christ）Ching	■H	iii	
14. 蚌壳蕨科	Dicksoniaceae			
金毛狗属 *Cibotium* Kaulf.				
金毛狗	*C. barometz*（L.）J. Sm	■ ★ES	iii	LC
15. 桫椤科	Cyatheaceae			
桫椤属 *Alsophila* R. Br.				
桫椤	*A. spinulosa*（Wall. ex Hook.）R. M. Tryon	■●★ ES	iii	NT
大叶黑桫椤	*A. gigantea* Wall. ex Hook.	■★ ES	iii	LC
粗齿黑桫椤	*A. denticulata*（Bak.）Copel.	■★ ES	iii	

续表

中文名	拉丁名	资源/生活型	来源	中国红色名录
华南黑桫椤	A. metteniana（Hance）Tagawa	■ ★ES	iii	
16. 姬蕨科	Dennstaedtiaceae			
碗蕨属 Dennstaedtia Bernh.				
细毛碗蕨	D. pilosella（HK.）Ching	■ H	GS	LC
碗蕨	D. scabra（Wall. ex Hook.）Moor	■ H	iii	LC
姬蕨属 Hypolepis Bernh.				
姬蕨	H. punctata（Thunb.）Mett.	■ H	iii	LC
鳞盖蕨属 Microlepia Preslpia Presl				
赤水鳞盖蕨	M. chishuiensis P. S. Wang	■ ★H	GS	DD
华南鳞盖蕨	M. hancei Prantl	■ H	iii	LC
边缘鳞盖蕨	M. marginata（Houtt.）C. Chr.	■ H	iii	LC
中华鳞盖蕨	M. sinostrigosa Ching	■ H	iii	LC
亚粗毛鳞盖蕨	M. substrigosa Tagawa	■ H	iii	LC
17. 鳞始蕨科	Lindsaeaceae			
陵齿蕨属 Lindsaea Dry.				
钱氏陵齿蕨	L. chienii Ching	■ H	GS	
日本鳞始蕨	L. odorata var. japonica（Baker）K. U. Kramer	■ H	iii	LC
鳞始蕨	L. odorata Roxb.	■ H	iii	
乌蕨属 Stenoloma Fee				
乌蕨	S. chusanum Ching	■● H	iii	LC
18. 蕨科	Pteridiaceae			
蕨属 Pteridium Scopoli				
蕨	P. aquilinum（L.）Kuhn var. latiusculum（Desv.）Underw. ex Heller	■▲ H	iii	LC
密毛蕨	P. revolutum（Bl.）Nakai	■ H	iii	
19. 凤尾蕨科	Pteridaceae			
凤尾蕨属 Pteris L.				
辐状凤尾蕨	P. actiniopteroides Christ	■ H	GS	
凤尾蕨	P. cretica var. nervosa（Thunb.）Ching et S. H. Wu	■ H	iii	LC
凤尾蕨（变种）	P. cretica L. var. nervosa（Thunb.）Ching et S. H. Wu	■ H	GS	
粗糙凤尾蕨	P. cretica L. var. laeta（Wall. ex Ettingsh.）C. Chr.	■ H	iii	LC
岩凤尾蕨	P. deltodon Bak.	■ H	GS	LC
刺齿凤尾蕨	P. dispar Kze.	■ H	iii	
剑叶凤尾蕨	P. ensiformis Burm.	■ H	iii	LC
刺柄凤尾蕨	P. esquirolii Christ var. muricatula（Ching）Ching et S. H. Wu	■ H	iii	DD
溪边凤尾蕨	P. excelsa Gaud	■ H	iii	LC
狭叶凤尾蕨	P. henryi Christ	■ H	iii	LC
井栏边草	P. multifida Pori.	■ H	i	LC
斜羽凤尾蕨	P. oshimensis Hieron.	H	iii	LC
稀羽凤尾蕨	P. paucipinnula X. Y. Wang et P. S. Wang	■★ H	GS	DD
栗柄凤尾蕨	P. plumbea Christ	■H	iii	LC
半边旗	P. semipinnata L.	■ H	iii	LC
蜈蚣草	P. vittata L.	■ H	iii	LC
20. 中国蕨科	Sinopteridaceae			
粉背蕨属 Aleuritopteris Fee				
银粉背蕨	A. argentea（Gmel.）Fee	■ H	GS	LC
碎米蕨属 Cheilosoria Trev.				
毛轴碎米蕨	C. chusana（Hook.）Ching et Shing	■H	iii	LC

续表

中文名	拉丁名	资源/生活型	来源	中国红色名录
日本金粉蕨	*O. japonicum*（Tumb.）Kunze	■ H	iii	
栗柄金粉蕨	*O. japonicum* var. *lucidum*（D. Don）Christ	■ H	iii	LC
中国蕨属 *Sinopteris* C. Chr. et Ching				
小叶中国蕨	*S. albofusca*（Bak.）Ching	H	GS	LC
21. 铁线蕨科	Adiantaceae			
铁线蕨属 *Adiantum* L.				
铁线蕨	*A. capillusveneris* L.	■● H	iii	LC
团羽铁线蕨	*A. capillus-junonis* Rupr.	■ H	i	LC
白背铁线蕨	*A. davidii* Franch	■ H	i	LC
月芽铁线蕨	*A. edentulum* Christ	■● H	GS	LC
普通铁线蕨	*A. edgeworthii* Hook.	■ H	iii	LC
扇叶铁线蕨	*A. flabellulatum* L.	■● H	i	LC
假鞭叶铁线蕨	*A. malesianum* Ghatak	■ H	iii	LC
单盖铁线蕨	*A. monochlamys* Eaton	■ H	iii	NT
掌叶铁线蕨	*A. pedatum* L	■● H	GS	NT
灰背铁线蕨	*A. myriosorum* Bak.	■● H	GS	NT
22. 裸子蕨科	Hemionitidaceae			
凤丫蕨属 *Coniogramme* Fee				
峨眉凤丫蕨	*C. emeiensis* Ching et Shing	■ H	iii	LC
普通凤丫蕨	*C. intermedia* Hieron	■ H	iii	LC
阔带凤丫蕨	*C. maxima* Ching et Shing	■ H	iii	
黑轴凤丫蕨	*C. robusta* Christ	■ H	iii	LC
23. 车前蕨科	Antrophyaceae			
长柄车前蕨	*A. obovatum* Bak.	■ H	iii	LC
24. 蹄盖蕨科	Athriaceae			
亮毛蕨属 *Acystopteris* Nakai				
亮毛蕨	*A. japdnica*（Luerss.）Nakai	■ H	iii	LC
短肠蕨属 *Allantodia* R. Br. emend. Ching				
短肠蕨	*A. cavaleriana*（H. Christ）Ching	■ H	iii	
中华短肠蕨	*A. chinensis*（Bak.）Ching	■ H	GS	LC
薄盖短肠蕨	*A. hachijoensis*（Nakai）Ching	H	iii	LC
斜羽假蹄盖蕨（变种）	*A. japonica*（Thunb.）Ching var. *oshimensis*（Christ）Ching	H	iii	LC
大叶短肠蕨	*A. maxim*（Don）Ching	■ H	iii	LC
江南短肠蕨	*A. metteniana*（Miq.）Ching	■ H	iii	LC
卵果短肠蕨	*A. ovata* W. M. Chu	H	GS	LC
淡绿短肠蕨	*A. virescens*（Kze.）Ching	■ H	iii	LC
深绿短肠蕨	*A. viridissima*（Christ）Ching	■▲ H	iii	LC
耳羽短肠蕨	*A. wichurae*（Mett.）Ching	■ H	iii	LC
假蹄盖蕨属 *Athyriopsis* Ching				
毛轴假蹄盖蕨	*A. petersenii*（Kunze）Ching	■ H	iii	LC
假蹄盖蕨	*A. japonica*（Thunb.）Ching	■ H	GS	LC
蹄盖蕨属 *Athyrium* Roth				
翅轴蹄盖蕨	*A. delavayi* Christ	■ H	iii	LC
轴果蹄盖蕨	*A. epirachis*（Christ）Ching	■ H	iii	LC
长江蹄盖蕨	*A. iseanum* Rosenst.	■ H	iii	LC
华东蹄盖蕨	*A. nipponicum*（Mett.）Hance	■ H	iii	

中文名	拉丁名	资源/生活型	来源	中国红色名录
光蹄盖蕨	*A. otophorum*（Miq.）Kiodz.	H	iii	LC
肠蕨属 *Diplaziopsis* C. Chr.				
阔羽肠蕨	*D. brunoniana*（Wall.）W. M. Chu	■H	iii	
川黔肠蕨	*D. cavaleriana*（Christ）C. Chr.	■H	iii	LC
双盖蕨属 *Diplazium* Sw.				
薄叶双盖蕨	*D. pinfaense* Ching	■H	iii	LC
单叶双盖蕨	*D. subsinuantm*（Wall. ex Hook. et Grev.）Tagawa.	■H	GS	LC
介蕨属 *Dryoathyrium* Chingng				
介蕨	*D. boryanum*（Willd）Ching	■H	iii	LC
华中介蕨	*D. okuboanum*（Makino）Ching	■H	iii	LC
绿叶介蕨	*D. viridifrons*（Makino）Ching	■H	iii	LC
安蕨属	*Anisocampium* Presl			
华东安蕨	*A. sheareri*（Bak.）Ching	■H	iii	LC
25. 金星蕨科	Thelypteridaceae			
毛蕨属 *Cyclosorus* Link				
渐尖毛蕨	*C. acuminatus*（Houtt.）Nakai	■H	iii	LC
干旱毛蕨	*C. aridus*（Don）Tagaw	■H	iii	LC
三合毛蕨	*C. calvescens* Ching	H	i	
秦氏毛蕨	*C. chingii* Z. Y. Liu	■H	iii	
华南毛蕨	*C. parasiticus*（L.）Farwell	■H	GS	LC
截裂毛蕨	*C. truncatus*（Poir.）Farwell	■H		LC
圣蕨属 *Dictyocline* Moore				
圣蕨	*D. griffithii* Moore	■H	iii	LC
羽裂圣蕨	*D. wilfordii*（Hook.）J. Sm.	■H	GS	LC
方秆蕨属 *Glaphyropteridopsis* Ching				
方秆蕨	*G. erubescens*（Hook.）Ching	■H	iii	LC
粉红方秆蕨	*G. rufostraminea*（Christ）Ching	■H	GS	LC
茯蕨属 *Leptogramma* J. Sm. ramma J. Sm.				
峨眉茯蕨	*L. scallanii*（Christ）Ching	H	iii	LC
针毛蕨属 *Macrothelypteris*（H. Ito）Ching				
普通针毛蕨	*M. toressiana*（Gaud.）Ching	H	iii	LC
凸轴蕨属 *Metathelypteris*（H. Ito）Ching				
疏羽凸轴蕨	*M. laxa*（Franch. et Sav.）Ching	H	iii	LC
金星蕨属 *Parathelypteris*（H. Ito）Ching				
金星蕨	*P. glanduligera*（Kze.）Ching	■H	iii	LC
光脚金星蕨	*P. japonica*（Bak.）Ching	■H	iii	LC
卵果蕨属 *Phegopteris* Fee				
延羽卵果蕨	*P. decursive-pinnata*（van Hall）Fee	H	iii	LC
新月蕨属 *Pronephrium* Presl				
新月蕨	*P. gymnopteridifrons*（Hay.）Holtt.	■H	i	LC
红色新月蕨	*P. lakhimburense*（Rosenst.）Holtt.	■H	iii	LC
大羽新月蕨	*P. nudatum*（Roxb.）Holtt.	■H	iii	LC
披针新月蕨	*P. penangianum*（Hook.）Holtt.	■H	iii	LC
假毛蕨属 *Pseudocyclosorus* Ching				
西南假毛蕨	*P. esquirolii*（Christ）Ching	■H	iii	LC
普通假毛蕨	*P. subochthodes*（Ching）Ching	■H	iii	LC
紫柄蕨属 *Pseudophegopteris* Ching				

续表

中文名	拉丁名	资源/生活型	来源	中国红色名录
云贵紫柄蕨	P. yunkweiwnsis（Ching）Ching	H	iii	LC
溪边蕨属 Stenogramma Bl.				
贯众叶溪边蕨	S. cyrtomioides（C. Chr.）Ching	■ H	GS	NT
钩毛蕨属	Cyclogramma Tagawa			
小叶钩毛蕨	C. flexilis（Christ）Tagawa	■ H	iii	LC
26. 铁角蕨科	Aspleniaceae			
铁角蕨属 Asplenium L.				
毛轴铁角蕨	A. crinicaule Hance	■ H	iii	LC
切边铁角蕨	A. excisum Presl	■ H	iii	LC
倒挂铁角蕨	A. normale Don	■● H	GS	LC
北京铁角蕨	A. pekinense Hance	■● H	iii	LC
长叶铁角蕨	A. prolongatum Hook.	■ H	iii	LC
铁角蕨	A. trichomanes L.	■● H	GS	LC
三翅铁角蕨	A. tripteropus Nakai	■● H	iii	LC
半边铁角蕨	A. unilaterale Lam.	■ H	iii	LC
狭翅铁角蕨	A. wrightii A. A. Eaton ex Hook.	H	iii	LC
云南铁角蕨	A. yunnanense Franch.	■● H	GS	LC
27. 柄盖蕨科	Peranemaceae			
鱼鳞蕨属 Acrophorus Presl				
鱼鳞蕨	A. stipellatus（Wall.）Moore	H	iii	LC
28. 乌毛蕨科	Blchnaceae			
乌毛蕨属 Blechnum L.				
乌毛蕨	B. orientale L.	■▲ H	iii	LC
狗脊属 Woodwardia Smith				
狗脊	W. japonica（L. f.）Sm.	■ H	iii	LC
单芽狗脊蕨	W. unigemmata（Makino）Nakai	■ H	iii	
荚囊蕨属 Struthiopteris Scopoli				
荚囊蕨	S. eburnea（Christ）Ching	■ H	iii	NT
29. 鳞毛蕨科	Dryopteridaceae			
复叶耳蕨属 Arachniodes Blume				
尾形复叶耳蕨	A. caudata Ching	■ H	iii	
中华复叶耳蕨	A. chinensis（Rosenst.）Ching	■ H	iii	LC
细裂复叶耳蕨	A. coniifolia（T. Moore）Ching	■ H	GS	LC
镰羽复叶耳蕨	A. falcata Ching	■ H	i	
假斜方复叶耳蕨	A. hekiana Kurata	■▲ H	iii	LC
贵州复叶耳蕨	A. nipponica（Rosenst.）Ohwi	■▲ H	iii	
斜方复叶耳蕨	A. rhomboidea（Wall. es. Mett.）Ching	■ H	iii	LC
异羽复叶耳蕨	A. simplicior（Makino）Ohwi	■ H	GS	LC
华西复叶耳蕨	A. simulans（Ching）Ching	■ H	iii	LC
贯众属 Cyrtomium Presl				
镰羽贯众	C. balansae（Christ）C. Chr.	■ H	i	LC
贯众	C. fortunei J. Sm.	■ H	GS	LC
峨眉贯众	C. omeiense Ching et Shing ex Shing	■ H	GS	LC
大叶贯众	C. macrophyllum（Makino）Tagawa	■ H	i	
鳞毛蕨属 Dryopteris Adanson				
阔鳞鳞毛蕨	D. championii（Benth.）C. Chr.	■ H	iii	LC
迷人鳞毛蕨	D. decipiens（Hook.）O. Ktze	■ H	iii	LC

中文名	拉丁名	资源/生活型	来源	中国红色名录
远轴鳞毛蕨	*D. dickinsii*（Franch. et Sav.）C. Chr.	■H	GS	LC
红盖鳞毛蕨	*D. erythrosora*（Eaton.）O. Ktze.	■H	iii	LC
黑足鳞毛蕨	*D. fuscipes* C. Chr.	■H	iii	LC
齿头鳞毛蕨	*D. labordei*（Christ）C. Chr.	■H	iii	LC
半岛鳞毛蕨	*D. peninsulae* Kitag.	■H	GS	LC
微孔鳞毛蕨	*D. porosa* Ching	■H	GS	LC
无盖鳞毛蕨	*D. scottii*（Bedd.）Ching	■H	iii	LC
稀羽鳞毛蕨	*D. sparsa*（D. Don）O. Ktze.	■H	iii	LC
变异鳞毛蕨	*D. varia*（L.）O. Ktze.	■H	iii	LC
耳蕨属 *Polystichum* Roth				
耳蕨	*P. auriculatum*（L.）Presl	■H	iii	
对生耳蕨	*P. deltodon*（Bak.）Diels	■H	i	LC
革叶耳蕨	*P. neolobatum* Nakai	■▲H	iii	LC
对马耳蕨	*P. tsus-simense*（Hook.）J. Sm.	■H	iii	LC
30. 三叉蕨科	Aspidiaceae			
肋毛蕨属 *Ctenitis*（C. Chr.）C. Chr.				
阔鳞肋毛蕨	*C. maximowicziana*（Miq.）Ching	■H	iii	
假虹鳞肋毛蕨	*C. pseudorhodolepis* Ching et C. H. Wang	■H	iii	LC
虹鳞肋毛蕨	*C. rhodolepis*（Clarke）Ching	■H	GS	
叉蕨属 *Tectaria* Cav.				
大齿三叉蕨	*T. coadunata*（Wall. ex Hook. et Grev.）C. Chr.	H	iii	LC
燕尾三叉蕨	*T. simonsii*（Bak.）Ching	H	iii	LC
云南叉蕨	*T. yunnanensis*（Bak.）Ching	H	iii	LC
31. 实蕨科	Bolbitidaceae			
实蕨属 *Bolbitis* Schott				
长叶实蕨	*B. heteroclita*（Presl）Ching	■H	iii	LC
32. 水龙骨科	Polypodiaceae			
节肢蕨属 *Arthromeris*（T. Moore）J. Sm.				
龙头节肢蕨	*A. lungtauensis* Ching	■H	iii	LC
线蕨属 *Colysis* C. Presl				
线蕨	*C. elliptica*（Thunb.）Ching	■H	iii	LC
曲边线蕨	*C. elliptica*（Thunb.）Ching var. *flexiloba*（Christ）L. Shi et X. C. Zhang	■H	iii	LC
矩圆线蕨	*C. henryi*（Baker）Ching	■H	iii	LC
宽羽线蕨	*C. elliptica*（Thunb.）Ching var. *pothifolia* Ching	■H	iii	LC
骨牌蕨属 *Lepidogrammitis* Ching				
抱石莲	*L. drymoglossoides*（Bak.）Ching	■●H	iii	LC
中间骨牌蕨	*L. intermedia* Ching	■H	iii	LC
瓦韦属 *Lepisorus*（J. Sm.）Ching				
二色瓦韦	*L. bicolor* Ching	■H	iii	LC
扭瓦韦	*L. contortus*（Christ）Ching	■H	GS	LC
网眼瓦韦	*L. clathratus*（C. B. Clarke）Ching	■H	iii	LC
大瓦韦	*L. macrosphaerus*（Bak.）Ching	■H	GS	LC
粤瓦韦	*L. obscure-venulosus*（Hayata）Ching	■●H	GS	LC
中华瓦韦	*L. sinensis*（Christ）Ching	■H	iii	DD
瓦韦	*L. thunbergianus*（Kaulf.）Ching	■H	iii	LC
拟瓦韦	*L. tosaensis*（Makino）H. Ito，chen. &Zhao S. N.	■H	iii	LC
星蕨属 *Microsorum* Link				

中文名	拉丁名	资源/生活型	来源	中国红色名录
江南星蕨	*M. fortunei*（T. Moore）Ching	■ H	iii	LC
盾蕨属 *Neolepisorus* Ching				
盾蕨	*N. ovatus*（Bedd.）Ching	H	iii	LC
中华盾蕨	*N. sinensis* Ching	H	iii	
假瘤蕨属 *Phymatopteris* Pic. Serm.				
掌叶假瘤蕨	*P. digitata*（Ching）Pic. Serm.	H	iii	NT
福建假瘤蕨	*P. yakushimensis*（Makino）Pic. Serm.	H	iii	LC
金鸡脚假瘤蕨	*P. hastate*（Thunb.）Pichi-Serm.	H	GS	LC
宽底假瘤蕨	*P. majoensis*（C. Chr.）Pic. Serm.	H	GS	LC
密网蕨	*P. Scolopendris*（Burm. F.）Pichi-Serm.	H	iii	
水龙骨属 *Polypodiodes* Ching				
友水龙骨	*P. amoena*（Wall. ex Mett.）Ching	■ H	iii	LC
中华水龙骨	*P. chinensis*（Christ）S. G. Lu	■ H	GS	LC
水龙骨	*P. nipponica*（Mett.）Ching	■ H	iii	LC
石韦属 *Pyrrosia* Mirbel				
石韦	*P. lingua*（Thunb.）Farwell	■ H	iii	LC
有柄石韦	*P. petiolosa*（Christ）Ching	■ H	iii	LC
33. 槲蕨科	Drynariaceae			
槲蕨属 *Drynaria*（Bory）J. Sm.				
槲蕨	*D. roosii* Nakaike	■● H	iii	LC
34. 肾蕨科	Nephrolepidaceae			
肾蕨属 *Nephrolepis* Schott				
肾蕨	*N. auriculata*（L.）Trimen	■● H	iii	LC
35. 骨碎补科	Davalliaceae			
骨碎补属 *Davallia* Sm.				
骨碎补	*D. mariesii* Moore ex Bak.	■ H	iii	NT
阴石蕨属 *Humata* Cav.				
长叶阴石蕨	*H. assamica*（Bedd.）C. Chr.	H	iii	DD
36. 苹科	Marsileaceae			
苹属 *Marsilea* L.				
苹	*M. quadrifolia* L.	■ H	iii	LC
37. 槐叶苹科	Salviniaceae			
槐叶苹属 *Salvinia* Adans				
槐叶苹	*S. natans*（L.）All.	■ H	iii	LC
38. 满江红科	Azollaceae			
满江红属 *Azolla* Lam.				
满江红	*A. imbricata*（Roxb.）Nakai	■ H	iii	LC

注：①蕨类植物共计 38 科 80 属 241 种；
②蕨类植物采用吴兆洪和秦仁昌的《中国蕨类植物科属志》（科学出版社出版 1991 年）的编排顺序。符号说明参照种子植物部分

附录 3 保护区中国特有植物名录

科名	属名	种名	特有分布
银杏科	银杏属 *Ginkgo* Linn.	银杏 *G. biloba* L.	中国特有
松科	松属 *Pinus* Linn.	马尾松 *P. massoniana* Lamb.	中国特有
柏科	柏木属 *Cupressus* Linn.	柏木 *C. funebris* Endl.	中国特有
木兰科	含笑属 *Michelia* L.	黄心夜合 *M. martinii*（Lévl.）Lévl.	中国特有
木兰科	含笑属 *Michelia* L.	峨眉含笑 *M. wilsonii* Finet et Gagnep.	中国特有
樟科	樟属 *Cinnamomum* Trew	樟 *C. camphora*（L）Presl.	中国特有
樟科	樟属 *Cinnamomum* Trew	毛桂 *C. appelianum* Schewe	中国特有
樟科	樟属 *Cinnamomum* Trew	阔叶樟 *C. platyphyllum*（Diels）Allen	中国特有
樟科	樟属 *Cinnamomum* Trew	川桂 *C. wilsonii* Gamble	中国特有
樟科	厚壳桂属 *Cryptocarya* R. Br.	岩生厚壳桂 *C. calcicola* H. W. Li	中国特有
樟科	厚壳桂属 *Cryptocarya* R. Br.	丛花厚壳桂 *C. densiflora* Bl.	中国特有
樟科	山胡椒属 *Lindera* Thunb.	广东山胡椒 *L. kwangtungensis*（Liou）Allen	中国特有
樟科	山胡椒属 *Lindera* Thunb.	香粉叶 *L. pulcherrima*（Wall.）Benth. var. *attenuata* Allen	中国特有
樟科	山胡椒属 *Lindera* Thunb.	川钓樟 *L. pulcherrima* Benth. var. *hemsleyana*（Diels）H. P. Tsui	中国特有
樟科	木姜子属 *Litsea* Lam.	豹皮樟 *L. coreana* Lévl. var. *sinensis*（Allen）Yang et P. H. Huang	中国特有
樟科	木姜子属 *Litsea* Lam.	毛叶木姜子 *L. mollis* Hemsl.	中国特有
樟科	木姜子属 *Litsea* Lam.	红叶木姜子 *L. rubescens* Lec.	中国特有
樟科	木姜子属 *Litsea* Lam.	绒叶木姜子 *L. wilsonii* Gamble	中国特有
樟科	润楠属 *Machilus* Nees	安顺润楠 *M. cavaleriei* Lévl.	中国特有
樟科	润楠属 *Machilus* Nees	川黔润楠 *M. chuanchienensis* S. Lee	中国特有
樟科	润楠属 *Machilus* Nees	道真润楠 *M. dauzhenensis* Y. K. Li	中国特有
樟科	润楠属 *Machilus* Nees	薄叶润楠 *M. leptophylla* Hand.-Mazz.	中国特有
樟科	润楠属 *Machilus* Nees	小果润楠 *M. microcarpa* Hemsl.	中国特有
樟科	润楠属 *Machilus* Nees	南川润楠 *M. nanchuanensis* N. Chao et S. Lee	中国特有
樟科	润楠属 *Machilus* Nees	润楠 *M. pingii* Cheng ex Yang	中国特有
樟科	润楠属 *Machilus* Nees	狭叶润楠 *M. rehderii* Allen	中国特有
樟科	新木姜子属 *Neolitsea* Merr.	大叶新木姜子 *N. levinei* Merr.	中国特有
樟科	新木姜子属 *Neolitsea* Merr.	卵叶新木姜 *N. ovalifolia* Yang et P. H. Huang	中国特有
樟科	新木姜子属 *Neolitsea* Merr.	羽脉新木姜子 *N. pinniervis* Yang et P. H. Huang	中国特有
樟科	楠木属 *Phoebe* Nees	闽楠 *P. bournei*（Hemsl.）Yang	中国特有
樟科	楠木属 *Phoebe* Nees	白楠 *P. neurantha*（Hemsl.）Gamble	中国特有
樟科	楠木属 *Phoebe* Nees	光枝楠 *P. neuranthoides* S. Lee et F. N. Wei	中国特有
樟科	楠木属 *Phoebe* Nees	紫楠 *P. sheareri*（Hemsl.）Gamble	中国特有
胡椒科	胡椒属 *Piper* Linn.	山蒟 *P. hancei* Maxim.	中国特有
胡椒科	胡椒属 *Piper* Linn.	华山蒌 *P. sinense*（Champ.）C. DC.	中国特有
胡椒科	胡椒属 *Piper* Linn.	毛山蒟 *P. martinii* C. DC.	中国特有
马兜铃科	马兜铃属 *Aristolochia* L.	广西马兜铃 *A. kwangsiensis* Chun et How	中国特有
马兜铃科	细辛属 *Asarum* L.	青城细辛 *A. splendens*（Maekawa）C. Y. Cheng et C. S. Yang	中国特有
马兜铃科	马蹄香属 *Saruma* Oliv.	马蹄香 *S. henryi* Oliv.	中国特有
五味子科	南五味子属 *Kadsura* Juss.	南五味子 *K. longipedunculata* Finet et Gagnep.	中国特有

科名	属名	种名	特有分布
五味子科	五味子属 *Schisandra* Michx.	华中五味子 *S. sphenanthera* Rehd. et Wils.	中国特有
五味子科	五味子属 *Schisandra* Michx.	翼梗五味子 *S. henryi* Clarke.	中国特有
五味子科	五味子属 *Schisandra* Michx.	毛叶五味子 *S. pubescens* Hemsl. et Wils.	中国特有
毛茛科	银莲花属 *Anemone* L.	打破碗花花 *A. hupehensis* Lem.	中国特有
毛茛科	星果草属 *Asteropyrum* Drumm. et Hutch.	裂叶星果草 *A. cavaleriei*（Lévl. et Vant.）Drumm. et Hutch.	中国特有
毛茛科	铁线莲属 *Clematis* L.	钝齿铁线莲 *C. apiifolia* var. *argentilucida* W. T. Wang	中国特有
毛茛科	铁线莲属 *Clematis* L.	山木通 *C. finetiana* Lévl. et Vant.	中国特有
毛茛科	铁线莲属 *Clematis* L.	钝萼铁线莲 *C. peterae* Hand.-Mazz.	中国特有
毛茛科	铁线莲属 *Clematis* L.	尾叶铁线莲 *C. urophylla* Franch.	中国特有
毛茛科	铁线莲属 *Clematis* L.	曲柄铁线莲 *C. repens* Finet et Gagnep.	中国特有
毛茛科	翠雀花属 *Delphinium* Linn.	还亮草 *D. anthriscifolium* Hance	中国特有
毛茛科	大血藤属 *Sargentodoxa* Rehd. et Wils.	大血藤 *S. cuneata*（Oliv.）Rehd. et Wils.	中国特有
毛茛科	唐松草属 *Thalictrum* L.	尖叶唐松草 *T. acutifollm*（Hand.-Mazz.）Boivin	中国特有
小檗科	鬼臼属 *Dysosma* R. E. Woodson	八角莲 *D. versipellis*（Hance）M. Cheng	中国特有
小檗科	鬼臼属 *Dysosma* R. E. Woodson	贵州八角莲 *D. majorensis*（Gagnep.）Ying	中国特有
小檗科	淫羊藿属 *Epimedium* L.	粗毛淫羊藿 *E. acuminatum* Franch.	中国特有
小檗科	淫羊藿属 *Epimedium* L.	淫羊藿 *E. brevicornu* Maxim.	中国特有
小檗科	十大功劳属 *Mahonia* L.	细柄十大功劳 *M. gracilipes*（Oliv.）Fedde	中国特有
小檗科	十大功劳属 *Mahonia* L.	阿里山十大功劳 *M. oiwadensis* Hayata	中国特有
木通科	木通属 *Akebia* Decne	白木通 *A. trifoliate*（Thunb.）Koidz. var. *australis*（Diels）Rehd.	中国特有
木通科	牛姆瓜属 *Holboellia* Wall.	鹰爪枫 *H. coriacea* Deils	中国特有
木通科	牛姆瓜属 *Holboellia* Wall.	五枫藤 *H. fargesii* Reaub.	中国特有
壳斗科	栗属 *Castanea* Mill.	茅栗 *C. sequinii* Dode	中国特有
壳斗科	锥属 *Castanopsis* Spach.	短刺米槠 *C. carlexii* var. *spinulosa* Cheng et C. S. ChaoS. Chao	中国特有
壳斗科	锥属 *Castanopsis* Spach.	厚皮锥 *C. chunii* Cheng	中国特有
壳斗科	青冈栎属 *Cyclobalanopsis* Oerst.	碟斗青冈 *C. disciformis*（Chun & Tsiang）Hsu& Jen	中国特有
壳斗科	青冈栎属 *Cyclobalanopsis* Oerst.	贵州青冈 *C. stewadiana*（A. Camus）K. M. Lan	中国特有
壳斗科	柯属 *Lithocarpus* Bl.	窄叶柯 *L. confinis* Huang	中国特有
壳斗科	柯属 *Lithocarpus* Bl.	川柯 *L. fangii*（Hu et Cheng）Huang et Y. T.	中国特有
壳斗科	柯属 *Lithocarpus* Bl.	圆锥柯 *L. paniculatus* Hand.-Mazz.	中国特有
榆科	朴树属 *Celtis* L.	珊瑚朴 *C. julianae* Schneid	中国特有
榆科	山黄麻属 *Trema* Lour.	山黄麻 *T. orientalis*（L.）Bl.	中国特有
榆科	山黄麻属 *Trema* Lour.	羽脉山黄麻 *T. levigata* Hand.-Mazz	中国特有
榆科	山黄麻属 *Trema* Lour.	银毛叶山黄麻 *T. nitida* C. J. Chen	中国特有
杜仲科	杜仲属 *Eucommia* Oliv.	杜仲 *E. ulmoides* Oliv.	中国特有
桑科	榕树属 *Ficus* L.	菱叶冠毛榕 *F. gasparriniana* var. *laceratifolia* Corner	中国特有
荨麻科	楼梯草属 *Elatostema* Forst.	对叶楼梯草 *E. ainense* H. Schroter	中国特有
荨麻科	楼梯草属 *Elatostema* Forst.	石生楼梯草 *E. rupestre*（Ham.）Wedd.	中国特有
荨麻科	楼梯草属 *Elatostema* Forst.	庐山楼梯草 *E. stewardii* Merr.	中国特有
荨麻科	楼梯草属 *Elatostema* Forst.	托叶楼梯草 *E. stipulosum* Hand.-Mazz.	赤水特有
荨麻科	楼梯草属 *Elatostema* Forst.	赤水楼梯草 *E. strigulosum* var. *semitriplinerve* W. T. Wang	赤水特有
荨麻科	雾水葛属 *Pouzolzia* Gaudich.	雅致雾水葛 *P. elegans* Wedd.	中国特有
桦木科	桦木属 *Betula* L.	华南桦 *B. aurtro-sinensis* Chun	中国特有
桦木科	桦木属 *Betula* L.	亮叶桦 *B. luminifera* H. Winkl.	中国特有

科名	属名	种名	特有分布
石竹	漆姑草属 *Sagina* L.	掌脉蝇子草 *S. asclepiadea* Franch.	中国特有
石竹	繁缕属 *Stellaria* L.	巫山繁缕 *S. wushanensis* Williams	中国特有
蓼科	金线草属 *Antenoron* Raf.	金线草 *A. filiforme*（Thunb.）Rob. et Vaut.	中国特有
蓼科	金线草属 *Antenoron* Raf.	短毛金线草 *A. filiforme* var. *neofiliforme*（Nakai）A. J. Li comb.	中国特有
蓼科	荞麦属 *Fagopyrum* Mill.	赤胫散 *P. runcinatum* Buch.-Ham.	中国特有
山茶科	山茶属 *Camellia* L.	美丽红山茶 *C. delicata* Y K Li	赤水特有
山茶科	山茶属 *Camellia* L.	冬青叶山茶 *C. ilicifolia* Y. K. Li	赤水特有
山茶科	山茶属 *Camellia* L.	黎平瘤果茶 *C. lipingensis* Chang	贵州特有
山茶科	山茶属 *Camellia* L.	长柱红山茶 *C. longistyla* Chang apue zeng et zhou	贵州特有
山茶科	山茶属 *Camellia* L.	小黄花茶 *C. luteoflora* Li ex Chang	赤水特有
山茶科	山茶属 *Camellia* L.	狭叶瘤果茶 *C. neriifolia* Chang	赤水特有
山茶科	山茶属 *Camellia* L.	芳香短柱茶 *C. odorata* L. S. Xie et Z. Y. Zhang	赤水特有
山茶科	柃木属 *Eurya* Thunb.	大叶柃 *E. gigantofolia* Y. K. Li	贵州特有
山茶科	石笔木属 *Tutcheria* Dunn	贵州石笔木 *T. kweichowensis* Chang et Y. K. Li	中国特有
猕猴桃科	猕猴桃属 *Actinidia* Lindl.	中华猕猴桃 *A. chinensis* Planch.	中国特有
猕猴桃科	猕猴桃属 *Actinidia* Lindl.	革叶猕猴桃 *A. rubricaulis* Dunn var. *coriacea* C. F. Liang	中国特有
猕猴桃科	猕猴桃属 *Actinidia* Lindl.	京梨猕猴桃 *A. callosa* Lindl. var. *henryi* Maxim.	中国特有
猕猴桃科	水东哥属 *Saurauia* Willd.	聚锥水东哥 *S. thyrsiflora* C. F. Liang et Y. S. Wang	中国特有
杜英科	猴欢喜属 *Sloanea* L.	仿栗 *S. hemsleyana* Rehd. et Wils.	中国特有
杜英科	猴欢喜属 *Sloanea* L.	薄果猴欢喜 *S. leptocarpa* Diels	中国特有
锦葵科	梵天花属 *Urena* Linn.	波叶梵天花 *U. repanda* Roxb.	中国特有
锦葵科	梵天花属 *Urena* Linn.	地桃花 *U. lobata* Linn.	中国特有
椴树科	椴树属 *Tilia* Linn.	椴树 *T. tuan* Szyszyl.	中国特有
葫芦科	赤爬儿属 *Thladiantha* Bunge	川赤爬 *T. davidii* Franch.	中国特有
葫芦科	栝楼属 *Trichosanthes* Linn.	中华栝楼 *T. rosthornii* Harms	中国特有
秋海棠科	秋海棠属 *Begonia* L.	周裂秋海棠 *B. circumlobata* Hance	中国特有
秋海棠科	秋海棠属 *Begonia* L.	戟叶秋海棠 *B. limprichtii* Irmsch.	中国特有
秋海棠科	秋海棠属 *Begonia* L.	掌裂叶秋海棠 *B. pedatifida* Lévl.	中国特有
秋海棠科	秋海棠属 *Begonia* L.	长柄秋海棠 *B. simithiana* Yu	中国特有
秋海棠科	秋海棠属 *Begonia* L.	中华秋海棠 *B. sinensis* A. DC.	中国特有
秋海棠科	罗伞属 *Brassaiopsis* Decne. & Planch.	锈毛掌叶树 *B. ferrugine*（Li）Hoo	中国特有
秋海棠科	鹅掌柴属 *Schefflera* J. R. & G. Forst. nom. conserv.	星毛鸭脚木 *S. minutistellata* Merr. et Li	中国特有
秋海棠科	鹅掌柴属 *Schefflera* J. R. & G. Forst. nom. conserv.	通脱木 *T. papyriferus*（Hook.）K. Koch.	中国特有
秋海棠科	藁本属 *Ligusticum* L.	匍匐藁本 *L. reptans*（Diels.）Wolff.	中国特有
秋海棠科	藁本属 *Ligusticum* L.	藁本 *L. sinene* Oliv.	中国特有
秋海棠科	变豆菜属 *Sanicula* L.	天蓝变豆菜 *S. coerulescens* Franch.	中国特有
杜鹃花科	吊钟花属 *Enkianthus* Lour.	齿缘吊钟花 *E. serrulatus*（Wils.）Schneid.	中国特有
杜鹃花科	杜鹃属 *Rhododendron* L.	粗脉杜鹃 *R. coeloneurum* Diels	中国特有
杜鹃花科	杜鹃属 *Rhododendron* L.	杜鹃（映山红）*R. simsii* Planch.	中国特有
杜鹃花科	杜鹃属 *Rhododendron* L.	长蕊杜鹃 *R. stamineum* Franch.	中国特有
紫金牛科	紫金牛属 *Ardisia* Swartz	九管血 *A. brevicaulis* Diels	中国特有
紫金牛科	杜茎山属 *Maesa* Forsk.	湖北杜茎山 *M. hupehensis* Rehd.	中国特有
紫金牛科	杜茎山属 *Maesa* Forsk.	毛穗杜茎山 *M. insignis* Chun.	中国特有
报春花科	点地梅属 *Androsace* L.	贵州点地梅 *A. kouytchensis* Bonati	中国特有

科名	属名	种名	特有分布
报春花科	珍珠菜属 *Lysimachia* L.	过路黄 *L. christinae* Hance	中国特有
报春花科	珍珠菜属 *Lysimachia* L.	点腺过路黄 *L. hemsleyana* Maxim.	中国特有
报春花科	珍珠菜属 *Lysimachia* L.	重楼排草 *L. paridiformis* Franch.	中国特有
报春花科	珍珠菜属 *Lysimachia* L.	狭叶落地梅 *L. paridiformis* Franch. var. *stenophylla* Franch.	中国特有
报春花科	珍珠菜属 *Lysimachia* L.	叶头过路黄 *L. phyllocephala* Hand.-Mazz.	中国特有
报春花科	珍珠菜属 *Lysimachia* L.	显苞过路黄 *L. rubiginosa* Hemsl.	中国特有
报春花科	珍珠菜属 *Lysimachia* L.	伞花落地梅 *L. sciadantha* C. Y. Wu	中国特有
报春花科	报春花属 *Pramula* L.	习水报春 *P. lithophila* Chen et C. M. Hu	贵州特有
报春花科	报春花属 *Pramula* L.	黔西报春花 *P. cavaleriei* Petitm.	中国特有
报春花科	报春花属 *Pramula* L.	鹅黄报春 *P. cockburniana* Hemsl.	中国特有
报春花科	报春花属 *Pramula* L.	贵州报春 *P. kweichouensis* W. W. Smith.	中国特有
报春花科	报春花属 *Pramula* L.	报春花 *P. malacoides* Franch.	中国特有
海桐花科	海桐花属 *Pittosporum* Banks	大叶海桐 *P. adaphniphylloides* Hu et Wang	中国特有
海桐花科	海桐花属 *Pittosporum* Banks	短萼海桐 *P. brevicalyx*（Oliv.）Gagnep.	中国特有
海桐花科	海桐花属 *Pittosporum* Banks	皱叶海桐 *P. crispulum* Gagnep.	中国特有
海桐花科	海桐花属 *Pittosporum* Banks	棱果海桐 *P. trigonocarpum* Lévl	中国特有
海桐花科	海桐花属 *Pittosporum* Banks	菱叶海桐 *P. truncatum* Pritz.	中国特有
海桐花科	海桐花属 *Pittosporum* Banks	波叶海桐 *P. undulatifolium* Chang et Yan	中国特有
海桐花科	海桐花属 *Pittosporum* Banks	木果海桐 *P. xylocarpum* Hu et Wang	中国特有
景天科	景天属 *Sedum* L.	凹叶景天 *S. emarginatum* Migo	中国特有
虎耳草科	金腰属 *Chrysosplenium* L.	天胡荽金腰 *C. hydrocotylifolium* Lévl. et Vant.	中国特有
虎耳草科	绣球属 *Hydrangea* Linn.	西南绣球 *H. davidii* Franch	中国特有
虎耳草科	绣球属 *Hydrangea* Linn.	挂苦绣球 *H. xanthoneura* Diels	中国特有
虎耳草科	鼠刺属 *Itea* Linn.	矩叶鼠刺 *I. oblonga* Hand.-Mazz.	中国特有
虎耳草科	山梅花属 *Philadelphus* Linn.	山梅花 *P. incanus* Koehne	中国特有
金缕梅科	蕈树属 *Altingia* Nor.	赤水蕈树 *A. multinervia* Cheng	贵州特有
金缕梅科	蜡瓣花属 *Corylopsis* Sieb. et Zucc.	四川蜡瓣花 *C. willmottiae* Rehd. et Wils.	中国特有
金缕梅科	蚊母树属 *Distylium* Sieb. et Zucc.	中华蚊母树 *D. chinense*（Fr.）Diels	中国特有
金缕梅科	蚊母树属 *Distylium* Sieb. et Zucc.	杨梅叶蚊母树 *D. myrsicoides* Hemsl.	中国特有
金缕梅科	水丝梨属 *Sycopsis* Oliv.	水丝梨 *S. sinensis* Oliver	中国特有
罂粟科	紫堇属 *Corydalis* Vent.	南黄堇 *C. daviddi* Franch.	中国特有
罂粟科	血水草属 *Eomecon* Hance	血水草 *E. chionantha* Hance	中国特有
蔷薇科	枸子属 *Cotoneaster* B. Ehrhart	小叶平枝枸子 *C. horizontalis* Dcne var. *perpusillus* Schneid.	中国特有
蔷薇科	桂樱属 *Laurocerasus* Tourn. ex Duham.	南方桂樱 *L. australis* Yu et Lu	中国特有
蔷薇科	臀果木属 *Pygeum* Gaertn.	臀果木 *P. topengii* Merr.	中国特有
蔷薇科	火棘属 *Pyracantha* Rocm.	全缘火棘 *P. atalantioides*（Hance）Stapf	中国特有
蔷薇科	火棘属 *Pyracantha* Rocm.	火棘 *P. fortuneana*（Maxim.）Li	中国特有
蔷薇科	蔷薇属 *Rosa* L	伞房蔷薇 *R. corymbulosa* Rolfe	中国特有
蔷薇科	蔷薇属 *Rosa* L	悬钩子蔷薇 *R. rubus* Lévl. et Vant.	中国特有
蔷薇科	悬钩子属 *Rubus* L.	弓茎悬钩子 *R. flosculosus* Focke	中国特有
蔷薇科	悬钩子属 *Rubus* L.	宜昌悬钩子 *R. inchangensis* Hemsl. et O. Kuntze	中国特有
蔷薇科	悬钩子属 *Rubus* L.	无腺白叶莓 *R. innominatus* S. Moore var. *kuntzeanus* Bailey	中国特有
蔷薇科	悬钩子属 *Rubus* L.	密腺白叶莓 *R. innominatus* S. Moore var. *aralioides*（Hance）Yu et Lu	中国特有
蔷薇科	悬钩子属 *Rubus* L.	棠叶悬钩子 *R. malifolius* Focke.	中国特有

科名	属名	种名	特有分布
蔷薇科	花楸属 *Sorbus* L.	美脉花楸 *S. caloneura*（Stapf）Rehd.	中国特有
蔷薇科	花楸属 *Sorbus* L.	华西花楸 *S. wilsoniana* Schneid.	中国特有
蔷薇科	红果树属 *Stranvaesia* Lindl.	毛萼红果树 *S. amphidoxa* Schneid.	中国特有
蝶形花科	皂荚属 *Gleditsia* L.	皂荚 *G. sinensis* Lam.	中国特有
蝶形花科	杭子梢属 *Campylotropis* Bunge.	三棱枝杭子梢 *C. trigonoclada*（Franch.）Schindl.	中国特有
蝶形花科	锦鸡儿属 *Caragana* Fabr.	锦鸡儿 *C. sinica*（Buchog.）Rehd.	中国特有
蝶形花科	木蓝属 *Indigofera* L.	多花木蓝 *I. amblyantha* Craib.	中国特有
蝶形花科	胡枝子属 *Lespedeza* Michx.	大叶胡枝子 *L. davidii* Franch.	中国特有
蝶形花科	长柄山蚂蝗属 *Podocarpium*（Benth.）Yang et Huang	四川长柄山蚂蝗 *P. podocarpum* var. *szechuenense*（Craib.）Yang et Huang	中国特有
胡颓子科	胡颓子属 *Elaeagnus* L.	长叶胡颓子 *E. bockii* Diels	中国特有
胡颓子科	胡颓子属 *Elaeagnus* L.	巴东胡颓子 *E. difficilis* Serv.	中国特有
胡颓子科	胡颓子属 *Elaeagnus* L.	宜昌胡颓子 *E. henryi* Warb.	中国特有
胡颓子科	胡颓子属 *Elaeagnus* L.	披针叶胡颓子 *E. lanceolata* Ward. ex Diels	中国特有
胡颓子科	胡颓子属 *Elaeagnus* L.	银果牛奶子 *E. magna* Rehd.	中国特有
胡颓子科	胡颓子属 *Elaeagnus* L.	南川胡颓子 *E. nanchuanensis* C. Y. Chang	中国特有
野牡丹科	异药花属 *Fordiophyton* Stapf	异药花 *F. faberi* Stapf	中国特有
野牡丹科	异药花属 *Fordiophyton* Stapf	肥肉草 *F. fordii*（Oliv.）Krass	中国特有
野牡丹科	金锦香属 *Osbeckia* L.	金锦香 *O. chinensis* L.	中国特有
山茱萸科	桃叶珊瑚属 *Aucuba* Thunb.	倒心叶珊瑚 *A. obcordata*（Rohd.）Fu	中国特有
山茱萸科	四照花属 *Dendrobenthamia* Hutch.	尖叶四照花 *D. angustata*（Chun）Fang	中国特有
山茱萸科	梾木属 *Swida* Opiz	小梾木 *S. paucinervis*（Hance）Sojak	中国特有
山茱萸科	梾木属 *Swida* Opiz	光皮梾木 *S. wilsoniana*（Wanger.）Sojak	中国特有
桑寄生科	钝果寄生属 *Taxillus* van Tiegh.	桑寄生 *T. sutchuenensis*（Lecomte）Danser	中国特有
蛇菰科	蛇菰属 *Balanophora* Forst.	怀茎蛇菰 *B. subcupularis* Tam.	中国特有
冬青科	冬青属 *Ilex* L.	珊瑚冬青 *I. corallina* Franch.	中国特有
冬青科	冬青属 *Ilex* L.	大果冬青 *I. macrocarpa* Oliv.	中国特有
冬青科	冬青属 *Ilex* L.	四川冬青 *I. szechwanensis* Loes.	中国特有
冬青科	冬青属 *Ilex* L.	紫果冬青 *I. tsoii* Merr. et Chun	中国特有
冬青科	冬青属 *Ilex* L.	尾叶冬青 *I. wilsonii* Loes.	中国特有
冬青科	冬青属 *Ilex* L.	香冬青 *I. suaveolens*（Lévl.）Loes.	中国特有
卫矛科	南蛇藤属 *Celastrus* L.	短梗南蛇藤 *C. rosthornianus* Loes.	中国特有
卫矛科	卫矛属 *Euonymus* L.	百齿卫矛 *E. centidens* Lévl.	中国特有
卫矛科	卫矛属 *Euonymus* L.	长梗卫矛 *E. dolichopus* Merr. ex J. S. Ma	中国特有
卫矛科	假卫矛属 *Microtropis* Wall.	三花假卫矛 *M. triflora* Merr. et Freem.	中国特有
大戟科	山麻杆属 *Alchornea* Sw.	山麻杆 *A. davidii* Franch.	中国特有
大戟科	重阳木属 *Bischofia* Bl.	重阳木 *B. trifoliate*（Roxb.）Hook.	中国特有
大戟科	算盘子属 *Glochidion* Forst.	湖北算盘子 *G. wilsonii* Hutch.	中国特有
大戟科	野桐属 *Mallotus* Lour.	野桐 *M. tenuifolius* Pax	中国特有
鼠李科	勾儿茶属 *Berchemia* Neck	多花勾儿茶 *B. floribunda* Brongn.	中国特有
鼠李科	勾儿茶属 *Berchemia* Neck	光枝勾儿茶 *B. polyphylla* Wall. var. *leioclada* Hand.-Mazz.	中国特有
鼠李科	勾儿茶属 *Berchemia* Neck	勾儿茶 *B. sinica* Schneid	中国特有
鼠李科	鼠李属 *Rhamnus* L.	贵州鼠李 *R. esquinervis*（Lévl.）	中国特有
鼠李科	鼠李属 *Rhamnus* L.	大花鼠李 *R. grandiflora* C. Y. Wu	中国特有
鼠李科	鼠李属 *Rhamnus* L.	毛叶鼠李 *R. henryi* Schneid.	中国特有

科名	属名	种名	特有分布
鼠李科	鼠李属 *Rhamnus* L.	异叶鼠李 *R. heterophylla* Oliv.	中国特有
鼠李科	鼠李属 *Rhamnus* L.	疏花雀梅藤 *S. laxiflora* Hand.-Mazz.	中国特有
鼠李科	鼠李属 *Rhamnus* L.	皱叶雀梅藤 *S. rugosa* Hance	中国特有
葡萄科	蛇葡萄属 *Ampelopsis* Michx.	羽叶蛇葡萄 *A. chaffanjoni*（Lévl. et Vant.）Rehd.	中国特有
葡萄科	蛇葡萄属 *Ampelopsis* Michx.	三裂叶蛇葡萄 *A. delavayana* Planch.	中国特有
葡萄科	蛇葡萄属 *Ampelopsis* Michx.	毛三裂蛇葡萄 *A. delavayana* Planch. var. *setulosa*（Diels& Gilg）C. L. Li	中国特有
葡萄科	崖爬藤属 *Tetrastigma* Planch	三叶崖爬藤 *T. hensleyanum* Diels et Gilg	中国特有
葡萄科	崖爬藤属 *Tetrastigma* Planch	无毛崖爬藤 *T. obtectum* var. *glabrum*（Lévl. et Vant.）Gagnep.	中国特有
葡萄科	葡萄属 *Vitis* L.	网脉葡萄 *V. wilsonae* Veitch.	中国特有
远志科	远志属 *Polygala* L.	黄花倒水莲 *P. fallax* Hemsl.	中国特有
无患子科	栾树属 *Koelreuteria* Laxm.	复羽叶栾树 *K. bipinnata* Framch.	中国特有
苦木科	臭椿属 *Ailanthus* Desf.	臭椿 *A. altissima*（Mill.）Swingl.	中国特有
芸香科	柑橘属 *Citrus* L.	宜昌橙 *C. ichangensis* Swingle	中国特有
芸香科	柑橘属 *Citrus* L.	毛齿叶黄皮 *C. dunniana* Levl. var. *robusta*（Tan.）Huang	中国特有
芸香科	飞龙掌血属 *Toddalia* Juss.	飞龙掌血 *T. asiatica*（Linn.）Lam.	中国特有
芸香科	花椒属 *Zanthoxylum* L.	砚壳花椒 *Z. dissitum* Hemsl.	中国特有
芸香科	花椒属 *Zanthoxylum* L.	刺壳花椒 *Z. echinocarpum* Hemsl.	中国特有
芸香科	花椒属 *Zanthoxylum* L.	大花花椒 *Z. macranthum*（Hand.-Mazz.）Huang	中国特有
芸香科	花椒属 *Zanthoxylum* L.	贵州花椒 *Z. esquirolii* Lévl.	中国特有
凤仙花科	凤仙花属 *Impatiens* L.	黄金凤 *I. aiculifer* Hook. f.	中国特有
凤仙花科	凤仙花属 *Impatiens* L.	大叶凤仙花 *I. apalophylla* Hook. f.	中国特有
凤仙花科	凤仙花属 *Impatiens* L.	赤水凤仙花 *I. chishuiensis* Y. X. Xiong	赤水特有
凤仙花科	凤仙花属 *Impatiens* L.	细柄凤仙花 *I. leptocaulon* Hook. f.	中国特有
凤仙花科	凤仙花属 *Impatiens* L.	蒙自凤仙花 *I. mengtzeana* Hook. f.	中国特有
凤仙花科	凤仙花属 *Impatiens* L.	山地凤仙花 *I. monticola* Hook. f.	中国特有
凤仙花科	凤仙花属 *Impatiens* L.	匙叶凤仙花 *I. spathuiata* Y. X. Xiong	赤水特有
凤仙花科	凤仙花属 *Impatiens* L.	湖北凤仙花 *I. pritzelii* Hook. f.	中国特有
凤仙花科	凤仙花属 *Impatiens* L.	红纹凤仙花 *I. rubrostriata* Hook. F.	中国特有
茶茱萸科	假柴龙树属 *Nothapodytes* Bl.	马比木 *N. pittosporoides*（Oliv.）Sleum.	中国特有
木犀科	连翘属 *Forsythia* Vahl	金钟花 *F. viridissma* Lindl.	中国特有
木犀科	女贞属 *Ligustrum* Linn.	女贞 *L. lucidwm* Ait	中国特有
木犀科	女贞属 *Ligustrum* Linn.	小叶女贞 *L. quihoui* Carr.	中国特有
木犀科	女贞属 *Ligustrum* Linn.	光萼小蜡 *L. sinense* Lour. var. *myrianthum*（Didls）Hoefker	中国特有
马钱科	醉鱼草 *Buddleja* Linn.	醉鱼草 *B. lindleyana* Fort.	中国特有
马钱科	双蝴蝶属 *Tripterospermum* Blume	心叶双蝴蝶 *T. cordifolioides* J. Murata	中国特有
马钱科	山橙属 *Melodinus* J. R. et G. Forst.	尖山橙 *M. fusiformis* Champ. ex Benth.	中国特有
马钱科	山橙属 *Melodinus* J. R. et G. Forst.	川山橙 *M. hemsleyanus* Diels	中国特有
马钱科	络石属 *Trachelospermum* Lem.	紫花络石 *T. axillare* Hook. f.	中国特有
萝藦科	鹅绒藤属 *Cynanchum* Linn.	柳叶白前 *C. stauntonii*（Decne）Schltr. ex Lévl	中国特有
萝藦科	牛奶菜属 *Marsdenia* R. Br.	牛奶菜 *M. sinensis* Hemsl.	中国特有
萝藦科	牛奶菜属 *Marsdenia* R. Br.	华萝藦 *M. hemsleyana* Oliv.	中国特有
萝藦科	杠柳属 *Periploca* Linn.	杠柳 *P. sepium* Bunge	中国特有
萝藦科	黑鳗藤属 *Stephanotis* Thou.	黑鳗藤 *S. mucronata*（Blanco）Merr.	中国特有
紫草科	附地菜属 *Trigonotis* Stev.	西南附地菜 *T. cavaleriei*（Lévl.）Hand.-Mazz.	中国特有

科名	属名	种名	特有分布
紫草科	飞蛾藤属 *Porana* Burm. f.	大果飞蛾藤 *P. sinensis* Hemsl.	中国特有
马鞭草科	紫珠属 *Callicarpa* Linn.	华紫珠 *C. cathayana* H. T. Chang	中国特有
马鞭草科	紫珠属 *Callicarpa* Linn.	老鸦糊 *C. giraldii* Hesse ex Rehd.	中国特有
马鞭草科	莸属 *Caryopteris* Bunge	三花莸 *C. terniflora* Maxim.	中国特有
马鞭草科	豆腐柴属 *Premna* Linn.	狐臭柴 *P. puberula* Pamp.	中国特有
马鞭草科	豆腐柴属 *Premna* Linn.	臭黄荆 *P. ligustroides* Hemsl.	中国特有
唇形科	风轮菜属 *Clinopodium* Linn.	寸金草 *C. megalanthum*（Diels）C. Y. Wu et Hsuan ex H. W. Li	中国特有
唇形科	香薷属 *Elsholtzia* Willd.	野草香 *E. cypriani*（Pavol.）S. Chow ex Hsu	中国特有
唇形科	龙头草属 *Meehania* Britt. ex Small et Vaill.	华西龙头草 *M. fargesii*（Lévl.）C. Y. Wu	中国特有
唇形科	龙头草属 *Meehania* Britt. ex Small et Vaill.	龙头草 *M. henryi*（Hemsl.）Sun ex C. Y. Wu	中国特有
唇形科	荆芥属 *Nepeta* Linn.	心叶荆芥 *N. fordii* Hemsl.	中国特有
唇形科	假糙苏属 *Paraphlomis* Prain	小叶假糙苏 *P. javanica*（Bl.）Prain var. *coronata*（Vaniot）C. Y. Wu et H. W. Li	中国特有
唇形科	糙苏属 *Phlomis* Linn.	糙苏 *P. umbrosa* Turcz.	中国特有
唇形科	鼠尾草属 *Salvia* Linn.	贵州鼠尾草 *S. cavaleriei* Lévl.	中国特有
唇形科	鼠尾草属 *Salvia* Linn.	血盆草 *S. cavaleriei* Lévl. var. *simplicifolia* Stib.	中国特有
唇形科	鼠尾草属 *Salvia* Linn.	地梗鼠尾草 *S. scapiformis* Hance	中国特有
唇形科	鼠尾草属 *Salvia* Linn.	佛光草 *S. substolonifera* Stib.	中国特有
唇形科	黄芩属 *Scutellaria* Linn.	赤水黄芩 *S. chihshuiensis* C. Y. Wu et H. W. Li	贵州特有
唇形科	黄芩属 *Scutellaria* Linn.	岩霍香 *S. franchetiana* Levl.	中国特有
唇形科	黄芩属 *Scutellaria* Linn.	紫苏叶黄芩 *S. violacea* Heyne ex Benth. var. *sikkimensis* Hook. f.	中国特有
唇形科	黄芩属 *Scutellaria* Linn.	柳叶红茎黄芩 *S. yunnanensis* Lévl. var. *salicifolia* Sun ex G. H. Hu	中国特有
车前科	车前属 *Plantago* L.	尖萼车前 *P. cavaleriei* Lévl.	中国特有
茄科	地海椒属 *Archiphysalis* Kuang	地海椒 *A. sinensis*（Hemsl.）Kuang	中国特有
茄科	散血丹属 *Physaliastrum* Makino	江南散血丹 *P. heterophyllum*（Hemsley）Migo	中国特有
玄参科	来江藤属 *Brandisia* Hook. f. et Thoms.	来江藤 *B. hancei* Hook. f.	中国特有
玄参科	婆婆纳属 *Veronica* L.	华中婆婆纳 *V. henryi* Yamazaki	中国特有
玄参科	腹水草属 *Veronicastrum* Heist. ex Farbic.	宽叶腹水草 *V. latifolium*（Hemsl.）Yamazaki	中国特有
玄参科	腹水草属 *Veronicastrum* Heist. ex Farbic.	细穗腹水草 *V. stenostachyum*（Hemsl.）Yamazak	中国特有
苦苣苔科	异唇苣苔属 *Allocheilos* W. T. Wang	异唇苣苔 *A. cortusiflorum* W. T. Wang	中国特有
苦苣苔科	大苞苣苔属 *Anna* Pellegr.	白花大苞苣苔 *A. ophiorrhizoides*（Hemsl.）Burtt et Davidson	中国特有
苦苣苔科	粗筒苣苔属 *Briggsia* Craib	粗筒苣苔 *B. mihieri*（Franch.）Craib.	中国特有
苦苣苔科	粗筒苣苔属 *Briggsia* Craib	川鄂粗筒苣苔 *B. rosthornii*（Diels）Burtt	中国特有
苦苣苔科	粗筒苣苔属 *Briggsia* Craib	盾叶粗筒苣苔 *B. longipes*（Hemsl.）Carib	中国特有
苦苣苔科	粗筒苣苔属 *Briggsia* Craib	革叶粗筒苣苔 *B. mihieri*（Franch.）Craib	中国特有
苦苣苔科	筒花苣苔属 *Briggsiopsis* K. Y. Pan	筒花苣苔 *B. delavayi*（Franch.）K. Y. Pan	中国特有
苦苣苔科	筒花苣苔属 *Briggsiopsis* K. Y. Pan	牛耳朵 *C. eburnea* Hance	中国特有
苦苣苔科	漏斗苣苔属 *Didissandra* Clarke	大苞漏斗苣苔 *D. begoniifolia* Levl.	中国特有
苦苣苔科	长蒴苣苔属 *Didymocarpus* Wall.	腺毛长蒴苣苔 *D. glandulous*（W. W. Smith）W. T. Wang	中国特有
苦苣苔科	长蒴苣苔属 *Didymocarpus* Wall.	疏毛长蒴苣苔 *D. stenanthos* Clarke var. *pilosellus* W. T. Wang	中国特有
苦苣苔科	半蒴苣苔属 *Hemiboea* Clarke	贵州半蒴苣苔 *H. cavaleriei* Lévl.	中国特有
苦苣苔科	半蒴苣苔属 *Hemiboea* Clarke	华南半蒴苣苔 *H. follicularis* Clarke	中国特有
苦苣苔科	半蒴苣苔属 *Hemiboea* Clarke	纤细半蒴苣苔 *H. gracilis* Franch.	中国特有
苦苣苔科	半蒴苣苔属 *Hemiboea* Clarke	柔毛半蒴苣苔 *H. mollifolia* W. T. Wang	中国特有
苦苣苔科	异叶苣苔属 *Whytockia* W. W. Smith	白花异叶苣苔 *W. triangiana*（Hand.-Mazz.）A. Weber	中国特有

科名	属名	种名	特有分布
爵床科	拟地皮消属 *Leptosiphonium* F. v. Muell.	拟地皮消 *L. venustum*（Hance）E. Hossaia	中国特有
桔梗科	沙参属 *Adenophora* Fisch.	湖北沙参 *A. longipedicellata* Hong	中国特有
桔梗科	沙参属 *Adenophora* Fisch.	无柄沙参 *A. stricta* Miq. subsp. *sessilifolia* Hong	中国特有
茜草科	香果树属 *Emmenopterys* Oliv.	香果树 *E. henryi* Oliv.	中国特有
茜草科	香果树属 *Emmenopterys* Oliv.	四川拉拉藤 *G. elegans* Wall. ex Roxb. var. *nemorosum* Cuf.	中国特有
茜草科	粗叶木属 *Lasianthus* Jack，nom. cons.	梗花粗叶木 *L. biermanni* King ex Hook.	中国特有
茜草科	粗叶木属 *Lasianthus* Jack，nom. cons.	西南粗叶木 *L. henryi* Hutchins.	中国特有
茜草科	薄柱草属 *Nertera* Banks ex J. Gaertn. nom. cons.	薄柱草 *N. sinensis* Hemsl.	中国特有
茜草科	玉叶金花属 *Mussaenda* Linn.	展枝玉叶金花 *M. divaricata* Hutch.	中国特有
茜草科	玉叶金花属 *Mussaenda* Linn.	黐花（大叶白纸扇）*M. esquirolii* Lévl.	中国特有
茜草科	腺萼木属 *Mycetia* Reinw.	华腺萼木 *M. sinensis*（Hemsl.）Craib	中国特有
茜草科	密脉木属 *Myrioneuron* R. Br. ex Kurz	密脉木 *M. faberi* Hemsl.	中国特有
茜草科	蛇根草属 *Ophiorrhiza* Linn.	广州蛇根草 *O. cantoniensis* Hance	中国特有
茜草科	鸡矢藤属 *Paederia* Linn. nom. cons.	毛鸡矢藤 *P. yunnanensis*（Lévl.）Rehd.	中国特有
茜草科	钩藤属 *Uncaria* Schreber nom. cons.	毛钩藤 *U. hirsuta* Havil.	中国特有
茜草科	钩藤属 *Uncaria* Schreber nom. cons.	攀茎钩藤 *U. scandens*（Smith）Hutchins.	中国特有
茜草科	钩藤属 *Uncaria* Schreber nom. cons.	华钩藤 *U. sinensis*（Oliv.）Hav.	中国特有
忍冬科	忍冬属 *Lonicera* Linn.	长距忍冬 *L. calcarata* Hemsl.	中国特有
忍冬科	忍冬属 *Lonicera* Linn.	苦糖果 *L. fragrantissima* subsp. *standishii* Hsu et H. J. Wang	中国特有
忍冬科	忍冬属 *Lonicera* Linn.	蕊被忍冬 *L. gynochlamydea* Hemsl.	中国特有
忍冬科	忍冬属 *Lonicera* Linn.	灰毡毛忍冬 *L. macranthoides* Hand.-Mazz.	中国特有
忍冬科	忍冬属 *Lonicera* Linn.	短柄忍冬 *L. pampaninii* Lévl.	中国特有
忍冬科	忍冬属 *Lonicera* Linn.	蕊帽忍冬 *L. pileata* Oliv.	中国特有
忍冬科	忍冬属 *Lonicera* Linn.	盘叶忍冬 *L. tragophylla* Hemsl.	中国特有
忍冬科	接骨木属 *Sambucus* Linn.	接骨木 *S. williamsii* Hance	中国特有
忍冬科	荚蒾属 *Viburnum* Linn.	短序荚蒾 *V. barchybotryum* Hemsl.	中国特有
忍冬科	荚蒾属 *Viburnum* Linn.	金佛山荚蒾 *V. chinshanense* Graebn.	中国特有
忍冬科	荚蒾属 *Viburnum* Linn.	直角荚蒾 *V. foetidum* var. *rectangulatum*（Graebn.）Rehd.	中国特有
忍冬科	荚蒾属 *Viburnum* Linn.	巴东荚蒾 *V. henryi* Hemsl.	中国特有
忍冬科	荚蒾属 *Viburnum* Linn.	少花荚蒾 *V. oliganthum* Batal.	中国特有
忍冬科	荚蒾属 *Viburnum* Linn.	狭叶球核荚蒾 *V. propinquum* Hemsl. var. *mairei* W. W. Smith	中国特有
忍冬科	荚蒾属 *Viburnum* Linn.	汤饭子（茶荚蒾）*V. segiterum* Hance	中国特有
忍冬科	荚蒾属 *Viburnum* Linn.	三叶荚蒾 *V. ternatum* Rehd.	中国特有
忍冬科	荚蒾属 *Viburnum* Linn.	烟管荚蒾 *V. utile* Hemsl.	中国特有
败酱科	败酱属 *Patrinia* Juss.	少蕊败酱 *P. monandra* C. B. Clarke	中国特有
菊科	蓍属 *Achillea* L.	云南蓍 *A. wilsoniana* Heimerl ex Hand.-Mazz.	中国特有
菊科	兔儿风属 *Ainsliaea* DC.	长穗兔儿风 *A. henryi* Diels.	中国特有
菊科	兔儿风属 *Ainsliaea* DC.	光叶兔儿风 *A. glabra* Hemsl.	中国特有
菊科	紫菀属 *Aster* L.	三脉紫菀毛枝变种 *A. ageratoides* Turcz. var. *lasiocladus*（Hayata）Hand.-Mazz.	中国特有
菊科	紫菀属 *Aster* L.	耳叶紫菀 *A. auriculatus* Franch.	中国特有
菊科	紫菀属 *Aster* L.	狗舌紫菀 *A. senecioides* Franch.	中国特有
菊科	泽兰属 *Eupatorium* L.	华泽兰 *E. chinense* Linn.	中国特有
菊科	假福王草属 *Paraprenanthes* Chang ex Shih	密毛假福王草（腺毛莴苣）*P. glandulosissima*（Chang）Shih	中国特有
菊科	假福王草属 *Paraprenanthes* Chang ex Shih	蕨叶假福王草（水龙骨叶苣）*P. polypodifolia*（Franch.）Chang	中国特有

续表

科名	属名	种名	特有分布
菊科	千里光属 *Senecio* L.	匍枝千里光 *S. filiferus* Franch.	中国特有
菊科	一枝黄花属 *Solidago* L.	一枝黄花 *S. decurrens* Lour.	中国特有
菊科	斑鸠菊属 *Vernonia* Schreb.	南川斑鸠菊 *V. nantcianensis*（Pamp.）Hand. –Mazz.	中国特有
菊科	鹊菜属 *Youngia* Cass.	红果黄鹊菜 *Y. erythrocarpa*（Vant.）Babc. et Stebb.	中国特有
禾本科	簕竹属 *Bambusa* Retz. corr. Schreber	料慈竹 *B. distegia*（Keng et Keng f.）Chia et H. L. Fung	中国特有
禾本科	簕竹属 *Bambusa* Retz. corr. Schreber	硬头黄竹 *B. rigida* Keng et Keng f.	中国特有
禾本科	寒竹属 *Chimonobambusa* Makino	狭叶方竹 *C. angustifolia* Chu et Chao	中国特有
禾本科	寒竹属 *Chimonobambusa* Makino	合江方竹 *C. hejiangensis* C. D. Chu	中国特有
禾本科	牡竹属 *Dendrocalamus* Nees	大叶慈 *D. farinosus*（Keng et Keng f.）Chia et Fung	中国特有
禾本科	镰序竹属 *Drepanostachyum* Keng f.	爬竹 *D. scandens*（Hsueh et W. D. Li）Keng f. et Yi	赤水特有
禾本科	羊茅属 *Festuca* L.	高羊茅 *F. elata* Keng	中国特有
禾本科	箭竹属 *Fargesia* Franch. emend. Yi	刺箭竹 *F. radicata* Hsueh	中国特有
禾本科	箭竹属 *Fargesia* Franch. emend. Yi	红壳箭竹 *F. rubignosa* Hsueh	中国特有
禾本科	井冈寒竹属 *Gelidocalamus* Wen	亮竿竹 *G. annulatus* Wen	贵州特有
禾本科	箬竹属 *Indocalamus* Nakai	箬竹 *I. longiauritus* Hand.-Mazz.	中国特有
禾本科	箬竹属 *Indocalamus* Nakai	赤水箬竹 *I. chishuiensis* Y. L. Yang & Hsueh	赤水特有
禾本科	箬竹属 *Indocalamus* Nakai	慈竹 *N. affinis*（Rendle）Keng f.	中国特有
禾本科	刚竹属 *Phyllostachys* Sieb. et Zucc.	人面竹 *P. aurea* Carrière ex Rivière & C. Rivière	中国特有
禾本科	刚竹属 *Phyllostachys* Sieb. et Zucc.	寿竹（平竹）*P. bambusoides* f. *shouzhu* Yi	中国特有
禾本科	刚竹属 *Phyllostachys* Sieb. et Zucc.	水竹 *P. heteroclada* Oliv.	中国特有
禾本科	刚竹属 *Phyllostachys* Sieb. et Zucc.	白夹竹（篊竹）*P. nidularia* Munro	中国特有
禾本科	大明竹属 *Pleioblastus* Nakai	苦竹 *P. amarus* Keng f.	中国特有
禾本科	大明竹属 *Pleioblastus* Nakai	斑苦竹 *P. maculatus*（McClure）C. D. Chu et C. S. Chao	中国特有
禾本科	狗尾草属 *Setaria* Beauv.	金色狗尾草 *S. glauca*（L.）Beauv.	中国特有
禾本科	玉山竹属 *Yushania* Keng f.	赤水玉竹 *Y. chishuiensis* Hsueh	贵州特有
莎草科	薹草属 *Carex*	遵义薹草 *C. zunyiensis* Tang et Wang ex S. Y. Liang	中国特有
莎草科	藨草属 *Scirpus*	百球藨草 *S. rosthornii* Diels	中国特有
百合科	粉条儿菜属 *Aletris* L.	高山粉条儿菜 *A. alpestris* Diels	中国特有
百合科	粉条儿菜属 *Aletris* L.	狭瓣粉条儿菜 *A. stenoloba* Franch.	中国特有
百合科	葱属 *Allium* L.	野葱 *A. chrysanthum* Regel	中国特有
百合科	蜘蛛抱蛋属 *Aspidistra* Ker-Gawl.	丛生蜘蛛抱蛋 *A. caespitosa* Pei	中国特有
百合科	蜘蛛抱蛋属 *Aspidistra* Ker-Gawl.	九龙盘 *A. typica* Baill.	中国特有
百合科	万寿竹属 *Disporum* Salisb.	长蕊万寿竹 *D. longistylum*（H. Léveillé et Vaniot）hara	中国特有
百合科	肖菝葜属 *Heterosmilax* Kunth	华肖菝葜 *H. chinensis* Wang	中国特有
百合科	玉簪属 *Hosta* Tratt.	玉簪 *H. plantaginea*（Lam.）Aschers.	中国特有
百合科	玉簪属 *Hosta* Tratt.	紫萼 *H. ventricosa*（Salisb.）Stearn	中国特有
百合科	百合属 *Lilium* L.	百合 *L. brownii* F. E. Brown ex Miellez var. *viridulum* Baker	中国特有
百合科	百合属 *Lilium* L.	川百合 *L. davidii* Duchartre ex Elwes	中国特有
百合科	百合属 *Lilium* L.	湖北百合 *L. henryi* Baker	中国特有
百合科	百合属 *Lilium* L.	淡黄花百合 *L. sulphureum* Baker apud Hook. f.	中国特有
百合科	沿阶草属 *Ophiopogon* Ker-Gawl.	长茎沿阶草 *O. chingii* F. T. Wang et Tang	中国特有
百合科	沿阶草属 *Ophiopogon* Ker-Gawl.	林生沿阶草 *O. sylvicola* Wang et Tang	中国特有
百合科	球子草属 *Peliosanthes* Andr.	大盖球子草 *P. macrostegia* Hance	中国特有
百合科	黄精属 *Polygonatum* Mill.	多花黄精 *P. cyrtonema* Hua	中国特有

续表

科名	属名	种名	特有分布
百合科	菝葜属 *Smilax* L.	柔毛菝葜 *S. chingii* Wang et Tang	中国特有
百合科	菝葜属 *Smilax* L.	银叶菝葜 *S. cocculoides* Warb.	中国特有
百合科	菝葜属 *Smilax* L.	折枝菝葜 *S. lanceifolia* Roxb. var. *elongata*（Warb.）Wang et Tang	中国特有
百合科	菝葜属 *Smilax* L.	小叶菝葜 *S. microphylla* C. H. Wright	中国特有
百合科	菝葜属 *Smilax* L.	梵净山菝葜 *S. vanchingshanensis*（Wang et Tang）Wang et Tang	中国特有
天南星科	菖蒲属 *Acorus* L.	金钱蒲 *A. gramineus* Soland.	中国特有
天南星科	天南星属 *Arisaema* Mart.	一把伞南星 *A. consanguineum* Schott	中国特有
天南星科	天南星属 *Arisaema* Mart.	花南星 *A. lobatum* Engl.	中国特有
天南星科	天南星属 *Arisaema* Mart.	绥阳雪里见 *A. rhizomatum* C. E. C. Fisch.	中国特有
天南星科	半夏属 *Pinellia* Tenore	滴水珠 *P. cordata*	中国特有
石蒜科	石蒜属 *Lycoris* Herb.	稻草石蒜 *L. straminea* Lindl.	中国特有
石蒜科	白芨属 *Bletilla* Rchb. f.	黄花白芨 *B. ochracea* Schltr	中国特有
兰科	虾脊兰属 *Calanthe* R. Br.	剑叶虾脊兰 *C. davidii* Franch.	中国特有
兰科	兰属 *Cymbidium* Sw.	春剑 *C. geoeringii*（Rchb. f.）Rchb. f. var. *longibracteatum*（Y. S. Wu et S. C. Chen）Y. S. Wu et S. C. Chen	中国特有
兰科	兰属 *Cymbidium* Sw.	送春 *C. faberi* Rolfe var. *szechuanicum* Y. S. Wu et S. C. Chen	中国特有
兰科	杓兰属 *Cypripedium* L.	绿花杓兰 *C. henryi* Rolfe	中国特有
兰科	石斛属 *Dendrobium* Sw.	罗河石斛 *D. lohohense* T. Tang et F. T. Wang	中国特有
兰科	石斛属 *Dendrobium* Sw.	广东石斛 *D. wilsonii* Rolfe	中国特有
兰科	山珊瑚属 *Galeola* Lour.	山珊瑚 *G. faberi* Rolfe	中国特有
兰科	玉凤花属 *Habenaria* Willd.	长距玉凤花 *H. davidii* Franch.	中国特有
兰科	羊耳蒜属 *Liparis* Rich.	长唇羊耳蒜 *L. pauliana* Hand.-Mazz.	中国特有
兰科	石仙桃属 *Pholidota* Lindl. ex Hook.	细叶石仙桃 *P. cantonensis* Rolfe	中国特有
兰科	独蒜兰属 *Pleione* D. Don	独蒜兰 *P. bulbocodioides*（Franch.）Rolfe	中国特有
兰科	金佛山兰属 *Tangtsinia* S. C. Chen	金佛山兰 *T. nanchuanica* S. C. Chen	中国特有

附录 4 保护区苔藓植物名录

裸蒴苔科	**Haplomitriaceae**	
	圆叶裸蒴苔	*Haplomitrium mnioides*（Lindb.）Schust.
地钱科	**Marchantiaceae**	
	楔瓣地钱	*Marchantia emarginata* Rinw.
	粗裂地钱	*Marchantia paleacea* Berbol.
	地钱	*Marchantia polymorpha* L.
	波叶片叶苔	*Riccardia chamaedryfdia*（With.）Grolle.
	羽枝片叶苔	*Riccardia multifida*（L.）Gray
	掌状片叶苔	*Riccardia palmata*（Hedw.）Carr.
疣冠苔科	**Aytoniaceae**	
	石地钱	*Reboulia hemisphaerica*（L.）Raddi
蛇苔科	**Conocephalaceae**	
	蛇苔	*Conocephalum conicum*（L.）Dum.
	小蛇苔	*Conocephalum japonicum*（Thumb.）Grolle
光苔科	**Cyathodiaceae**	
	芽孢光苔	*Cyathodium tuberosum* Kash.
毛地钱科	**Dumortieraceae**	
	毛地钱	*Dumortiera hirsuta*（Sw.）Reinw. et al.
带叶苔科	**Pallaviciniineae**	
	多形带叶苔	*Pallavicinia ambigua*（Mitt.）Steph.
	长刺带叶苔	*Pallavicinia subciliata*（Aust.）Steph.
叉苔科	**Metzgeriaceae**	
	大叉苔	*Metzgeria fruticulosa*（Dicks.）Evans.
	背胞叉苔	*Metzgeria novicrassipilis* Kuwah.
细鳞苔科	**Lejeuneaceae**	
	南亚瓦鳞苔	*Trocholejeunea sandvicensis*（Gottsche）Mizt.
	南亚细鳞苔	*Cololejeunea tenella* Bened.
	黄色细鳞苔	*Lejeunea flava*（SW.）Nees
	中华细鳞苔	*Lejeunea chinensis*（Herz.）Zhu & So
	拟日本疣鳞苔	*Cololejeunea pseudoschmidtii* Tix.
	单体疣鳞苔	*Cololejeunea goebelii*（Gott. Et Schiffn.）Schiffi.
睫毛苔科	**Blepharostomataceae**	
	小睫毛苔	*Blepharostoma minus* Horik.
指叶苔科	**Lepidoziaceae**	
	三裂鞭苔	*Bazzania tridens* Trev.
	指叶苔	*Lepidozia reptans*（L.）Dun.
齿萼苔科	**Lophocoleaceae**	
	中华裂萼苔	*Chiloscyphus sinensis* J. J. Engel et R. M. Schust.
	锐刺裂萼苔	*Chiloscyphus muricatus*（Lehm.）J. J. Engel
	芽孢裂萼苔	*Chiloscyphus minor*（Nees）J. J. Engel.
	双齿裂萼苔	*Chiloscyphus latifolius*（Nees）Engel.
	平叶异萼苔	*Heteroscyphus planus*（Mitt.）Schiffn.

齿萼苔科	**Lophocoleaceae**	
	全缘异萼苔	*Heteroscyphus saccogynoides* Herz.
羽苔科	**Plagiochilaceae**	
	羽枝羽苔	*Plagiochila fruticosa* Mitt.
	圆叶羽苔	*Plagiochila duthiana* Steph.
拟大萼苔科	**Cephaloziaceae**	
	薄壁大萼苔	*Cephalozia otaruensis* Steph.
护蒴苔科	**Calypogeiaceae**	
	护蒴苔	*Calypogeia fissa*（L.）Raddi.
	沼生护蒴苔	*Calypogeia sphagnicola*（Arn. et Perss.）Warnst.
	双齿护蒴苔	*Calypogeia tosana*（Steph.）Steph.
叶苔科	**Jungermanniaceae**	
	长萼叶苔	*Jungermannia exsertifolia* Steph.
	光萼叶苔	*Jungermannia leiantha* Grolle.
	透明叶苔	*Jungermannia hyalina* Lyell.
合叶苔科	**Scapaniaceae**	
	斯氏合叶苔	*Scapania stephanii* K. Mull.
毛耳苔科	**Jubulaceae**	
	多褶耳叶苔	*Frullania polyptera* Tayl.
角苔科	**Anthocerotaceae**	
	角苔	*Anthoceros punctatus* L.
金发藓科	**Polytrichaceae**	
	小胞仙鹤藓	*Atrichum rhystophyllum*（C. Muell.）Par.
	东亚小金发藓	*Pogonatum inflexum*（Lindb.）Lac.
	半栉小金发藓	*Pogonatum subfuscatum* Broth.
	小金发藓	*Pogonatum aloides*（Hedw.）P. Beauv.
	硬叶小金发藓	*Pogonatum neesii*（C. Muell）Dozy.
	刺边小金发藓	*Pogonatum cirratum*（SW.）Brid.
	金发藓	*Polytrichum commune* Hedw.
短颈藓科	**Diphysciaceae**	
	东亚短颈藓	*Diphyscium fulvifolium* Mitt.
葫芦藓科	**Funariaceae**	
	立碗藓	*Physcomitrium sphaericum*（Ludw.）Fuernr.
	红蒴立碗藓	*Physcomitrium eurystomum* Sendtn.
	钝叶梨蒴藓	*Entosthodon buseanus* Dozy et Molk.
细叶藓科	**Siligeraceae**	
	短胞小穗藓	*Blindia campylopodioides* Dix.
凤尾藓科	**Fissidentaceae**	
	鳞叶凤尾藓	*Fissidens taxifolius* Hedw.
	卷叶凤尾藓	*Fissidens cristatus* Wits ex Mitt.
	网孔凤尾藓	*Fissidens areolatus* Griff.
	羽叶凤尾藓	*Fissidens plagiochloides* Besch.
	透明凤尾藓	*Fissidens hyalinus* Hook. et Wils.
	小凤尾藓	*Fissideus bryoides* Hedw.
	蕨叶凤尾藓	*Fissidens adianthoides* Hedw.
	黄边凤尾藓	*Fissidens geppii* Fleisch.
	大叶凤尾藓	*Fisssidens grandirons* Brid.
	异形凤尾藓	*Fissidens anomalus* Mont.

续表

凤尾藓科	**Fissidentaceae**	
	南京凤尾藓	*Fissidens adelphinus* Besch.
	二形凤尾藓	*Fissidens geminiflorus* Doz. et Molk.
	短肋凤尾藓	*Fissidens brevinerivis* Broth.
	黄叶凤尾藓	*Fissidens zippelianus* Doz. et Molk.
	大凤尾藓	*Fissidens nobilis* Griff.
	暗色凤尾藓	*Fissidens obscuriete* Broth.
牛毛藓科	**Ditrichaceae**	
	牛毛藓	*Ditrichum heteromallum*（Hedw.）Britt.
曲尾藓科	**Dicranaceae**	
	北方长蒴藓	*Trematodon ambiguus*（Hedw.）Hornsch.
	多形小曲尾藓	*Dicranella heteromalla*（Hedw.）Schimp.
	南亚小曲尾藓	*Dicranella coarctata*（C. Muell.）Boesch.
	疏叶小曲尾藓	*Dicranella divaricatula* Besch
	节茎曲柄藓	*Campylopus umbellatus*（Arnoth.）Par.
	狭叶曲柄藓	*Campylopus subulatus* Schimp.
	曲柄藓	*Campylopus flexsus*（Hedw.）Brid.
	宽肋曲柄藓	*Campylopus latinervis*（Mitt.）Jaeg.
	毛叶曲柄藓	*Campylopus ericoides*（Grifl.）Jaeg.
	黄曲柄藓	*Campylopus aureus* Bosch et Lac.
	长叶曲柄藓	*Camplylopus atrovirens* de Not.
	全缘青毛藓	*Dicranotondium subintegrifolium* Broth.
	毛叶青毛藓	*Dicranotontium filifolium* Broth.
	青毛藓	*Dicranodontium denudatum*（Brid.）Britt
白发藓科	**Leucobryaceae**	
	爪哇白发藓	*Leucobryum javense*（Brid.）Mitt.
	南亚白发藓	*Leucobryum neilgherrense* C. Muell.
	白发藓	*Leucobryum glaucum*（Hedw.）Aongstr.
	疣叶白发藓	*Leucobryum scabrum* Lac.
	绿色白发藓	*Leucobryum chlorophyllosum* C. Muell.
	狭叶白发藓	*Leucobryum bowringii* Mitt.
丛藓科	**Pottiaceae**	
	扭叶丛本藓	*Anoectangium stracheganum* Mitt.
	小酸土藓	*Oxystegus cuspidatus*（Doz. et Molk.）Chen
	酸土藓	*Oxystegus cylindrcus*（Brid.）Hilp.
	折叶纽藓	*Tortella fragilis*（Hook. et Wils.）Limrp
	狭叶拟合睫藓	*Pseudosymblepharis angustata*（Mitt.）Chen
	硬叶拟合睫藓	*Pseudosymblepharis subduriuscula*（C. Muell.）Chen
	小石藓	*Weisia controversa* Hedw.
	毛口藓	*Trichostomum brachydontium* Bruch
	反纽藓	*Timmiella anomala*（B. S. G.）Limpr
	卷叶湿地藓	*Hyophila involuta*（Hook.）Jaeg
	狭叶湿地藓	*Hyophila stenophylla* Card.
	黑扭口藓	*Barbula nigrescens* Mitt.
	大扭口藓	*Barbula gigantea* Funck
	北地扭口藓	*Barbula fallax* Hedw.
	尖叶扭口藓	*Barbula constricta* Mitt.
	疣叶石灰藓	*Hydogonium gangeticum*（C. Muell.）Chen

续表

续表

丛藓科	**Pottiaceae**	
	暗色石灰藓	*Hydrogonium sordidum*（Besch.）Chen
	东亚石灰藓	*Hydrogonium subcomosum*（Broth.）Chen
	南亚石灰藓	*Hydrogonium consanguineum* Hilp.
	陈氏藓	*Chenia leptophylla*（C. Mull.）Zand.
真藓科	**Bryaceae**	
	疏叶丝瓜藓	*Pohlia macrocarpa* Zhang
	异芽丝瓜藓	*Pohlia leaucostorna*（Bosch&Lac.）Fleisch.
	疣齿丝瓜藓	*Pohlia flexuosa* Hook.
	南亚丝瓜藓	*Pohlia gedeana*（Bosch. et Lac.）Gang.
	芽孢银藓	*Anomombryum gemmigerum* Broth.
	卷叶真藓	*Bryum thomsoii* Mitt.
	沙氏真藓	*Bryum sauteri* B. S. G.
	棒槌真藓	*Bryum clavatum*（Schimp.）C. Muell.
	比拉真藓	*Bryum billarderi* Schwaegr.
	细叶真藓	*Bryum capillare* Hedw.
	真藓	*Bryum argenteum* Hedw.
	喀什真藓	*Bryum kashirense* Broth.
提灯藓科	**Mniaceae**	
	平肋提灯藓	*Mnium laevinerve* Card.
	全缘匍灯藓	*Plagiomnium integrm*（Bosch. et Sande Lac.）T. Kop.
	钝叶匍灯藓	*Plagiomnium rostratum*（Schrad.）T. Kop.
	树形疣灯藓	*Trachycystis ussuriensis*（Maack et Regel）T. Kop.
珠藓科	**Bartramiaceae**	
	卷叶泽藓	*Philonotis revoluta* Bosch & Lac.
	东亚泽藓	*Philonotis turneriana*（Schwaegr.）Mitt.
	细叶泽藓	*Philonotis thwaitesii* Mitt.
	偏叶泽藓	*Philonotis falcata*（Hook.）Mitt.
木灵藓科	**Orthotrichaceae**	
	福氏蓑藓	*Macromitrium ferriei* Card.
	长帽蓑藓	*Macromitrium tosae* Besch.
卷柏藓科	**Racopilinales**	
	薄壁卷柏藓	*Racopilum cuspidigerum*（Schwaegr.）Aongstar.
孔雀藓科	**Hypopterygium**	
	东亚孔雀藓	*Hypopterygium japonicum* Mitt.
油藓科	**Hookereaceae**	
	尖叶油藓	*Hookeria acutifolia* Hook.
	并齿拟油藓	*Hookeriopsis utacamundiana*（Mont.）Broth.
白藓科	**Leucomiaceae**	
	白藓	*Leucomium strumosum*（Hornsch.）Mitt.
柳叶藓科	**Amblystegiaceae**	
	细湿藓	*Campylium hispidulum*（Brid.）Mitt.
	仰叶拟细湿藓	*Campyliadelphus stellatus*（Hedw.）Kanda
羽藓科	**Thuidiaceae**	
	狭叶麻羽藓	*Claopodium aciculum*（Broth.）Broth.
	多疣麻羽藓	*Claopodium pellucinerve*（Mitt.）Best
	狭叶小羽藓	*Haplocladium angustifolium*（Hampe et C. Muell.）Broth.
	卷枝细羽藓	*Cyrto-hypnum haplohymenium*（Harv.）Buck et Crum

续表

续表

羽藓科	**Thuidiaceae**	
	短枝羽藓	*Thuidium submicropteris* Card.
	灰羽藓	*Thuidium pristocalyx*（C. Muell.）Jaeg.
	短肋羽藓	*Thuidium kanedae* Sak.
	亚灰羽藓	*Thuidium subglaucinum* Card.
	拟灰羽藓	*Thuidium glaucinoides* Broth.
	大羽藓	*Thuidium cymbifolium* Dozy et Molk.
	大粗疣藓	*Fauriella robustiuscula* Broth.
青藓科	**Brachytheciaceae**	
	亚灰白青藓	*Brachythecium suballbicans* Broth.
	密枝青藓	*Brachythecium amnicolum*（Lindb.）Limpr.
	宽叶青藓	*Brachythecium crutum*（Lindb.）Limpr.
	羽枝青藓	*Brachythecium plumosum*（Hedw.）B. S. G.
	圆枝青藓	*Brachythecium garovaglioides* C. Muell
	卵叶青藓	*Brachythecium rutabulum*（Hedw.）B. S. G.
	弯叶青藓	*Brachythecium reflexum*（Stark.）B. S. G.
	青藓	*Brachythecium pulchellum* Broth. et Par.
	多枝青藓	*Brachythecium fasciculirameum* C. Muell.
	毛尖青藓	*Brachythecium piligerum* Card.
	尖叶美喙藓	*Eurhynchium eustegium*（Besch.）Dix.
	密叶美喙藓	*Eurhynchium savatieri* Schimp.
	疏网美喙藓	*Eurhynchium laxirete* Broth.
	羽枝美喙藓	*Eruhynchium longiraeum*（C. Muell.）Y. F. Wang et R. L. HU
	斜枝长喙藓	*Rhynchostegium inclinatum*（Mitt.）Jaeg.
	匍枝长喙藓	*Rhynchostegium serpenticaule*（C. Muell.）Broth.
	光柄细喙藓	*Rhynchostegiella loeviseta* Broth.
蔓藓科	**Meteoriaceae**	
	假丝带藓	*Floribundaria pseudofloribunda* Fleisch.
	软枝绿锯藓	*Duthiella flaccida*（Carp.）Broth.
	斜枝绿锯藓	*Duthiella declinata*（Mitt.）Zant.
	小扭叶藓	*Trachypus huilis* Lindb.
灰藓科	**Hypnaceae**	
	长喙灰藓	*Hypnum fujiyamae*（Broth.）Par.
	多蒴灰藓	*Hypnum fertile* Sondtn.
	大灰藓	*Hypnum plumaeforme* Wils.
	卷叶偏蒴藓	*Ectropothecium ohsimense* Card.
	平叶偏蒴藓	*Ectropothecium zollingeri*（C. Muell.）Jaeg.
	密枝偏蒴藓	*Ectropothecium wangianum* Chen.
	钝叶偏蒴藓	*Ectropothecium obtusulum*（Card.）Iwats.
	大偏蒴藓	*Ectropothecium penzigianum* Fleisch.
	偏蒴藓	*Ectropothecium buitenzorgii*（Bel.）Mitt.
	纤枝同叶藓	*Isopterygium minutirameum*（C. Muell.）Jaeg.
	密叶拟鳞叶藓	*Pseudotaxiphyllum densum*（Card.）Iwats.
	东亚拟鳞叶藓	*Pseudotaxiphyllum pohliaecarpum*（Sull. et Lesq.）Iwats.
	鳞叶藓	*Taxiphyllum taxirameum*（Mitt.）Fleisch.
	明叶藓	*Vesicularia montagnei*（Bel.）Broth.
塔藓科	**Hylocomiaceae**	
	毛叶梳藓	*Ctenidium capillifolium*（Mitt.）Broth.

续表

塔藓科	**Hylocomiaceae**	
	散枝梳藓	*Ctenidium stellulatum* Mitt.
	齿叶梳藓	*Ctenidium serratifolium*（Card.）Broth.
棉藓科	**Plagiotheciaceae**	
	长喙棉藓	*Plagiothecium succulentum*（Wils.）Lindb.
	直叶棉藓	*Plagiothecium euryphyllum*（Card. et Ther.）Iwats.
绢藓科	**Entodontaceae**	
	穗枝赤齿藓	*Erythrodontium julaceum*（Schwaegr.）Par.
毛锦藓科	**Pylaisiadelphaceae**	
	南方小锦藓	*Brotherella henonii*（Duby.）Fleilsch.
	赤茎小锦藓	*Brotherella erythrocaulis*（Mitt.）Fleisch.
	短叶毛锦藓	*Pylaisiadelpha yokohamae*（Broth.）Buck.
	三列疣胞藓	*Clastobryum glabriscens*（Iwats.）Tan
	舌叶扁锦藓	*Glossadelphus lingulatus*（Card.）Fleisch.
锦藓科	**Sematophyllaceae**	
	角状刺枝藓	*Wijkia hornschuchii*（Dozy et Molk.）Crum
	橙色锦藓	*Sematophyllum phoeniceum*（C. Muell.）Fleisch.
蕨藓科	**Pterobryaceae**	
	兜叶藓	*Horikawaea nitida* Nog.
平藓科	**Neckeraceae**	
	延叶平藓	*Neckera decurrens* Broth.
	南亚木藓	*Thamnobryum subserratum*（Hook.）Nog et Lawts.

注：苔藓植物共计 48 科 96 属 207 种，其中藓类植物 29 科 72 属 164 种，苔类植物 18 科 23 属 42 种，角苔类植物 1 科 1 属 1 种。采用分类系统：B. Goffinet & A. J. Shaw

附录 5　保护区大型真菌名录

1 子囊菌门	Ascomycota（保护区已知有 5 科 10 属 12 种）
虫草科	Cordycipitaceae
冈恩虫草	*Cordyceps gunnii*（Berk.）Berk.
蛹虫草	*Cordyceps militaris*（L.）Link
蝉棒束孢	*Isaria cicadae* Miq.
炭角菌科	Xylariaceae
黑轮层炭壳	*Daldinia concentrica*（Bolt.）Ces. et de Not.
截头炭团菌	*Hypoxylon anuulatum*（Schw.）Mont.
黑柄炭角菌	*Xylaria nigripes*（Klotzsch）Sacc.
总状炭角菌	*Xylaria pedunculata* Fr.
核盘菌科	Sclerotiniaceae
橙红二头孢盘菌	*Dicephalospora rufocornea*（Berk. et Broome）Spooner
火丝菌科	Pyronemataceae
橙黄网孢盘菌	*Aleuria aurantia*（Pers.）Fuckel
红毛盾盘菌	*Scutellinia scutellata*（L.）Lambotte
肉杯菌科	Sarcoscyphaceae
爪哇胶盘菌	*Galiella javanica* Rehm
绯红肉杯菌	*Sarcoscypha coccinea*（Jacq.）Sacc.
2 担子菌门	Basidiomycota（保护区已知有 37 科 63 属 91 种）
伞菌科	Agaricaceae
粪生黑蛋巢菌	*Cyathus stercoreus*（Schwein.）de Toni
易碎白鬼伞	*Leucocoprinus fragilissimus*（Sowerby）Pat.
网纹马勃	*Lycoperdon perlatum* Pers.
梨形马勃	*Lycoperdon pyriforme* Schaeff.
鹅膏菌科	Amanitaceae
橙黄鹅膏	*Amanita citrina*（Schaeff.）Pers.
隐花青鹅膏菌	*Amanita manginianasensu* W. F. Chiu
灰鹅膏白色变种	*Amanita vaginata* var. *alba*（de Seynes）Gillet
珊瑚菌科	Clavariaceae
脆珊瑚菌	*Clavaria fragilis* Holmske
挂钟菌科	Cyphellaceae
紫色软韧革菌	*Chondrostereum purpureum*（Pers.）Pouzar
牛排菌科	Fistulinaceae
牛排菌	*Fistulina hepatica*（Schaeff.）With.
轴腹菌科	Hydnangiaceae
紫蜡蘑	*Laccaria amethystea* Cooke
蜡伞科	Hygrophoraceae
小红湿伞	*Hygrocybe miniata*（Fr.）P. Kumm.
丝盖菇科	Inocybaceae
粘锈耳	*Crepidotas mollis*（Schaeff. ：Fr.）Gray
离褶伞科	Lyophyllaceae
* 根白蚁伞	*Termitomyces eurhizus*（Berk.）R. Heim

离褶伞科	Lyophyllaceae
* 小果白蚁伞	*Termitomyces microcarpus*（Berk. & Broome）R. Heim
小皮伞科	**Marasmiaceae**
脉褶菌	*Campanella junghuhnii*（Mont.）Singer.
白皮微皮伞	*Marasmiellus albus-corticis*（Secr.）Singer
安络小皮伞	*Marasmius androsaceus*（L.）Fr.
叶生皮伞	*Marasmius epiphyllus*（Pers.）Fr.
大盖小皮伞	*Marasmius maximus* Hongo
硬柄小皮伞	*Marasmius oreades*（Bolt.）Fr.
干小皮伞	*Marasmius siccus*（Schwein.）Fr.
小伞科	**Mycenaceae**
洁小菇	*Mycena prua*（Pers.）P. Kumm.
浅灰色小菇	*Mycena leptocephala*（Pers.）Gillet
侧耳科	**Pleurotaceae**
糙皮侧耳	*Pleurotus ostreatus*（Jacq.）Quél.
小白侧耳	*Pleurotus limpidus*（Fr.）Sacc.
膨瑚菌科	**Physalacriaceae**
* 蜜环菌	*Armillariella mellea*（Vahl）P. Kumm.
金黄鳞盖菇	*Cyptotrama chrysopeplum*（Berk. & Curt.）Singer
鳞柄小奥德蘑	*Oudemansiella furfuracea*（Peck）Zhu L. Yang et al.
脆柄菇科	**Psathyrellaceae**
白绒拟鬼伞	*Coprinopsis lagopus*（Fr.）Redhead et al.
假小鬼伞	*Coprinellus disseminatus*（Pers.）J. E. Lange
晶粒小鬼伞	*Coprinellus micaceus*（Bull.）Fr.
辐毛小鬼伞	*Coprinellus radians*（Desm.）Fr.
黄白小脆柄菇	*Psathyrella candolleana*（Fr.）G. Rertrand
裂褶菌科	**Schizophyllaceae**
裂褶菌	*Schizophyllum commne* Fr.
球盖菇科	**Strophariaceae**
橘黄裸伞	*Gymnopilus spectabilis*（Fr.）Singer
簇生垂幕菇	*Hypholoma fasciculare*（Fr.）P. Kumm.
口蘑科	**Tricholomataceae**
栎裸伞	*Gymnopus dryophilus*（Bull.）Murrill
灰假杯伞	*Pseudoclitocybe cyathiformis*（Bull.）Singer
伞菌目科未划定	
无环斑褶菇	*Anellaria sepulchralis*（Berk.）Sing.
皱褶革菌	*Plicatura crispa*（Pers. : Fr.）Rea
木耳科	**Auriculariaceae**
木耳	*Auricularia auricula-judae*（Bull.）Quél.
皱木耳	*Auricularia delicate*（Fr.）Henn.
毛木耳	*Auricularia polytricha*（Mont.）Sacc.
盾形木耳	*Auricularia peltata* Lloyd
黑胶耳	*Exidia glandulosa*（Bull.）Fr.
牛肝菌科	**Boletaceae**
* 美味牛肝菌	*Boletus edulis* Bull.
松塔牛肝菌	*Strobilomyces strobilaceus*（Scop.）Berk.
硬皮马勃科	**Sclerodermataceae**
橙黄硬皮马勃	*Scleroderma citrinum* Pers.

桩菇科	**Paxillaceae**
黑毛桩菇	*Paxillus atrotomentosus*（Batsch）Fr.
乳牛肝菌科	**Suillaceae**
粘盖乳牛肝菌	*Suillus bovinus*（Pers.）Roussel
鸡油菌科	**Cantharellaceae**
鸡油菌	*Cantharellus cibarius* Fr.
锁瑚菌科	**Clavulinaccac**
冠锁瑚菌	*Clavulina coralloides*（L.）J. Schröt.
花耳科	**Dacrymycetaceae**
胶角耳	*Calocera cornea*（Batsch）Fr.
桂花耳	*Guepinia spathularia*（Schw.）Fr.
钉菇科	**Gomphaceae**
* 黄枝珊瑚菌	*Ramaria flava*（Schaeff.）Quél
密枝瑚菌	*Ramaria stricta*（Pers.）Quél.
刺革菌科	**Hymenochaetaceae**
铁木层孔菌	*Phellinus ferreus*（Pers.）Bourdot & Galzin
平滑木层孔菌	*Phellinus laevigatus*（Fr.）Bourdot & Galzin
鬼笔科	**Phallaceae**
长裙竹荪	*Dictyophora indusiata*（Vent.）Desv.
红鬼笔	*Phallus rubicundus*（Bosc）Fr.
安顺假笼头菌	*Pseudoclathrus anshunensis* W. Zhou et K. Q. Zhang
耳匙菌科	**Auriscalpiaceae**
耳匙菌	*Auriscalpium vulgare* Gray
红菇科	**Russulaceae**
白乳菇	*Lactarius piperatus*（L.）Pers.
毒红菇	*Russula emetica*（Schaeff.）Pers.
* 白菇	*Russula lactea*（Pers. ：Fr.）Fr.
韧革菌科	**Stereaceae**
金丝趋木革菌	*Xylobolus spectabilis*（Klotzsch）Boidin
银耳科	**Tremellaceae**
* 金色银耳	*Tremella aurantia* Schwein.
银耳	*Tremella fuciformis* Berk.
拟层孔菌科	**Fomitopsidaceae**
硫磺菌	*Laetiporus sulphureus*（Bull.）Murrill
紫褐黑孔菌	*Nigroporus vinosus*（Berk.）Murrill
鲜红密孔菌	*Pycnoporus cinnabarinus*（Jacq. ：Fr.）Karst.
血红密孔菌	*Pycnoporus sanguineus*（L. ：Fr.）Murrill
灵芝科	**Ganodermataceae**
南方灵芝	*Ganoderma australe*（Fr.）Pat.
树舌灵芝	*Ganoderma applanatum*（Pers.）Pat.
有柄灵芝	*Ganoderma gibbosum*（Blume & T. Nees）Pat.
灵芝	*Ganoderma lucidum*（W. Curtis. ：Fr.）P. Karst.
干朽菌科	**Meruliaceae**
亚黑管孔菌	*Bjerkandera fumosa*（Pers. ：Fr.）Karst.
胶质射脉革菌	*Phlebia tremellosa* Nakasone & Burds.
多孔菌科	**Polyporaceae**
木蹄层孔菌	*Fomes fomentarius*（L. ：Fr.）Fr.
* 香菇	*Lentinus edodes*（Berk.）Pegler

多孔菌科	**Polyporaceae**
翘鳞韧伞	*Lentinus squarrosulus* Mont.
奇异脊革菌	*Lopharia mirabilis*（Berk. & Broome）Pat.
褐扇小孔菌	*Microporus vernicipes*（Berk.）Kuntze
紫革耳	*Panus conchatus*（Bull.：Fr.）Fr.
野生革耳	*Panus rudis* Fr.
漏斗大孔菌	*Polyporus arcularius* Batsch：Fr.
黑柄多孔菌	*Polyporus melanopus*（Pers.：Fr.）Fr.
桑多孔菌	*Polyporus mori*（Pollini：Fr.）Fr.
宽鳞大孔菌	*Polyporus squamosus*（Huds.：Fr.）Fr.
云芝栓孔菌	*Trametes versicolor*（L.：Fr.）Pilát

　　注：①保护区大型真菌共计 42 科 73 属 103 种；

　　　　②Kirk PM，Geoffrey CA，Cannon PF，et al. 2008. Ainsworth &Bisby's Dictionary of the Fungi（10th）. CABI Bioscience，CAB International 本名录采用此分类系统编制；

　　　　③数据来源主要是野外观察和照片；*标注代表查阅资料和采访调查

附录6 保护区藻类名录

藻类种类门、科、属、种	采样点							
	1	2	3	4	5	6	7	8
蓝藻门								
1、色球藻科 Chroococcaceae								
隐球藻属 *Aphanocapsa* Aag.								
细小隐球藻 *A. elachista* W. et G. s. West	+							
粘球藻属 *Gloeocapsa* Kutz.								
石生粘球藻 *G. rupestri* Kutzing，Tab. Phyc.	+	+		+		+		+
库津粘球藻 *G. kutzingiana* Nag.		+						
粘杆藻属 *Gloeothece* Nag.								
岩生粘杆藻 *Gl. rupestris*（lyngbye）Bornet.		+	+	+	+			+
棕黄粘杆藻 *Gl. fusco-lutea* Nag.	+		+		+	+	+	+
平裂藻属 *Merismopedia* Mey.								
细小平裂藻 *M. tenuissima* G. Bect	+				+	+	+	+
点形平裂藻 *M. tpunctata* Meyen	+	+	+		+	+	+	
银灰平裂藻 *M. glauca*（Ehr.）Nag.	+				+	+	+	
2、管孢藻科 Chmaesiphonaceae								
管孢藻属 *Chamaesiphon* A. Br. et Gurn.								
硬壳管孢藻 *Ch. incrustans* Grun	+							
3、胶须藻科 Rivulariaceae								
眉藻属 *Calothrix* Ag.								
静水眉藻 *C. stagnalis* Gom.	+		+			+		
4、伪枝藻科 Scytonemataceae								
单歧藻属 *Tolypothrix* Kutz.								
小单歧藻 *T. tenuis* Kutz		+		+		+		+
伪枝藻属 *Scytonema* Ag.								
蝇色伪枝藻 *S. myochrous*（Dillw.）Ag.	+	+						
5、念珠藻科 Nostocaceae								
念珠藻属 *Nostoc* Vauch.								
普通念珠藻 *N. commune* Vauch.	+	+	+	+	+	+	+	+
小型念珠藻 *N. miuntum* Desm.	+	+	+	+	+	+	+	+
6、颤藻科 Oscillatoriaceae								
鞘丝藻属 *Lyngbya* Ag.								
大型鞘丝藻 *L. major* Men.	+	+		+		+		+
席藻属 *Phormidium* Kutz.								
寒冷席藻 *Ph. Tfrigidum* F. E. Fyitsch.		+	+	+				
洪水席藻 *Ph. Inundatum* Kutz et Gom.	+				+		+	+
颤藻属 *Oscillatoria* Vauch.								
巨颤藻 *O. prirceps* Vauch.	+							+
蛇形颤藻 *O. anguaina* Gomont, Monogr.		+	+					
易略颤藻 *O. neglecta* Lemm.	+		+		+			+
悦目颤藻 *O. amuena* Gomont, Monogr.		+		+		+	+	+

藻类种类门、科、属、种	采样点							
	1	2	3	4	5	6	7	8
沼泽颤藻 *O. limnetica* Lemm.					+			
喜碳颤藻 *O. carboniciphila* Prach.					+			
菌形颤藻 *O. beggiatoiformis*（Grun.）Gom.	+	+				+		
泥生颤藻 *O. limosa* Vauch.	+							
紫管藻属 *Porphyosiphon* Kutz.								
紫管藻 *P. notarisii* Kutz.		+						
红藻门								
7、浅川藻科 Chantransiaceae								
奥杜藻属 *Audouinella* Bory								
柱形奥杜藻 *A. cylindrical* Jao		+						
甲藻门								
8、多甲藻科 Peridiniaceae								
多甲藻属 *Peridinium* Ehr.								
二角多甲藻 *P. bipes* Stein			+					
金藻门								
9、棕鞭藻科 Ochromonadacecce								
锥囊藻属 *Dinobryon* Ehr.								
分歧锥囊藻 *D. Divergens* Imh.			+					
硅藻门								
10、圆筛藻科 Coscinodiscaceae								
小环藻属 *Cyclotella* Kutz.								
星肋小环藻 *C. stelligera* Cl. et Grun.	+	+	+	+	+	+	+	
直链藻属 *Melosira* Ag.								
变异直链藻 *M. varians* Ag.	+	+	+	+	+	+	+	+
朱吉直链藻 *M. juergersii* Agardh	+		+		+			+
颗粒直链藻 *M. granulata*（Ehr.）Ralfs	+	+	+	+	+	+	+	+
11、盒形藻科 Biddulphicaceae								
水涟藻属 *Hydrosera* Wallich								
黄埔水涟藻 *H. whampoensis*（Schwarz）Deby	+	+	+		+		+	
12、脆杆藻科 Fragilariaceae								
等片藻属 *Diatoma* de Cand.								
普通等片藻 *D. vulgare* Bory	+	+	+	+	+	+	+	+
脆杆藻属 *Fragilaria* Lyngby.								
钝脆杆藻 *F. capucina* Desm.	+	+	+	+	+	+	+	+
变异脆杆藻 *F. virescens* Ralfs	+	+	+			+		
针杆藻属 *Synedra* Ehr.								
肘状针杆藻 *S. ulna*（Nitzsch）Eer.	+	+	+	+	+	+	+	+
肘状针杆藻猫缩变种 *S. ulna* var. *contrac* Ostr.			+		+			
双头针杆藻 *S. amphicephala* Kutz.	+					+		
13、舟形藻科 Naviculaceae								
布纹藻属 *Gyrosigma* Hass.								
渐狭布纹藻 *G. attenuatum*（Kuetz.）Rabh.						+	+	+
解剖刀形布纹藻 *G. scalproides*（Rabh.）Cleve	+	+	+	+	+	+	+	+
解剖刀形布纹藻特殊变种 *G. scalproides* var. *exmium* Cleve	+	+			+			
尖布纹藻 *G. acuminatum*（Kuetz.）Rabh.			+					
长篦藻属 *Neidium* Pfitz.								

藻类种类门、科、属、种	采样点							
	1	2	3	4	5	6	7	8
科兹洛夫长篦藻两头变 *N. Kozlowi* var. *amphicephala* Reich.	+	+	+					
长篦藻 *N. dippellii*（Ehr.）Cl.			+			+		+
双壁藻属 *Diploneis* Ehr.								
芬尼双壁藻 *D. tinnica*（Ehr.）Cl	+			+	+	+		
辐节藻属 *Stauroneis* Ehr.								
双头辐节藻 *S. anceps* Grun.		+	+					
舟形藻属 *Navicula* Bory								
放射舟形藻 *N. radiosa* Kutz.		+	+					
简单舟形藻 *N. simplex* Krassk.				+		+		+
温和舟形藻线形变种 *N. clementis* var. *leptocephala* Cl.	+	+	+		+	+		
双头舟形藻 *N. dicepHala*（Ehr.）W. Smith	+	+	+		+	+		
线形舟形藻 *N. graciloides* May.	+	+	+	+	+		+	+
喙头舟形藻 *N. rhynchocephala* Kutz.	+	+	+		+	+		
短小舟形藻 *N. exigua*（Greg.）Mull.	+				+	+		
微绿舟形藻 *N. viridula* Kutz.	+	+	+			+	+	+
最小舟形藻 *N. minima* Grun.	+			+	+	+		
嗜苔藓舟形藻 *N. bryophila* Ehr.			+	+				
无名舟形藻沼泽变种 *N. ignota* var. *palustris*（hust）Lund		+	+	+	+			
茧形藻属 *Amphiprora* Ehr.								
茧形藻 *A. paludosa*（Donkin）van Heurck	+	+						
羽纹藻属 *Pinunlaria* Ehr.								
著名羽纹藻 *P. nobilis* Ehr.	+	+			+	+	+	+
微绿羽纹藻 *P. viridis*（Nitzsch.）Ehr.	+	+	+	+	+	+		
细条纹羽纹藻 *P. microstauron*（Ehr.）Cl.		+	+					
布尔卡羽纹藻 *P. pulchra* Hust.					+	+	+	
微辐节羽纹藻 *P. microstaurom*（Ehr.）Cl.			+					
二棒羽纹藻 *P. biclavata* Cl.-Eul.						+	+	+
二载羽纹藻 *P. bihastata*（Mann.）F. W. Mills		+	+	+				
14、桥弯藻科 Cymbellaceae								
桥弯藻属 *Cymbella* Ag.								
小桥弯藻 *C. laevis* Nag.	+	+	+		+			
胀大桥弯藻 *C. turgidula* Grun.			+					
胀大桥弯藻一变种 *C. turgidula* var. *lancettula* Krammer				+				
偏大桥弯藻 *C. ltumidula*（Ehr.）kirchner					+			
偏肿桥弯藻 *C. ventricosa* Kutz.	+	+	+	+	+	+	+	+
布雷姆桥弯藻 *C. bremii* Hust.		+						
箱形桥弯藻 *C. cistula*（Hempr.）Grun.	+	+	+	+	+	+	+	+
箱形桥弯藻具点变种 *C. cistula* var. *maculate* Kuetz.	+	+				+		
披针形桥弯藻 *C. lanceolata*（Ehr.）V. H.				+				
纤细桥弯藻 *C. gracilis*（Rabenh.）Cl.			+					
近缘桥弯藻 *C. affinis* Kutz.			+	+	+			
埃伦桥弯藻 *C. ehrenbergii* Kutz.	+	+	+					
优美桥弯藻 *C. delicatula* Kutz.	+	+	+	+	+	+	+	+
15、异极藻科 Gomphonemaceae								
异极藻属 *Gomphonema* Ag.								
缢缩异极藻 *G. costrictum* Ehr.	+	+	+	+	+	+	+	+

藻类种类门、科、属、种	采样点							
	1	2	3	4	5	6	7	8
缢缩异极藻小变种 G. costrictum var. parvum（Ehr.）Cl.	+		+					
尖异极藻伸长变种 G. acumiratum var. elongatum（W. Smith）Rab.		+	+	+	+		+	
颤动异极藻 G. vibrio（Ehr.）S. W. Smith					+			+
纤细异极藻微小变种 G. acuminatum var. pusillum Grun.	+							
橄榄异极藻 G. olivaceum（Lyngby.）Kutz.	+	+	+	+	+	+	+	+
疏纹异极藻 G. sparsistriatum（Ehr.）Grunow.	+	+	+	+				
近棒形异极藻 G. subclavatum Grunow			+					
尖顶异极藻戈蒂变种 G. augur var. ganieri Kutz.		+				+	+	
16、曲壳藻科 Achranthaceae								
卵形藻属 Cocconeis Ehr.								
扁圆形卵形藻 C. placentula（Ehr.）Hust.	+	+	+	+	+	+	+	+
扁圆卵形藻多孔变种 C. placentula var. englypta（Ehr.）Cl.	+	+	+		+	+	+	
17、窗纹藻科 Epithemiaceae								
窗纹藻属 Epithemia Breb.								
鼠形窗纹藻 E. sorex Kutz.	+			+		+		+
钝形窗纹藻 E. hyndmanii W. Smith	+		+	+	+	+	+	+
略等窗纹藻 E. adnata（Kutz.）Breb.		+						+
膨大窗纹藻颗粒变种 E. turgida var. granulata（Ehr.）Grun.	+	+	+			+	+	
光亮窗纹藻长角变种 E. argus var. longicornis Mayer.	+	+			+			+
膨大窗纹藻 E. turgida（Ehr.）Kutz.		+		+		+		
棒杆藻属 Rhopalodia mull.								
隆起棒杆藻 R. gibba Mull.	+	+	+	+	+	+	+	+
驼峰棒杆藻 R. gibberula（Ehr.）O. Muller			+		+		+	
18、菱形藻科 Nitzschiaceae								
菱形藻属 Nitzschia Hass.								
近线形菱形藻 N. sublinearis Hust.	+	+					+	+
线形菱形藻 N. linearis W. Smish	+			+	+		+	
针形菱形藻 N. acicularis W. Smith	+						+	
岸边菱形藻秦尔盖斯特变种 N. tergestina var. tergestina Grun.		+	+	+	+			+
棍杆藻属 Bascillaria Hust.								
奇异棍杆藻 B. paracloxa Gmelin.			+	+	+	+		
19、双菱藻科 Surirellaceae								
波缘藻属 Cymatopleura W. Smith								
草鞋形波缘藻 C. solea（Breb.）W. Smith	+	+	+	+			+	
草鞋形波缘藻尖端变种 C. solea var. apiculata（W. Smith）Ralfs	+	+	+	+	+	+		
椭圆波缘藻 C. elliptica（Breb.）W. Smith		+						
双菱藻属 Surirella Turp.								
布雷双菱藻 S. brightwellii Grun.	+							
粗状双菱藻 S. robusta Ehr.	+	+	+	+	+	+	+	+
线形双菱藻 S. linearis W. Smith	+		+	+				
粗状双菱藻纤细变种 S. robusta var. splendida（Ehr.）V. H.			+			+	+	+
端毛双菱藻 S. capronii Breb.				+	+			
卵形双菱藻 S. ovata Kutz.	+							
卵形双菱藻羽状变种 S. ovata var. pinnata（W. S. mith）Hust.	+				+			
窄双菱藻 S. angustata Kutz.		+	+			+		
裸藻门								

续表

藻类种类门、科、属、种	采样点							
	1	2	3	4	5	6	7	8
20、裸藻科 Euglennaceae								
扁裸藻属 *Phacus* Dujardin								
琵鹭扁裸藻 *Ph. platalea* Dreze.	+							
长尾扁裸藻 *Ph. punctata*（Ehr.）Dujardin	+	+						
绿藻门								
21、衣藻科 Chlamydomonadaceae								
四鞭藻属 *Carteria* Dies.								
多线四鞭藻 *C. multifilis* Dill.			+					
22、团藻科 Volvocaceae								
实球藻属 *Pandorina* Bory								
实球藻 *P. mornm*（Muell.）Bory			+					
23、绿球藻科 Chloroocaceae								
绿球藻属 *Chlorooccum* Fries								
水溪绿球藻 *Ch. hunicola*（Schr.）Meist.			+					
24、水网藻科 Hydrodictyaceae								
水网藻属 *Hydrodictyon* Roth.								
水网藻 *H. reticulatum*（L.）Lag.	+		+					
盘星藻属 *Pediastrum* Mey.								
单角盘星藻 *P. simplex*（Mey.）Lemm.			+					
单角盘星藻具孔变种 *P. simplex* var. *duodenarium*（bail.）Rabenh.			+					
25、栅藻科 Scenedesmaceae								
栅藻属 *Scenedesmus* Mey.								
扁盘栅藻 *S. platydiscus*（G. M. Smith）Chod.	+		+	+		+		
椭圆栅藻长鞭变型 *S. ellipsoideus* f. *flagellispiosus* Uherkovich	+		+	+		+		+
具刺栅藻两突变种 *S. spinosus* var. *bicaudatus* Hortobagy			+					
斜生栅藻 *S. obliquus*（Turp.）Kutz.			+					+
弯曲栅藻 *S. arcuatus* Lemm.			+					+
四尾栅藻 *S. quachricauda*（Turp.）Breb.			+		+	+	+	
26、丝藻科 Ulotrichaceae								
丝藻属 *Ulothrix* Kutz.								
多形丝藻 *U. variabilis* Kutz.	+	+		+				+
颤丝藻 *U. oscillarina* Kutz.		+	+		+			
27、微孢藻科 Microsporaceae								
微孢藻属 *Microspora* Thuret								
膜微孢藻 *M. membranacea* Wang	+	+	+	+	+	+	+	+
28、鞘藻科 Oedogoniaceae								
鞘藻属 *Oedogonium* Link.								
截顶鞘藻 *Oe. obtruncatum* Wittr.		+	+			+		
29、刚毛藻科 Cladophoraceae								
刚毛藻属 *Cladophora* Kutz.								
皱刚毛藻 *C. crispata*（Roth.）Kutz.	+	+	+	+	+	+	+	+
疏枝刚毛藻 *C. oligoclona*（Ag.）Kutz.	+	+	+			+	+	
30、双星藻科 Zygnemataceae								
双星藻属 *Zygnema* Ag.								
双星藻 *Z.* sp.	+		+	+				
双星藻 *Z.* sp.			+	+	+	+		+

续表

藻类种类门、科、属、种	采样点							
	1	2	3	4	5	6	7	8
转板藻属 *Mougeotia* Ag.								
小转板藻 *M. parvula* Hass.	+		+					
水绵属 *Spirogyra* Link								
水绵 *S.* sp.	+	+	+	+	+	+	+	+
水绵 *S.* sp.	+	+	+	+	+	+	+	+
水绵 *S.* sp.	+	+	+	+	+	+	+	
31、鼓藻科 Desmidiaceae								
新月藻属 *Closterium* Nitzsch.								
项圈新月藻 *C. moniliforum*（Bory.）Ehr.	+				+			
尖新月藻变异变种 *C. acutum* var. *variabile*（lemm.）Krieger			+	+				
鼓藻属 *Cosmarium* Cord.								
厚皮鼓藻 *C. pachydermum* Lund.			+		+	+	+	
钝鼓藻 *C. obtusatum* Schmidi.						+	+	+
斑点鼓藻 *C. punctulatum* Breb.		+						
扁鼓藻 *C. depressum*（Naeg.）Lund.			+	+				
轮藻门								
32、轮藻科 Chceae								
轮藻属 *Chara* Linn.								
普生轮藻 *Ch. vulgaris* Linn.	+							

注：1. 金沙沟；2. 么站沟；3. 板桥沟；4. 强盗沟；5. 酸草沟；6. 五家沟；7. 闷头溪；8. 沟神女溪河

附录 7　保护区野生脊椎动物名录

序号	目名	科名	中文种名	拉丁学名	最新发现时间	数量状况	数据来源
1	食虫目	鼩鼱科	灰麝鼩	*Crocidura attenuata*（Milne-Edwards）	2004	++	贵州省环境保护局，1990；邓实群，2004
2	食虫目	鼩鼱科	四川短尾鼩	*Anourosorex squamipes*（Milne-Edwards）	2004	++	贵州省环境保护局，1990；邓实群，2004
3	食虫目	鼩鼱科	微尾鼩	*Blarinella quadraticauda*（Milne-Edwards）	2004	+	罗蓉，1993；邓实群，2004
4	翼手目	蝙蝠科	白腹管鼻蝠	*Murina leucogaster*（Milne-Edwards）	2004	+	邓实群，2004
5	翼手目	蝙蝠科	水鼠耳蝠	*Myotis daubentoni*（Kufl）	2004	+	邓实群，2004
6	翼手目	蝙蝠科	西南鼠耳蝠	*Myotis altarium*（Thomas）	2004	+	罗蓉，1993；邓实群，2004
7	翼手目	蝙蝠科	大鼠耳蝠	*Myotis myotis*（Thomas）	2004	+	邓实群，2004
8	翼手目	蝙蝠科	普通长翼蝠	*Miniopterus schreibersii*（Kuhl）	2004	+	贵州省环境保护局，1990；邓实群，2004
9	翼手目	蝙蝠科	普通伏翼	*Pipistrellus abramus*（Temminck）	2004	++	贵州省环境保护局，1990；邓实群，2004
10	翼手目	菊头蝠科	大耳菊头蝠	*Rhinolophus macrotis*（G. Allen）	2004	+	邓实群，2004
11	翼手目	菊头蝠科	托氏菊头蝠	*Rhinolophus thomasi*（Sanborn）	2004	+	邓实群，2004
12	翼手目	菊头蝠科	小菊头蝠	*Rhinolophus blythi*（Andersen）	2004	++	邓实群，2004
13	翼手目	菊头蝠科	中菊头蝠	*Rhinolophus affinis*（Andersen）	2004	+	邓实群，2004
14	翼手目	菊头蝠科	角菊头蝠华南亚种	*Rhinolophus cornutus pumilus*（Hodgson）	2004	+	贵州省环境保护局，1990；邓实群，2004
15	翼手目	蹄蝠科	大蹄蝠	*Hipposideros armiger*（Hodgson）	2004	+	邓实群，2004；罗蓉，1993
16	灵长目	猴科	猕猴	*Macaca mulatta*（Zimmermann）	2004	+	贵州省环境保护局，1990；邓实群，2004；罗蓉，1993；孙亚莉，2004
17	灵长目	猴科	藏酋猴	*Macaca thibetana*（Milne-Edwards）	2004	+	贵州省环境保护局，1990；邓实群，2004 罗蓉，1993；孙亚莉，2004
18	鳞甲目	穿山甲科	穿山甲	*Manis pentodactyla*（Hodgson）	2004	+	贵州省环境保护局，1990；邓实群，2004；罗蓉，1993；孙亚莉，2004
19	兔形目	兔科	草兔长江流域亚种	*Lepus capensis aurigineus*（Hollister）	2004	++	贵州省环境保护局，1990；邓实群，2004
20	啮齿目	鼯鼠科	复齿鼯鼠	*Trogopterus xanthipes*（Thomas）	1987	+	贵州省环境保护局，1990；实群，2004
21	啮齿目	松鼠科	赤腹松鼠武陵山亚种	*Callosciurus erythraeus wulingensis*（Wu et Chen）	2004	++	贵州省环境保护局，1990；邓实群，2004；罗蓉，1993
22	啮齿目	豪猪科	豪猪	*Hystrix hodgsoni*（Gray）	2004	+	贵州省环境保护局，1990；邓实群，2004；罗蓉，1993
23	啮齿目	豪猪科	帚尾豪猪	*Atherurus macrourus*（Linnaeus）	2004	+	贵州省环境保护局，1990；邓实群，2004
24	啮齿目	竹鼠科	白花竹鼠	*Rhizomys pruinosus*（Bilth）	2004	+	贵州省环境保护局，1990；邓实群，2004
25	啮齿目	鼠科	黑线姬鼠	*Apodemus agrarius*（Pallas）	2004	+	邓实群，2004；罗蓉，1993
26	啮齿目	鼠科	小家鼠	*Mus musculus*（Linnaeus）	2004	+	贵州省环境保护局，1990；邓实群，2004；罗蓉，1993
27	啮齿目	鼠科	黄胸鼠	*Rattus flavipectus*（Milne-Edwards）	2004	++	贵州省环境保护局，1990；邓实群，2004；罗蓉，1993
28	啮齿目	鼠科	褐家鼠	*Rattus norvegicus*（Berkenhout）	2004	++	贵州省环境保护局，1990；邓实群，2004；罗蓉，1993
29	啮齿目	鼠科	大足鼠	*Rattus nitidus*（Hodgson）	2004	+	贵州省环境保护局，1990；邓实群，2004；罗蓉，1993
30	啮齿目	鼠科	青毛巨鼠	*Berylmys bowersi*（Anderson）	2004	+	贵州省环境保护局，1990；邓实群，2004

序号	目名	科名	中文种名	拉丁学名	最新发现时间	数量状况	数据来源
31	啮齿目	鼠科	针毛鼠	*Niviventer fulvescens*（Bonhote）	2004	++	贵州省环境保护局,1990；邓实群,2004
32	啮齿目	鼠科	社鼠	*Niviventer confucianus*（Milne-Edwards）	2004	+	贵州省环境保护局，1990；邓实群，2004；罗蓉，1993
33	啮齿目	鼠科	安氏白腹鼠	*Niviventer andersoni*（Thomas）	1990	+	贵州省环境保护局,1990；邓实群,2004
34	啮齿目	鼠科	长尾巨鼠	*Leopoldamys edwardsi*（Thomas）	2004	+	邓实群，2004
35	啮齿目	猪尾鼠科	猪尾鼠	*Typhlomys cinereus*（Milne-Edwards）	2004	+	贵州省环境保护局,1990；邓实群,2004
36	食肉目	犬科	貉	*Nytereutes procyonoides*（Gray）	2004	+	邓实群，2004；罗蓉，1993
37	食肉目	犬科	赤狐华南亚种	*Vulpes vulpes hole*（Swinhoe）	2004	+	贵州省环境保护局，1990；邓实群，2004；罗蓉，1993
38	食肉目	熊科	黑熊西南亚种	*Selenarctos thibetanus mupinensis*（Heude）	2004	+	贵州省环境保护局，1990；邓实群，2004；孙亚莉，2004
39	食肉目	鼬科	青鼬	*Martes flavigula*（Boddaert）	2004	+	邓实群，2004；罗蓉，1993
40	食肉目	鼬科	猪獾	*Arctonyx collaris*（Cuvier）	2004	+	邓实群，2004；罗蓉，1993
41	食肉目	鼬科	黄腹鼬	*Mustela kathiah*（Hodgson）	1990	+	贵州省环境保护局，1990；邓实群，2004 罗蓉，1993
42	食肉目	鼬科	黄鼬西南亚种	*Mustela sibirica moupinensis*（Milne-Edwards）	2004	+	贵州省环境保护局，1990；邓实群，2004；罗蓉，1993
43	食肉目	鼬科	鼬獾	*Melogale moschata*（Gray）	2004	++	贵州省环境保护局，1990；邓实群，2004；罗蓉，1993
44	食肉目	鼬科	狗獾	*Meles meles*（Gray）	2004	+	贵州省环境保护局，1990；邓实群，2004；罗蓉，1993
45	食肉目	鼬科	水獭	*Lutra lutra*（Gray）	2004	+	贵州省环境保护局，1990；邓实群，2004；罗蓉，1993；孙亚莉，2004
46	食肉目	灵猫科	大灵猫华东亚种	*Viverra zibetha ashoni*（Swinhoe）	2004	+	贵州省环境保护局，1990；邓实群，2004；罗蓉，1993；孙亚莉，2004
47	食肉目	灵猫科	小灵猫华东亚种	*Viverricula indica pallda*（Swinhoe）	2004	+	贵州省环境保护局，1990；邓实群，2004；罗蓉，1993；孙亚莉，2004
48	食肉目	灵猫科	花面狸西南亚种	*Paguma larvata intrudens*（Wroughton）	2004	++	贵州省环境保护局，1990；邓实群，2004；罗蓉，1993
49	食肉目	猫科	豹猫华东亚种	*Felis bengalensis chinensis*（Gray）	2004	+	贵州省环境保护局，1990；邓实群，2004；罗蓉，1993
50	食肉目	猫科	丛林猫	*Felis chaus*（Guldenstaedt）	2004	+	邓实群，2004；孙亚莉，2004
51	食肉目	猫科	豹	*Panthera pardus*（Linnaeus）	2004	+	邓实群，2004；孙亚莉，2004
52	食肉目	猫科	金猫	*Profelis temmincki*（Vigors & Horsfield）	2004	+	邓实群，2004；孙亚莉，2004
53	食肉目	猫科	云豹	*Neofelis nebulosa*（Griffith）	2004	+	邓实群，2004；孙亚莉，2004
54	偶蹄目	猪科	野猪华南亚种	*Sus scrofa chirodontys*（Heude）	2004	+++	贵州省环境保护局，1990；邓实群，2004；罗蓉，1993
55	偶蹄目	鹿科	林麝	*Moschus berezovskii*（Fleror）	2004	+	贵州省环境保护局，1990；邓实群，2004；孙亚莉，2004
56	偶蹄目	鹿科	赤麂华南亚种	*Muntiacus muntjak*（Boddaert）	2004	+	贵州省环境保护局,1990；邓实群,2004
57	偶蹄目	鹿科	小麂	*Muntiacus reevesi*（Ogilby）	2004	++	贵州省环境保护局，1990；邓实群，2004；罗蓉，1993
58	偶蹄目	鹿科	毛冠鹿	*Elaphodus cephalophus*（Milne-Edwards）	2004	++	贵州省环境保护局，1990；邓实群，2004；罗蓉，1993
59	偶蹄目	牛科	斑羚	*Naemorhedus goral*（Hardwicke）	2004	+	邓实群，2004；罗蓉，1993；孙亚莉，2004
60	偶蹄目	牛科	鬣羚	*Capricornis sumatraensis*（Linnaeus）	2004	+	邓实群，2004；孙亚莉，2004
61	鹛䴙目	鹛䴙科	小鹛䴙	*Tachybaptus ruficollis* Reichenow	2013	+	生物活体；贵州省环境保护局，1990

续表

序号	目名	科名	中文种名	拉丁学名	最新发现时间	数量状况	数据来源
62	鹈形目	鸬鹚科	普通鸬鹚	*Phalacrocorax carbo* Blumenbach	1986	+	吴至康，1986
63	鹳形目	鹭科	苍鹭	*Ardea cinerea* Gould	2013	++	生物活体；贵州省环境保护局，1990
64	鹳形目	鹭科	池鹭	*Ardeola bacchus* Bonaparte	2013	++	生物活体；贵州省环境保护局，1990
65	鹳形目	鹭科	白鹭	*Egretta garzetta* Linnaeus	2013	++++	生物活体；贵州省环境保护局，1990
66	鹳形目	鹭科	夜鹭	*Nycticorax nycticorax* Linnaeus	1986	+	吴至康，1986
67	雁形目	鸭科	鸳鸯	*Aix galericulata* Linnaeus	2004	+	孙亚莉，2004
68	雁形目	鸭科	绿翅鸭	*Anas crecca* Linnaeus	1987	+	贵州省环境保护局，1990
69	雁形目	鸭科	绿头鸭	*Anas platyrhynchos* Linnaeus	1986	+	吴至康，1986
70	雁形目	鸭科	斑嘴鸭	*Anas poecilorhyncha* Swinhoe	1987	+	贵州省环境保护局，1990
71	隼形目	鹰科	普通鵟	*Buteo buteo* Hume	2013	+	生物活体；贵州省环境保护局，1990
72	隼形目	鹰科	白尾鹞	*Circus cyaneus* Linnaeus	1987	+	孙亚莉，2004；贵州省环境保护局，1990
73	隼形目	鹰科	黑鸢	*Milvus migrans* J. E. Gray	1987	+	孙亚莉，2004；贵州省环境保护局，1990
74	隼形目	鹰科	蛇雕	*Spilornis cheela* Sclater	2013	+	照片
75	隼形目	隼科	红隼	*Falco tinnunculus* Blyth	1987	+	孙亚莉，2004；贵州省环境保护局，1990
76	鸡形目	雉科	灰胸竹鸡	*Bambusicola thoracica* Temminck	2013	+++	生物活体；贵州省环境保护局，1990
77	鸡形目	雉科	红腹锦鸡	*Chrysolophus pictus* Linnaeus	2013	+	访问；贵州省环境保护局，1990
78	鸡形目	雉科	白鹇	*Lophura nycthemera* Tan et Wu	1987	+	孙亚莉，2004；贵州省环境保护局，1990
79	鸡形目	雉科	环颈雉	*Phasianus colchicus* Linnaeus	2013	+++	生物活体；贵州省环境保护局，1990
80	鸡形目	雉科	白冠长尾雉	*Syrmaticus reevesii* J. E. Gray	1987	+	孙亚莉，2004；丁平，1987；贵州省环境保护局，1990
81	鸡形目	雉科	红腹角雉	*Tragopan temminckii* J. E. Gray	2013	+	视频；孙亚莉，2004
82	鹤形目	秧鸡科	白胸苦恶鸟	*Amaurornis phoenicurus* Boddaert	1987	+	贵州省环境保护局，1990
83	鹤形目	秧鸡科	白骨顶	*Fulica atra* Linnaeus	1986	+	吴至康，1986
84	鹤形目	秧鸡科	黑水鸡	*Gallinula chloropus* Blyth	1986	+	吴至康，1986
85	鸻形目	鸻科	环颈鸻	*Charadrius alexandrinus* Linnaeus	2013	++	生物活体；贵州省环境保护局，1990
86	鸻形目	鸻科	金眶鸻	*Charadrius dubius* Legge	2013	++	生物活体；吴至康，1986
87	鸻形目	鸻科	金鸻	*Pluvialis fulva* Gmelin	1986	++	吴至康，1986
88	鸻形目	鸻科	灰头麦鸡	*Vanellus cinereus* Blyth	1986	+	吴至康，1986
89	鸻形目	鹬科	丘鹬	*Scolopax rusticola* Linnaeus	1987	+	贵州省环境保护局，1990
90	鸻形目	鹬科	林鹬	*Tringa glareola* Linnaeus	1986	+	吴至康，1986
91	鸻形目	鹬科	青脚鹬	*Tringa nebularia* Gunnernus	1986	+	吴至康，1986
92	鸻形目	鹬科	白腰草鹬	*Tringa ochropus* Linnaeus	2013	++	生物活体；贵州省环境保护局，1990
93	鸽形目	鸠鸽科	火斑鸠	*Streptopelia tranquebarica* Temminck	1986	+	吴至康，1986
94	鸽形目	鸠鸽科	珠颈斑鸠	*Streptopelia chinensis* Scopoli	2013	++++	生物活体；贵州省环境保护局，1990
95	鸽形目	鸠鸽科	山斑鸠	*Streptopelia orientalis* Latham	2013	+++	生物活体；贵州省环境保护局，1990
96	鹃形目	杜鹃科	翠金鹃	*Chrysococcyx maculatus* Gmelin	1986	+	吴至康，1986
97	鹃形目	杜鹃科	大杜鹃	*Cuculus canorus* Linnaeus	2013	++	生物活体；贵州省环境保护局，1990
98	鹃形目	杜鹃科	四声杜鹃	*Cuculus micropterus* Gould	1986	+	吴至康，1986
99	鹃形目	杜鹃科	大鹰鹃	*Cuculus sparverioides* Vigos	2013	+++	生物活体；贵州省环境保护局，1990
100	鹃形目	杜鹃科	噪鹃	*Eudynamys scolopacea* Cabanis et Heine	2013	+++	生物活体；吴至康，1986
101	鹃形目	杜鹃科	乌鹃	*Surniculus lugubris* Hodgson	1986	+	吴至康，1986
102	鸮形目	鸱鸮科	领鸺鹠	*Glaucidium brodiei* Burton	1986	+	吴至康，1986

序号	目名	科名	中文种名	拉丁学名	最新发现时间	数量状况	数据来源
103	鸮形目	鸱鸮科	斑头鸺鹠	*Glaucidium cuculoides* Blyth	2013	+	生物活体；孙亚莉，2004 贵州省环境保护局，1990
104	鸮形目	鸱鸮科	领角鸮	*Otus bakkamoena* Swinhoe	2004	+	孙亚莉，2004
105	鸮形目	鸱鸮科	灰林鸮	*Strix aluco* Blyth	2004	+	孙亚莉，2004
106	雨燕目	雨燕科	短嘴金丝燕	*Aerodramus brevirostris* Hume	1986	++	吴至康，1986
107	雨燕目	雨燕科	白腰雨燕	*Apus pacificus* Yamashina	2013	++	生物活体
108	雨燕目	雨燕科	白喉针尾雨燕	*Hirundapus caudacutus* Latham	1986	+	吴至康，1986
109	咬鹃目	咬鹃科	红头咬鹃	*Harpactes erythrocephalus* Gould	1987	+	贵州省环境保护局，1990
110	佛法僧目	翠鸟科	普通翠鸟	*Alcedo atthis* Gmelin	2013	++	生物活体；贵州省环境保护局，1990
111	佛法僧目	翠鸟科	蓝翡翠	*Halcyon pileata* Boddaert	1986	+	吴至康，1986
112	佛法僧目	翠鸟科	冠鱼狗	*Megaceryle lugubris* Stejineger	2013	+	生物活体；贵州省环境保护局，1990
113	戴胜目	戴胜科	戴胜	*Upupa epops* Lonnberg	2013	++	生物活体；贵州省环境保护局，1990
114	䴕形目	拟䴕科	大拟啄木鸟	*Megalaima virens* Boddaert	1986	++	吴至康，1986
115	䴕形目	啄木鸟科	蚁䴕	*Jynx torquilla* Hesse	2013	+	生物活体；贵州省环境保护局，1990
116	䴕形目	啄木鸟科	斑姬啄木鸟	*Picumnus innominatus* Linnaeus	1987	++	贵州省环境保护局，1990
117	䴕形目	啄木鸟科	灰头绿啄木鸟	*Picus canus* Gmelin	2013	++	生物活体；贵州省环境保护局，1990
118	雀形目	燕科	金腰燕	*Hirundo daurica* Temminck et Schlegel	2013	++++	照片
119	雀形目	燕科	家燕	*Hirundo rustica* Linnaeus	2013	++	生物活体；贵州省环境保护局，1990
120	雀形目	燕科	崖沙燕	*Riparia riparia* Linnaeus	1986	++	吴至康，1986
121	雀形目	鹡鸰科	粉红胸鹨	*Anthus roseatus* Blyth	2013	+++	生物活体；吴至康，1986
122	雀形目	鹡鸰科	树鹨	*Anthus hodgsoni* Richmond	2013	+++	生物活体；贵州省环境保护局，1990
123	雀形目	鹡鸰科	水鹨	*Anthus spinoletta* Temminck et Schlegel	1986	++	吴至康，1986
124	雀形目	鹡鸰科	山鹡鸰	*Dendronanthus indicus* Gmelin	2013	+++	生物活体
125	雀形目	鹡鸰科	白鹡鸰	*Motacilla alba* Linnaeus	2013	++++	照片；贵州省环境保护局，1990
126	雀形目	鹡鸰科	灰鹡鸰	*Motacilla cinerea* Brehm	2013	+++	生物活体；贵州省环境保护局，1990
127	雀形目	山椒鸟科	粉红山椒鸟	*Pericrocotus roseus* Blyth	2013	++	生物活体；贵州省环境保护局，1990
128	雀形目	山椒鸟科	短嘴山椒鸟	*Pericrocotus brevirostris* Steresemann	1986	+	吴至康，1986
129	雀形目	山椒鸟科	灰山椒鸟	*Pericrocotus divaricatus* Raffles	1986	+	吴至康，1986
130	雀形目	山椒鸟科	长尾山椒鸟	*Pericrocotus ethologus* Bangs et Phillips	2013	++	生物活体；贵州省环境保护局，1990
131	雀形目	山椒鸟科	灰喉山椒鸟	*Pericrocotus solaris* Gould	1986	+	吴至康，1986
132	雀形目	鹎科	黑短脚鹎	*Hypsipetes leucocephalus* Gmelin	1986	+	吴至康，1986
133	雀形目	鹎科	绿翅短脚鹎	*Hypsipetes mcclellandii* Swinhoe	2013	++	生物活体；贵州省环境保护局，1990
134	雀形目	鹎科	白头鹎	*Pycnonotus sinensis* Gmelin	2013	++++	照片；贵州省环境保护局，1990
135	雀形目	鹎科	黄臀鹎	*Pycnonotus xanthorrhous* Swinhoe	2013	++++	照片；贵州省环境保护局，1990
136	雀形目	鹎科	领雀嘴鹎	*Spizixos semitorques* Swinhoe	2013	++++	照片；贵州省环境保护局，1990
137	雀形目	伯劳科	虎纹伯劳	*Lanius tigrinus* Drapiez	2013	++	照片；贵州省环境保护局，1990
138	雀形目	伯劳科	棕背伯劳	*Lanius schach* Linnaeus	2013	+++	生物活体；贵州省环境保护局，1990
139	雀形目	伯劳科	灰背伯劳	*Lanius tephronotus* Vigos	2013	++	生物活体；贵州省环境保护局，1990
140	雀形目	黄鹂科	黑枕黄鹂	*Oriolus chinensis* Sharpe	2013	+	生物活体；贵州省环境保护局，1990
141	雀形目	卷尾科	发冠卷尾	*Dicrurus hottentottus* Cabanis et Heine	2013	+++	生物活体；贵州省环境保护局，1990
142	雀形目	卷尾科	灰卷尾	*Dicrurus leucophaeus* Vieillot	1986	+	吴至康，1986

序号	目名	科名	中文种名	拉丁学名	最新发现时间	数量状况	数据来源
143	雀形目	卷尾科	黑卷尾	*Dicrurus macrocercus* Swinhoe	2013	+++	生物活体；贵州省环境保护局，1990
144	雀形目	椋鸟科	八哥	*Acridotheres cristatellus* Linnaeus	2013	+++	生物活体；贵州省环境保护局，1990
145	雀形目	椋鸟科	丝光椋鸟	*Sturnus sericeus* Gmelin	2013	+++	生物活体
146	雀形目	鸦科	白颈鸦	*Corvus torquatus* Leadbeater	2013	++	生物活体；贵州省环境保护局，1990
147	雀形目	鸦科	小嘴乌鸦	*Corvus corone* Eversmann	1986	++	吴至康，1986
148	雀形目	鸦科	大嘴乌鸦	*Corvus macrorhynchos* Swinhoe	2013	+++	照片；贵州省环境保护局，1990
149	雀形目	鸦科	灰树鹊	*Dendrocitta formosae* Steresemann	1987	++	贵州省环境保护局，1990
150	雀形目	鸦科	松鸦	*Garrulus glandarius* Swinhoe	2013	++	生物活体
151	雀形目	鸦科	喜鹊	*Pica pica* Gould	2013	+++	照片；贵州省环境保护局，1990
152	雀形目	鸦科	红嘴蓝鹊	*Urocissa erythrorhyncha* Boddaert	2013	++++	照片；贵州省环境保护局，1990
153	雀形目	河乌科	褐河乌	*Cinclus pallasii* Temminck	2013	+++	生物活体；贵州省环境保护局，1990
154	雀形目	鹟科	棕腹大仙鹟	*Niltava davidi* La Touche	1986	++	吴至康，1986
155	雀形目	鹟科	棕腹仙鹟	*Niltava sundara* Bangs et Phillips	1986	++	吴至康，1986
156	雀形目	鹟科	灰蓝姬鹟	*Ficedula tricolor* Vaurie	1986	++	吴至康，1986
157	雀形目	鹟科	红喉姬鹟	*Ficedula parva* Pallas	2013	+++	生物活体；贵州省环境保护局，1990
158	雀形目	鹟科	铜蓝鹟	*Eumyias thalassina* Swainson	1986	++	吴至康，1986
159	雀形目	鹟科	白眉姬鹟	*Ficedula zanthopygia* Hay	2013	++	生物活体；贵州省环境保护局，1990
160	雀形目	鸫科	白顶溪鸲	*Chaimarrornis leucocephalus* Vigors	2013	+++	生物活体；贵州省环境保护局，1990
161	雀形目	鸫科	鹊鸲	*Copsychus saularis* Linnaeus	2013	++++	照片；贵州省环境保护局，1990
162	雀形目	鸫科	小燕尾	*Enicurus scouleri* Vigors	2013	+++	照片；贵州省环境保护局，1990
163	雀形目	鸫科	白额燕尾	*Enicurus leschenaulti* Gould	2013	+++	生物活体；贵州省环境保护局，1990
164	雀形目	鸫科	蓝矶鸫	*Monticola solitarius* Linnaeus	2013	+++	生物活体；贵州省环境保护局，1990
165	雀形目	鸫科	紫啸鸫	*Myophonus caeruleus* Scopoli	2013	+++	生物活体；贵州省环境保护局，1990
166	雀形目	鸫科	蓝额红尾鸲	*Phoenicurus frontalis* Vigors	1986	++	吴至康，1986
167	雀形目	鸫科	赭红尾鸲	*Phoenicurus ochruros* Vieillot	1986	++	吴至康，1986
168	雀形目	鸫科	北红尾鸲	*Phoenicurus auroreus* Pallas	2013	+++	生物活体；贵州省环境保护局，1990
169	雀形目	鸫科	红尾水鸲	*Rhyacornis fuliginosus* Vigors	2013	++++	照片；贵州省环境保护局，1990
170	雀形目	鸫科	黑喉石䳭	*Saxicola torquata* Pleske	2013	++	生物活体；贵州省环境保护局，1990
171	雀形目	鸫科	红胁蓝尾鸲	*Tarsiger cyanurus* Pallas	1986	++	吴至康，1986
172	雀形目	鸫科	斑鸫	*Turdus eunomus* Temminck	1987	+	贵州省环境保护局，1990
173	雀形目	鸫科	灰翅鸫	*Turdus boulboul* Latham	1986	+	吴至康，1986
174	雀形目	鸫科	乌鸫	*Turdus merula* Bonaparte	2013	+++	生物活体；贵州省环境保护局，1990
175	雀形目	鸫科	虎斑地鸫	*Zoothera dauma* Latham	1987	++	贵州省环境保护局，1990
176	雀形目	王鹟科	寿带	*Terpsiphone paradisi* Linnaeus	2013	+	生物活体；贵州省环境保护局，1990
177	雀形目	画眉科	棕头雀鹛	*Alcippe ruficapilla* Verreaux	2013	++	生物活体
178	雀形目	画眉科	褐胁雀鹛	*Alcippe dubia* Oustalet	1986	++	吴至康，1986
179	雀形目	画眉科	灰眶雀鹛	*Alcippe morrisonia* Swinhoe	2013	++	生物活体；贵州省环境保护局，1990
180	雀形目	画眉科	矛纹草鹛	*Babax lanceolatus* Verreaux	2013	+++	生物活体；贵州省环境保护局，1990
181	雀形目	画眉科	画眉	*Garrulax canorus* Linnaeus	2013	+++	照片；贵州省环境保护局，1990
182	雀形目	画眉科	灰翅噪鹛	*Garrulax cineraceus* Styan	1987	+++	贵州省环境保护局，1990
183	雀形目	画眉科	棕噪鹛	*Garrulax poecilorhynchus* David et Oustalet	1986	+++	吴至康，1986
184	雀形目	画眉科	白颊噪鹛	*Garrulax sannio* Swinhoe	2013	++++	照片；贵州省环境保护局，1990

续表

序号	目名	科名	中文种名	拉丁学名	最新发现时间	数量状况	数据来源
185	雀形目	画眉科	橙翅噪鹛	*Garrulax elliotii* Verreaux	1987	++	贵州省环境保护局, 1990
186	雀形目	画眉科	红嘴相思鸟	*Leiothrix lutea* Scopoli	2013	+++	照片；贵州省环境保护局, 1990
187	雀形目	画眉科	蓝翅希鹛	*Minla cyanouroptera* Ogilvie-Grant	1986	++	吴至康, 1986
188	雀形目	画眉科	火尾希鹛	*Minla ignotincta* Hodgson	1986	++	吴至康, 1986
189	雀形目	画眉科	小鳞胸鹪鹛	*Pnoepyga pusilla* Hodgson	1987	+	贵州省环境保护局, 1990
190	雀形目	画眉科	棕颈钩嘴鹛	*Pomatorhinus ruficollis* Hodgson	2013	+++	照片；贵州省环境保护局, 1990
191	雀形目	画眉科	红翅鵙鹛	*Pteruthius flaviscapis* Ogilvie-Grant	1986	+	吴至康, 1986
192	雀形目	画眉科	红头穗鹛	*Stachyris ruficeps* Oustalet	2013	+++	生物活体；贵州省环境保护局, 1990
193	雀形目	画眉科	栗耳凤鹛	*Yuhina castaniceps* Horsfield et Moore	2013	+++	照片；贵州省环境保护局, 1990
194	雀形目	画眉科	白领凤鹛	*Yuhina diademata* Verreaux	2013	+++	生物活体
195	雀形目	画眉科	黑颏凤鹛	*Yuhina nigrimenta* Rothschild	2013	++	生物活体；贵州省环境保护局, 1990
196	雀形目	鸦雀科	灰头鸦雀	*Paradoxornis alphonsianus* Parrotbill	2013	++	照片
197	雀形目	鸦雀科	棕头鸦雀	*Paradoxornis webbianus* G. R. Gray	2013	++++	照片；贵州省环境保护局, 1990
198	雀形目	扇尾莺科	棕扇尾莺	*Cisticola juncidis* Swinhoe	2013	++	生物活体；贵州省环境保护局, 1990
199	雀形目	扇尾莺科	褐山鹪莺	*Prinia polychroa* Temminck	1987	++	贵州省环境保护局, 1990
200	雀形目	扇尾莺科	纯色山鹪莺	*Prinia inornata* Swinhoe	2013	++	生物活体
201	雀形目	莺科	强脚树莺	*Cettia fortipes* Verreaux	2013	++	生物活体；贵州省环境保护局, 1990
202	雀形目	莺科	黄腹树莺	*Cettia acanthizoides* Verreaux	1986	+	吴至康, 1986
203	雀形目	莺科	黄腰柳莺	*Phylloscopus proregulus* Pallas	2013	++	生物活体；贵州省环境保护局, 1990
204	雀形目	莺科	黄眉柳莺	*Phylloscopus inornatus* Blyth	2013	++	生物活体；贵州省环境保护局, 1990
205	雀形目	莺科	冕柳莺	*Phylloscopus coronatus* Temminck et Schlegel	2013	++	生物活体；吴至康, 1986
206	雀形目	莺科	棕眉柳莺	*Phylloscopus armandii* Ticehurst	1987	++	贵州省环境保护局, 1990
207	雀形目	莺科	极北柳莺	*Phylloscopus borealis* Blasius	1986	+	吴至康, 1986
208	雀形目	莺科	暗绿柳莺	*Phylloscopus trochiloides* Sundevall	1986	+	吴至康, 1986
209	雀形目	莺科	冠纹柳莺	*Phylloscopus reguloides* Blyth	2013	++	生物活体；贵州省环境保护局, 1990
210	雀形目	莺科	黄胸柳莺	*Phylloscopus cantator* Slater	1986	+	吴至康, 1986
211	雀形目	莺科	金眶鹟莺	*Seicercus burkii* Burton	2013	++	生物活体
212	雀形目	莺科	栗头鹟莺	*Abroscopus albogularis* Swinhoe	2013	+++	照片
213	雀形目	莺科	栗头地莺	*Tesia castaneocoronata* Button	1987	++	贵州省环境保护局, 1990
214	雀形目	戴菊科	戴菊	*Regulus regulus* Rippon	1986	++	吴至康, 1986
215	雀形目	绣眼鸟科	红胁绣眼鸟	*Zosterops erythropleurus* Swinhoe	1987	++	贵州省环境保护局, 1990
216	雀形目	绣眼鸟科	暗绿绣眼鸟	*Zosterops japonicus* Swinhoe	2013	+++	照片；贵州省环境保护局, 1990
217	雀形目	长尾山雀科	红头长尾山雀	*Aegithalos concinnus* Gould	2013	++++	照片；贵州省环境保护局, 1990
218	雀形目	山雀科	黄腹山雀	*Parus venustulus* Swinhoe	2013	++++	生物活体；贵州省环境保护局, 1990
219	雀形目	山雀科	大山雀	*Parus major* Linnaeus	2013	++++	生物活体；贵州省环境保护局, 1990
220	雀形目	山雀科	绿背山雀	*Parus monticolus* La Touche	2013	++++	生物活体；贵州省环境保护局, 1990
221	雀形目	鸭科	普通鸭	*Sitta europaea* Linnaeus	1986	+	吴至康, 1986
222	雀形目	啄花鸟科	纯色啄花鸟	*Dicaeum concolor* Walden	1986	+	吴至康, 1986
223	雀形目	花蜜鸟科	叉尾太阳鸟	*Aethopyga christinae* Slater	2013	++	照片；贵州省环境保护局, 1990
224	雀形目	花蜜鸟科	蓝喉太阳鸟	*Aethopyga gouldiae* Verreaux	2013	++	生物活体
225	雀形目	雀科	麻雀	*Passer montanus* Dubois	2013	++++	生物活体；贵州省环境保护局, 1990
226	雀形目	雀科	山麻雀	*Passer rutilans* Temminck	2013	++++	照片；贵州省环境保护局, 1990

续表

序号	目名	科名	中文种名	拉丁学名	最新发现时间	数量状况	数据来源
227	雀形目	梅花雀科	白腰文鸟	*Lonchura striata* Cabanis	2013	++++	照片；贵州省环境保护局，1990
228	雀形目	燕雀科	金翅雀	*Carduelis sinica* Linnaeus	2013	++++	照片；贵州省环境保护局，1990
229	雀形目	燕雀科	普通朱雀	*Carpodacus erythrinus* Blyth	1986	+	吴至康，1986
230	雀形目	燕雀科	酒红朱雀	*Carpodacus vinaceus* Verreaux	2013	++	生物活体；吴至康，1986
231	雀形目	燕雀科	锡嘴雀	*Coccothraustes coccothraustes* Linnaeus	1986	++	吴至康，1986
232	雀形目	燕雀科	黑尾蜡嘴雀	*Eophona migratoria* Hartert	2013	++	生物活体；吴至康，1986
233	雀形目	燕雀科	黑头蜡嘴雀	*Eophona personata* Hartert	1986	++	吴至康，1986
234	雀形目	燕雀科	燕雀	*Fringilla montifringilla* Linnaeus	1987	+	贵州省环境保护局，1990
235	雀形目	鹀科	小鹀	*Emberiza pusilla* Pallas	2013	+++	生物活体；贵州省环境保护局，1990
236	雀形目	鹀科	灰眉岩鹀	*Emberiza godlewskii* Rothschild	2013	++	生物活体
237	雀形目	鹀科	三道眉草鹀	*Emberiza cioides* Moore	2013	+++	生物活体；贵州省环境保护局，1990
238	雀形目	鹀科	黄喉鹀	*Emberiza elegans* Swinhoe	2013	+++	生物活体；贵州省环境保护局，1990
239	雀形目	鹀科	灰头鹀	*Emberiza spodocephala* Blyth	2013	++	生物活体；贵州省环境保护局，1990
240	雀形目	鹀科	凤头鹀	*Melophus lathami* J. E. Gray	1987	+	贵州省环境保护局，1990
241	龟鳖目	鳖科	鳖	*Pelodiscus sinensis*（Wiegmann）	1987	+	贵州省环境保护局，1990
242	有鳞目	壁虎科	多疣壁虎	*Gekko japonicus*（Dumeril et Bibron）	2013	++	访问；贵州省环境保护局，1990
243	有鳞目	壁虎科	蹼趾壁虎	*Gekko subpalmatus*（Günther）	2013	+++	标本；贵州省环境保护局，1990
244	有鳞目	蛇蜥科	脆蛇蜥	*Ophisaurus harti* Boulenger	2013	+	访问；贵州省环境保护局，1990
245	有鳞目	蜥蜴科	北草蜥	*Takydromus septentrionalis*（Günther）	1987	+	贵州省环境保护局，1990
246	有鳞目	蜥蜴科	台湾地蜥	*Platyplacopus kuehnei*（van Denburgh）	1987	+	贵州省环境保护局，1990
247	有鳞目	蜥蜴科	峨眉地蜥	*Platyplacopus intermedius*（Stejneger）	2008	+	标本
248	有鳞目	石龙子科	中国石龙子	*Eumeces chinensis*（Gray）	2013	++	标本；贵州省环境保护局，1990
249	有鳞目	石龙子科	蓝尾石龙子	*Eumeces elegans*（Gray）	1987	++	贵州省环境保护局，1990
250	有鳞目	石龙子科	铜蜓蜥	*Sphenomorphus indicus*（Gray）	2013	+++	标本；贵州省环境保护局，1990
251	有鳞目	游蛇科	锈链腹链蛇	*Amphiesma craspedogaster*（Boulenger）	2013	++	访问；贵州省环境保护局，1990
252	有鳞目	游蛇科	翠青蛇	*Cyclophiops major*（Günther）	2013	++	访问；贵州省环境保护局，1990
253	有鳞目	游蛇科	赤链蛇	*Dinodon rufozonatum*（Cantor）	2013	++	访问；贵州省环境保护局，1990
254	有鳞目	游蛇科	王锦蛇	*Elaphe carinata*（Günther）	2013	++	访问；贵州省环境保护局，1990
255	有鳞目	游蛇科	灰腹绿锦蛇	*Elaphe frenata*（Gray）	1987	++	贵州省环境保护局，1990
256	有鳞目	游蛇科	玉斑锦蛇	*Elaphe mandarinus*（Cantor）	2013	+++	照片；贵州省环境保护局，1990
257	有鳞目	游蛇科	紫灰锦蛇	*Elaphe porphyracea*（Cantor）	1977	+	贵州省环境保护局，1990
258	有鳞目	游蛇科	黑眉锦蛇	*Elaphe taeniura* Cope	2013	+++	标本；贵州省环境保护局，1990
259	有鳞目	游蛇科	贵州小头蛇	*Oligodon guizhouensis* Li	1977	+	贵州省环境保护局，1990
260	有鳞目	游蛇科	平鳞钝头蛇	*Pareas boulengeri*（Angel）	1987	+	贵州省环境保护局，1990
261	有鳞目	游蛇科	钝头蛇	*Pareas chinensis*（Barbour）	1987	++	贵州省环境保护局，1990
262	有鳞目	游蛇科	崇安斜鳞蛇	*Pseudoxenodon karlschmidti* Pope	1987	+	贵州省环境保护局，1990
263	有鳞目	游蛇科	斜鳞蛇	*Pseudoxenodon macrops*（Blyth）	2008	++	照片；贵州省环境保护局，1990
264	有鳞目	游蛇科	灰鼠蛇	*Ptyas korros*（Schlegel）	1987	++	贵州省环境保护局，1990
265	有鳞目	游蛇科	黑头剑蛇	*Sibynophis chinensis*（Günther）	1987	++	贵州省环境保护局，1990
266	有鳞目	游蛇科	虎斑颈槽蛇	*Rhabdophis tigrinus*（Boie）	2013	+++	访问；贵州省环境保护局，1990

序号	目名	科名	中文种名	拉丁学名	最新发现时间	数量状况	数据来源
267	有鳞目	游蛇科	乌华游蛇	*Sinonatrix percarinata*（Boulenger）	1987	++	贵州省环境保护局，1990
268	有鳞目	游蛇科	乌梢蛇	*Zaocys dhumnades*（Cantor）	2013	+++	访问；贵州省环境保护局，1990
269	有鳞目	游蛇科	绞花林蛇	*Boiga kraepelini*（Stejneger）	1987	+	贵州省环境保护局，1990
270	有鳞目	蝰科	短尾蝮	*Gloydius brevicaudus*（Stejneger）	1987	++	贵州省环境保护局，1990
271	有鳞目	蝰科	山烙铁头	*Ovophis monticola*（Günther）	1987	++	贵州省环境保护局，1990
272	有鳞目	蝰科	原矛头蝮	*Protobothrops mucrosquamatus*（Cantor）	2013	+++	访问；贵州省环境保护局，1990
273	有鳞目	蝰科	竹叶青	*Trimeresurus steinegeri* Schmidt	2013	++	访问；贵州省环境保护局，1990
274	无尾目	角蟾科	棘指角蟾	*Megophrys spinata* Liu and Hu	2013	+++	标本；贵州省环境保护局，1990
275	无尾目	蟾蜍科	中华蟾蜍指名亚种	*Bufo gargarizans gargarizans* Cantor	2013	+++	标本；贵州省环境保护局，1990
276	无尾目	蟾蜍科	中华蟾蜍华西亚种	*Bufo gargarizans andrewsi* Schmidt	2013	++	标本
277	无尾目	雨蛙科	华西雨蛙武陵亚种	*Hyla annectans wulingensis* Shen	2013	++	标本；贵州省环境保护局，1990
278	无尾目	蛙科	峨眉林蛙	*Rana omeimontis* Ye and Fei	2013	++	标本；贵州省环境保护局，1990
279	无尾目	蛙科	黑斑侧褶蛙	*Pelophylax nigromaculata*（Hallowell）	2013	++	标本；贵州省环境保护局，1990
280	无尾目	蛙科	仙琴蛙	*Hylarana daunchina*（Chang）	2013	++	标本
281	无尾目	蛙科	沼水蛙	*Hylarana guentheri*（Boulenger）	2013	++	标本；贵州省环境保护局，1990
282	无尾目	蛙科	大绿臭蛙	*Odorrana livida*（Blyth）	2013	+++	标本
283	无尾目	蛙科	合江臭蛙	*Odorrana hejiangensis*（Deng and Yu）	2013	++	标本
284	无尾目	蛙科	绿臭蛙	*Odorrana margaertae*（Liu）	2013	++	标本
285	无尾目	蛙科	花臭蛙	*Odorrana schmackeri*（Boettger）	2013	+++	标本
286	无尾目	蛙科	华南湍蛙	*Amolops ricketti*（Boulenger）	2013	++	标本
287	无尾目	蛙科	泽陆蛙	*Fejervarya multistriata*（Boie）	2013	+++	标本
288	无尾目	蛙科	棘胸蛙	*Paa spinosa*（David）	2013	+	贵州省环境保护局，1990
289	无尾目	蛙科	棘腹蛙	*Paa boulengeri*（Guenther）	2013	++	标本
290	无尾目	蛙科	合江棘蛙	*Paa robertingeri* Wu and Zhao	2013	++	标本
291	无尾目	树蛙科	峨眉树蛙	*Rhacophorus omeimontis* Ye and Fei	2013	+	标本
292	无尾目	树蛙科	斑腿泛树蛙	*Polypedates megacephalus* Hallowell	2013	++	标本
293	无尾目	姬蛙科	粗皮姬蛙	*Microhyla butleri* Boulenger	2013	++	标本；贵州省环境保护局，1990
294	无尾目	姬蛙科	饰纹姬蛙	*Microhyla ornata*（Dumeril and Bibron）	2013	+++	标本；贵州省环境保护局，1990
295	无尾目	姬蛙科	小弧斑姬蛙	*Microhyla heymonsi* Vogt	2013	+++	标本；贵州省环境保护局，1990
296	无尾目	姬蛙科	合征姬蛙	*Microhyla mixtura* Liu and Hu	2013	++	标本
297	鲤形目	鳅科	泥鳅	*Misgurnus anguillicaudatus*（Cantor）	2013	++	活体生物；贵州省环境保护局，1990；伍律 1989
298	鲤形目	平鳍鳅科	四川华吸鳅	*Sinogastromyzon szechuanensis* Fang	2013	+++	活体生物；伍律 1989
299	鲤形目	鲤科	马口鱼	*Opsariichthys bidens* Günther	1990	+	贵州省环境保护局，1990；伍律 1989
300	鲤形目	鲤科	中华鳑鲏	*Rhodeus sinensis* Günther	1990	+	贵州省环境保护局，1990；伍律 1989
301	鲤形目	鲤科	大眼华鳊	*Sinibrama macrops*（Günther）	1990	+	贵州省环境保护局，1990；伍律 1989
302	鲤形目	鲤科	中华倒刺鲃	*Spinibarbus sinensis*（Bleeker）	1990	+	贵州省环境保护局，1990；伍律 1989
303	鲤形目	鲤科	云南光唇鱼	*Acrossocheilus yunnanensis*（Regan）	2013	+++	活体生物；贵州省环境保护局，1990；伍律 1989
304	鲤形目	鲤科	麦穗鱼	*Pseudorasbora parva*（Temminck et Schlegel）	1990	+	贵州省环境保护局，1990；伍律 1989
305	鲤形目	鲤科	鲤	*Cyprinus（Cyprinus）carpio haematopterus* Temminck et Schlegel	2013	+	贵州省环境保护局，1990；伍律 1989

续表

序号	目名	科名	中文种名	拉丁学名	最新发现时间	数量状况	数据来源
306	鲤形目	鲤科	鲫	*Carassius auratus*（Linnaeus）	1990	+	贵州省环境保护局，1990；伍律 1989
307	鲇形目	鲿科	乌苏拟鲿	*Pseudobagrus ussuriensis*（Dybowski）	2013	+	活体生物；伍律 1989
308	鲇形目	鲇科	鲇	*Parasilurus asotus*（Linnaeus）	1990	+	贵州省环境保护局，1990；伍律 1989

注：共计 308 种脊椎动物，其中鱼类 12 种，隶属于 5 科 12 属；两栖类 23 种，隶属于 6 科 13 属；爬行类 33 种，隶属于 2 目 7 科 24 属；鸟类 180 种，隶属于 17 目 47 科；哺乳类 60 种，隶属于 8 目 21 科 45 属

附录 8 保护区野生昆虫名录

序号	目名	科名	中文种名	拉丁学名	最新发现时间	数量状况	数据来源
1	蜉蝣目	等蜉科 Isonychiidae	江西等蜉	*Isonychia kiangsinensis* Hsu	2002		文献-2
2	蜉蝣目	四节蜉科 Baetidae	黑脉假二翅蜉	*Pseudocloeon nigrovena* Gui et al	2002		文献-2
3	蜉蝣目	四节蜉科 Baetidae	紫假二翅蜉	*Pseudocloeon purpurara* Gui et al	2002		文献-2
4	蜉蝣目	扁蜉科 Heptageniidae	红斑似动蜉	*Cinygmina rubromaceta* Lou et al	2002		文献-2
5	蜉蝣目	扁蜉科 Heptageniidae	湖南似动蜉	*Cinygmina hunanensis* Zhang et Cai	2002		文献-2
6	蜉蝣目	扁蜉科 Heptageniidae	何氏高翔蜉	*Epeorus herklotsi*（Hsu）	2002		文献-2
7	蜉蝣目	扁蜉科 Heptageniidae	透明高翔蜉	*Epeorus pellucidus*（Bodsky）	2002		文献-2
8	蜉蝣目	扁蜉科 Heptageniidae	桶形赞蜉	*Paegnioder cupulatus* Eaton	2002		文献-2
9	蜉蝣目	细裳蜉科 Leptophlebiidae	吉氏柔裳蜉	*Habrophlebiodes gilliesi* Peters	2002		文献-2
10	蜉蝣目	河花蜉科 Potamanthidae	尤氏红纹蜉	*Rhoenanthus youi*（Wu et You）	2002		文献-2
11	蜉蝣目	蜉蝣科 Ephemeridae	徐氏蜉	*Ephemera hsui* Zhou et al	2002		文献-2
12	蜉蝣目	蜉蝣科 Ephemeridae	绢蜉	*Ephemera serica* Eaton	2002		文献-2
13	蜉蝣目	蜉蝣科 Ephemeridae	湖州蜉	*Ephemera wuchowensis* Hsu	2002		文献-2
14	蜉蝣目	小蜉科 Ephemerellidae	膨铗大鳃蜉	*Torleya tumiforceps*（Zhou et al）	2002		文献-2
15	蜻蜓目	蜓科 Aeschnoidae	黄面波蜓	*Aeschna ornithocephala* NcLachlan	2002		文献-2
16	蜻蜓目	蜓科 Aeschnoidae	碧伟蜓	*Anax parthenope julius* Brauer	2013	+	标本
17	蜻蜓目	蜓科 Aeschnoidae	角斑黑额蜓	*Planaeschna milnei* Selys	2008	+	标本
18	蜻蜓目	春蜓科 Gomphidae	马奇异春蜓	*Anisogomphus maacki*（Selys）	2002		文献-2
19	蜻蜓目	春蜓科 Gomphidae	弗鲁戴春蜓幼小亚种	*Davidius fruhstorferi jinior*（Navas）	2002		文献-2
20	蜻蜓目	大蜻科 Macromidae	闪蓝丽大蜻	*Epophthalmia elegans* Brauer	2002		文献-2
21	蜻蜓目	蜻科 Libellulidae	基斑蜻	*Libellula depressa* Linnaeus	2008	+	标本
22	蜻蜓目	蜻科 Libellulidae	红蜻	*Crocothemis servilia* Drury	2013	+	标本
23	蜻蜓目	蜻科 Libellulidae	狭腹灰蜻	*Orthetrum sabina* Drury	2008	+	标本
24	蜻蜓目	蜻科 Libellulidae	褐肩灰蜻	*Orthetrum internum* McLachlan	2008	+	标本
25	蜻蜓目	蜻科 Libellulidae	白尾灰蜻	*Orthetrum albistylum* Selys	2008	+	标本
26	蜻蜓目	蜻科 Libellulidae	赤褐灰蜻	*Orthetrum neglectum* Ramabur	2008	+	标本
27	蜻蜓目	蜻科 Libellulidae	异色灰蜻	*Orthetrum melania* Selys	2008	+	标本
28	蜻蜓目	蜻科 Libellulidae	黄翅灰蜻	*Orthetrum testaceum* Burmeister	2008	+	标本
29	蜻蜓目	蜻科 Libellulidae	大赤蜻	*Sympetrum baccha* Selys	2008	+	标本
30	蜻蜓目	蜻科 Libellulidae	大黄赤蜻	*Sympetrum flavescens* Fabricius	2013	+	标本
31	蜻蜓目	蜻科 Libellulidae	褐顶赤蜻	*Sympetrum infuscatum* Selys	2008	+	标本
32	蜻蜓目	蜻科 Libellulidae	小黄赤蜻	*Sympetrum uniforme* Selys	2008	+	标本
33	蜻蜓目	蜻科 Libellulidae	旭光赤蜻	*Sympetrum hypomelas* Selys	2008	+	标本
34	蜻蜓目	蜻科 Libellulidae	夏赤蜻	*Sympetrum darwinianum* Selys	2008	+	标本
35	蜻蜓目	蜻科 Libellulidae	半黄赤蜻	*Sympetrum croceolum* Selys	2008	+	标本
36	蜻蜓目	蜻科 Libellulidae	晓褐蜻	*Trihemis aurora* Burmeister	2002		文献-2
37	蜻蜓目	蜻科 Libellulidae	庆褐蜻	*Trithemis festiva* Rambur	2013	+	标本
38	蜻蜓目	蜻科 Libellulidae	黄蜻	*Pantala flavescens* Fabricius	2013	+	标本

序号	目名	科名	中文种名	拉丁学名	最新发现时间	数量状况	数据来源
39	蜻蜓目	蜻科 Libellulidae	六斑曲缘蜻	*Palpopleura sex-maculata* Fabricius	2008	+	标本
40	蜻蜓目	丽螅科 Amphipterygidae	粗壮恒河螅	*Philoganga robusta* Navas	2002		文献-2
41	蜻蜓目	丽螅科 Amphipterygidae	古老恒河螅	*Philoganga vetusta* Ris	2008	+	标本
42	蜻蜓目	色螅科 Calopterygidae	似库小色螅	*Caliphaea consimilis* McLachlan	2002		文献-2
43	蜻蜓目	色螅科 Calopterygidae	华红基色螅	*Archineura incarnate* Karsch	2013	+	标本
44	蜻蜓目	色螅科 Calopterygidae	似灿绿色螅	*Mnais maclachlani* Fraser	2002		文献-2
45	蜻蜓目	色螅科 Calopterygidae	单脉色螅	*Matrona basilaris* Selys	2013	++	标本
46	蜻蜓目	色螅科 Calopterygidae	黑角细色螅	*Vestalis smaragdina velata* Ris	2002		文献-2
47	蜻蜓目	色螅科 Calopterygidae	褐翅细色螅	*Vestalis virens* Needham	2013	+	标本
48	蜻蜓目	隼螅科 Chlorocyphidae	斯氏印度隼螅	*Indocypha svenhedinis* Sjoestedt	2002		文献-2
49	蜻蜓目	隼螅科 Chlorocyphidae	赤水印度隼螅	*Indocypha chishuiensis* Zhou	2006		文献-5
50	蜻蜓目	隼螅科 Chlorocyphidae	细纹隼螅	*Rhinocyha drusilla* Needham	2002		文献-2
51	蜻蜓目	溪螅科 Epallagidae	巨齿尾溪螅	*Bayadera indica* Selys	2002		文献-2
52	蜻蜓目	溪螅科 Epallagidae	庆元异翅溪螅	*Anisopleura qingyuanensis* Zhou	2002		文献-2
53	蜻蜓目	螅科 Coenagrionidae	长尾黄螅	*Ceriagrion fallax* Ris	2002		文献-2
54	蜻蜓目	螅科 Coenagrionidae	褐尾黄螅	*Ceriagrion rubiae* Laidlaw	2008	+	标本
55	蜻蜓目	螅科 Coenagrionidae	黄黑黄螅	*Ceriagrion nigroflavum* Fraser	2013	+	标本
56	蜻蜓目	山螅科 Megapodagriidae	尤氏原山螅	*Priscagrion kiautai* Zhou & Wilson	2002		文献-2
57	蜻蜓目	山螅科 Megapodagriidae	赤条绿山螅	*Sinolestes edita* Needham	2008	+	标本
58	蜻蜓目	山螅科 Megapodagriidae	藏山螅	*Mesopodagrion tibetanum* Mclachlan	2008	+	标本
59	蜻蜓目	山螅科 Megapodagriidae	褐带扇山螅	*Rhipidolestes fascia* Zhou	2003		文献-4
60	蜻蜓目	绿丝螅科 Chlorolestidae	褐尾绿丝螅	*Megalestes distans* Needham	2002		文献-2
61	蜻蜓目	扇螅科 Platoneuridae	白扇螅	*Platycnemis foliacea* Selys	2008	+	标本
62	蜻蜓目	扇螅科 Platoneuridae	白狭扇螅	*Copera annulate* Selys	2008	+	标本
63	蜻蜓目	扇螅科 Platoneuridae	黄脊长腹螅	*Coeliccia chromothorax* Selys	2002		文献-2
64	蜻蜓目	扇螅科 Platoneuridae	蓝纹长腹螅	*Coeliccia cyanomelas* Ris	2002		文献-2
65	蜻蜓目	原螅科 Protoneuridae	黄尾小螅	*Agriocnemis pygmaea* Selys	2008	+	标本
66	蜚蠊目	蜚蠊科 Blattdiae	黑胸大蠊	*Periplaneta fuliginosa* Serville	2013	+	标本
67	蜚蠊目	光蠊科 Epilampridae	黑带大光蠊	*Rhabdoblatta nigrovittata* Bey-Bienko	2008	+	标本
68	蜚蠊目	姬蠊科 Blattellidae	中华拟歪尾蠊	*Episymloec sinensis*（Walker）	2008	+	标本
69	蜚蠊目	姬蠊科 Blattellidae	德国小蠊	*Blattella germanica*（Linnaeus）	2014	+	标本
70	蜚蠊目	姬蠊科 Blattellidae	黑背丘蠊	*Sorineuchora nigra*（Shir.）	2008	+	标本
71	螳螂目	花螳科 Hymenopodidae	中华原螳	*Anaxarcha sinensis* Beier	2008	+	标本
72	螳螂目	花螳科 Hymenopodidae	长翅眼斑螳	*Creobroter elongate* Beier	2008	+	标本
73	螳螂目	花螳科 Hymenopodidae	透翅眼斑螳	*Creobroter vitripennis* Beier	2008	+	标本
74	螳螂目	花螳科 Hymenopodidae	中华大齿螳	*Odontomantis sinensis*（Giglio-Tos）	2008	+	标本
75	螳螂目	螳科 Mantidae	薄翅螳	*Mantis religiosa* Linnaeus	2008	+	标本
76	螳螂目	螳科 Mantidae	枯叶大刀螳	*Tenodera aridifolia*（Stoll）	2008	+	标本
77	螳螂目	螳科 Mantidae	中华大刀螳	*Tenodera sinensis* Saussure	2013	+	标本
78	螳螂目	螳科 Mantidae	短胸大刀螳	*Tenodera brevicollis* Beier	2008	+	标本
79	螳螂目	螳科 Mantidae	黄褐污斑螳	*Statilia ftatilia* Zhang	2008	+	标本
80	螳螂目	螳科 Mantidae	广斧螳	*Hierodula patellifera*（Serville）	2008	+	标本

序号	目名	科名	中文种名	拉丁学名	最新发现时间	数量状况	数据来源
81	螳螂目	螳科 Mantidae	勇斧螳	*Hierodula membranncea* Burmeister	2008	+	标本
82	襀翅目	襀科 Perlidae	普通钩襀	*kamimuria simplex*（Chu）	2008	+	标本
83	等翅目	白蚁科 Termitidae	黑翅土白蚁	*Odontotermes formosanus*（Shiraki）	2008	++	标本
84	䗛目	䗛科 Phasmatidae	褐尾喙䗛	*Rhamphophasma modestum* Brunner	2008	+	标本
85	䗛目	䗛科 Phasmatidae	四川无肛䗛	*Paraentoria sichuanensis* Chen et He	2008	+	标本
86	䗛目	䗛科 Phasmatidae	平利短肛䗛	*Baculum pingliense* Chen et He	2008	+	标本
87	直翅目	扁角蚱科 Discotettigidae	赤水扁角蚱	*Flatocerus chishuiensis* Zheng et Shi	2002		文献-2
88	直翅目	枝背蚱科 Cladonotidae	峨眉似扁蚱	*Pseudogignotettix emeiensis* Zheng	2002		文献-2
89	直翅目	刺翼蚱科 Scelimenidae	梅氏刺翼蚱	*Scelimena melli* Gunther	2002		文献-2
90	直翅目	刺翼蚱科 Scelimenidae	武陵山刺翼蚱	*Scelimena wulingshana* Zheng	2002		文献-2
91	直翅目	刺翼蚱科 Scelimenidae	贵州似真镰蚱	*Eufalconoides guizhouensis* Zheng et Shi	2002		文献-2
92	直翅目	刺翼蚱科 Scelimenidae	钝叶瘤蚱	*Thoradonta obtusilobata* Zheng	2002		文献-2
93	直翅目	刺翼蚱科 Scelimenidae	大优角蚱	*Eucrotetiix grandis*（Hancock）	2002		文献-2
94	直翅目	刺翼蚱科 Scelimenidae	横刺羊角蚱	*Criotettix transpinus* Zheng et Deng	2008	+	标本
95	直翅目	刺翼蚱科 Scelimenidae	日本羊角蚱	*Criotettix japonicus* Deng Haan	2008	++	标本
96	直翅目	短翼蚱科 Metrodoridae	赤水蚂蚱	*Mazarredia chishuia* Zheng et Shi	2002		文献-2
97	直翅目	短翼蚱科 Metrodoridae	长翅波蚱	*Bolivaritettix sculptus*（Bolivar）	2002		文献-2
98	直翅目	短翼蚱科 Metrodoridae	爪哇波蚱	*Bolivaritettix javanicus*（Bolivar）	2002		文献-2
99	直翅目	短翼蚱科 Metrodoridae	黄条波蚱	*Bolivaritettix luteolineatus* Zheng et Shi	2002		文献-2
100	直翅目	短翼蚱科 Metrodoridae	曲隆波蚱	*Bolivaritettix curvicarina* Zheng et Shi	2002		文献-2
101	直翅目	短翼蚱科 Metrodoridae	桂北波蚱	*Bolivaritettix guibeiensis* Zheng et Jiang	2008	++	标本
102	直翅目	短翼蚱科 Metrodoridae	锡金波蚱	*Bolivaritettix sikkinensis*（Bolivar）	2008	+	标本
103	直翅目	短翼蚱科 Metrodoridae	缺翅蟾蚱	*Hyboella aelytra* Zheng et Shi	2002		文献-2
104	直翅目	短翼蚱科 Metrodoridae	贵州蟾蚱	*Hyboella guizhouensis* Zheng et Shi	2002		文献-2
105	直翅目	蚱科 Tetrigidae	钻形蚱	*Tetrix subulata*（Linnaeus）	2002		文献-2
106	直翅目	蚱科 Tetrigidae	乳源蚱	*Tetrix ruyuanensis* Liang	2002		文献-2
107	直翅目	蚱科 Tetrigidae	日本蚱	*Tetrix Japonica*（Bolivar）	2008	++	标本
108	直翅目	蚱科 Tetrigidae	丁氏蚱	*Tetrix tinkhami* Zheng et Deng	2008	+	标本
109	直翅目	锥头蝗科 Pyrgomorphidae	短额负蝗	*Atractomorpha sinensis* I. Bolivar	2008	+	标本
110	直翅目	斑腿蝗科 Catantopidae	黄股稻蝗	*Oxya flavefemura* Ma et Zheng	2008	+	标本
111	直翅目	斑腿蝗科 Catantopidae	中华稻蝗	*Oxya chinensis*（Thunbery）	2008	++	标本
112	直翅目	斑腿蝗科 Catantopidae	山稻蝗	*Oxya agavisa* Tsai	2013	+	标本
113	直翅目	斑腿蝗科 Catantopidae	拟山稻蝗	*Oxya anagavisa* Bi	2008	+	标本
114	直翅目	斑腿蝗科 Catantopidae	日本黄脊蝗	*Patanga japonica* I. Bolivar	2008		标本
115	直翅目	斑腿蝗科 Catantopidae	印度黄脊蝗	*Patanga succincta* Johansson	1990		文献-1
116	直翅目	斑腿蝗科 Catantopidae	棉蝗	*Chondracris rosea* de Geer	2008	+	标本
117	直翅目	斑腿蝗科 Catantopidae	中华越北蝗	*Tonkinacris sinensis* Chane	2008	+	标本
118	直翅目	斑腿蝗科 Catantopidae	长角直斑腿蝗	*Stenocatantops splendens* Thunberg	2008	+	标本
119	直翅目	斑腿蝗科 Catantopidae	短角外斑腿蝗	*Xenocatantops brachycerus*（Willemse）	2008	+	标本
120	直翅目	斑腿蝗科 Catantopidae	湖北卵翅蝗	*Caryanda huberensis* Wang	2002		文献-2
121	直翅目	斑腿蝗科 Catantopidae	具尾片峨眉蝗	*Emeiacris furcula* Zheng et Shi	2002		文献-2
122	直翅目	斑腿蝗科 Catantopidae	赤水小蹦蝗	*Pedopodisma chishuia* Zheng et Shi	2002		文献-2

序号	目名	科名	中文种名	拉丁学名	最新发现时间	数量状况	数据来源
123	直翅目	斑腿蝗科 Catantopidae	四川凸额蝗	*Traulia orientalis szetshuanensis* Ramme	2002		文献-2
124	直翅目	斑翅蝗科 Oedipodidae	疣蝗	*Trilophidia annulata* Thunberg	2008	+	标本
125	直翅目	网翅蝗科 Arcypteridae	大青脊竹蝗	*Ceracris nigricornis laeta*（I. Bolivar）	2008	+	标本
126	直翅目	网翅蝗科 Arcypteridae	青脊竹蝗	*Ceracris nigricornis* Walker	2008	++	标本
127	直翅目	网翅蝗科 Arcypteridae	黄脊阮蝗	*Rammearis kiangsu*（Tsai）	2002		文献-2
128	直翅目	网翅蝗科 Arcypteridae	四川凹背蝗	*Ptygonotus sichuannensis* Zheng	2008	+	标本
129	直翅目	剑角蝗科 Acrididae	短翅佛蝗	*Phlaeoba angustidorsis* Bolivar	2008	+	标本
130	直翅目	剑角蝗科 Acrididae	中华剑角蝗	*Acrida cinerea* Thunberg	2008	+	标本
131	直翅目	拟叶螽科 Pseudophyllidae	柯氏翡螽	*Phyllomimus klapperchi* Beier	2008	+	标本
132	直翅目	露螽科 Phaneropteridae	四川原安螽	*Prohimerta*（*Anisotima*）*sichuanensis* Gorochov et Kang	2002	+	文献-2
133	直翅目	露螽科 Phaneropteridae	褐斜缘螽	*Deflorita deflorita*（Brunner）	2008	+	标本
134	直翅目	露螽科 Phaneropteridae	日本条螽	*Ducetia japonica* Thunberg	2008	+	标本
135	直翅目	露螽科 Phaneropteridae	陈氏掩耳螽	*Elimaeacheni* Kang et Yang	2002		文献-2
136	直翅目	露螽科 Phaneropteridae	疹点掩耳螽	*Elimaea punctifera*（Walker）	2002		文献-2
137	直翅目	露螽科 Phaneropteridae	中华半掩耳螽	*Hemielmaea chinensis* Brunner von Wattenwyl	2008		标本
138	直翅目	露螽科 Phaneropteridae	俊俏绿螽	*Holochlora venusta* Cael	2002		文献-2
139	直翅目	露螽科 Phaneropteridae	细齿平背螽	*Isopsera denticulate* Ebner	2008	+	标本
140	直翅目	露螽科 Phaneropteridae	黑角平背螽	*Isopsera nigroantennata* Hsia et Liu	2008	+	标本
141	直翅目	露螽科 Phaneropteridae	显沟平背螽	*Isopsera sulcata* Bey-Bienko	2002		文献-2
142	直翅目	露螽科 Phaneropteridae	赤褐环螽	*Letana rubescens*（Stal）	2002		文献-2
143	直翅目	露螽科 Phaneropteridae	台湾奇螽	*Mirollia formosana* Shiraki	2002		文献-2
144	直翅目	露螽科 Phaneropteridae	黑带副缘螽	*Parapsyra nigrovittata* Hsia et Liu	2002		文献-2
145	直翅目	露螽科 Phaneropteridae	镰尾露螽	*Phaneroptera falcata*（Poda）	2008	+	标本
146	直翅目	露螽科 Phaneropteridae	瘦露螽	*Phaneroptera gracilis* Burmeister	2002		文献-2
147	直翅目	露螽科 Phaneropteridae	截叶糙颈螽	*Ruidocollaris truncate lobata*（Brunner）	2008	+	标本
148	直翅目	露螽科 Phaneropteridae	长裂华缘螽	*Sinochlora longifissa*（Matsumura et Shiraki）	2002		文献-2
149	直翅目	露螽科 Phaneropteridae	中国华缘螽	*Sinochlora sinensis* Tinkham	2002		文献-2
150	直翅目	纺织娘科 Mecopodidae	纺织娘	*Mecopoda elongate*（Linnaeus）	2002		文献-2
151	直翅目	纺织娘科 Mecopodidae	日本纺织娘	*Mecopoda niponensi*（de Haan）	2008	+	标本
152	直翅目	纺织娘科 Mecopodidae	斑腿栖螽	*Xizicus fascipes*（Bey-Bienko）	2002		文献-2
153	直翅目	纺织娘科 Mecopodidae	裂涤螽	*Decma fissa*（Hsia et Liu）	2002		文献-2
154	直翅目	蛩螽科 Meconematidae	瘤突吟螽	*Phlugiolopsis tuberculata* Hsia et Liu	2002		文献-2
155	直翅目	蛩螽科 Meconematidae	凹缘剑螽	*Xiphidiopsis emarginata* Tinkham	2002		文献-2
156	直翅目	蛩螽科 Meconematidae	长突剑螽	*Xiphidiopsis elongate* Hsia et Liu	2002		文献-2
157	直翅目	蛩螽科 Meconematidae	巨叉库螽	*Kuzicus megafurcula*（Tinkham）	2008	+	标本
158	直翅目	蛩螽科 Meconematidae	铃木库螽	*Kuzicus suzukii*（Matsumura & Shiraki）	2002		文献-2
159	直翅目	蛩螽科 Meconematidae	匙尾安栖螽	*Axizicus spathulata*（Tinkham）	2002		文献-2
160	直翅目	蛩螽科 Meconematidae	佩带畸螽	*Teratura cincta*（Bey-Bienko）	2002		文献-2
161	直翅目	草螽科 Conocephalidae	长瓣草螽	*Conocephalus gladiatus* Redtenbacher	2008	+	标本
162	直翅目	草螽科 Conocephalidae	斑翅草螽	*Conocephalus maculatus*（Le Guillou）	2008	+	标本

序号	目名	科名	中文种名	拉丁学名	最新发现时间	数量状况	数据来源
163	直翅目	草螽科 Conocephalidae	悦鸣草螽	*Conocephalus melas*（de Haan）	2002		文献-2
164	直翅目	草螽科 Conocephalidae	比尔锥尾螽	*Conanalus pieli*（Tinkham）	2002		文献-2
165	直翅目	草螽科 Conocephalidae	鼻优草螽	*Euconocephalus nasutus*（Thunberg）	2008	+	标本
166	直翅目	草螽科 Conocephalidae	素色似草螽	*Hexacentrus unicolor* Audinet-Serville	2002		文献-2
167	直翅目	草螽科 Conocephalidae	锥拟喙螽	*Pseudorhynvhus pyrgocorypha* Harny	2002	+	文献-2
168	直翅目	螽斯科 Tettigoniidae	中华螽斯	*Tettigonia chinensis* Willemse	2008	+	标本
169	直翅目	蟋蟀科 Gryllidae	多伊棺头蟋	*Loxoblemmus doenitzi* Stein	2008	+	标本
170	直翅目	蟋蟀科 Gryllidae	曲脉姬蟋	*Modicogryllus confirmatus* Walker	2008	+	标本
171	直翅目	蟋蟀科 Gryllidae	油葫芦	*Gryllulus testaceus* Walker	2008	+	标本
172	直翅目	蛉蟋科 Trigonidiidae	双带拟蛉蟋	*Paratrigonidium bifasciatum* Shiraki	2008	+	标本
173	直翅目	蝼蛄科 Gryllotalpidae	东方蝼蛄	*Gryllotlpa orientalis* Burmeistr	2008	++	标本
174	革翅目	肥螋科 Anisolabididae	方肥螋	*Anisolabis quadrata* Liu.	2008	+	标本
175	革翅目	肥螋科 Anisolabididae	海肥螋	*Anisolabis maritime*（Gene）	2002		文献-2
176	革翅目	肥螋科 Anisolabididae	袋肥螋	*Anisolabis stali*（Dohrn）	2002		文献-2
177	革翅目	蠼螋科 Labiduridae	蠼螋	*Labidure ripara*（Pallas）	2002		文献-2
178	革翅目	垫跗螋科 Chelisochidae	茸首跗螋	*Proreus ritsemae* Bormans	2002		文献-2
179	革翅目	球螋科 Forficulidae	异球螋	*Allodahlia scabriuscula* Serville	2002		文献-2
180	革翅目	球螋科 Forficulidae	日本张球螋	*Anechura japonica*（Bormns）	2002		文献-2
181	革翅目	球螋科 Forficulidae	垂缘球螋	*Eudohrnia metallica*（Dohrn）	2008	+	标本
182	革翅目	球螋科 Forficulidae	华球螋	*Forficula sinica* Bey-Bienko	2002		文献-2
183	革翅目	球螋科 Forficulidae	长扩铗球螋	*Forficula longidilatata* Zheng	2002		文献-2
184	革翅目	球螋科 Forficulidae	达球螋	*Forficula davidi* Burr	2002		文献-2
185	革翅目	球螋科 Forficulidae	施球螋	*Forficula davidi* Burr	2002		文献-2
186	革翅目	球螋科 Forficulidae	协库螋	*Cosmiola simpiex* Bey-Bienko	2008	+	标本
187	同翅目	沫蝉科 Cercopidae	紫胸丽沫蝉	*Cosmoscarta exultns*（Walker）	2002		文献-2
188	同翅目	沫蝉科 Cercopidae	橘红丽沫蝉	*Cosmoscarta mandarina* Distant	2002		文献-2
189	同翅目	沫蝉科 Cercopidae	红二丽沫蝉	*Cosmoscarta egene* Walker	1990		文献-1
190	同翅目	沫蝉科 Cercopidae	黑斑丽沫蝉	*Cosmoscarta dorsimacula* Walker	2002		文献-2
191	同翅目	沫蝉科 Cercopidae	赤斑稻沫蝉	*Callitettis versicolor*（Fabricius）	2002		文献-2
192	同翅目	沫蝉科 Cercopidae	红带安沫蝉	*Abidama rufescens* Metcalf	2002		文献-2
193	同翅目	沫蝉科 Cercopidae	赤色曙沫蝉	*Eoscarta borealis* Distant	2002		文献-2
194	同翅目	沫蝉科 Cercopidae	瘤胸沫蝉	*Ppymatostetha puntata* Metcalf et Horton	2002		文献-2
195	同翅目	尖胸沫蝉科 Aphrophridae	大连脊沫蝉	*Aphropsis gigantean* Met et Horton	2002		文献-2
196	同翅目	尖胸沫蝉科 Aphrophridae	黑斑尖胸沫蝉	*Aphrophora stictica* Matsumura	1990		文献-1
197	同翅目	尖胸沫蝉科 Aphrophridae	黑点尖胸沫蝉	*Aphrophora tsuratua* Matsumura	2002		文献-2
198	同翅目	尖胸沫蝉科 Aphrophridae	毋忘尖胸沫蝉	*Aphrophora memorabilis* Walker	2002		文献-2
199	同翅目	尖胸沫蝉科 Aphrophridae	宽带尖胸沫蝉	*Aphrophora horizontalis* Kato	2002		文献-2
200	同翅目	尖胸沫蝉科 Aphrophridae	海滨尖胸沫蝉	*Aphrophora maritima* Matsumura	2002		文献-2
201	同翅目	尖胸沫蝉科 Aphrophridae	四斑象沫蝉	*Philagra quadrimaculata* Schmidt	2002		文献-2
202	同翅目	尖胸沫蝉科 Aphrophridae	方斑铲头沫蝉	*Clovia quadrangularis* Metcalf and Horton	2002		文献-2
203	同翅目	尖胸沫蝉科 Aphrophridae	松尖铲头沫蝉	*Clovia conifer*（Walker）	2002		文献-2

序号	目名	科名	中文种名	拉丁学名	最新发现时间	数量状况	数据来源
204	同翅目	尖胸沫蝉科 Aphrophridae	七带铲头沫蝉	*Clovia multilineata*（Stal）	2002		文献-2
205	同翅目	尖胸沫蝉科 Aphrophridae	鞘翅沫蝉	*Laepyroni coleoptrata* Linnaeus	1990		文献-1
206	同翅目	飞虱科 Delphacidae	长角长突飞虱	*Stenocramus agamopsyche* Kirkaldy	2008	+	标本
207	同翅目	飞虱科 Delphacidae	山类芦长突飞虱	*Stenocramus montanus* Huang et Ding	2008	+	标本
208	同翅目	飞虱科 Delphacidae	单突飞虱	*Monospinodephax dantur*（Kuol）	2008	+	标本
209	同翅目	飞虱科 Delphacidae	额斑匙顶飞虱	*Tropidocehala festiva*（Distant）	2002		文献-2
210	同翅目	飞虱科 Delphacidae	基褐异脉飞虱	*Specinervures hasifusca* Chen et Li	2002		文献-2
211	同翅目	飞虱科 Delphacidae	黑脊异脉飞虱	*Specinervures nigrocarinata* Kuoh et Ding	2002		文献-2
212	同翅目	飞虱科 Delphacidae	叉突竹飞虱	*Bambusiphaga furca* Huang et Ding	2002		文献-2
213	同翅目	飞虱科 Delphacidae	黑斑竹飞虱	*Bambusiphaga nigripunctata* Huang et Ding	2002		文献-2
214	同翅目	飞虱科 Delphacidae	花翅梯顶飞虱	*Arcofacies maculatipennis* Ding	2002		文献-2
215	同翅目	飞虱科 Delphacidae	短头飞虱	*Ebpeurysa nawaii* Matsumura	2002		文献-2
216	同翅目	飞虱科 Delphacidae	白背飞虱	*Sogatella furcifera*（Horvath）	2008		标本
217	同翅目	飞虱科 Delphacidae	烟翅白背飞虱	*Sogatella furcifera*（Kirkaldy）	2002		文献-2
218	同翅目	飞虱科 Delphacidae	稗飞虱	*Sogatella vibix*（Hanpt）	2002		文献-2
219	同翅目	飞虱科 Delphacidae	白脊飞虱	*Unkanodes sapporona*（Matsumura）	2008	++	标本
220	同翅目	飞虱科 Delphacidae	伪褐飞虱	*Nilaparvata muiri* China	2008	+	标本
221	同翅目	飞虱科 Delphacidae	褐飞虱	*Nilaparvata lugens*（Stal）	2008	+	标本
222	同翅目	飞虱科 Delphacidae	白条飞虱	*Terthron albovittatum*（Matsumura）	2002		文献-2
223	同翅目	飞虱科 Delphacidae	淡角白条飞虱	*Terthron inachum*（Fennah）	2002		文献-2
224	同翅目	飞虱科 Delphacidae	坚琴镰飞虱	*Falcotoya lyraeformis*（Matsumura）	2002		文献-2
225	同翅目	飞虱科 Delphacidae	黑边黄脊飞虱	*Toya propinqua*（Fieber）	2002		文献-2
226	同翅目	飞虱科 Delphacidae	白带长唇飞虱	*Sogata hakonensis*（Matsumura）	2002		文献-2
227	同翅目	飞虱科 Delphacidae	灰飞虱	*Laodelphax striatellus*（Fallen）	2002		文献-2
228	同翅目	菱蜡蝉科 Cixiidae	斜纹贝菱蜡蝉	*Betacixius obliquus* Matsumura	2002		文献-2
229	同翅目	袖蜡蝉科 Derbidae	红袖蜡蝉	*Diostrombus politus* Uhler	2002		文献-2
230	同翅目	象蜡蝉科 Dictyopharidae	丽象蜡蝉	*Orthopagus splendens*（Germar）	2002		文献-2
231	同翅目	象蜡蝉科 Dictyopharidae	瘤鼻象蜡蝉	*Saigona gibbosa* Matsumura	2002		文献-2
232	同翅目	象蜡蝉科 Dictyopharidae	中华象蜡蝉	*Dictyophara sinica* Walker	2008	+	标本
233	同翅目	象蜡蝉科 Dictyopharidae	中野象蜡蝉	*Dictyophara nakanonis* Matsumura	2002		文献-2
234	同翅目	广蜡蝉科 Ricaniidae	带纹疏广蜡蝉	*Euricania fascialis*（Walker）	2002		文献-2
235	同翅目	广蜡蝉科 Ricaniidae	眼斑宽广蜡蝉	*Pochazia discreta* Melichar	2002		文献-2
236	同翅目	广蜡蝉科 Ricaniidae	八点广翅蜡蝉	*Ricania speculum*（Walker）	2002		文献-2
237	同翅目	广蜡蝉科 Ricaniidae	粉黛广翅蜡蝉	*Ricania pulverosa* Stal	2002		文献-2
238	同翅目	广蜡蝉科 Ricaniidae	柿广翅蜡蝉	*Ricania sublimbata* Jacobi	2002		文献-2
239	同翅目	广蜡蝉科 Ricaniidae	暗带广翅蜡蝉	*Ricania fuscofasciata* Distant	1990		文献-1
240	同翅目	蛾蜡蝉科 Flatidae	碧蛾蜡蝉	*Geisha distinctissima*（Walker）	2002		文献-2
241	同翅目	蛾蜡蝉科 Flatidae	锈涩蛾蜡蝉	*Seliza ferruginea* Walker	2002		文献-2
242	同翅目	蜡蝉科 Fulgoridae	斑衣蜡蝉	*Lycorma delicatula*（White）	2002		文献-2
243	同翅目	蝉科 Cicadidae	黄蚱蝉	*Cryptotympana mandarina* Distant	2008		标本
244	同翅目	蝉科 Cicadidae	蚱蝉	*Cryptotympana atrata*（Fabricius）	2008	++	标本

序号	目名	科名	中文种名	拉丁学名	最新发现时间	数量状况	数据来源
245	同翅目	蝉科 Cicadidae	红蝉	*Huechys sanguinea*（de Geer）	2008	+	标本
246	同翅目	蝉科 Cicadidae	鸣蝉	*Oncotympana maculaticollis* Motschulsky	2008	++	标本
247	同翅目	蝉科 Cicadidae	蟪蛄	*Platypleura kaempferi*（Fabricius）	2008	+	标本
248	同翅目	蝉科 Cicadidae	川马蝉	*Platylomia juno* Distant	2008	+	标本
249	同翅目	蝉科 Cicadidae	螂蝉	*Pomponia linearis*（Walker）	2008	+	标本
250	同翅目	蝉科 Cicadidae	峨嵋红眼蝉	*Talainga omeishana* Chen	2008	+	标本
251	同翅目	蝉科 Cicadidae	三瘤蝉	*Inthaxara olivacea* Chen	2008	+	标本
252	同翅目	扁蜡蝉科 Tropiduchidae	鳖扁蜡蝉	*Cixiopsis punctatus* Matsumura	2008	+	标本
253	同翅目	叶蝉科 Cicadellidae	蜀凹大叶蝉	*Bothrogonia*（*Obothrogonia*）*shuana* Yang et Li	2008	+	标本
254	同翅目	叶蝉科 Cicadellidae	柱凹大叶蝉	*Bothrogonia tianzhuensis* Li	2002		文献-2
255	同翅目	叶蝉科 Cicadellidae	顶斑边大叶蝉	*Kolla paulula*（Walker）	2008	+	标本
256	同翅目	叶蝉科 Cicadellidae	隐纹条大叶蝉	*Atkinsoniella thalia*（Distant）	2002		文献-2
257	同翅目	叶蝉科 Cicadellidae	黑缘条大叶蝉	*Atkinsoniella heiyuana* Li	2008	+	标本
258	同翅目	叶蝉科 Cicadellidae	叉斑条大叶蝉	*Atkinsoniella furcata* Zhang et Kuoh	2002		文献-2
259	同翅目	叶蝉科 Cicadellidae	金翅斑大叶蝉	*Anatkina vespertinula*（Breddin）	2002		文献-2
260	同翅目	叶蝉科 Cicadellidae	蓝斑大叶蝉	*Anatkina livimacula* Yang et Li	2002		文献-2
261	同翅目	叶蝉科 Cicadellidae	印支洋大叶蝉	*Seasogonia indosinica*（Jacobi）	2002		文献-2
262	同翅目	叶蝉科 Cicadellidae	橙带突额叶蝉	*Gunungidia aurantiifasciata*（Jacobi）	2002		文献-2
263	同翅目	叶蝉科 Cicadellidae	黄腹突额叶蝉	*Gunungidia xanthina* Li	1990		文献-3
264	同翅目	叶蝉科 Cicadellidae	大青叶蝉	*Cicadella viridis*（Limaeus）	2008	+	标本
265	同翅目	叶蝉科 Cicadellidae	金翅大叶蝉	*Cicadella bellona* Distant	1990		文献-1
266	同翅目	叶蝉科 Cicadellidae	白边拟大叶蝉	*Ishdaella albomerginta*（Signoret）	1990		文献-1
267	同翅目	叶蝉科 Cicadellidae	窗翅叶蝉	*Mileewa margheritae* Distant	2002		文献-2
268	同翅目	叶蝉科 Cicadellidae	枝茎窗翅叶蝉	*Mileewa branchiuma* Yang et Li	2002		文献-2
269	同翅目	叶蝉科 Cicadellidae	船茎窗翅叶蝉	*Mileewa ponta* Yang et Li	2002		文献-2
270	同翅目	叶蝉科 Cicadellidae	多型窗翅叶蝉	*Mileewa polymorpha* Yang et Li	2002		文献-2
271	同翅目	叶蝉科 Cicadellidae	红纹平大叶蝉	*Anagonalia melichari*（Distant）	2008	+	标本
272	同翅目	叶蝉科 Cicadellidae	富翅叶蝉	*Mileewa margheritae* Distant	2008	+	标本
273	同翅目	叶蝉科 Cicadellidae	双斑纹翅叶蝉	*Nakaharanus bimaculalus* Li	2008	+	标本
274	同翅目	叶蝉科 Cicadellidae	弯茎拟菱叶蝉	*Hishimonoides rdcurvatis* Li	2008	+	标本
275	同翅目	叶蝉科 Cicadellidae	纹带尖头叶蝉	*Yanocephalus vanonis*（Matsumura）	2008	+	标本
276	同翅目	叶蝉科 Cicadellidae	红带铲头叶蝉	*Hecalus arcuata*（Motschulsky）	2002		文献-2
277	同翅目	叶蝉科 Cicadellidae	红色铲头叶蝉	*Hecalus rufofascianus* Li	2008	+	标本
278	同翅目	叶蝉科 Cicadellidae	橙带铲头叶蝉	*Hecalus porreotus* Walker	2008	+	标本
279	同翅目	叶蝉科 Cicadellidae	淡脉横脊叶蝉	*Evacanthus danmainus* Kuoh	2002		文献-2
280	同翅目	叶蝉科 Cicadellidae	黑盾横脊叶蝉	*Evacanthus nigriscutus* Li et Wang	2002		文献-2
281	同翅目	叶蝉科 Cicadellidae	白边及额叶蝉	*Carina kelloggii*（Baker）	2002		文献-2
282	同翅目	叶蝉科 Cicadellidae	宽带隐脉叶蝉	*Nirvana suturalis* Melichar	2002		文献-2
283	同翅目	叶蝉科 Cicadellidae	淡色隐脉叶蝉	*Nirvana placida* Stal	2002		文献-2
284	同翅目	叶蝉科 Cicadellidae	剑突拟隐脉叶蝉	*Sophonia spathulata* Chen et Li	2002		文献-2
285	同翅目	叶蝉科 Cicadellidae	桫椤拟隐脉叶蝉	*Sophonia cyatheana* Li et Wang	2002		文献-2

序号	目名	科名	中文种名	拉丁学名	最新发现时间	数量状况	数据来源
286	同翅目	叶蝉科 Cicadellidae	红纹拟隐脉叶蝉	*Sophonia erythralinea*（Kuoh et kuoh）	2002		文献-2
287	同翅目	叶蝉科 Cicadellidae	叉突平额叶蝉	*Flatfronta pronga* Chen et Li	2002		文献-2
288	同翅目	叶蝉科 Cicadellidae	中华消室叶蝉	*Chudania sinica* Zhang et Yang	2002		文献-2
289	同翅目	叶蝉科 Cicadellidae	峨眉消室叶蝉	*Chudania emieana* Zhang et Yang	2002		文献-2
290	同翅目	叶蝉科 Cicadellidae	白色薄扁叶蝉	*Stenotortor albuma* Li et Wang	1990		文献-1
291	同翅目	叶蝉科 Cicadellidae	黑尾叶蝉	*Nephotettix cincticeps*（Uhler）	2008	+	标本
292	同翅目	叶蝉科 Cicadellidae	二条黑尾叶蝉	*Nephotettix aepicalis*（Motschulsky）	2002		文献-2
293	同翅目	叶蝉科 Cicadellidae	一点木叶蝉	*Phlogotettix cyulops*（Mulsant et Rey）	2008	+	标本
294	同翅目	叶蝉科 Cicadellidae	电光叶蝉	*Inazuma dorsalis*（Motschulsky）	2002		文献-2
295	同翅目	叶蝉科 Cicadellidae	印度顶带叶蝉	*Exitianus indicus* Distant	2002		文献-2
296	同翅目	叶蝉科 Cicadellidae	中华横带叶蝉	*Scaphoideus midvittatus* Li et Wang	2002		文献-2
297	同翅目	叶蝉科 Cicadellidae	齿茎带叶蝉	*Scaphoideus dentaedeagus* Li et Wang	2002		文献-2
298	同翅目	叶蝉科 Cicadellidae	齿突带叶蝉	*Scaphoideus dentatestyleus* Li et Wang	2002		文献-2
299	同翅目	叶蝉科 Cicadellidae	白纵带叶蝉	*Scaphoideus albotaeniatus* Kuoh	2008	+	标本
300	同翅目	叶蝉科 Cicadellidae	黑盾长胸叶蝉	*Haranga orietalis*（Walker）	2002		文献-2
301	同翅目	叶蝉科 Cicadellidae	橘弯茎叶蝉	*Flexocerus citrinus* Li	2002		文献-2
302	同翅目	叶蝉科 Cicadellidae	类齿茎短头叶蝉	*Lassus paradentatus* Li et Wang	2002		文献-2
303	同翅目	叶蝉科 Cicadellidae	褐片短头叶蝉	*Lassus subfuscus* Li et Wang	2002		文献-2
304	同翅目	叶蝉科 Cicadellidae	金翅网脉叶蝉	*Krisna sherwilli* Distant	2002		文献-2
305	同翅目	叶蝉科 Cicadellidae	白翅叶蝉 *Thaia*	*Thaia rubiginosa* Kuoh	2002		文献-2
306	同翅目	叶蝉科 Cicadellidae	云南白小叶蝉	*Elbelus yuannansis* Chou et Ma	2002		文献-2
307	同翅目	叶蝉科 Cicadellidae	血点斑叶蝉	*Zygina arachis* Matsumura	2002		文献-2
308	同翅目	叶蝉科 Cicadellidae	黑唇斑叶蝉	*Zygina maculifans*（Motschulsky）	2002		文献-2
309	同翅目	叶蝉科 Cicadellidae	假眼小绿叶蝉	*Empoasca*（*Empoasca*）*vitis*（Gothe）	2002		文献-2
310	同翅目	叶蝉科 Cicadellidae	小绿叶蝉	*Empoasca flavescens*（Fabricius）	1990		文献-1
311	同翅目	蚜科 Aphididae	橘二叉蚜	*Toxoptera aurantii*（Boyer et Fonscolombe）	2002		文献-2
312	同翅目	斑蚜科 Drepanosiphidae	竹梢凸唇斑蚜	*Takecallis taiwanus*（Takahashi）	2002		文献-2
313	同翅目	扁蚜科 Hormaphididae	长粉角蚜	*Ceratovacuna longifila*（Takahashi）	2002		文献-2
314	半翅目	荔蝽科 Tessaratomidae	巨蝽	*Eusthenes rodustus*（Lepeletier et Serville）	2002		文献-2
315	半翅目	荔蝽科 Tessaratomidae	玛蝽	*Mattiphus splendidus* Distant	2008	+	标本
316	半翅目	荔蝽科 Tessaratomidae	硕蝽	*Eurostus validus* Dallas	2008	+	标本
317	半翅目	兜蝽科 Dinidoridae	小皱蝽	*Cyclopelta parva* Distan	2008	+	标本
318	半翅目	兜蝽科 Dinidoridae	短角瓜蝽	*Megymenum brevicornis*（Fabricius）	2002		文献-2
319	半翅目	兜蝽科 Dinidoridae	细角瓜蝽	*Megymenum gracilicorne* Dallas	2002		文献-2
320	半翅目	蝽科 Pentatomidae	绿点益蝽	*Picromerus viridipunctatus* Yang	2002		文献-2
321	半翅目	蝽科 Pentatomidae	宽缘伊蝽	*Aenaria pinchii* Yang	2008	+	标本
322	半翅目	蝽科 Pentatomidae	薄蝽	*Brachymna tenuis* Stali	2008	+	标本
323	半翅目	蝽科 Pentatomidae	滴蝽	*Dybowskyia reticulate*（Dallas）	2002		文献-2
324	半翅目	蝽科 Pentatomidae	绿岱蝽	*Dalpada smaragdina*（Walker）	2008	+	标本
325	半翅目	蝽科 Pentatomidae	厚蝽	*Exithemus assamensis* Distant	2008	+	标本
326	半翅目	蝽科 Pentatomidae	似二星蝽	*Eysarcoris annamita*（Breddin）	2002		文献-2

序号	目名	科名	中文种名	拉丁学名	最新发现时间	数量状况	数据来源
327	半翅目	蝽科 Pentatomidae	二星蝽	*Eysarcoris guttgiter*（Thunberg）	2013	+	标本
328	半翅目	蝽科 Pentatomidae	稻褐蝽	*Niphe elongate*（Dallas）	2008	+	标本
329	半翅目	蝽科 Pentatomidae	叉头麦蝽	*Aelia bifida* Hsiao et Cheng	2008	+	标本
330	半翅目	蝽科 Pentatomidae	茶翅蝽	*Halyomorpha picus*（Fabricius）	2008	+	标本
331	半翅目	蝽科 Pentatomidae	红玉蝽	*Hoplistodera pulchra* Yang	2002		文献-2
332	半翅目	蝽科 Pentatomidae	稻绿蝽黄肩型	*Nezara viridula forma torquata*（Fabricius）	2008	+++	标本
333	半翅目	蝽科 Pentatomidac	稻绿蝽全绿型	*Nezara viridula forma smaragdula*（Fabricius）	2008	++	标本
334	半翅目	蝽科 Pentatomidae	黄肩稻	*Nezara torguata* Fabricius	2008	+	标本
335	半翅目	蝽科 Pentatomidae	棘腹真蝽	*Pentatoma carinata* Yang	2002		文献-2
336	半翅目	蝽科 Pentatomidae	珀蝽	*Plautia crossota*（Dallas）	2002		文献-2
337	半翅目	蝽科 Pentatomidae	弯刺黑蝽	*Scotinophara horyathi* Distant	2008	+	标本
338	半翅目	蝽科 Pentatomidae	宽胫格蝽	*Cappaea tibialis* Hsiao et Cheng	2008	+	标本
339	半翅目	蝽科 Pentatomidae	绿滇蝽	*Tachengia viridula* Hsiao et Cheng	2008	+	标本
340	半翅目	蝽科 Pentatomidae	突蝽	*Udonga spinidens* Distant	2008	+	标本
341	半翅目	蝽科 Pentatomidae	珀蝽	*Plautia fimbriata*（Fabricius）	2002		文献-2
342	半翅目	龟蝽科 Plataspidae	双列圆龟蝽	*Coptosoma bifaria* Montandon	2002		文献-2
343	半翅目	龟蝽科 Plataspidae	孟达圆龟蝽	*Coptosoma mundum* Bergroth	2002		文献-2
344	半翅目	龟蝽科 Plataspidae	显著圆龟蝽	*Coptosoma notabilis* Montandon	2008	+	标本
345	半翅目	龟蝽科 Plataspidae	和豆龟蝽	*Megacopta horvathi*（Montandon）	2002		文献-2
346	半翅目	网蝽科 Tingidae	费氏负板网蝽	*Cysteochila fieberi*（Scott）	2002		文献-2
347	半翅目	网蝽科 Tingidae	贝肩网蝽	*Dulinius conchatus* Distant	2002		文献-2
348	半翅目	网蝽科 Tingidae	茶脊冠网蝽	*Stephanitis*（*Norba*）*chinensis* Drake	2002		文献-2
349	半翅目	网蝽科 Tingidae	卷宽菊网蝽	*Tingis buddleiae* Drake	2002		文献-2
350	半翅目	红蝽科 Pyrrhocoridae	小斑红蝽	*Physopelta cincticollis* Stal	2002		文献-2
351	半翅目	红蝽科 Pyrrhocoridae	突背斑红蝽	*Physopelta gutta*（Burmeister）	2013	++++	标本
352	半翅目	猎蝽科 Reduviidae	多田猎蝽	*Agriosphodrus dohrni*（Signoret）	2002		文献-2
353	半翅目	猎蝽科 Reduviidae	茧蜂岭猎蝽	*Lingnania braconiformis* China	2008	+	标本
354	半翅目	猎蝽科 Reduviidae	多变齿胫猎蝽	*Rihibus trochantericus* Stal	2002		文献-2
355	半翅目	猎蝽科 Reduviidae	齿缘刺猎蝽	*Sclomina erinacea* Stal	2002		文献-2
356	半翅目	猎蝽科 Reduviidae	斑腹雅猎蝽	*Serendus geniculatus* Hsiao	2002		文献-2
357	半翅目	猎蝽科 Reduviidae	红缘猛猎蝽	*Sphedanolestes gularis* Hsiao	2002		文献-2
358	半翅目	猎蝽科 Reduviidae	环斑猛猎蝽	*Sphedanolestes impressicollis*（Stal）	2002		文献-2
359	半翅目	猎蝽科 Reduviidae	红股隶猎蝽	*Lestomerus femorales* Kalker	2002		文献-2
360	半翅目	猎蝽科 Reduviidae	日月盗猎蝽	*Pirates arcuatus*（Stal）	2008	+	标本
361	半翅目	猎蝽科 Reduviidae	黄纹盗猎蝽	*Pirates atromaculatus* Stal	2002		文献-2
362	半翅目	猎蝽科 Reduviidae	六刺素猎蝽	*Epidaus sexspinus* Hsiao	2008	+	标本
363	半翅目	猎蝽科 Reduviidae	暗素猎蝽	*Epidaus nebulo*（Stal）	2008	+	标本
364	半翅目	猎蝽科 Reduviidae	素猎蝽	*Epidaus famulus*（Stal）	2008	+	标本
365	半翅目	猎蝽科 Reduviidae	齿塔猎蝽	*Tapirocoris dentus* Hsiao et Ren	2008	+	标本
366	半翅目	黾蝽科 Gerridae	水黾	*Aquarium paludum* Fabricius	2008	+	标本
367	半翅目	缘蝽科 Coreidae	二色伊缘蝽	*Aeschyntelus sparsus* Blote	2008	+	标本

续表

序号	目名	科名	中文种名	拉丁学名	最新发现时间	数量状况	数据来源
368	半翅目	缘蝽科 Coreidae	棒缘蝽	*Clavigralla gibbosa* Spinola	2008	+	标本
369	半翅目	缘蝽科 Coreidae	长角岗缘蝽	*Gonocerus longicornis* Hsiao	2008	+	标本
370	半翅目	缘蝽科 Coreidae	黄边迷缘蝽	*Myrmus lateralis* Hsiao	2008	+	标本
371	半翅目	缘蝽科 Coreidae	翩翅缘蝽	*Notopteryx soror* Hsiao	2008	+	标本
372	半翅目	缘蝽科 Coreidae	平肩棘缘蝽	*Cletus tenuis* Kiritshenko	2008	+	标本
373	半翅目	缘蝽科 Coreidae	小点同缘蝽	*Homoeocerus marginellus* Herrich-Schaffer	2008	+	标本
374	半翅目	缘蝽科 Coreidae	黑竹缘蝽	*Notobitus meleagris*（Fabricius）	2008	+	标本
375	半翅目	缘蝽科 Coreidae	狭竹缘蝽	*Notobitus elongates* Hsiao	2008	+	标本
376	半翅目	姬缘蝽科 Rhopalidae	粟缘蝽	*Liorhyssus hyalinus*（Fabricius）	2008	+	标本
377	半翅目	姬缘蝽科 Rhopalidae	褐伊缘蝽	*Rhopalus spporensis*（Mutsumura）	2008	+	标本
378	半翅目	姬缘蝽科 Rhopalidae	条蜂缘蝽	*Riptortus linearis* Fabricius	2008	+	标本
379	半翅目	珠缘蝽科 Alydidae	异稻缘蝽	*Leptocorisa varicornis*（Fabricius）	2008	+	标本
380	半翅目	珠缘蝽科 Alydidae	中稻缘蝽	*Zeotocorisa chinensis* Dallas	2008	+	标本
381	半翅目	盲蝽科 Miridae	绿盲蝽	*Lygus lucorun* Meyer-Dur	2008	+	标本
382	半翅目	土蝽科 Cydnidae	云南地土蝽	*Geotomus yunnanus* Hsiao	2008	+	标本
383	半翅目	负子蝽科 Belostomatidae	大田鳖	*Kirkaldyia deyrollei* Vuillefroy	2008	+	标本
384	鞘翅目	步甲科 Carabidae	尼罗锥须步甲	*Bembidion niloticum* Putzeys	2002		文献-2
385	鞘翅目	步甲科 Carabidae	原锥须步甲	*Bembidion proteron* Netolitzky	2002		文献-2
386	鞘翅目	步甲科 Carabidae	小怠步甲	*Bradycellus fimbriatus* Bates	2002		文献-2
387	鞘翅目	步甲科 Carabidae	悦怠步甲	*Bradycellus laeticolor* Bates	2002		文献-2
388	鞘翅目	步甲科 Carabidae	小丽步甲	*Callida onoha*（Bates）	2002		文献-2
389	鞘翅目	步甲科 Carabidae	灿丽步甲	*Callida splendidula*（Fabricius）	2002		文献-2
390	鞘翅目	步甲科 Carabidae	双斑青步甲	*Chlaenius bioculatus* Morawitz	2002		文献-2
391	鞘翅目	步甲科 Carabidae	毛胸青步甲	*Chlaenius naeviger* Morawitz	2008	+	标本
392	鞘翅目	步甲科 Carabidae	膝敌步甲	*Dendrocellus geniadatus*（Klug）	2002		文献-2
393	鞘翅目	步甲科 Carabidae	偏额重唇步甲	*Diplochela latifrons* Dejen	2002		文献-2
394	鞘翅目	步甲科 Carabidae	赤背步甲	*Dolichus halensis*（Schaller）	2002		文献-2
395	鞘翅目	步甲科 Carabidae	缅甸婪列毛步甲	*Harpaliscus birmanicus* Bates	2002		文献-2
396	鞘翅目	步甲科 Carabidae	毛婪步甲	*Harpalus griseus*（Panzer）	2002		文献-2
397	鞘翅目	步甲科 Carabidae	肖毛婪步甲	*Harpalus jureceki*（Jedlička）	2002		文献-2
398	鞘翅目	步甲科 Carabidae	侧毛婪步甲	*Harpalus singularis* Tschitschèrine	2002		文献-2
399	鞘翅目	步甲科 Carabidae	中华婪步甲	*Harpalus sinicus* Hope	2002		文献-2
400	鞘翅目	步甲科 Carabidae	三齿婪步甲	*Harpalus tridens* Morawitz	2002		文献-2
401	鞘翅目	步甲科 Carabidae	粗毛步甲	*Lachnoderma asperum* Bates	2002		文献-2
402	鞘翅目	步甲科 Carabidae	寡行步甲	*Loxoncus cicumcinctus*（Üotschulskym）	2002		文献-2
403	鞘翅目	步甲科 Carabidae	均圆步甲	*Omophron aequalis* Morawitz	2002		文献-2
404	鞘翅目	步甲科 Carabidae	中华爪步甲	*Onycholabis sinensis* Bates	2002		文献-2
405	鞘翅目	步甲科 Carabidae	黑带宽额步甲	*Parena nigrolineata* Chaudoir	2002		文献-2
406	鞘翅目	步甲科 Carabidae	红翅宽额步甲	*Parena rufotestacea* Jedlička	2002		文献-2
407	鞘翅目	步甲科 Carabidae	黛五角步甲	*Pentagonica daimiella* Bates	2002		文献-2
408	鞘翅目	步甲科 Carabidae	毛角胸步甲	*Peronomerus auripilis* Bates	2002		文献-2
409	鞘翅目	步甲科 Carabidae	黄角狭胸步甲	*Stenolophus fulvicornis* Bates	2002		文献-2

序号	目名	科名	中文种名	拉丁学名	最新发现时间	数量状况	数据来源
410	鞘翅目	步甲科 Carabidae	五斑狭胸步甲	*Stenolophus quinquepustulatus*（Wiedemann）	2002		文献-2
411	鞘翅目	步甲科 Carabidae	铜胸短角步甲	*Troigonotoma lewisii* Bates	2002		文献-2
412	鞘翅目	步甲科 Carabidae	青宽步甲	*Anoplogenius cyanescens* Hope	2008	+	标本
413	鞘翅目	步甲科 Carabidae	大盆步甲	*Lebia coelestis* Bates	2008	+	标本
414	鞘翅目	龙虱科 Dytiscidae	黄边大龙虱	*Cybister japonicus* Sharp	2008	+	标本
415	鞘翅目	龙虱科 Dytiscidae	黄纹丽龙虱	*Hydaticus vittatus*（Fabricius）	2008	+	标本
416	鞘翅目	隐翅虫科 Staphylinidae	束毛隐翅虫	*Creophisus maxillosus*（Linnaeus）	2008	+	标本
417	鞘翅目	拟叩甲科 Languriidae	长四拟叩甲	*Tetralanguria elongate*（Fabricius）	2002		文献-2
418	鞘翅目	拟叩甲科 Languriidae	三点四拟叩甲	*Tetralanguria collaris* Crotch	2002		文献-2
419	鞘翅目	拟叩甲科 Languriidae	花腹四拟叩甲	*Tetralanguria variiventris* Kraatz	2002		文献-2
420	鞘翅目	拟叩甲科 Languriidae	长安拟叩甲	*Anadastus longior* Arrow	2002		文献-2
421	鞘翅目	拟叩甲科 Languriidae	楔安拟叩甲	*Anadastus triangularis* Villirs	2002		文献-2
422	鞘翅目	拟叩甲科 Languriidae	安安拟叩甲	*Anadastus analis*（Fairmaire）	2002		文献-2
423	鞘翅目	拟叩甲科 Languriidae	赤色拟叩甲	*Anadastus filiformig* Fabricius	1990		文献-1
424	鞘翅目	拟叩甲科 Languriidae	红角新拟叩甲	*Caenolanuria ruficornis* Zia	2002		文献-2
425	鞘翅目	拟叩甲科 Languriidae	华新拟叩甲	*Caenolanuria sinensis* Zia	2002		文献-2
426	鞘翅目	拟叩甲科 Languriidae	栗歪拟叩甲	*Doubledaya castanea* Zia	2002		文献-2
427	鞘翅目	拟叩甲科 Languriidae	斯歪拟叩甲	*Doubledaya sicardi* Zia	2002		文献-2
428	鞘翅目	叩甲科 Elateridae	栗色裂爪叩甲	*Phorocardius unguicularis*（Fleutiaux）	2008	+	标本
429	鞘翅目	叩甲科 Elateridae	双瘤槽缝叩甲	*Agrypnus bipapulatus*（Candèze）	2008	+	标本
430	鞘翅目	叩甲科 Elateridae	舟梳爪叩甲	*Melanotus*（*Melanotus*）*fuscus*（Fabricius）	2008	+	标本
431	鞘翅目	叶甲科 Chrysomelidae	蓝色九节跳甲	*Nonarthra cyaneum* Baly	2008	+	标本
432	鞘翅目	叶甲科 Chrysomelidae	蒿金叶甲	*Chrusolina aurichalcea*（Mannerheim）	2008	+	标本
433	鞘翅目	叶甲科 Chrysomelidae	水麻波叶甲	*Potaninia assamensis* Bates	2008	+	标本
434	鞘翅目	叶甲科 Chrysomelidae	纹带尖头叶甲	*Yanocephalus vanonis*（Matsumura）	2008	+	标本
435	鞘翅目	叶甲科 Chrysomelidae	黄猿叶甲	*Phaedon fulvescens* Weise	2002		文献-2
436	鞘翅目	叶甲科 Chrysomelidae	黄缘樟萤叶甲	*Atysa marginata*（Hope）	2002		文献-2
437	鞘翅目	叶甲科 Chrysomelidae	沟翅毛萤叶甲	*Pyrrhalta sulcatipennis*（Chen）	2002		文献-2
438	鞘翅目	叶甲科 Chrysomelidae	蓝翅瓢萤叶甲	*Oides bowringii*（Baly）	2002		文献-2
439	鞘翅目	叶甲科 Chrysomelidae	四斑拟守瓜	*Paridea*（*Paridea*）*quadrjplagiata*（Baly）	2002		文献-2
440	鞘翅目	叶甲科 Chrysomelidae	黑翅哈萤叶甲	*Haplosomoides costatus*（Baly）	2002		文献-2
441	鞘翅目	叶甲科 Chrysomelidae	端黑哈萤叶甲	*Haplosomoides ustulatus* Laboissiere	2002		文献-2
442	鞘翅目	叶甲科 Chrysomelidae	绿翅榕萤叶甲	*Morphosphaera viridipennis* Laboissiere	2002		文献-2
443	鞘翅目	叶甲科 Chrysomelidae	桑黄米萤叶甲	*Mimastra cyanura*（Hope）	2002		文献-2
444	鞘翅目	叶甲科 Chrysomelidae	闽克萤叶甲	*Cneorane fokiensis* Weise	2002		文献-2
445	鞘翅目	叶甲科 Chrysomelidae	日榕萤叶甲	*Morphosphaera japonica*（Hornstedt）	2002		文献-2
446	鞘翅目	叶甲科 Chrysomelidae	双斑长跗萤叶甲	*Monolepta hieroglyphica*（Motschulsky）	2002		文献-2
447	鞘翅目	叶甲科 Chrysomelidae	黑缘长跗萤叶甲	*Monolepta sauteri* Chujo	2002		文献-2
448	鞘翅目	叶甲科 Chrysomelidae	二带凹翅萤叶甲	*Paleosepharia excavate*（Chujo）	2002		文献-2
449	鞘翅目	叶甲科 Chrysomelidae	枫香凹翅萤叶甲	*Paleosepharia liquidambara* Gressitt et Kimoto	2002		文献-2

续表

序号	目名	科名	中文种名	拉丁学名	最新发现时间	数量状况	数据来源
450	鞘翅目	叶甲科 Chrysomelidae	黄肩柱萤叶甲	*Gallerucida singularis*（Harold）	2002		文献-2
451	鞘翅目	叶甲科 Chrysomelidae	印度黄守瓜	*Aulacophora indica*（Gmelin）	2008	+	标本
452	鞘翅目	叶甲科 Chrysomelidae	黑足黄守瓜	*Aulacohora nigripennis* Motschulsky	2008	+	标本
453	鞘翅目	叶甲科 Chrysomelidae	柳氏黑守瓜	*Aulacophora lewisii* Baly	2008	+	标本
454	鞘翅目	负泥虫科 Crioceridae	蓝颈负泥虫	*Liliocers cyaneicollis*（Pic）	2002		文献-2
455	鞘翅目	负泥虫科 Crioceridae	黑胸负泥虫	*Liliocers nigropectoralis*（Pic）	2002		文献-2
456	鞘翅目	负泥虫科 Crioceridae	显负泥虫	*Liliocers nobilis* Medvedev	2002		文献-2
457	鞘翅目	瓢虫科 Coccinellidae	球端崎齿瓢虫	*Afissula expansa*（Dieke）	2002		文献-2
458	鞘翅目	瓢虫科 Coccinellidae	奇斑裂臀瓢虫	*Henosepilachna libera*（Dieke）	2002		文献-2
459	鞘翅目	瓢虫科 Coccinellidae	细缘唇瓢虫	*Chilocorus circumdatus* Gyllenhal	2002		文献-2
460	鞘翅目	瓢虫科 Coccinellidae	红色唇瓢虫	*Chilocorus kuwanae* Silvestri	1990		文献-1
461	鞘翅目	瓢虫科 Coccinellidae	闪蓝红点唇瓢虫	*Chilocorus chalybeatus* Gorham	2002		文献-2
462	鞘翅目	瓢虫科 Coccinellidae	七星瓢虫	*Coccinella septempunctata* Linnaeus	2008	++	标本
463	鞘翅目	瓢虫科 Coccinellidae	龟纹瓢虫	*Propylea japonica*（Thunberg）	2008	+	标本
464	鞘翅目	瓢虫科 Coccinellidae	华裸瓢虫	*Calvia chinensis*（Mulsant）	2008	+	标本
465	鞘翅目	瓢虫科 Coccinellidae	链纹裸瓢虫	*Calvia sicardi*（Mader）	2008	+	标本
466	鞘翅目	瓢虫科 Coccinellidae	四斑裸瓢虫	*Calvia muiri* Timberlake	2008	+	标本
467	鞘翅目	瓢虫科 Coccinellidae	异色瓢虫	*Harmonia axyridis*（Pallas）	2008	+++	标本
468	鞘翅目	瓢虫科 Coccinellidae	十斑大瓢虫	*Megalocaria dilatata*（Fabricius）	2008	+	标本
469	鞘翅目	瓢虫科 Coccinellidae	四斑月瓢虫	*Chilomenes quadriplagiata* Swartz	2008	+	标本
470	鞘翅目	瓢虫科 Coccinellidae	素鞘瓢虫	*Illeis cincta*（Fabricius）	2008	+	标本
471	鞘翅目	瓢虫科 Coccinellidae	圆斑食植瓢虫	*Epilachna maculicollis*（Sicard）	2002		文献-2
472	鞘翅目	瓢虫科 Coccinellidae	横带食植瓢虫	*Epilachna parainsignis* Pang et Mao	2002		文献-2
473	鞘翅目	瓢虫科 Coccinellidae	曲管食植瓢虫	*Epilachna sauteri*（Weise）	2002		文献-2
474	鞘翅目	瓢虫科 Coccinellidae	黄斑盘瓢虫	*Lemria saucia*（Mulsant）	1990		文献-1
475	鞘翅目	萤科 Lampridae	大端黑萤	*Luciola anceyi* Olivier	2008	+	标本
476	鞘翅目	芫菁科 Meloidae	红头豆芫菁	*Epicauta cuficeps* lliger	2013	++	标本
477	鞘翅目	芫菁科 Meloidae	毛角豆芫菁	*Epicauta hirticornis* Haag-Rutenberg	2008	+	标本
478	鞘翅目	芫菁科 Meloidae	毛胫豆芫菁	*Epicauta tibialis* Waterhouse	2008	+	标本
479	鞘翅目	伪叶甲科 Lagriidae	四斑角伪叶甲	*Cerqgria quadrimaculata* Hope	2008	+	标本
480	鞘翅目	犀金龟科 Dynastidae	双叉犀金龟	*Allomyrina dichotoma* Linnaeus	2002		文献-2
481	鞘翅目	犀金龟科 Dynastidae	蒙瘤犀金龟	*Trichogomaphus mongol* Arrow	2008	+	标本
482	鞘翅目	蜉金龟科 Aphodiidae	骚蜉金龟	*Aphodius sorex*（Fabricius）	2002		文献-2
483	鞘翅目	金龟科 Scarabaeidae	疣侧裸蜣螂	*Cymnopleurus brahminus* Waterhouse	2002		文献-2
484	鞘翅目	鳃角金龟科 Melolonthidae	峨眉等鳃金龟	*Exolontha omeia* Chang	2002		文献-2
485	鞘翅目	鳃角金龟科 Melolonthidae	灰胸突鳃金龟	*Hoplosternus incanus* Motschulsky	2002		文献-2
486	鞘翅目	鳃角金龟科 Melolonthidae	海南狭肋鳃金龟	*Holotrichia hainanensis* Chang	2002		文献-2
487	鞘翅目	鳃角金龟科 Melolonthidae	华北大黑鳃金龟	*Holotrichia oblita*（Faldermann）	2008	+	标本
488	鞘翅目	鳃角金龟科 Melolonthidae	华脊鳃金龟	*Holotrichia sinensis* Hope	2008	+	标本
489	鞘翅目	鳃角金龟科 Melolonthidae	华阿鳃金龟	*Apogonia chinensis* Nloser	2008	+	标本
490	鞘翅目	鳃角金龟科 Melolonthidae	筛阿鳃金龟	*Apogonia cribricollis* Burmeister	2002		文献-2
491	鞘翅目	鳃角金龟科 Melolonthidae	黑阿鳃金龟	*Apogonia cupreoviridio* Kolbe	2002		文献-2

序号	目名	科名	中文种名	拉丁学名	最新发现时间	数量状况	数据来源
492	鞘翅目	鳃角金龟科 Melolonthidae	巨多鳃金龟	*Hecatomnus grandicornis* Fairmaire	2008	+	标本
493	鞘翅目	花金龟科 Cetoniidae	斑青花金龟	*Oxycetonia bealiae*（Groy et Percheion）	2008	+	标本
494	鞘翅目	花金龟科 Cetoniidae	食蚜黄斑花金龟	*Campsiura mirabilis* Faldermann	2002		文献-2
495	鞘翅目	花金龟科 Cetoniidae	黄粉鹿花金龟	*Dicranocephalus wallichi bowringi* Pascoe	2008	+	标本
496	鞘翅目	绢金龟科 Sericidae	小阔胫玛绢金龟	*Maladera ovatula*（Fairmaire）	2002		文献-2
497	鞘翅目	绢金龟科 Sericidae	隆腹玛绢金龟	*Maladera gibbiventria*（Brebsky）	2002		文献-2
498	鞘翅目	绢金龟科 Sericidae	长须斑绢金龟	*Ophthalmoserica* sp.	2002		文献-2
499	鞘翅目	绢金龟科 Sericidae	黑绒绢金龟	*Serica orientalis* Motschulshy	2008	+	标本
500	鞘翅目	丽金龟科 Rutelidae	中华彩丽金龟	*Mimela chinensis* Kirby	2002		文献-2
501	鞘翅目	丽金龟科 Rutelidae	亮绿彩丽金龟	*Mimela splendens* Gyllenhal	2008	+	标本
502	鞘翅目	丽金龟科 Rutelidae	弯股彩丽金龟	*Mimela excisipes* Reitter	2002		文献-2
503	鞘翅目	丽金龟科 Rutelidae	中华长丽金龟	*Adoretosomachinennsis* Redt	2008	+	标本
504	鞘翅目	丽金龟科 Rutelidae	蓝边丽金龟	*Callistethus plagiicollis* Fairmaire	2002		文献-2
505	鞘翅目	丽金龟科 Rutelidae	铜绿异丽金龟	*Anomala corpulenta* Motschulsky	2008	+	标本
506	鞘翅目	丽金龟科 Rutelidae	甘蔗异丽金龟	*Anomala expansa* Bates	2008	+	标本
507	鞘翅目	丽金龟科 Rutelidae	弱脊异丽金龟	*Anomala sulcipennis* Faldermann	2008	+	标本
508	鞘翅目	丽金龟科 Rutelidae	多毛异丽金龟	*Anomala hirsutula* Nonf.	2002		文献-2
509	鞘翅目	丽金龟科 Rutelidae	光沟异丽金龟	*Anomala laevisulcata* Fairmaire	2008	+	标本
510	鞘翅目	丽金龟科 Rutelidae	新月异丽金龟	*Anomala antique*（Gyllenhal）	2008	+	标本
511	鞘翅目	丽金龟科 Rutelidae	多色异丽金龟	*Anomala chamaeleon* Fairmaire	2008	+	标本
512	鞘翅目	丽金龟科 Rutelidae	双月异丽金龟	*Anomala bilunata* Fairmaire	2002		文献-2
513	鞘翅目	丽金龟科 Rutelidae	曲带弧丽金龟	*Popillia pustulata* Fairmaire	2002		文献-2
514	鞘翅目	丽金龟科 Rutelidae	齿胫弧丽金龟	*Popillia viridula* Kraatz	2002		文献-2
515	鞘翅目	天牛科 Cerambycidae	金绒花天牛	*Liptura auratopilosa*（Matsushita）	2002		文献-2
516	鞘翅目	天牛科 Cerambycidae	苎麻双脊天牛	*Paraglenea fortunei*（Saunders）	2002		文献-2
517	鞘翅目	天牛科 Cerambycidae	眼斑齿胫天牛	*Paraleprodera diophthalma*（Pascoe）	2002		文献-2
518	鞘翅目	天牛科 Cerambycidae	黄纹小筒天牛	*Phytoecia comes*（Bates）	2002		文献-2
519	鞘翅目	天牛科 Cerambycidae	广翅天牛	*Plaxomicrus elliptius* Thomson	2002		文献-2
520	鞘翅目	天牛科 Cerambycidae	凹顶伪楔天牛	*Asaperda meridiana* Matsushita	2002		文献-2
521	鞘翅目	天牛科 Cerambycidae	黑翅脊筒天牛	*Nupserha infantula* Ganglbauer	2002		文献-2
522	鞘翅目	天牛科 Cerambycidae	台湾筒天牛	*Oberea formosana* Pic.	2008	+	标本
523	鞘翅目	天牛科 Cerambycidae	白点天牛	*Cerambycidae albonotata* Pic.	2008	+	标本
524	鞘翅目	天牛科 Cerambycidae	脊胸天牛	*Rhytidodera bowringii* White	2008	+	标本
525	鞘翅目	天牛科 Cerambycidae	锯角坡天牛	*Pterolophia serricornis* Gressitt	2008	+	标本
526	鞘翅目	天牛科 Cerambycidae	玉米坡天牛	*Pterolophia cervina* Gressitt	2008	+	标本
527	鞘翅目	天牛科 Cerambycidae	桑粒柑橘褐天牛	*Nadezhdiella cantori*（Hope）	2008	+	标本
528	鞘翅目	天牛科 Cerambycidae	深斑灰天牛	*Belpephaeus ocellatus* Gahan	2008	+	标本
529	鞘翅目	天牛科 Cerambycidae	松墨天	*Monochamus atternatus* Hope	2008	+	标本
530	鞘翅目	天牛科 Cerambycidae	星天牛	*Anoplophora chinensis*（Forster）	2008	+	标本
531	鞘翅目	天牛科 Cerambycidae	粒肩天牛	*Apriona germari* Hope	2008	+	标本
532	鞘翅目	肖叶甲科 Eumolpidae	亮肖叶甲	*Chrusolampra splendens* Baly	2008	+	标本
533	鞘翅目	肖叶甲科 Eumolpidae	甘薯肖叶甲	*Colasposoma dauricum* Mann.	2008	+	标本

序号	目名	科名	中文种名	拉丁学名	最新发现时间	数量状况	数据来源
534	鞘翅目	肖叶甲科 Eumolpidae	毛股沟臂肖叶	*Colaspoides femoralis* Lefèvre	2008	+	标本
535	鞘翅目	肖叶甲科 Eumolpidae	黑额光叶甲	*Samaragdina nigrifrons*（Hope）	2008	+	标本
536	鞘翅目	郭公甲科 Cleridae	中华食蜂郭公虫	*Trichodes sinae* Chevrolat	2008	+	标本
537	鞘翅目	铁甲科 Hispidae	大锯龟甲	*Basiprionota chinensis*（Fabricius）	2008	+	标本
538	鞘翅目	铁甲科 Hispidae	西南锯龟甲	*Basiprionota pudica*（Spaeth）	2008	+	标本
539	鞘翅目	铁甲科 Hispidae	虾钳菜日龟甲	*Cassida japana* Baly	2008	+	标本
540	鞘翅目	铁甲科 Hispidae	甘薯台龟甲	*Taiwania circumdata*（Herbst）	2008	+	标本
541	鞘翅目	铁甲科 Hispidae	素带台龟甲	*Taiwania postarcuata* Chen et Zia	2008	+	标本
542	鞘翅目	铁甲科 Hispidae	拉底台龟甲	*Taiwania rati*（Maulik）	2008	+	标本
543	鞘翅目	铁甲科 Hispidae	甘薯蜡龟甲	*Laccoptera quadrimaculata*（Thunberg）	2008	+	标本
544	鞘翅目	水龟虫科 Hydrophilidae	长须大水龟	*Hydrophilus acuninatus* Motschulsky	2008	+	标本
545	鞘翅目	象甲科 Curculionidae	云南癞象	*Episomus yunnanensis* Voss	2008	+	标本
546	鞘翅目	象甲科 Curculionidae	中国癞象	*Episomus chinensis* Faust	2008	+	标本
547	鞘翅目	象甲科 Curculionidae	淡灰瘤象	*Dermatoxenus caesicollis*（Gyllenhal）	2008	+	标本
548	鞘翅目	象甲科 Curculionidae	长足大竹象	*Cyrtrachelus buqueti* Guérin-Méneville	2008	+	标本
549	鞘翅目	象甲科 Curculionidae	长实光洼象	*Gasteroclisus rlapperichi* Voss	2008	+	标本
550	广翅目	齿蛉科 Corydalidae	长突栉鱼蛉	*Ctenochauliodos elongates* Liu et Yang	2013	+	标本
551	广翅目	齿蛉科 Corydalidae	南方斑鱼蛉	*Neochauliodes meridionalis* Weele	2013	+	标本
552	脉翅目	草蛉科 Chrysopidae	大草蛉	*Chrysopa pallens*（Rambur）	2008	+	标本
553	脉翅目	草蛉科 Chrysopidae	丽草蛉	*Chrysopa formosa* Brauer	2008	+	标本
554	脉翅目	草蛉科 Chrysopidae	日本通草蛉	*Chrysoperla nipponsis*（Okamoto）	2008	+	标本
555	毛翅目	短石蛾科 Brachycentridae	短石蛾	*Micrasema* sp.	2002		文献-2
556	毛翅目	枝石蛾科 Calamoceratidae	广展枝石蛾	*Ganonema extensum* Martynov	2002		文献-2
557	毛翅目	纹石蛾科 Hydropsychidae	多型绿纹石蛾	*Polymorphanius astictus* Navas	2002		文献-2
558	毛翅目	瘤石蛾科 Goeridae	华贵瘤石蛾	*Goera altofissura* Hwang	2002		文献-2
559	毛翅目	瘤石蛾科 Goeridae	马氏瘤石蛾	*Goera martynowi* Ulmer	2002		文献-2
560	毛翅目	鳞石蛾科 Lepidostomatidae	击槌鳞石蛾	*Lepidostoma brevipalpum* Yanget Weaver	2002		文献-2
561	毛翅目	鳞石蛾科 Lepidostomatidae	黄纹鳞石蛾	*Lepidostoma flavum*（Ulmer）	2002		文献-2
562	毛翅目	鳞石蛾科 Lepidostomatidae	东方鳞石蛾	*Lepidostoma orientale*（Tsuda）	2002		文献-2
563	毛翅目	长角石蛾科 Leptoceridae	杨氏突长角石蛾	*Ceraclea*（*Athripsodina*）*yangi*（Mosely）	2002		文献-2
564	毛翅目	长角石蛾科 Leptoceridae	双叉筒长角石蛾	*Ceraclea*（*Ceraclea*）*bifurcate* Morse，Yang et Levanidova	2002		文献-2
565	毛翅目	长角石蛾科 Leptoceridae	繁栖长角石蛾	*Oecetis complex* Hwang	2002		文献-2
566	毛翅目	长角石蛾科 Leptoceridae	肥肢栖长角石蛾	*Oecetis dilate* Yang et Morse	2002		文献-2
567	毛翅目	长角石蛾科 Leptoceridae	湖栖长角石蛾	*Oecetis lacustris*（Pictet）	2002		文献-2
568	毛翅目	长角石蛾科 Leptoceridae	黑斑栖长角石蛾	*Oecetis nigropunctata* Ulmer	2002		文献-2
569	毛翅目	长角石蛾科 Leptoceridae	三点栖长角石蛾	*Oecetis tripunctata*（Fabricius）	2002		文献-2
570	毛翅目	长角石蛾科 Leptoceridae	银条姬长角石蛾	*Setodes argentatus* Matsumara	2002		文献-2
571	毛翅目	长角石蛾科 Leptoceridae	姬长角石蛾	*Setodes* sp.	2002		文献-2
572	毛翅目	长角石蛾科 Leptoceridae	棕褐叉长角石蛾	*Triaenodes rufescens* Martynor	2002		文献-2
573	毛翅目	长角石蛾科 Leptoceridae	喙毛姬长角石蛾	*Trichosetodes rhamphodes* Yang & Morse	2002		文献-2
574	毛翅目	细翅石蛾科 Molannida	暗褐细翅石蛾	*Molanna moesta* Banks	2002		文献-2

续表

序号	目名	科名	中文种名	拉丁学名	最新发现时间	数量状况	数据来源
575	毛翅目	角石蛾科 Stenopsychidae	天目山角石蛾	*Stenopsyche tienmushanensis* Hwang	2002		文献-2
576	毛翅目	角石蛾科 Stenopsychidae	四川山角石蛾	*Stenopsyche sichuanensis* Tian et Zhen	2002		文献-2
577	鳞翅目	木蠹蛾科 Cossidae	芳香木蠹蛾	*Cossus cossus* Linnaeus	2008	+	标本
578	鳞翅目	木蠹蛾科 Cossidae	咖啡豹蠹蛾	*Zeuzera coffeae* Nietner	2008	+	标本
579	鳞翅目	舞蛾科 Choreutidae	榕舞蛾	*Choreutis achyodes*（Keyrick）	2002		文献-2
580	鳞翅目	祝蛾科 Lecithoceridae	掌平祝蛾	*Lecithocera palmate* Wu et Liu	2002		文献-2
581	鳞翅目	祝蛾科 Lecithoceridae	赤水喜祝蛾	*Tegnocharis* sp.	2002		文献-2
582	鳞翅目	祝蛾科 Lecithoceridae	短瘤祝蛾	*Torodora manoconta* Wu et Liu	2002		文献-2
583	鳞翅目	祝蛾科 Lecithoceridae	秃祝蛾	*Halolaguna sublaxata* Gozmany	2002		文献-2
584	鳞翅目	祝蛾科 Lecithoceridae	梅绢祝蛾	*Scythropiodes issikii*（Takahashi）	2002		文献-2
585	鳞翅目	祝蛾科 Lecithoceridae	九连山绢祝蛾	*Scythropiodes jiulianae* Park et Wu	2002		文献-2
586	鳞翅目	祝蛾科 Lecithoceridae	赤水粉祝蛾	*Odites* sp.	2002		文献-2
587	鳞翅目	尖蛾科 Cosmopterigidae	四点迈尖蛾	*Macrobathra nomaea* Meyrick	2002		文献-2
588	鳞翅目	尖蛾科 Cosmopterigidae	杉木球果迈尖蛾	*Macrobathra favidus* Qian et Liu	2002		文献-2
589	鳞翅目	麦蛾科 Gelechiidae	樱背麦蛾	*Anacampsis anisogramma*（Meyrick）	2002		文献-2
590	鳞翅目	麦蛾科 Gelechiidae	刺槐荚麦蛾	*Mesophleps sublutiana*（Park）	2002		文献-2
591	鳞翅目	麦蛾科 Gelechiidae	展条麦蛾	*Anarsia protensa* Park	2002		文献-2
592	鳞翅目	麦蛾科 Gelechiidae	丽冠麦蛾	*Capidentalia eucalla* Li et Zheng	2002		文献-2
593	鳞翅目	麦蛾科 Gelechiidae	青冈指麦蛾	*Dactylethrella tegulifera*（Meyrick）	2002		文献-2
594	鳞翅目	麦蛾科 Gelechiidae	叉棕麦蛾	*Dichomeris bifurca* Li et Zheng	2002		文献-2
595	鳞翅目	麦蛾科 Gelechiidae	杉木球果棕麦蛾	*Dichomeris bimaculata* Liu et Qian	2002		文献-2
596	鳞翅目	麦蛾科 Gelechiidae	菌环棕麦蛾	*Dichomeris fungifera*（Meyrick）	2002		文献-2
597	鳞翅目	麦蛾科 Gelechiidae	霍朴棕麦蛾	*Dichomeris fuscahopa* Li et Zheng	2002		文献-2
598	鳞翅目	麦蛾科 Gelechiidae	长须棕麦蛾	*Dichomeris okadai*（Moriuti）	2002		文献-2
599	鳞翅目	麦蛾科 Gelechiidae	桃棕麦蛾	*Dichomeris picrocarpa*（Meyrick）	2002		文献-2
600	鳞翅目	麦蛾科 Gelechiidae	青城山棕麦蛾	*Dichomeris qingchengshanensis* Li et Zheng	2002		文献-2
601	鳞翅目	麦蛾科 Gelechiidae	艾棕麦蛾	*Dichomeris rasilella*（Herrich-Schäffer）	2002		文献-2
602	鳞翅目	麦蛾科 Gelechiidae	立棕麦蛾	*Dichomeris lividula* Parke et Hodges	2002		文献-2
603	鳞翅目	麦蛾科 Gelechiidae	甘薯阳麦蛾	*Helcystogramma triannulella*（Herrich-Schäffer）	2002		文献-2
604	鳞翅目	麦蛾科 Gelechiidae	红铃麦蛾	*Pectinophora gossypiella*（Saunders）	2002		文献-2
605	鳞翅目	麦蛾科 Gelechiidae	麦蛾	*Sitotroga cerealella*（Olivier）	2002		文献-2
606	鳞翅目	列蛾科 Autostichidae	卷和列蛾	*Autosticha modicella*（Christoph）	2002		文献-2
607	鳞翅目	菜蛾科 Plutellidae	小菜蛾	*Plutella xylostella*（Linnweus）	2002		文献-2
608	鳞翅目	织蛾科 Oecophoridae	紫阳带织蛾	*Periacma ziyangensis* Wang et Zheng	2002		文献-2
609	鳞翅目	织蛾科 Oecophoridae	尖翅斑织蛾	*Ripeacma acuminiptera* Wang et Li	2002		文献-2
610	鳞翅目	织蛾科 Oecophoridae	秦岭斑织蛾	*Ripeacma qinlingensis* Wang et Zheng	2002		文献-2
611	鳞翅目	织蛾科 Oecophoridae	点线锦织蛾	*Promalactis suzukiella*（Matsumura）	2002		文献-2
612	鳞翅目	织蛾科 Oecophoridae	饰带锦织蛾	*Promalactis infulata* Wang，Li et Zheng	2002		文献-2
613	鳞翅目	织蛾科 Oecophoridae	龟圆织蛾	*Eonympha chelonina* Wang et Zheng	2002		文献-2
614	鳞翅目	织蛾科 Oecophoridae	米仓织蛾	*Martyringa xeraula*（Meyrick）	2002		文献-2
615	鳞翅目	织蛾科 Oecophoridae	多斑露织蛾	*Endrosis maculosa* Wang et Zheng	2002		文献-2

序号	目名	科名	中文种名	拉丁学名	最新发现时间	数量状况	数据来源
616	鳞翅目	织蛾科 Oecophoridae	桃展足蛾	*Stathmopoda auriferella*（Walker）	2002		文献-2
617	鳞翅目	织蛾科 Oecophoridae	铁杉叉木蛾	*Metathrinca tsugensis*（Kearfott）	2002		文献-2
618	鳞翅目	织蛾科 Oecophoridae	茶木蛾	*Linoclostis gonatias* Meyrick	2002		文献-2
619	鳞翅目	宽织蛾科 Depressariidae	苹凹宽织蛾	*Acria ceramitis* Meyrick	2002		文献-2
620	鳞翅目	卷蛾科 Tortricidae	长斑褐纹卷蛾	*Phalonidia melanothica*（Meyrick）	2002		文献-2
621	鳞翅目	卷蛾科 Tortricidae	环针单纹卷蛾	*Eupoecilia ambiguella*（Hübner）	2002		文献-2
622	鳞翅目	卷蛾科 Tortricidae	丽江丛卷蛾	*Gnorismoneura taeniodesma*（Meyrick）	2002		文献-2
623	鳞翅目	卷蛾科 Tortricidae	豹裳卷蛾	*Cerace xanthocosma* Diakonoff	2013	+	标本
624	鳞翅目	卷蛾科 Tortricidae	梅花山卷蛾	*Argyrotaenia*（*Calala*）*affinisana*（Waiker）	2002		文献-2
625	鳞翅目	卷蛾科 Tortricidae	柑橘黄卷蛾	*Archips seminubilis*（Meyrick）	2002		文献-2
626	鳞翅目	卷蛾科 Tortricidae	琪褐带卷蛾	*Adoxophyes flagrans* Meyrick	2002		文献-2
627	鳞翅目	卷蛾科 Tortricidae	棉褐带卷蛾	*Adoxophyes orana orana*（Fischer v. Pöslerstamm）	2002		文献-2
628	鳞翅目	卷蛾科 Tortricidae	黑痣卷蛾	*Geogepa stenochorda*（Diakonoff）	2002		文献-2
629	鳞翅目	卷蛾科 Tortricidae	苹黑痣小卷蛾	*Rhopobota naevana*（Hübner）	2002		文献-2
630	鳞翅目	卷蛾科 Tortricidae	越橘黑痣小卷蛾	*Rhopobota ustomaculata*（Curtis）	2002		文献-2
631	鳞翅目	卷蛾科 Tortricidae	日绿小卷蛾	*Eucoenogenes japonica* Kawabe	2002		文献-2
632	鳞翅目	卷蛾科 Tortricidae	贵叶小卷蛾	*Epinotia siamensis* Kawabe	2002		文献-2
633	鳞翅目	卷蛾科 Tortricidae	黑脉花小卷蛾	*Eucosma melanoneura* Keyrick	2002		文献-2
634	鳞翅目	卷蛾科 Tortricidae	白块小卷蛾	*Epiblema autolitha*（Keyrick）	2002		文献-2
635	鳞翅目	卷蛾科 Tortricidae	深褐小卷蛾	*Antichlidas holocnista* Meyrick	2002		文献-2
636	鳞翅目	卷蛾科 Tortricidae	黄檀小卷蛾	*Cydia dalbergiacola* Liu	2002		文献-2
637	鳞翅目	巢蛾科 Yponomeutidae	稠李巢蛾	*Yponomeuta evonymellus*（Linnaeus）	2002		文献-2
638	鳞翅目	巢蛾科 Yponomeutidae	丝高巢蛾	*Yponomeuta* sp.	2002		文献-2
639	鳞翅目	巢蛾科 Yponomeutidae	枫香小白巢蛾	*Thecobathra lambda*（Moriuti）	2002		文献-2
640	鳞翅目	巢蛾科 Yponomeutidae	庐山小白巢蛾	*Thecobathra soroiata* Moriuti	2002		文献-2
641	鳞翅目	巢蛾科 Yponomeutidae	青冈栎小白巢蛾	*Thecobathra anas*（Strnger）	2002		文献-2
642	鳞翅目	巢蛾科 Yponomeutidae	光颚巢蛾	*Yponomeuta mintennus*（Povel）	2002		文献-2
643	鳞翅目	羽蛾科 Pterophoridae	赤水小羽蛾	*Stenoptilia* sp.	2002		文献-2
644	鳞翅目	羽蛾科 Pterophoridae	艾蒿滑羽蛾	*Hellinsia liengiana*（Zeller）	2002		文献-2
645	鳞翅目	羽蛾科 Pterophoridae	瓦少脉羽蛾	*Grombrugaria wahlbergi*（Zeller）	2002		文献-2
646	鳞翅目	羽蛾科 Pterophoridae	褐拟小羽蛾	*Stenoptilodes taprobanes*（Feler & Rogenhofer）	2002		文献-2
647	鳞翅目	螟蛾科 Pyralidae	荸荠白禾螟	*Scirpophaga praelata* Scopoli	2013	+	标本
648	鳞翅目	螟蛾科 Pyralidae	双色网斑螟	*Eurhodope dichromella*	2002		文献-2
649	鳞翅目	螟蛾科 Pyralidae	胀突蛀果斑螟	*Assara tumidula* Du，Li et Wang	2002		文献-2
650	鳞翅目	螟蛾科 Pyralidae	松蛀果斑螟	*Assara hoeneella* Roesler	2002		文献-2
651	鳞翅目	螟蛾科 Pyralidae	二点蛀果斑螟	*Assara inouei* Yamanaka	2002		文献-2
652	鳞翅目	螟蛾科 Pyralidae	红带锥斑螟	*Conobathra rufizonella* Ragonot	2002		文献-2
653	鳞翅目	螟蛾科 Pyralidae	牙梢斑螟	*Dioryctria yiai* Mutuura et Munroe	2002		文献-2
654	鳞翅目	螟蛾科 Pyralidae	微红梢斑螟	*Dioryctria rubella* Hampson	2002		文献-2
655	鳞翅目	螟蛾科 Pyralidae	亮雕斑螟	*Glyptoteles leucacrinella* Zeller	2002		文献-2

续表

序号	目名	科名	中文种名	拉丁学名	最新发现时间	数量状况	数据来源
656	鳞翅目	螟蛾科 Pyralidae	凹头桂斑螟	*Gunungia capitirecava* Ren et Li	2007		文献-6
657	鳞翅目	螟蛾科 Pyralidae	淡瘿斑螟	*Pempelia ellenella*（Roesler）	2002		文献-2
658	鳞翅目	螟蛾科 Pyralidae	微拟谷斑螟	*Pseudocadra micronella*（Inoue）	2002		文献-2
659	鳞翅目	螟蛾科 Pyralidae	中国腹刺斑螟	*Sacculocornutia sinicolella* Roesler	2002		文献-2
660	鳞翅目	螟蛾科 Pyralidae	伊锥歧角螟	*Cotachena histricalis*（Walker）	2013	++	标本
661	鳞翅目	螟蛾科 Pyralidae	金双点螟	*Orybina flaviplaga* Walker	2013	+	标本
662	鳞翅目	螟蛾科 Pyralidae	黑脉厚须螟	*Propachys nigrivena* Walker	2013	++	标本
663	鳞翅目	螟蛾科 Pyralidae	饰光水螟	*Luma ornatalis*（Leech）	2002		文献-2
664	鳞翅目	螟蛾科 Pyralidae	褐纹目水螟	*Nymphicula blandialis*（Waiker）	2002		文献-2
665	鳞翅目	螟蛾科 Pyralidae	小筒水螟	*Parapoynx diminutalis* Snellen	2002		文献-2
666	鳞翅目	螟蛾科 Pyralidae	褐萍水螟	*Elophila turbata*（Butler）	2002		文献-2
667	鳞翅目	螟蛾科 Pyralidae	黄纹水螟	*Elophila fengwhanalis*（Pryer）	2002		文献-2
668	鳞翅目	螟蛾科 Pyralidae	珍洁波水螟	*Paracymoriza prodigalis*（Leech）	2002		文献-2
669	鳞翅目	螟蛾科 Pyralidae	黑珍波水螟	*Paracymoriza fuscalis*（Yoshiyasu）	2002		文献-2
670	鳞翅目	螟蛾科 Pyralidae	板叶波水螟	*Paracymoriza laminalis*（Hampson）	2002		文献-2
671	鳞翅目	螟蛾科 Pyralidae	海斑水螟	*Eoophyla halialis*（Walker）	2002		文献-2
672	鳞翅目	螟蛾科 Pyralidae	甜菜白带野螟	*Hymenia recurvalis* Fabricius	2002		文献-2
673	鳞翅目	螟蛾科 Pyralidae	乳翅卷野螟	*Pycnarmon lactrferalis*（Walker）	2002		文献-2
674	鳞翅目	螟蛾科 Pyralidae	豹纹卷野螟	*Pycnarmon pantherata*（Butler）	2002		文献-2
675	鳞翅目	螟蛾科 Pyralidae	双环卷野螟	*Pycnarmon meritalis*（Walker）	1990		文献-1
676	鳞翅目	螟蛾科 Pyralidae	黄带峰斑螟	*Acrobasis flavifasciella* Yamanaka	2002		文献-2
677	鳞翅目	螟蛾科 Pyralidae	拟峰斑螟	*Acrobasis eva* Roesler et Küppers	2002		文献-2
678	鳞翅目	螟蛾科 Pyralidae	月牙斑螟	*Acrobasis obrutella* Christoph	2002		文献-2
679	鳞翅目	螟蛾科 Pyralidae	枇杷卷叶野螟	*Pleuroptya balteata*（Fabricius）	2002		文献-2
680	鳞翅目	螟蛾科 Pyralidae	四斑卷叶野螟	*Pleuroptya quadrimaculalis*（Kollar）	2008	+	标本
681	鳞翅目	螟蛾科 Pyralidae	大黄缀叶野螟	*Botyodes principalis* Leech	2013	++	标本
682	鳞翅目	螟蛾科 Pyralidae	黄翅缀叶野螟	*Botyodes diniasalis* Walker	2008	++	标本
683	鳞翅目	螟蛾科 Pyralidae	稻纵卷叶野螟	*Cnaphalocrocis medinalis* Guenée	2002		文献-2
684	鳞翅目	螟蛾科 Pyralidae	白桦角须野螟	*Agrotera nemoralis* Scopoli	2013		标本
685	鳞翅目	螟蛾科 Pyralidae	黑点蚀叶野螟	*Nacoleia commixta*（Butler）	2002		文献-2
686	鳞翅目	螟蛾科 Pyralidae	黑斑蚀叶野螟	*Nacoleia maculalis* South	2002		文献-2
687	鳞翅目	螟蛾科 Pyralidae	豆蚀叶野螟	*Lamprosema indica* Fabricius	1990		文献-1
688	鳞翅目	螟蛾科 Pyralidae	桃蛀野螟	*Dichocrocis punctiferalis* Guenée	2008	+	标本
689	鳞翅目	螟蛾科 Pyralidae	三条蛀野螟	*Dichocrocis chlorophanta* Butler	2013	+	标本
690	鳞翅目	螟蛾科 Pyralidae	橙黑纹野螟	*Tyspanodes striata*（Butler）	2008	+	标本
691	鳞翅目	螟蛾科 Pyralidae	黄黑纹野螟	*Tyspanodes hypsalis* Warren	2013	+	标本
692	鳞翅目	螟蛾科 Pyralidae	瓜绢野螟	*Diaphania indica*（Saunders）	2008	+	标本
693	鳞翅目	螟蛾科 Pyralidae	白腊绢野螟	*Diaphania nigropunctalis*（Bremer）	2008	+	标本
694	鳞翅目	螟蛾科 Pyralidae	四斑绢野螟	*Diaphania quadrimaculalis*（Bremer et Grey）	2008	+	标本
695	鳞翅目	螟蛾科 Pyralidae	桑绢野螟	*Diaphania pyloalis*（Walker）	2008	+	标本
696	鳞翅目	螟蛾科 Pyralidae	绿翅绢野螟	*Diaphania angustalis*（Snellen）	2013	+	标本
697	鳞翅目	螟蛾科 Pyralidae	白斑黑野螟	*Phlyctaenia tyres* Cramer	2008	+	标本

续表

序号	目名	科名	中文种名	拉丁学名	最新发现时间	数量状况	数据来源
698	鳞翅目	螟蛾科 Pyralidae	褐纹翅野螟	*Diasemia accalis* Walker	2002		文献-2
699	鳞翅目	螟蛾科 Pyralidae	金黄镰翅野螟	*Circobotys aurealis*（Leech）	2013	++	标本
700	鳞翅目	螟蛾科 Pyralidae	豆荚野螟	*Maruca testulalis* Geyer	2008	+	标本
701	鳞翅目	螟蛾科 Pyralidae	竹芯翎翅野螟	*Epiparbattia gloriosalis* Caradja	2008	+	标本
702	鳞翅目	螟蛾科 Pyralidae	葡萄切叶野螟	*Herpetogramma luctuosalis* Guenée	2008	+	标本
703	鳞翅目	螟蛾科 Pyralidae	竹织叶野螟	*Algedonia coclesalis* Walker	2013	++	标本
704	鳞翅目	螟蛾科 Pyralidae	甘薯蠹野螟	*Omphisa anastomosalis* Guenée	2013	+	标本
705	鳞翅目	斑蛾科 Zygaenidae	黄柄脉锦斑蛾	*Eterusia aedea magnifica* Butler	2008	+	标本
706	鳞翅目	斑蛾科 Zygaenidae	萱草带锦斑蛾	*Pidorus gemina* Walker	2013	+	标本
707	鳞翅目	斑蛾科 Zygaenidae	白带锦斑蛾	*Chalcosia remota* Walker	2008	+	标本
708	鳞翅目	斑蛾科 Zygaenidae	亮翅毛斑蛾	*Phacusa translucida* Poujade	2008	++	标本
709	鳞翅目	刺蛾科 Limacodidae	褐边绿刺蛾	*Parasa consocia*（Walker）	2008	+	标本
710	鳞翅目	刺蛾科 Limacodidae	丽绿刺蛾	*Parasa lepida*（Cramer）	2008	+	标本
711	鳞翅目	刺蛾科 Limacodidae	灰双线刺蛾	*Cani bilineata*（Walker）	2013	+	标本
712	鳞翅目	刺蛾科 Limacodidae	桑褐刺蛾	*Setora postornata*（Hampson）	2008	+	标本
713	鳞翅目	刺蛾科 Limacodidae	纵带球须刺蛾	*Scopelodes contracta* Walker	2013	+	标本
714	鳞翅目	刺蛾科 Limacodidae	梨娜刺蛾	*Narosoideus flavidorsalis*（Staudinger）	2013	+	标本
715	鳞翅目	刺蛾科 Limacodidae	扁刺蛾	*Thosea sinensis*（Walker）	1990		文献-1
716	鳞翅目	蛱蛾科 Epiplenmidae	斑蝶蛱蛾	*Nossa nelcinna*（Moore）	2008	+	标本
717	鳞翅目	蛱蛾科 Epiplenmidae	宽黑边白蛱蛾	*Psychostrophia picara* Leech	2008	+	标本
718	鳞翅目	网蛾科 Thyrididae	蝉网蛾	*Glanycus foochwensis* Chu et Wang	2008	+	标本
719	鳞翅目	网蛾科 Thyrididae	金盏拱肩网蛾	*Camptochilus sinuosus* Warren	2008	+	标本
720	鳞翅目	凤蛾科 Epicopeiidae	浅翅凤蛾	*Epieopeia hainesi sinicaria* Leech	2008	+	标本
721	鳞翅目	圆钩蛾科 Cyclidiidae	洋麻圆钩蛾	*Cyclidia substigmaria*（Hübner）	2013	+	标本
722	鳞翅目	圆钩蛾科 Cyclidiidae	褐爪突圆钩蛾	*Cyclidia substigmaria bruma* Chu et Wang	2013	+	标本
723	鳞翅目	钩蛾科 Drepanidae	窗翅钩蛾	*Macrauzata fenestraria*（Moore）	2008	+	标本
724	鳞翅目	钩蛾科 Drepanidae	双线钩蛾	*Nordstroemia grisearia*（Staudinger）	2008	+	标本
725	鳞翅目	钩蛾科 Drepanidae	古钩蛾	*palaeodrepana harpagula*（Esper）	2008	+	标本
726	鳞翅目	钩蛾科 Drepanidae	豆点丽钩蛾	*Callidrepana geminagemina* Waston	2013	+	标本
727	鳞翅目	钩蛾科 Drepanidae	交让木山钩蛾	*Oreta insignts*（Butler）	2008	+	标本
728	鳞翅目	钩蛾科 Drepanidae	接骨木山钩蛾	*Oreta loochooana* Swindoe	2008	+	标本
729	鳞翅目	钩蛾科 Drepanidae	三棘山钩蛾	*Oreta trispina* Waston	2013	+	标本
730	鳞翅目	钩蛾科 Drepanidae	仲黑缘黄钩蛾	*Tridrepana cracea*（Leech）	2013	+	标本
731	鳞翅目	尺蛾科 Geometridae	水晶尺蛾	*Centronaxa montanaria* Leech	2008	+	标本
732	鳞翅目	尺蛾科 Geometridae	一线沙尺蛾	*Sarcinodes restitutaria* Walker	2008	+	标本
733	鳞翅目	尺蛾科 Geometridae	粉尺蛾	*Pinasa alba brunnescens* Prout	2008	+	标本
734	鳞翅目	尺蛾科 Geometridae	四川垂耳尺蛾	*Terpna erionoma subnubigosa* Prout	2002		文献-2
735	鳞翅目	尺蛾科 Geometridae	粉垂耳尺蛾	*Terpna haemataria* Herrich-Schäffer	2008	+	标本
736	鳞翅目	尺蛾科 Geometridae	无脊青尺蛾	*Herochroma baba* Swinhoe	2008	+	标本
737	鳞翅目	尺蛾科 Geometridae	二线绿尺蛾	*Euchloris atyche* Prout	2008	+	标本
738	鳞翅目	尺蛾科 Geometridae	镰翅绿尺蛾	*Tanaorhinus reciprocate confuciaria* Walker	2008	+	标本

序号	目名	科名	中文种名	拉丁学名	最新发现时间	数量状况	数据来源
739	鳞翅目	尺蛾科 Geometridae	彩青尺蛾	*Chlormachia gavissima aphrodite* Prout	2008	+	标本
740	鳞翅目	尺蛾科 Geometridae	枯斑翠尺蛾	*Ochrognesia difficta* Walker	2008	+	标本
741	鳞翅目	尺蛾科 Geometridae	赤线尺蛾	*Culpinia diffusa* Walker	2013	+	标本
742	鳞翅目	尺蛾科 Geometridae	萝藦艳青尺蛾	*Agathia carissima*（Butler）	2008	+	标本
743	鳞翅目	尺蛾科 Geometridae	夹竹桃艳青尺蛾	*Agathia lycaenaria* Kolar	2013	+	标本
744	鳞翅目	尺蛾科 Geometridae	粉无疆青尺蛾	*Hemistola dijuncta* Walker	2002		文献-2
745	鳞翅目	尺蛾科 Geometridae	中国巨青尺蛾	*Limbatochlamys rothorni* Rothschild	2008	+	标本
746	鳞翅目	尺蛾科 Geometridae	直脉青尺蛾	*Hipparchus valida*（Felder）	2013	+	标本
747	鳞翅目	尺蛾科 Geometridae	栎绿尺蛾	*Comibaena delicator* Warren	2013	+	标本
748	鳞翅目	尺蛾科 Geometridae	四星尺蛾	*Ophthalmodes irroraria* Bremer et Grey	2008	++	标本
749	鳞翅目	尺蛾科 Geometridae	拟柿星尺蛾	*Percnia albinierata* Warren	2002		文献-2
750	鳞翅目	尺蛾科 Geometridae	柿星尺蛾	*Percnia giraffata*（Guenée）	2013	++	标本
751	鳞翅目	尺蛾科 Geometridae	木橑尺蠖	*Culcula panterinaria* Bremer et Grey	2008	+	标本
752	鳞翅目	尺蛾科 Geometridae	黑玉臂尺蛾	*Xandrames dholaria* Moore	2013	+	标本
753	鳞翅目	尺蛾科 Geometridae	掌尺蛾	*Buzura recursaria superans* Butler	2013	+	标本
754	鳞翅目	尺蛾科 Geometridae	油桐尺蠖	*Buzura suppressaria* Guenée	2008	+	标本
755	鳞翅目	尺蛾科 Geometridae	丝棉木金星尺蛾	*Calospilos suspecta* Warren	标本	+	标本
756	鳞翅目	尺蛾科 Geometridae	榛金星尺蛾	*Calospilos sylvata* Scopoli	2013	+	标本
757	鳞翅目	尺蛾科 Geometridae	赭尾尺蛾	*Ourapteryx aristidaria* Oberthür	2013	+	标本
758	鳞翅目	尺蛾科 Geometridae	四川尾尺蛾	*Ourapteryx ebuleataszechuana*（Wehrhi）	2013	+++	标本
759	鳞翅目	尺蛾科 Geometridae	雪尾尺蛾	*Ourapteryx nivea* Butler	2002		文献-2
760	鳞翅目	尺蛾科 Geometridae	黄蝶尺蛾	*Thinopteryx crocoptera* Koller	2013	+	标本
761	鳞翅目	尺蛾科 Geometridae	大造桥虫	*Ascotis selenaria* Schiffermüller et Denis	2008	+	标本
762	鳞翅目	尺蛾科 Geometridae	槭烟尺蛾	*Phthonosema invenustaria* Leech	2008	+	标本
763	鳞翅目	尺蛾科 Geometridae	黑条眼尺蛾	*Problepsis diazoma* Prout	2002		文献-2
764	鳞翅目	尺蛾科 Geometridae	桦尺蛾	*Biston betularia* Linnaeus	2013	+	标本
765	鳞翅目	尺蛾科 Geometridae	双云尺蛾	*Biston comitata* Warren	2008	+	标本
766	鳞翅目	尺蛾科 Geometridae	槐尺蠖	*Semiothisa*（*Macaria*）*cinerearia* Bremer et Grey	2008	+	标本
767	鳞翅目	尺蛾科 Geometridae	绣纹尺蛾	*Ecliptopera umbrosaria* Motschulsky	2008	+	标本
768	鳞翅目	尺蛾科 Geometridae	三角尺蛾	*Trigonoptila latimarginaria*（Leech）	2013	+	标本
769	鳞翅目	尺蛾科 Geometridae	毛穿孔尺蛾	*Corymica arnearia* Walker	2002		文献-2
770	鳞翅目	尺蛾科 Geometridae	玻璃尺蛾	*Krananda semihyalina*（Moore）	2008	+	标本
771	鳞翅目	尺蛾科 Geometridae	默尺蛾	*Medasima corticaria photina* Wehrli	2008	+	标本
772	鳞翅目	尺蛾科 Geometridae	圆翅达尺蛾	*Dalima patularia* Walker	2008	+	标本
773	鳞翅目	尺蛾科 Geometridae	紫线尺蛾	*Calothysanis comptaria* Walker	2013		标本
774	鳞翅目	尺蛾科 Geometridae	焦边黄尺蛾	*Corymica arnearia* Walker	1990		文献-1
775	鳞翅目	波纹蛾科 Thyatiridae	陕簧波纹蛾	*Gaurena fletcheri* Werny	2008	+	标本
776	鳞翅目	波纹蛾科 Thyatiridae	浩波纹蛾	*Habrosyne derasa* Linnaeus	2008	+	标本
777	鳞翅目	波纹蛾科 Thyatiridae	华异波纹蛾	*Parapsestis lichenea*（Hampson）	2008	+	标本
778	鳞翅目	波纹蛾科 Thyatiridae	阔洒波纹蛾	*Saronaga commifera* Warren	2008	+	标本
779	鳞翅目	舟蛾科 Notodontidae	台湾银斑舟蛾	*Tarsolepis taiwana* Wileman	2008	+	标本

序号	目名	科名	中文种名	拉丁学名	最新发现时间	数量状况	数据来源
780	鳞翅目	舟蛾科 Notodontidae	间蕊舟蛾	*Dudusa intermedia* Sugi	2008	+	标本
781	鳞翅目	舟蛾科 Notodontidae	黑蕊尾舟蛾	*Dudusa sphingiformis* Moore	2008	+	标本
782	鳞翅目	舟蛾科 Notodontidae	梭舟蛾	*Netria viridescens* Walker	2013	+	标本
783	鳞翅目	舟蛾科 Notodontidae	宽带重舟蛾	*Baradesa lithosioides* Moore	2013	+	标本
784	鳞翅目	舟蛾科 Notodontidae	窄带重舟蛾	*Baradesa omissa* Rothschild	2008	+	标本
785	鳞翅目	舟蛾科 Notodontidae	大新二尾舟蛾	*Neocerura wisei*（Swinhoe）	2013	+	标本
786	鳞翅目	舟蛾科 Notodontidae	凹缘舟蛾	*Euhampsonia niveiceps*（Walker）	2013	+	标本
787	鳞翅目	舟蛾科 Notodontidae	钩翅舟蛾	*Gangarides dharma* Moore	2013	+	标本
788	鳞翅目	舟蛾科 Notodontidae	竹拟皮舟蛾	*Mimopydna insignis*（Leech）	2013	+	标本
789	鳞翅目	舟蛾科 Notodontidae	窄翅舟蛾	*Niganda strigifascia* Moore	2013	+	标本
790	鳞翅目	舟蛾科 Notodontidae	杨扇舟蛾	*Clostera anachoreta*（Fabricius）	2013	+	标本
791	鳞翅目	舟蛾科 Notodontidae	黄二星舟蛾	*Lampronadata ristata*（Butler）	2013	++	标本
792	鳞翅目	舟蛾科 Notodontidae	姬舟蛾	*Saliocleta nonagrioides* Walker	2008	+	标本
793	鳞翅目	舟蛾科 Notodontidae	榆掌舟蛾	*Phalera fuscescens* Butler	2013	++	标本
794	鳞翅目	舟蛾科 Notodontidae	栎掌舟蛾	*Pnalera assimilis*（Bremer et Grey）	2013	++	标本
795	鳞翅目	舟蛾科 Notodontidae	小掌舟蛾	*Phalera minor* Nagano	2008	+	标本
796	鳞翅目	舟蛾科 Notodontidae	鞋掌舟蛾	*Phalera albocalceolata*（Bryk）	2008	+	标本
797	鳞翅目	舟蛾科 Notodontidae	刺槐掌舟蛾	*Phalera birmicola* Bryk	2013	+	标本
798	鳞翅目	舟蛾科 Notodontidae	刺桐掌舟蛾	*Phalera raya* Moore	2002		文献-2
799	鳞翅目	舟蛾科 Notodontidae	著内斑舟蛾	*Peridea aliena*（Staudinger）	2008		标本
800	鳞翅目	舟蛾科 Notodontidae	核桃美舟蛾	*Uropyia meticulodina*（Oberthür）	2008	+	标本
801	鳞翅目	舟蛾科 Notodontidae	拳新林舟蛾	*Neodrymonia*（*Pugniphalera*）*rufa*（Yang）	2008	+	标本
802	鳞翅目	舟蛾科 Notodontidae	窦舟蛾	*Zaranga pannosa* Moore	2008	+	标本
803	鳞翅目	舟蛾科 Notodontidae	伪奇舟蛾	*Allata laticostalis*（Hampson）	2008	+	标本
804	鳞翅目	舟蛾科 Notodontidae	圆纷舟蛾	*Formofentonia orbifer*（Hampson）	2013	+	标本
805	鳞翅目	舟蛾科 Notodontidae	间掌舟蛾	*Mesophalera stigmata*（Butler）	2008	+	标本
806	鳞翅目	舟蛾科 Notodontidae	锯齿星舟蛾	*Euhampsonia serratifera* Sugi	2008	+	标本
807	鳞翅目	舟蛾科 Notodontidae	艳金舟蛾	*Spatalia doerriesi* Graeser	2008	+	标本
808	鳞翅目	舟蛾科 Notodontidae	云舟蛾	*Neopheosia fasciata*（Moore）	2008	+	标本
809	鳞翅目	舟蛾科 Notodontidae	竹蓖舟蛾	*Norraca retrofusca* de Joannis	2013	+	标本
810	鳞翅目	毒蛾科 Lymantriidae	模毒蛾	*Lymantria monacha*（Linnaeus）	2008	++++	标本
811	鳞翅目	毒蛾科 Lymantriidae	珊毒蛾	*Lymantria viola* Swinhoe	2013	+	标本
812	鳞翅目	毒蛾科 Lymantriidae	条毒蛾	*Lymantria dissolute* Swinhoe	2013	+	标本
813	鳞翅目	毒蛾科 Lymantriidae	褐顶毒蛾	*Lymantria apicrbrunnea* Gaede	2013	+	标本
814	鳞翅目	毒蛾科 Lymantriidae	锯纹毒蛾	*Imaus mundus*（Walker）	2013	+	标本
815	鳞翅目	毒蛾科 Lymantriidae	肾毒蛾	*Ciuna locuples* Walker	2002		文献-2
816	鳞翅目	毒蛾科 Lymantriidae	白毒蛾	*Arctornis l-nigrum*（Müller）	2013	+	标本
817	鳞翅目	毒蛾科 Lymantriidae	黄跗雪毒蛾	*Stilpnotia chrysoscela* Collenette	2013	+	标本
818	鳞翅目	毒蛾科 Lymantriidae	黄足毒蛾	*Ivela auripes*（Butler）	2013	+	标本
819	鳞翅目	毒蛾科 Lymantriidae	夜窗毒蛾	*Leucoma comma* Hütton	2013	+	标本
820	鳞翅目	毒蛾科 Lymantriidae	鹅点足毒蛾	*Redoa anser* Collenette	2013	+	标本
821	鳞翅目	毒蛾科 Lymantriidae	叉斜带毒蛾	*Numenes separata* Leech	2002		文献-2

序号	目名	科名	中文种名	拉丁学名	最新发现时间	数量状况	数据来源
822	鳞翅目	毒蛾科 Lymantriidae	戟盗毒蛾	*Porthesia kurosawai* Inoue	2013	+	标本
823	鳞翅目	毒蛾科 Lymantriidae	黑褐盗毒蛾	*Porthesia atereta* Collenette	2013	+	标本
824	鳞翅目	毒蛾科 Lymantriidae	红尾黄毒蛾	*Euproctis lunala* Walker	2008	+	标本
825	鳞翅目	毒蛾科 Lymantriidae	蓖麻黄毒蛾	*Euproctis cryptosticta* Collenette	2008	+	标本
826	鳞翅目	毒蛾科 Lymantriidae	漫星黄毒蛾	*Euproctis plana* Walker	2008	+	标本
827	鳞翅目	毒蛾科 Lymantriidae	折带黄毒蛾	*Euproctis flava*（Bremer）	2013	+	标本
828	鳞翅目	毒蛾科 Lymantriidae	二点黄毒蛾	*Euproctis stenosacea* Collenette	2013	+	标本
829	鳞翅目	毒蛾科 Lymantriidae	白斑黄毒蛾	*Euproctis khasi* Collenette	2008	+	标本
830	鳞翅目	毒蛾科 Lymantriidae	梯带黄毒蛾	*Euproctis montis*（Leech）	2013	+	标本
831	鳞翅目	毒蛾科 Lymantriidae	幻带黄毒蛾	*Euproctis varians*（Walker）	2013	+	标本
832	鳞翅目	毒蛾科 Lymantriidae	乌柏黄毒蛾	*Euproctis bipunctapes*（Hampson）	2013	+	标本
833	鳞翅目	毒蛾科 Lymantriidae	半带黄毒蛾	*Euproctis digramma*（Guerin）	2002		文献-2
834	鳞翅目	毒蛾科 Lymantriidae	脉黄毒蛾	*Euproctis albovenosa*（Semper）	2002		文献-2
835	鳞翅目	毒蛾科 Lymantriidae	皎星黄毒蛾	*Euproctis bimaculata* Walker	2008	+	标本
836	鳞翅目	毒蛾科 Lymantriidae	云星黄毒蛾	*Euproctis niphonis*（Butler）	2008	+	标本
837	鳞翅目	灯蛾科 Arctiidae	琼掌痣苔蛾	*Stigmatophora hainanensis* Fang	2008	+	标本
838	鳞翅目	灯蛾科 Arctiidae	明雪苔蛾	*Cyana Phaedra*（Leech）	2008	+	标本
839	鳞翅目	灯蛾科 Arctiidae	黄雪苔蛾	*Cyana dohertyi* Elwes	2013	+	标本
840	鳞翅目	灯蛾科 Arctiidae	血红雪苔蛾	*Cyana sanguinea* Bremer et Grey	2008	+	标本
841	鳞翅目	灯蛾科 Arctiidae	天目雪苔蛾	*Cyana tienmushanensis* Reich	2008	+	标本
842	鳞翅目	灯蛾科 Arctiidae	条纹艳苔蛾	*Asura strigipennis* Herrich-schäffer	2008	+	标本
843	鳞翅目	灯蛾科 Arctiidae	粗艳苔蛾	*Asura dasara* Moore	2008	+	标本
844	鳞翅目	灯蛾科 Arctiidae	土黄荷苔蛾	*Ghoria yuennanica* Daniel	2008	+	标本
845	鳞翅目	灯蛾科 Arctiidae	全黄荷苔蛾	*Ghoria holochrea*（Hampson）	2013	+++	标本
846	鳞翅目	灯蛾科 Arctiidae	乌闪网苔蛾	*Macrobrochis staudingeri*（Apheraky）	2013	+	标本
847	鳞翅目	灯蛾科 Arctiidae	长斑苏苔蛾	*Thysanoptyx tetragona* Walker	2013	+	标本
848	鳞翅目	灯蛾科 Arctiidae	圆斑苏苔蛾	*Thysanoptyx signata* Walker	2013	+	标本
849	鳞翅目	灯蛾科 Arctiidae	白黑瓦苔蛾	*Vamuna ramelana* Moore	2008	+++	标本
850	鳞翅目	灯蛾科 Arctiidae	闪光苔蛾	*Chrysaeglia magnitica*（Walker）	2008	+	标本
851	鳞翅目	灯蛾科 Arctiidae	异美苔蛾	*Miltochrista aberans* Butler	2002		文献-2
852	鳞翅目	灯蛾科 Arctiidae	齿美苔蛾	*Miltochrista dentifascia* Hampson	2002		文献-2
853	鳞翅目	灯蛾科 Arctiidae	之美苔蛾	*Miltochrista ziczac*（Walker）	2013	+	标本
854	鳞翅目	灯蛾科 Arctiidae	优美苔蛾	*Miltochrista striata* Bremer et Grey	2013	++	标本
855	鳞翅目	灯蛾科 Arctiidae	愉美苔蛾	*Miltochrista jucunda* Fang	2008	+	标本
856	鳞翅目	灯蛾科 Arctiidae	十字美苔蛾	*Miltochrista cruciata* Walker	2008	+	标本
857	鳞翅目	灯蛾科 Arctiidae	东方美苔蛾	*Miltochrista orientalis* Daniel	2008	+	标本
858	鳞翅目	灯蛾科 Arctiidae	灰土苔蛾	*Eilema griseola* Hübner	2013	+	标本
859	鳞翅目	灯蛾科 Arctiidae	缘点土苔蛾	*Eilema costipuncta* Leech	2008	+	标本
860	鳞翅目	灯蛾科 Arctiidae	长斑土苔蛾	*Eilema tetragona* Walker	2002		文献-2
861	鳞翅目	灯蛾科 Arctiidae	圆斑土苔蛾	*Eilema signat* Walker	2013	+	标本
862	鳞翅目	灯蛾科 Arctiidae	缘黄苔蛾	*Lithosia subcosteola* Druce	2008	+	标本
863	鳞翅目	灯蛾科 Arctiidae	点望灯蛾	*Lemyra stigmata* Moore	2008	+	标本

序号	目名	科名	中文种名	拉丁学名	最新发现时间	数量状况	数据来源
864	鳞翅目	灯蛾科 Arctiidae	姬白望灯蛾	*Lemyra rhodophila* Walker	2008	+	标本
865	鳞翅目	灯蛾科 Arctiidae	双带望灯蛾	*Lemyra burmanica* Rothschild	2008	+	标本
866	鳞翅目	灯蛾科 Arctiidae	白雪灯蛾	*Chionarctia nivea* Ménétriès	2013	+	标本
867	鳞翅目	灯蛾科 Arctiidae	八点灰灯蛾	*Creatonotos transiens* Walker	2008	+	标本
868	鳞翅目	灯蛾科 Arctiidae	大丽灯蛾	*Aglaomorpha histrio* Walker	2008	+	标本
869	鳞翅目	灯蛾科 Arctiidae	花布灯蛾	*Camptoloma intreriorata* Walker	2008	++	标本
870	鳞翅目	灯蛾科 Arctiidae	强污灯蛾	*Spilarctia robusta* Leech	2013	+	标本
871	鳞翅目	灯蛾科 Arctiidae	显脉污灯蛾	*Spilarctia bisecta* Leech	2008	+	标本
872	鳞翅目	灯蛾科 Arctiidae	天目污灯蛾	*Spilarctia tienmushanica* Daniel	2008	+	标本
873	鳞翅目	灯蛾科 Arctiidae	红线污灯蛾	*Spilarctia rubilinea*（Moore）	2002		文献-2
874	鳞翅目	灯蛾科 Arctiidae	斜带污灯蛾	*Spilarctia rubilinea punctilinea*（Moore）	2002		文献-2
875	鳞翅目	灯蛾科 Arctiidae	乳白斑灯蛾	*Pericallia galactina* Hoeven	2013	+	标本
876	鳞翅目	灯蛾科 Arctiidae	毛玫灯蛾	*Amerila omissa* Rothchild	2008	+	标本
877	鳞翅目	灯蛾科 Arctiidae	粉蝶灯蛾	*Nyctemera adversata* Sthaller	2013	+	标本
878	鳞翅目	灯蛾科 Arctiidae	花蝶灯蛾	*Nyctemera varians* Walker	2013	+	标本
879	鳞翅目	灯蛾科 Arctiidae	闪光玫灯蛾	*Rhodogastria astreus*（Drury）	2008	+	标本
880	鳞翅目	灯蛾科 Arctiidae	楔斑拟灯蛾	*Asota paliura* Swinhoe	2013	+	标本
881	鳞翅目	鹿蛾科 Amatidae	清新鹿蛾黑翅亚种	*Caeneressa diphana muirheadi*（Feler）	2002		文献-2
882	鳞翅目	鹿蛾科 Amatidae	滇鹿蛾	*Amata atkinsoni*（Moore）	2008	+	标本
883	鳞翅目	夜蛾科 Noctuidae	缤夜蛾	*Moma alpium*（Osbeck）	2013	+	标本
884	鳞翅目	夜蛾科 Noctuidae	小地老虎	*Agrotis ypsilon* Rttemberg	2008	+	标本
885	鳞翅目	夜蛾科 Noctuidae	八字地老虎	*Xestia c-nigrum*（Linnaeus）	2008	+	标本
886	鳞翅目	夜蛾科 Noctuidae	白脉粘夜蛾	*Leucania venalba* Moore	2008	++	标本
887	鳞翅目	夜蛾科 Noctuidae	光腹夜蛾	*Nythimna turca* Linnaeus	2002		文献-2
888	鳞翅目	夜蛾科 Noctuidae	迈散纹夜蛾	*Callopistria maillardi*（Guende）	1990		文献-1
889	鳞翅目	夜蛾科 Noctuidae	间纹炫夜蛾	*Actinotia intermediate*（Bremer）	2013	+	标本
890	鳞翅目	夜蛾科 Noctuidae	麦奂夜蛾	*Amphipoen fucosa*（Freyer）	2008	+	标本
891	鳞翅目	夜蛾科 Noctuidae	沪齐夜蛾	*Allocosmia hoenei*（Bang-Haas）	2008	+	标本
892	鳞翅目	夜蛾科 Noctuidae	飘夜蛾	*Clethrorasa pilcheri*（Hampson）	2008	+	标本
893	鳞翅目	夜蛾科 Noctuidae	半点顶夜蛾	*Callyna semivitta* Moore	2013	+	标本
894	鳞翅目	夜蛾科 Noctuidae	胡桃豹夜蛾	*Sinna extrema* Walker	2013	+	标本
895	鳞翅目	夜蛾科 Noctuidae	粉翠夜蛾	*Hylohilodes orientalis*（Hampson）	2008	+	标本
896	鳞翅目	夜蛾科 Noctuidae	红衣夜蛾	*Clethrophora distincta*（Leech）	2008	+	标本
897	鳞翅目	夜蛾科 Noctuidae	间赭夜蛾	*Carea internifusca* Hampson	2008	+	标本
898	鳞翅目	夜蛾科 Noctuidae	旋夜蛾	*Eligma narcissvs*（Cramer）	2013	+	标本
899	鳞翅目	夜蛾科 Noctuidae	梨纹黄夜蛾	*Xatnthodes tronsversa*（Guenee）	2013	+	标本
900	鳞翅目	夜蛾科 Noctuidae	黄颈缤夜蛾	*Moma fulvicollis* Lattin	2008	+	标本
901	鳞翅目	夜蛾科 Noctuidae	赭灰裳夜蛾	*Perynea ruficeps*（Walker）	2008	+	标本
902	鳞翅目	夜蛾科 Noctuidae	交兰纹夜蛾	*Stenoloba confuse* Leech	2013	++	标本
903	鳞翅目	夜蛾科 Noctuidae	意光裳夜蛾	*Ephesia ella*（Butler）	2008	+	标本
904	鳞翅目	夜蛾科 Noctuidae	苎麻夜蛾	*Arcte coerula*（Guenée）	2008	+	标本
905	鳞翅目	夜蛾科 Noctuidae	蚪目夜蛾	*Metopta rectifasciata*（Menetries）	2013	+	标本

序号	目名	科名	中文种名	拉丁学名	最新发现时间	数量状况	数据来源
906	鳞翅目	夜蛾科 Noctuidae	卷裳目夜蛾	*Erebus macrops* Linnaeus	2008	+	标本
907	鳞翅目	夜蛾科 Noctuidae	目夜蛾	*Erebus crepuscularis* Linnaeus	2008	+	标本
908	鳞翅目	夜蛾科 Noctuidae	毛目夜蛾	*Erebus pilosa* Leech	2008	+	标本
909	鳞翅目	夜蛾科 Noctuidae	变色夜蛾	*Hypopyra vespertilio*（Fabricius）	2008	+	标本
910	鳞翅目	夜蛾科 Noctuidae	朴变色夜蛾	*Hypopyra feniseca* Guenée	2013	+	标本
911	鳞翅目	夜蛾科 Noctuidae	环夜蛾	*Spirama retorta*（Clerck）	2013	+	标本
912	鳞翅目	夜蛾科 Noctuidae	晦旋目夜蛾	*Speiredonia martha* Butler	2008	+	标本
913	鳞翅目	夜蛾科 Noctuidae	木叶夜蛾	*Xylophylla punctifascia* Leech	2013	+	标本
914	鳞翅目	夜蛾科 Noctuidae	黄带拟叶夜蛾	*Phyllodes eyndhovii* Vollenhoven	2008	+	标本
915	鳞翅目	夜蛾科 Noctuidae	庸肖毛翅夜蛾	*Thyas Juno* Dalman	2008	+	标本
916	鳞翅目	夜蛾科 Noctuidae	斜线关夜蛾	*Artena dotata*（Fabricius）	2008	+	标本
917	鳞翅目	夜蛾科 Noctuidae	安钮夜蛾	*Ophiusa tirhaca*（Cramer）	2008	+	标本
918	鳞翅目	夜蛾科 Noctuidae	橘安钮夜蛾	*Ophiusa triphaenoides*（Walker）	1990		文献-1
919	鳞翅目	夜蛾科 Noctuidae	肾巾夜蛾	*Dysgonia praetermissa*（Warren）	2013	+	标本
920	鳞翅目	夜蛾科 Noctuidae	霉巾夜蛾	*Dysgonia maturate*（Walker）	2008	+	标本
921	鳞翅目	夜蛾科 Noctuidae	玫瑰巾夜蛾	*Dysgonia arctotaenia*（Guenée）	2013	+	标本
922	鳞翅目	夜蛾科 Noctuidae	中桥夜蛾	*Anomis mesogona*（Walker）	2013	+	标本
923	鳞翅目	夜蛾科 Noctuidae	小桥夜蛾	*Anomis flava*（Fabricius）	1990		文献-1
924	鳞翅目	夜蛾科 Noctuidae	镶艳叶夜蛾	*Eudocima homaena* L. Hubner	2013	+	标本
925	鳞翅目	夜蛾科 Noctuidae	凡艳叶夜蛾	*Eudocima fullonica*（Clerck）	2013	+	标本
926	鳞翅目	夜蛾科 Noctuidae	木夜蛾	*Hulodes caranea*（Cramer）	1990		文献-1
927	鳞翅目	夜蛾科 Noctuidae	中南夜蛾	*Erieia inangulata* Guerée	2008	+	标本
928	鳞翅目	夜蛾科 Noctuidae	齿斑畸夜蛾	*Borsippa quadrilineata*（Walker）	2013	+	标本
929	鳞翅目	夜蛾科 Noctuidae	粉点朋闪夜蛾	*Hypersypnoides punctosa* Walker	2008	+	标本
930	鳞翅目	夜蛾科 Noctuidae	三斑蕊夜蛾	*Cymatophoropsis trimaculata*（Bremer）	2013	+	标本
931	鳞翅目	夜蛾科 Noctuidae	大斑蕊夜蛾	*Cymatophoropsis unca*（Houlbert）	2008	+	标本
932	鳞翅目	夜蛾科 Noctuidae	淡银纹夜蛾	*Puriplusia purissima* Butler	2013	+	标本
933	鳞翅目	夜蛾科 Noctuidae	中金弧夜蛾	*Diachrysia intermixta* Warren	2013	+	标本
934	鳞翅目	夜蛾科 Noctuidae	白条夜蛾	*Argrogramma albostriata* Bremer et Grey	1990		文献-1
935	鳞翅目	夜蛾科 Noctuidae	蓝条夜蛾	*Ischyja manlia*（Cramer）	2013	++	标本
936	鳞翅目	夜蛾科 Noctuidae	白线篦夜蛾	*Episparis liturata* Fabricius	2013	+	标本
937	鳞翅目	夜蛾科 Noctuidae	斜线哈夜蛾	*Hamodes butleri*（Leech）	2008	+	标本
938	鳞翅目	夜蛾科 Noctuidae	寒铧夜蛾	*Blasticorhinus ussuriensis* Bremer	2008	+	标本
939	鳞翅目	夜蛾科 Noctuidae	疖角壶夜蛾	*Calyptra minuticornis*（Guenée）	2013	+	标本
940	鳞翅目	夜蛾科 Noctuidae	浓眉夜蛾	*Pangrapta trimantesalis*（Walker）	2013	+	标本
941	鳞翅目	夜蛾科 Noctuidae	张卜夜蛾	*Bomolocha rhombalis*（Guenée）	2013	+	标本
942	鳞翅目	夜蛾科 Noctuidae	白肾夜蛾	*Edessena gentiusalis* Walker	2013	+	标本
943	鳞翅目	夜蛾科 Noctuidae	钩白肾夜蛾	*Edessena hamada* Felder et Rogenhofer	2013	+	标本
944	鳞翅目	夜蛾科 Noctuidae	曲线贫夜蛾	*Simplicia niphona*（Butler）	1990		文献-1
945	鳞翅目	夜蛾科 Noctuidae	白云修虎蛾	*Sarbanissa transiens*（Walker）	2013	+	标本
946	鳞翅目	夜蛾科 Noctuidae	黄修虎蛾	*Sarbanissa flavide* Butler	1990		文献-1
947	鳞翅目	天蛾科 Sphingidae	芝麻鬼脸天蛾	*Acherontia styx* Westwood	2008	+	标本

续表

序号	目名	科名	中文种名	拉丁学名	最新发现时间	数量状况	数据来源
948	鳞翅目	天蛾科 Sphingidae	鬼脸天蛾	*Acherontia lachesis* Fabricius	2013	+	标本
949	鳞翅目	天蛾科 Sphingidae	华中松天蛾	*Hyloicus pinastri arestus* Jordam	2008	+	标本
950	鳞翅目	天蛾科 Sphingidae	白薯天蛾	*Herse convolvuli* Linnaeus	2013	+	标本
951	鳞翅目	天蛾科 Sphingidae	大背天蛾	*Meganoton analis* Felder	2008	+	标本
952	鳞翅目	天蛾科 Sphingidae	霜天蛾	*Psilogramma menephron*（Cramer）	2013	+	标本
953	鳞翅目	天蛾科 Sphingidae	绒星天蛾	*Dolbina tancrei* Staudinger	2008	+	标本
954	鳞翅目	天蛾科 Sphingidae	鹰翅天蛾	*Oxyambulyx ochracea* Butler	2013	+	标本
955	鳞翅目	天蛾科 Sphingidae	栎鹰翅天蛾	*Oxyambulyx liturata* Butler	2008	++	标本
956	鳞翅目	天蛾科 Sphingidae	核桃鹰翅天蛾	*Oxyambulyx schauffelbergeri* Bremer et Grey	2008	+	标本
957	鳞翅目	天蛾科 Sphingidae	豆天蛾	*Clanis bilineata tsingtauica* Mell	2008	+	标本
958	鳞翅目	天蛾科 Sphingidae	南方豆天蛾	*Clanis bilineata bilineata*（Walker）	2013	+	标本
959	鳞翅目	天蛾科 Sphingidae	洋槐天蛾	*Clanis deucalion*（Walker）	2013	+	标本
960	鳞翅目	天蛾科 Sphingidae	齿翅三线天蛾	*Polyptychus dentatus* Gramer	2013	+	标本
961	鳞翅目	天蛾科 Sphingidae	福建六点天蛾	*Marumba fujinensis* Chu et Wang	2008	+	标本
962	鳞翅目	天蛾科 Sphingidae	椴六点天蛾	*Marumba dyras* Walker	2008	+	标本
963	鳞翅目	天蛾科 Sphingidae	栗六点天蛾	*Marumba sperchius* Menentries	2008	++	标本
964	鳞翅目	天蛾科 Sphingidae	枇杷六点天蛾	*Marumba spectabilis* Butler	2013	+	标本
965	鳞翅目	天蛾科 Sphingidae	梨六点天蛾	*Marumba gaschkewitschi complacens*（Walker）	2013	+	标本
966	鳞翅目	天蛾科 Sphingidae	构月天蛾	*Paeum colligate* Walker	2008	+	标本
967	鳞翅目	天蛾科 Sphingidae	月天蛾	*Parum porphyria* Butler	2013	+	标本
968	鳞翅目	天蛾科 Sphingidae	眼斑天蛾	*Callambulyx orbita* Chu et Wang	2008	+	标本
969	鳞翅目	天蛾科 Sphingidae	绿带闭目天蛾	*Callambulyx rubricosa*（Walker）	2013	+	标本
970	鳞翅目	天蛾科 Sphingidae	盾天蛾	*Phyllosphingia dissimilis dissimilis* Bremer	2008	+	标本
971	鳞翅目	天蛾科 Sphingidae	紫光盾天蛾	*Phyllosphingia dissimilis sinensis* Jordan	2013	+++	标本
972	鳞翅目	天蛾科 Sphingidae	葡萄昼天蛾	*Sphecodina caudate* Bremer et Grey	2008	+	标本
973	鳞翅目	天蛾科 Sphingidae	葡萄天蛾	*Ampelophaga rubiginosa rubiginosa* Bremer et Grey	2013	++	标本
974	鳞翅目	天蛾科 Sphingidae	葡萄缺角天蛾	*Acocmeryx naga* Moore	2008	+	标本
975	鳞翅目	天蛾科 Sphingidae	黄点缺角天蛾	*Acosmeryx miskini* Murray	2008	+	标本
976	鳞翅目	天蛾科 Sphingidae	缺角天蛾	*Acosmeryx castanea* Jordan et Rothschild	2013	+	标本
977	鳞翅目	天蛾科 Sphingidae	青背长喙天蛾	*Macroglossum bombylans*（Boisduval）	2008	+	标本
978	鳞翅目	天蛾科 Sphingidae	四川长喙天蛾	*Macroglossum rectifascia* Felder	2008	+	标本
979	鳞翅目	天蛾科 Sphingidae	红天蛾	*Pergesa elpenor lewisi*（Butler）	2013	+	标本
980	鳞翅目	天蛾科 Sphingidae	斜纹天蛾	*Theretra clotho clotho*（Drury）	2013	+	标本
981	鳞翅目	天蛾科 Sphingidae	雀纹天蛾	*Theretra japonica* Orza	2008	+	标本
982	鳞翅目	天蛾科 Sphingidae	芋双线天蛾	*Theretra oldenlandiae* Fabricius	2008	+	标本
983	鳞翅目	天蛾科 Sphingidae	青背斜纹天蛾	*Theretra nessus* Drury	2008	+	标本
984	鳞翅目	天蛾科 Sphingidae	白肩天蛾	*Rhagastis mongoliana mongoliana*（Butler）	2013	+	标本
985	鳞翅目	天蛾科 Sphingidae	青白肩天蛾	*Rhagastis olivacea* Moore	2008	+	标本
986	鳞翅目	天蛾科 Sphingidae	平背天蛾	*Cechenena minor*（Butler）	2013	++	标本

序号	目名	科名	中文种名	拉丁学名	最新发现时间	数量状况	数据来源
987	鳞翅目	天蛾科 Sphingidae	条背天蛾	*Cechenena lineosa* Walker	2008	+	标本
988	鳞翅目	天蛾科 Sphingidae	斜绿天蛾	*Rhyncholaba acteus*（Cramer）	2013	+	标本
989	鳞翅目	蚕蛾科 Bombycidae	一点钩翅蚕蛾	*Mustilia hepatica* Moore	2008	+	标本
990	鳞翅目	蚕蛾科 Bombycidae	钩翅赭蚕蛾	*Mustilia sphingiformis* Moore	2008	+	标本
991	鳞翅目	大蚕蛾科 Saturniidae	樗蚕	*Philosamia cynthia* Walkeri et Felder	2013	+	标本
992	鳞翅目	大蚕蛾科 Saturniidae	黄豹大蚕蛾	*Loepa katinka* Westwood	2002		文献-2
993	鳞翅目	大蚕蛾科 Saturniidae	豹大蚕蛾	*Loepa oberthuri* Leech	2008	+	标本
994	鳞翅目	大蚕蛾科 Saturniidae	目豹大蚕蛾	*Loepa damartis* Jordan	2013	+	标本
995	鳞翅目	大蚕蛾科 Saturniidae	藤豹大蚕蛾	*Loepa anthera* Jordan	2013	+	标本
996	鳞翅目	大蚕蛾科 Saturniidae	绿尾大蚕蛾	*Actias selenen ningpoana* Felder	2008	+	标本
997	鳞翅目	大蚕蛾科 Saturniidae	长尾大蚕蛾	*Actias dubernardi* Oberthür	1990		文献-1
998	鳞翅目	大蚕蛾科 Saturniidae	红尾大蚕蛾	*Actias rhodopneuma* Rober	2002		文献-2
999	鳞翅目	大蚕蛾科 Saturniidae	华尾大蚕蛾	*Actias sinensis* Waliker	2008	+	标本
1000	鳞翅目	大蚕蛾科 Saturniidae	后目大蚕蛾	*Dictyoploca simla* Westwood	2008	+	标本
1001	鳞翅目	大蚕蛾科 Saturniidae	银杏大蚕蛾	*Dictyoploca japonica* Woore	2008	++	标本
1002	鳞翅目	大蚕蛾科 Saturniidae	钩翅大蚕蛾	*Antheraea assamensis* Westwood	2008	+	标本
1003	鳞翅目	笋纹蛾科 Brahmaeidae	青球笋纹蛾	*Brahmophthalma hearseyi*（White）	2008	+	标本
1004	鳞翅目	笋纹蛾科 Brahmaeidae	枯球笋纹蛾	*Brahmophthalma wallichii*（Gray）	2008	+	标本
1005	鳞翅目	枯叶蛾科 Lasiocampidae	油松毛虫	*Dentrolimus tabulaeformis* Tsai et Li	2002		文献-2
1006	鳞翅目	枯叶蛾科 Lasiocampidae	云南松毛虫	*Dentrolimus grisea*（Moore）	2008	+	标本
1007	鳞翅目	枯叶蛾科 Lasiocampidae	马尾松毛虫	*Dendrolimus punctata*（Walker）	2013	++	标本
1008	鳞翅目	枯叶蛾科 Lasiocampidae	思茅松毛虫	*Dendrolimus kikuchii* Matsumura	2008	+	标本
1009	鳞翅目	枯叶蛾科 Lasiocampidae	橘毛虫	*Gastrapacha pardale sinensis* Tams	2013	+	标本
1010	鳞翅目	枯叶蛾科 Lasiocampidae	阿纹枯叶蛾	*Euthrix albomaculata* Bremer	2008	+	标本
1011	鳞翅目	枯叶蛾科 Lasiocampidae	竹纹枯叶蛾	*Euthrix laeta*（Walker）	2013	+	标本
1012	鳞翅目	枯叶蛾科 Lasiocampidae	杨褐枯叶蛾	*Gastropacha populifolia*（Esper）	2002		文献-2
1013	鳞翅目	枯叶蛾科 Lasiocampidae	松大枯叶蛾	*Lebeda nobilis nobilis* Walker	2013	+	标本
1014	鳞翅目	枯叶蛾科 Lasiocampidae	苹枯叶蛾	*Odonestis pruni*（Linnaeus）	2013	+	标本
1015	鳞翅目	枯叶蛾科 Lasiocampidae	栗黄枯叶蛾	*Trabala vishnou* Lefebvre	2013	+	标本
1016	鳞翅目	带蛾科 Eupterotidae	褐带蛾	*Palirisa cervina* Moore	2008	+	标本
1017	鳞翅目	带蛾科 Eupterotidae	褐斑带蛾	*Apha subdives* Walker	2013	+	标本
1018	鳞翅目	带蛾科 Eupterotidae	彩带蛾	*Apha tychona* Butler	1990		文献-1
1019	鳞翅目	带蛾科 Eupterotidae	丝光带蛾	*Pseudojana incandesceus* Walker	2008	+	标本
1020	鳞翅目	带蛾科 Eupterotidae	灰纹带蛾	*Ganisa cyanugrisea* Mell	2008	++	标本
1021	鳞翅目	凤蝶科 Papilionida	多姿麝凤蝶	*Byasa polyeuctes*（Doubleday）	2008	+	标本
1022	鳞翅目	凤蝶科 Papilionida	美凤蝶	*Papilio memnon* Linnaeus	2008	+	标本
1023	鳞翅目	凤蝶科 Papilionida	蓝凤蝶	*Papilio protenor* Cramer	2013	+	标本
1024	鳞翅目	凤蝶科 Papilionida	玉带凤蝶	*Papilio polytes* Linnaeus	2013	++	标本
1025	鳞翅目	凤蝶科 Papilionida	玉斑凤蝶	*Papilio helenus* Linnaeus	2008	+	标本
1026	鳞翅目	凤蝶科 Papilionida	宽带凤蝶	*Papilio nephelus* Boisduval	2013	+	标本
1027	鳞翅目	凤蝶科 Papilionida	巴黎翠凤蝶	*Papilio paris* Linnaeus	2008	+	标本
1028	鳞翅目	凤蝶科 Papilionida	碧凤蝶	*Papilio bianor*（Cramer）	2008	++	标本

续表

序号	目名	科名	中文种名	拉丁学名	最新发现时间	数量状况	数据来源
1029	鳞翅目	凤蝶科 Papilionida	柑橘凤蝶	*Papilio xuthus*（Linnaeus）	2013	+	标本
1030	鳞翅目	凤蝶科 Papilionida	金凤蝶	*Papilio machaon*（Linnaeus）	2013	+	标本
1031	鳞翅目	凤蝶科 Papilionida	青凤蝶	*Graphium sapedon*（Linnaeus）	2008	+	标本
1032	鳞翅目	凤蝶科 Papilionida	碎斑青凤蝶	*Graphium chironides*（Honrath）	2002		文献-2
1033	鳞翅目	凤蝶科 Papilionida	木兰青凤蝶	*Graphium doson*（Felder et Felder）	2008	+	标本
1034	鳞翅目	凤蝶科 Papilionida	宽带青凤蝶	*Graphium cloanthus*（Westwood）	1990	+	文献-1
1035	鳞翅目	粉蝶科 Pieridae	橙翅方粉蝶	*Dercas nina* Mell	2008	+	标本
1036	鳞翅目	粉蝶科 Pieridae	檀角方粉蝶	*Dercas verhuslli*（van der Hoeven）	2013	+	标本
1037	鳞翅目	粉蝶科 Pieridae	橙黄豆粉蝶	*Colias fieldii* Ménériès	2013	+	标本
1038	鳞翅目	粉蝶科 Pieridae	宽边黄粉蝶	*Eurema hecabe*（Linnaeus）	2013	++	标本
1039	鳞翅目	粉蝶科 Pieridae	圆翅钩粉蝶	*Gonepteryx amintha* Blanchard	2013	+	标本
1040	鳞翅目	粉蝶科 Pieridae	菜粉蝶	*Pieris rapae*（Linnaeus）	2013	++++	标本
1041	鳞翅目	粉蝶科 Pieridae	黑纹菜粉蝶	*Pieris melete* Ménériès	2013	+	标本
1042	鳞翅目	粉蝶科 Pieridae	东方菜粉蝶	*Pieris canidia*（Sparrman）	2013	+++	标本
1043	鳞翅目	粉蝶科 Pieridae	暗脉粉蝶	*Pieris napi*（Linnaeus）	2013	+	标本
1044	鳞翅目	粉蝶科 Pieridae	飞龙粉蝶	*Talbotia nagana*（Moore）	2013	+	标本
1045	鳞翅目	斑蝶科 Danaidae	虎斑蝶	*Danaus genutis*（Cramer）	2008	+	标本
1046	鳞翅目	斑蝶科 Danaidae	啬青斑蝶	*Tirumala septentrionis*（Butler）	2008	+	标本
1047	鳞翅目	斑蝶科 Danaidae	黑绢斑蝶	*Parantica melanea*（Cramer）	2013	+	标本
1048	鳞翅目	斑蝶科 Danaidae	异型紫斑蝶	*Euploea mulciber*（Cramer）	2008	+	标本
1049	鳞翅目	环蝶科 Amathusiidae	串珠环蝶	*Faunis eumeus*（Drury）	2008	+	标本
1050	鳞翅目	环蝶科 Amathusiidae	灰翅串珠环蝶	*Faunis aerope*（Leech）	2008	+	标本
1051	鳞翅目	环蝶科 Amathusiidae	箭环蝶	*Stichophthalma howqua*（Westwood）	2008	+	标本
1052	鳞翅目	眼蝶科 Satyridae	暮眼蝶	*Melantis leda*（linnaeus）	2008	+	标本
1053	鳞翅目	眼蝶科 Satyridae	黛眼蝶	*Lethe dura*（Marshall）	2013	+	标本
1054	鳞翅目	眼蝶科 Satyridae	曲纹黛眼蝶	*Lethe chandica* Moore	2008	+	标本
1055	鳞翅目	眼蝶科 Satyridae	白带黛眼蝶	*Lethe confusa*（Aurivillius）	2013	+	标本
1056	鳞翅目	眼蝶科 Satyridae	深山黛眼蝶	*Lethe insane* Kollar	1990	+	文献-1
1057	鳞翅目	眼蝶科 Satyridae	玉带黛眼蝶	*Lethe verma* Kollar	2008	+	标本
1058	鳞翅目	眼蝶科 Satyridae	连纹黛眼蝶	*Lethe syrcis*（Hewitson）	2013	++	标本
1059	鳞翅目	眼蝶科 Satyridae	罗丹黛眼蝶	*Lethe laodamia* Leech	2013	+	标本
1060	鳞翅目	眼蝶科 Satyridae	苔娜黛眼蝶	*Lethe diana*（Butler）	2008	+	标本
1061	鳞翅目	眼蝶科 Satyridae	直带黛眼蝶	*Lethe lanaris*（Butler）	2008	+	标本
1062	鳞翅目	眼蝶科 Satyridae	布莱荫眼蝶	*Neope bremeri*（Felder）	2008	+	标本
1063	鳞翅目	眼蝶科 Satyridae	蒙链荫眼蝶	*Neope muirheadi* Felder	2008	+	标本
1064	鳞翅目	眼蝶科 Satyridae	田园荫眼蝶	*Neope agrestis* Oberthür	1990		文献-1
1065	鳞翅目	眼蝶科 Satyridae	蓝斑丽眼蝶	*Mandarinia regalis*（Leech）	2008	+	标本
1066	鳞翅目	眼蝶科 Satyridae	小眉眼蝶	*Mycalesis mineus*（Linnaeus）	2008	+	标本
1067	鳞翅目	眼蝶科 Satyridae	稻眉眼蝶	*Mycalesis gotama* Moore	2013	+	标本
1068	鳞翅目	眼蝶科 Satyridae	拟稻眉眼蝶	*Mycalesis francisca*（Stoll）	2008	+	标本
1069	鳞翅目	眼蝶科 Satyridae	平顶眉眼蝶	*Mycalesis panthaka*（Fruhstorfer）	2008	+	标本
1070	鳞翅目	眼蝶科 Satyridae	白斑眼蝶	*Penthema adelma*（Felder）	2013	+	标本

续表

序号	目名	科名	中文种名	拉丁学名	最新发现时间	数量状况	数据来源
1071	鳞翅目	眼蝶科 Satyridae	矍眼蝶	*Ypthima balda*（Fabricius）	2013	+	标本
1072	鳞翅目	眼蝶科 Satyridae	完璧矍眼蝶	*Ypthima perfecta*（Leech）	2008	+	标本
1073	鳞翅目	眼蝶科 Satyridae	东亚矍眼蝶	*Ypthima motschulskyi*（Bremer et Grey）	2013	+	标本
1074	鳞翅目	蛱蝶科 Nymphalidae	红锯蛱蝶	*Cethosia bibles*（Drury）	1990	+	文献-1
1075	鳞翅目	蛱蝶科 Nymphalidae	罗蛱蝶	*Rohana parisatis*（Westwood）	2013	+++	标本
1076	鳞翅目	蛱蝶科 Nymphalidae	傲白蛱蝶	*Helcyra superba* Leech	2008	+	标本
1077	鳞翅目	蛱蝶科 Nymphalidae	拟斑脉蛱蝶	*Hestina persimilis*（Westwood）	2008	+	标本
1078	鳞翅目	蛱蝶科 Nymphalidae	蒺藜纹脉蛱蝶	*Hestina nama*（Doubleday）	2013	+	标本
1079	鳞翅目	蛱蝶科 Nymphalidae	秀蛱蝶	*Pseudergolis wedah*（Kollar）	2013	+	标本
1080	鳞翅目	蛱蝶科 Nymphalidae	素饰蛱蝶	*Stibochiona nicea*（Gray）	2013	+	标本
1081	鳞翅目	蛱蝶科 Nymphalidae	斐豹蛱蝶	*Argyreus hyperbius*（Linnaeus）	2013	+	标本
1082	鳞翅目	蛱蝶科 Nymphalidae	老豹蛱蝶	*Argyonome laodice*（Pallas）	2008	+	标本
1083	鳞翅目	蛱蝶科 Nymphalidae	青豹蛱蝶	*Damora sagana*（Doubleday）	2008	+	标本
1084	鳞翅目	蛱蝶科 Nymphalidae	嘉翠蛱蝶	*Euthalia kardama*（Moore）	2008	+	标本
1085	鳞翅目	蛱蝶科 Nymphalidae	残锷线蛱蝶	*Limenitis sulpitia*（Cramer）	2008	++	标本
1086	鳞翅目	蛱蝶科 Nymphalidae	珠履带蛱蝶	*Athyma asura* Moore	2013	+	标本
1087	鳞翅目	蛱蝶科 Nymphalidae	虬眉带蛱蝶	*Athyma opalina*（Kollar）	2008	+	标本
1088	鳞翅目	蛱蝶科 Nymphalidae	新月带蛱蝶	*Athyma selenophora*（Kollar）	2013	+	标本
1089	鳞翅目	蛱蝶科 Nymphalidae	六点带蛱蝶	*Athyma punctata* Leech	2013	+	标本
1090	鳞翅目	蛱蝶科 Nymphalidae	玉杵带蛱蝶	*Athyma jina*（Moore）	2013	+	标本
1091	鳞翅目	蛱蝶科 Nymphalidae	珂环蛱蝶	*Neptis clinia* Moore	2008	+	标本
1092	鳞翅目	蛱蝶科 Nymphalidae	小环蛱蝶	*Neptis sappho*（Pallas）	2008	++	标本
1093	鳞翅目	蛱蝶科 Nymphalidae	仿珂环蛱蝶	*Neptis clinioides* de Nicéville	2008	++	标本
1094	鳞翅目	蛱蝶科 Nymphalidae	耶环蛱蝶	*Neptis yerburii* Butler	2008	+	标本
1095	鳞翅目	蛱蝶科 Nymphalidae	中环蛱蝶	*Neptis hylas*（Linnaeus）	2013	+	标本
1096	鳞翅目	蛱蝶科 Nymphalidae	断环蛱蝶	*Neptis sankara*（Kollar）	2008	++	标本
1097	鳞翅目	蛱蝶科 Nymphalidae	啡环蛱蝶	*Neptis philyra* Ménétriès	2008	+	标本
1098	鳞翅目	蛱蝶科 Nymphalidae	阿环蛱蝶	*Neptis ananta* Moore	2008	+	标本
1099	鳞翅目	蛱蝶科 Nymphalidae	娜巴环蛱蝶	*Neptis namba* Tytler	2013	+	标本
1100	鳞翅目	蛱蝶科 Nymphalidae	泰环蛱蝶	*Neptis thestis* Leec	2008	+	标本
1101	鳞翅目	蛱蝶科 Nymphalidae	矛环蛱蝶	*Neptis armandia*（Oberthür）	2008	+	标本
1102	鳞翅目	蛱蝶科 Nymphalidae	网丝蛱蝶	*Cyrestis thyodanms* Boisduval	2008	+	标本
1103	鳞翅目	蛱蝶科 Nymphalidae	枯叶蛱蝶	*Kallima inachus* Doubleday	2008	+	标本
1104	鳞翅目	蛱蝶科 Nymphalidae	大红蛱蝶	*Vanessa indica*（Herbst）	2008	+	标本
1105	鳞翅目	蛱蝶科 Nymphalidae	小红蛱蝶	*Vanessa cardui*（Linnaeus）	2013	++	标本
1106	鳞翅目	蛱蝶科 Nymphalidae	琉璃蛱蝶	*Kaniska canace*（Linnaeus）	2008	+	标本
1107	鳞翅目	蛱蝶科 Nymphalidae	黄钩蛱蝶	*Polygonis c-aureum*（Linnaeus）	2008	+	标本
1108	鳞翅目	蛱蝶科 Nymphalidae	美眼蛱蝶	*Junonia almana*（Linnaeus）	2008	+	标本
1109	鳞翅目	蛱蝶科 Nymphalidae	黄豹盛蛱蝶	*Symbrenthiabrabira* Moore	2013	+	标本
1110	鳞翅目	蛱蝶科 Nymphalidae	花豹盛蛱蝶	*Symbrenthia hypselis*（Godart）	2008	+	标本
1111	鳞翅目	蛱蝶科 Nymphalidae	云豹盛蛱蝶	*Symbrenthia niphanda* Cramer	2013	+	标本
1112	鳞翅目	蛱蝶科 Nymphalidae	散纹盛蛱蝶	*Symbrenthia lilaea*（Hewitson）	2013	+	标本

续表

序号	目名	科名	中文种名	拉丁学名	最新发现时间	数量状况	数据来源
1113	鳞翅目	珍蝶科 Acraeidae	苎麻珍蝶	*Acraea issoria*（Hubner）	2013	+	标本
1114	鳞翅目	喙蝶科 Libytheidae	朴喙蝶	*Libythea celtis* Laicharting	2013	+	标本
1115	鳞翅目	蚬蝶科 Riodinidae	黄带褐蚬蝶	*Abisara fylla*（Westwood）	2008	+	标本
1116	鳞翅目	蚬蝶科 Riodinidae	白带褐蚬蝶	*Abisara fylloides*（Moore）	2013	+	标本
1117	鳞翅目	蚬蝶科 Riodinidae	白蚬蝶	*Stiboges nymphidia* Butler	2008	+	标本
1118	鳞翅目	蚬蝶科 Riodinidae	银纹尾蚬蝶	*Dodona eugenes* Bates	2008	+	标本
1119	鳞翅目	蚬蝶科 Riodinidae	斜带缺尾蚬蝶	*Dodona ouida* Moore	2008	+	标本
1120	鳞翅目	蚬蝶科 Riodinidae	波蚬蝶	*Zemeros flegyas*（Cramer）	2013	+	标本
1121	鳞翅目	灰蝶科 Lycaenidae	蚜灰蝶	*Taraka hamada*（Druce）	2008	+	标本
1122	鳞翅目	灰蝶科 Lycaenidae	尖翅银灰蝶	*Curetis acuta* Moore	2002		文献-2
1123	鳞翅目	灰蝶科 Lycaenidae	银灰蝶	*Curetis bulis*（Westwood）	2013	+	标本
1124	鳞翅目	灰蝶科 Lycaenidae	豆粒银线灰蝶	*Spindasis syama*（Horsfied）	2002		文献-2
1125	鳞翅目	灰蝶科 Lycaenidae	霓沙燕灰蝶	*Rapala nissa*（Kollar）	2008	+	标本
1126	鳞翅目	灰蝶科 Lycaenidae	浓紫彩灰蝶	*Heliophorus ila*（de Niceville）	2013	+	标本
1127	鳞翅目	灰蝶科 Lycaenidae	斜斑彩灰蝶	*Heliophorus epicles*（Godart）	1990	+	文献-1
1128	鳞翅目	灰蝶科 Lycaenidae	酢浆灰蝶	*Pseudozizeeria maha*（Kollar）	2013	++	标本
1129	鳞翅目	灰蝶科 Lycaenidae	蓝灰蝶	*Everes argiades*（Pallas）	2008	+	标本
1130	鳞翅目	灰蝶科 Lycaenidae	点玄灰蝶	*Tongeia filicaudis*（Pryer）	2008	+	标本
1131	鳞翅目	灰蝶科 Lycaenidae	波太玄灰蝶	*Tongeia potanini*（Alphéraky）	2013	+	标本
1132	鳞翅目	灰蝶科 Lycaenidae	竹都玄灰蝶	*Tongeia zuthus*（Leech）	2013	+	标本
1133	鳞翅目	灰蝶科 Lycaenidae	珍贵妩灰蝶	*Udara dilrcta*（Moore）	2002		文献-2
1134	鳞翅目	灰蝶科 Lycaenidae	琉璃灰蝶	*Celastrina argiola*（Linnaeus）	2008	+	标本
1135	鳞翅目	弄蝶科 Hesperiidae	纬带趾弄蝶	*Hosora vitta*（Butler）	2008	+	标本
1136	鳞翅目	弄蝶科 Hesperiidae	斑星弄蝶	*Celaenorrhinus maculosus*（Felder）	2008	+	标本
1137	鳞翅目	弄蝶科 Hesperiidae	小星弄蝶	*Celaenorrhinus ratna* Fruhstorfer	2008	+	标本
1138	鳞翅目	弄蝶科 Hesperiidae	斜带星弄蝶	*Celaenorrhinus aurivittatus*（Moore）	2008	+	标本
1139	鳞翅目	弄蝶科 Hesperiidae	黑边裙弄蝶	*Tagiades menaka*（Moore）	2008	+	标本
1140	鳞翅目	弄蝶科 Hesperiidae	滚边裙弄蝶	*Tagiades cohaerens* Mabille	2002		文献-2
1141	鳞翅目	弄蝶科 Hesperiidae	花弄蝶	*Pyrgus maculates*（Bremer et Grey）	2013	+	标本
1142	鳞翅目	弄蝶科 Hesperiidae	曲纹袖弄蝶	*Notocrypta curvifascia*（Felder et Felder）	2008	+	标本
1143	鳞翅目	弄蝶科 Hesperiidae	宽纹袖弄蝶	*Notocrypta feisthamelii*（Boisduval）	2013	+	标本
1144	鳞翅目	弄蝶科 Hesperiidae	独子酣弄蝶	*Halpe homolea*（Hewitson）	2013	+	标本
1145	鳞翅目	弄蝶科 Hesperiidae	放踵珂弄蝶	*Caltoris cahira*（Moore）	2008	+	标本
1146	鳞翅目	弄蝶科 Hesperiidae	方斑珂弄蝶	*Caltoris cormasa*（Hewitson）	2002		文献-2
1147	鳞翅目	弄蝶科 Hesperiidae	直纹稻弄蝶	*Parnara guttata*（Bremer et Grey）	2013	+++	标本
1148	鳞翅目	弄蝶科 Hesperiidae	曲纹稻弄蝶	*Parnara ganga* Evans	2008	+	标本
1149	鳞翅目	弄蝶科 Hesperiidae	中华谷弄蝶	*Pelopidas sinensis*（Mabille）	2002		文献-2
1150	鳞翅目	弄蝶科 Hesperiidae	黑标孔弄蝶	*Polytremis mencia*（Moore）	2008	+	标本
1151	鳞翅目	弄蝶科 Hesperiidae	黄纹孔弄蝶	*Polytremis lubricans*（Herrich-schaffer）	2008	+	标本
1152	鳞翅目	弄蝶科 Hesperiidae	旖弄蝶	*Isoteinon lamprospilus* Felder et Felder	2008	+	标本
1153	鳞翅目	弄蝶科 Hesperiidae	孔子黄室弄蝶	*Potanthus confucia*（Felder et Felder）	2013	+	标本
1154	鳞翅目	弄蝶科 Hesperiidae	曲纹黄室弄蝶	*Potanthus flavus*（Murray）	2013	+	标本

序号	目名	科名	中文种名	拉丁学名	最新发现时间	数量状况	数据来源
1155	长翅目	蝎蛉科 Panorpidae	曲杆蝎蛉	*Panorpa curvata* Zhou	2002		文献-2
1156	长翅目	蝎蛉科 Panorpidae	刺叶蝎蛉	*Panorpa acanthophylla* Zhou	2002		文献-2
1157	长翅目	蝎蛉科 Panorpidae	斑点蝎蛉	*Panorpa stigmosa* Zhou	2002		文献-2
1158	长翅目	蝎蛉科 Panorpidae	苍山新蝎蛉	*Neopanorpa acanthophyllba* Zhou	2002		文献-2
1159	双翅目	蝇科 Muscidae	黑秽蝇	*Coenosia nigra* Wei	2002		文献-2
1160	双翅目	蝇科 Muscidae	亚黑秽蝇	*Coenosia subnigra* Wei	2002		文献-2
1161	双翅目	蝇科 Muscidae	赤水秽蝇	*Coenosia chishuiensis* Wei	2002		文献-2
1162	双翅目	蝇科 Muscidae	贵州长鬃秽蝇	*Dexiopsis guizhouensis* Wei	2002		文献-2
1163	双翅目	蝇科 Muscidae	习水重毫蝇	*Dichaetomyia xishuiensis* Wei	2002		文献-2
1164	双翅目	蝇科 Muscidae	铜腹重毫蝇	*Dichaetomyia bibax*（Wiedemann）	2002		文献-2
1165	双翅目	蝇科 Muscidae	翅叶重毫蝇	*Dichaetomyia corrugicerca* Xue et Liu	2002		文献-2
1166	双翅目	蝇科 Muscidae	半透幼毛蝇	*Eudasyphoea semilutea*（Malloch）	2002		文献-2
1167	双翅目	蝇科 Muscidae	家蝇	*Musca domestica* Linnaeus	2008	++++	标本
1168	双翅目	蝇科 Muscidae	净妙蝇	*Myospila lauta*（Stern）	2002		文献-2
1169	双翅目	蝇科 Muscidae	亚净妙蝇	*Myospila sublauta* Wei	2011		文献-8
1170	双翅目	蝇科 Muscidae	黄基妙蝇	*Myospila flavibasis*（Malloch）	2002		文献-2
1171	双翅目	蝇科 Muscidae	东方溜蝇	*Lispe orientalis* Wiedemann	2002		文献-2
1172	双翅目	蝇科 Muscidae	突出池蝇	*Limnophora promiensis* Stein	2002		文献-2
1173	双翅目	蝇科 Muscidae	贵州池蝇	*Limnophora guizhouensis* Zhou et Xue	2002		文献-2
1174	双翅目	蝇科 Muscidae	端鬃池蝇	*Limnophora apiciseta* Emden	2002		文献-2
1175	双翅目	蝇科 Muscidae	鬃脉池蝇	*Limnophora setinerva* Schnabl	2002		文献-2
1176	双翅目	蝇科 Muscidae	绯胫纹蝇	*Graphomya rufitibia* Stein	2002		文献-2
1177	双翅目	花蝇科 Anthomyiidae	敏泉蝇	*Pegomya agilis* Wei	2002		文献-2
1178	双翅目	花蝇科 Anthomyiidae	横带花蝇	*Anthomyia illocata* Walker	2002		文献-2
1179	双翅目	花蝇科 Anthomyiidae	海南粪泉蝇	*Emmesomyia kempi*（Brunetti）	2002		文献-2
1180	双翅目	丽蝇科 Calliphoridae	黄端变丽蝇	*Paradichosia flavicauda* Wei	2002		文献-2
1181	双翅目	丽蝇科 Calliphoridae	贵州等彩蝇	*Isomyia guizhouensis* Wei	2002		文献-2
1182	双翅目	丽蝇科 Calliphoridae	台湾等彩蝇	*Isomyia electa*（Malloch）	2002		文献-2
1183	双翅目	丽蝇科 Calliphoridae	伪绿等彩蝇	*Isomyia pseudolucilia*（Malloch）	2002		文献-2
1184	双翅目	丽蝇科 Calliphoridae	海南绿蝇	*Lucilia*（*Luciliella*）*hainanensis* Fan	2002		文献-2
1185	双翅目	丽蝇科 Calliphoridae	巴浦绿蝇	*Lucilia*（*Luciliella*）*papuensis* Macquart	2002		文献-2
1186	双翅目	丽蝇科 Calliphoridae	南岭绿蝇	*Lucilia*（*Luciliella*）*bazni* Seguy	2002		文献-2
1187	双翅目	丽蝇科 Calliphoridae	紫绿蝇	*Lucilia*（*Casariceps*）*porphyrina*（Walker）	2002		文献-2
1188	双翅目	丽蝇科 Calliphoridae	肥躯金蝇	*Chrysomya*（*Compsomyia*）*pinguis*（Walker）	2002		文献-2
1189	双翅目	丽蝇科 Calliphoridae	大头金蝇	*Chrysomya*（*Compsomyia*）*megacephala*（Fabricius）	2002		文献-2
1190	双翅目	丽蝇科 Calliphoridae	不显口鼻蝇	*Stomorhina obsolete*（Wiedemann）	2002		文献-2
1191	双翅目	丽蝇科 Calliphoridae	环斑猛蝇	*Bengalia*（*Ochromyia*）*escheri* Bezzi	2002		文献-2
1192	双翅目	食蚜蝇科 Syrphidae	切墨狭口蚜蝇	*Asarkina ericetorum*（Fabricius）	2008	+	标本
1193	双翅目	食蚜蝇科 Syrphidae	双线垂边蚜蝇	*Epistrophe bicostata* Huo	2008	+	标本
1194	双翅目	食蚜蝇科 Syrphidae	钝黑离眼蚜蝇	*Eristalnius sepulchralis*（Linnaeus）	2008	+	标本

续表

序号	目名	科名	中文种名	拉丁学名	最新发现时间	数量状况	数据来源
1195	双翅目	食蚜蝇科 Syrphidae	长尾管蚜蝇	*Eristalis tenax*（Linnaeus）	2008	+	标本
1196	双翅目	食蚜蝇科 Syrphidae	狭带条胸蚜蝇	*Helophilus virgatus* Coquilletti	2008	+	标本
1197	双翅目	食蚜蝇科 Syrphidae	石恒斑目蚜蝇	*Lathyrophthalmus ishigakiensis* Shiraki	2008	+	标本
1198	双翅目	食蚜蝇科 Syrphidae	黄带狭腹食蚜蝇	*Meliscaeva cinctella*（Zetterstedt）	2008	+	标本
1199	双翅目	食蚜蝇科 Syrphidae	中宽墨管蚜蝇	*Mesembrius amplintersitus* Huo	2008	+	标本
1200	双翅目	食蚜蝇科 Syrphidae	裸芒宽盾蚜蝇	*Phytomia errans*（Fabricius）	2008	+	标本
1201	双翅目	食蚜蝇科 Syrphidae	羽芒宽盾蚜蝇	*Phytomia zonata*（Fabricius）	2008	+	标本
1202	双翅目	食蚜蝇科 Syrphidae	黑蜂蚜蝇	*Volucella nigricans* Coquillett	2008	+	标本
1203	双翅目	食蚜蝇科 Syrphidae	凹角蜂蚜蝇	*Volucella inanoides* Herve-Bazin	2008	+	标本
1204	双翅目	寄蝇科 Tachinidae	蓝黑栉寄蝇	*Pales pavida*（Mgigen）	2002		文献-2
1205	双翅目	寄蝇科 Tachinidae	拼叶江寄蝇	*Janthinomyia felderi* Brauer et Bergenstam	2002		文献-2
1206	双翅目	寄蝇科 Tachinidae	隔离狭颊寄蝇	*Carcelia excise*（Fallen）	2002		文献-2
1207	双翅目	寄蝇科 Tachinidae	杜比狭颊寄蝇	*Carcelia dubia* Brauer et Bergenstam	2002		文献-2
1208	双翅目	寄蝇科 Tachinidae	蚕饰腹寄蝇	*Crossocosmia zebina* Walker	2008	+	标本
1209	双翅目	实蝇科 Tephritidae	四斑锦翅实蝇	*Elaphromyia pterocallaeformis*（Bezzi）	2002		文献-2
1210	双翅目	实蝇科 Tephritidae	黑腹缘斑实蝇	*Plimoelaena assimilis*（Shiraki）	2002		文献-2
1211	双翅目	缟蝇科 Lauxaniidae	双突同脉缟蝇	*Homoneura didyma* Yang，Zhu et Hu	2002		文献-2
1212	双翅目	缟蝇科 Lauxaniidae	中带同脉缟蝇	*Homoneura quinquevittata*（de Mejjere）	2002		文献-2
1213	双翅目	缟蝇科 Lauxaniidae	赤水同脉缟蝇	*Homoneura chishuiensis* Gao et Yang	2002		文献-2
1214	双翅目	缟蝇科 Lauxaniidae	广斑同脉缟蝇	*Homoneura grandipunctata* Gao et Yang	2002		文献-2
1215	双翅目	虻科 Tabanidae	华虻	*Tabanus mandarinus* Schiner	2008	+	标本
1216	双翅目	舞虻科 Empididae	黑端平须舞虻	*Platypalpus apiciniger* Saigusa et Yang	2002		文献-2
1217	双翅目	舞虻科 Empididae	赤水平须舞虻	*Platypalpus chishuiensis* Yang，Zhu et An	2002		文献-2
1218	双翅目	舞虻科 Empididae	东方长头舞虻	*Dolichocephala orientalis* Yang，Zhu et An	2002		文献-2
1219	双翅目	舞虻科 Empididae	贵州溪舞虻	*Clinocera guizhouensis* Yang，Zhu et An	2002		文献-2
1220	双翅目	舞虻科 Empididae	钩突驼舞虻	*Hybos ancistroides* Yang et Yang	2002		文献-2
1221	双翅目	长足虻科 Dolichopodidae	小雅长足虻	*Amblysilopus humilis*（Becker）	2002		文献-2
1222	双翅目	长足虻科 Dolichopodidae	脊雅长足虻	*Amblysilopus dirinus* Wei et Song	2002		文献-2
1223	双翅目	长足虻科 Dolichopodidae	亚裂雅长足虻	*Amblysilopus subabruptus* Bickel et Wei	2002		文献-2
1224	双翅目	长足虻科 Dolichopodidae	裂雅长足虻	*Amblysilopus abruptus*（Walker）	2002		文献-2
1225	双翅目	长足虻科 Dolichopodidae	黄肢雅长足虻	*Amblysilopus flaviappendiculatus* de Meijere	2002		文献-2
1226	双翅目	长足虻科 Dolichopodidae	双丝瘤叶长足虻	*Condylostylus bifilus* Wulp	2002		文献-2
1227	双翅目	长足虻科 Dolichopodidae	黄基瘤叶长足虻	*Condylostylus luteicoxa* Parent	2002		文献-2
1228	双翅目	长足虻科 Dolichopodidae	大绿异脉长足虻	*Plagiozopelma megochora* Wei et Song	2002		文献-2
1229	双翅目	长足虻科 Dolichopodidae	弱篱口长足虻	*Hercostomus*（H.）*amabilis* Wei et Song	2002		文献-2
1230	双翅目	长足虻科 Dolichopodidae	出篱口长足虻	*Hercostomus*（H.）*excertus* Wei et Song	2002		文献-2
1231	双翅目	长足虻科 Dolichopodidae	弯篱口长足虻	*Hercostomus*（H.）*cyphus* Wei et Song	2002		文献-2
1232	双翅目	长足虻科 Dolichopodidae	毛篱口长足虻	*Hercostomus*（H.）*comsus* Wei et Song	2002		文献-2
1233	双翅目	长足虻科 Dolichopodidae	武篱口长足虻	*Hercostomus*（H.）*hoplitus* Wei et Song	2002		文献-2
1234	双翅目	长足虻科 Dolichopodidae	散篱口长足虻	*Hercostomus*（H.）*effuses* Wei et Song	2002		文献-2

序号	目名	科名	中文种名	拉丁学名	最新发现时间	数量状况	数据来源
1235	双翅目	长足虻科 Dolichopodidae	悦篱口长足虻	*Hercostomus*（*H.*）*hilarosus* Wei et Song	2002		文献-2
1236	双翅目	长足虻科 Dolichopodidae	卷篱口长足虻	*Hercostomus*（*H.*）*conglomerates* Wei et Song	2002		文献-2
1237	双翅目	长足虻科 Dolichopodidae	避篱口长足虻	*Hercostomus*（*H.*）*effugius* Wei et Song	2002		文献-2
1238	双翅目	长足虻科 Dolichopodidae	地篱口长足虻	*Hercostomus*（*H.*）*hypogaeus* Wei et Song	2002		文献-2
1239	双翅目	长足虻科 Dolichopodidae	松篱口长足虻	*Hercostomus*（*H.*）*solutus* Wei	2002		文献-2
1240	双翅目	长足虻科 Dolichopodidae	纯篱口长足虻	*Hercostomus*（*H.*）*ignarus* Wei et Song	2002		文献-2
1241	双翅目	长足虻科 Dolichopodidae	叉篱口长足虻	*Hercostomus*（*H.*）*furcutus* Wei	2002		文献-2
1242	双翅目	长足虻科 Dolichopodidae	钩篱口长足虻	*Hercostomus*（*H.*）*hamayus* Wei	2002		文献-2
1243	双翅目	长足虻科 Dolichopodidae	曲篱口长足虻	*Hercostomus*（*G.*）*kurtus* Wei et Song	2002		文献-2
1244	双翅目	长足虻科 Dolichopodidae	亚群篱口长足虻	*Hercostomus*（*G.*）*subpoplus* Wei	2002		文献-2
1245	双翅目	长足虻科 Dolichopodidae	池篱口长足虻	*Hercostomus*（*G.*）*lacus* Wei et Song	2002		文献-2
1246	双翅目	长足虻科 Dolichopodidae	滑篱口长足虻	*Hercostomus*（*G.*）*labilis* Wei et Song	2002		文献-2
1247	双翅目	长足虻科 Dolichopodidae	毛联长足虻	*Lianculus lasios* Wei et Liu	2002		文献-2
1248	双翅目	长足虻科 Dolichopodidae	双突巨口长足虻	*Diostracus dicercaeus* Wei	2002		文献-2
1249	双翅目	长足虻科 Dolichopodidae	黔滨长足虻	*Thinophilusi qianensis* Wei et Song	2002		文献-2
1250	双翅目	长足虻科 Dolichopodidae	赤水银长足虻	*Argyra chishuiensis* Wei et Song	2002		文献-2
1251	双翅目	长足虻科 Dolichopodidae	齿长异长足虻	*Diaphorus denticulatus* Wei et Song	2002		文献-2
1252	双翅目	长足虻科 Dolichopodidae	房异长足虻	*Diaphorus dioicus* Wei et Song	2002		文献-2
1253	双翅目	长足虻科 Dolichopodidae	黑异长足虻	*Diaphorus nigricans* Meigen	2002		文献-2
1254	膜翅目	茧蜂科 Braconidae	红胸悦茧蜂	*Charmon rufithorax* Chen & He	2002		文献-2
1255	膜翅目	茧蜂科 Braconidae	冈田长柄茧蜂	*Streblocera okadai* Watanabe	2002		文献-2
1256	膜翅目	茧蜂科 Braconidae	截距滑茧蜂	*Homolobus*（*Apatia*）*truncator*（Say）	2002		文献-2
1257	膜翅目	茧蜂科 Braconidae	毛室腔室茧蜂	*Aulacocentrum seticella* van Achterberg & He	2002		文献-2
1258	膜翅目	茧蜂科 Braconidae	长须澳赛茧蜂	*Austrozele longipalpis* van Achterberg	2002		文献-2
1259	膜翅目	茧蜂科 Braconidae	祝氏鳞跨茧蜂	*Meteoridea chui* He & Ma	2002		文献-2
1260	膜翅目	茧蜂科 Braconidae	斑刀横纹茧蜂	*Clinocentrus zebripes* Chen & He	2002		文献-2
1261	膜翅目	茧蜂科 Braconidae	单带弓脉茧蜂	*Arcaleiodes unifasciata*（Chen et He）	2002		文献-2
1262	膜翅目	茧蜂科 Braconidae	秀弓脉茧蜂	*Arcaleiodes pulchricorpus*（Chen et He）	2002		文献-2
1263	膜翅目	茧蜂科 Braconidae	华弓脉茧蜂	*Arcaleiodes aglaurus*（Chen et He）	2002		文献-2
1264	膜翅目	茧蜂科 Braconidae	脊腹脊茧蜂	*Aleiodes cariniventris*（Enderlein）	2002		文献-2
1265	膜翅目	茧蜂科 Braconidae	油桐尺蠖脊茧蜂	*Aleiodes buzurae* He et Chen	2002		文献-2
1266	膜翅目	茧蜂科 Braconidae	细足脊茧蜂	*Aleiodes gracilipes*（Telenga）	2002		文献-2
1267	膜翅目	茧蜂科 Braconidae	松毛虫脊茧蜂	*Aleiodes esenbeckii*（Hartig）	2002		文献-2
1268	膜翅目	茧蜂科 Braconidae	序脊茧蜂	*Aleiodes seriatus*（Herrich-Schaffer）	2002		文献-2
1269	膜翅目	茧蜂科 Braconidae	贵州刀腹茧蜂	*Xiphozele guizhouensis* He et Chen	2002		文献-2
1270	膜翅目	叶蜂科 Tenthredinidae	桫椤叶蜂	*Rhopographus cyatheae* Wei et Wang	1996		文献-7
1271	膜翅目	马蜂科 Polistidae	棕马蜂	*Polistes gigas* Kirby	2008	+	标本
1272	膜翅目	隧蜂科 Halictidae	黄条花蜂	*Nomia megasoma* Cokerell	2008	+	标本
1273	膜翅目	条蜂科 Anthophoridae	青线花蜂	*Anthophpra calceifera* Cockdrel	2008	+	标本

续表

序号	目名	科名	中文种名	拉丁学名	最新发现时间	数量状况	数据来源
1274	膜翅目	姬蜂科 Ichneumonidae	花胸姬蜂	*Gotra octocinctus*（Ashmead）	2008	+	标本
1275	膜翅目	姬蜂科 Ichneumonidae	松毛虫棘领姬蜂	*Therion giganteum*（Gravenh）	2008	+	标本
1276	膜翅目	姬蜂科 Ichneumonidae	夜蛾瘦姬蜂	*Ophion luteus*（Linnaeus）	2008	+	标本
1277	膜翅目	褶翅小蜂科 Leucospidae	东方褶翅小蜂	*Leucospis orintalis* Weld	2008	+	标本
1278	膜翅目	蜜蜂科 Apidae	中华蜜蜂	*Apis cerana* Fabricius	2008	+++	标本

注:

文献-1. 贵州省环境保护局.1990. 赤水桫椤自然保护区科学考察集[M]. 贵州：贵州民族出版社

文献-2. 金道超，李子忠.2002. 赤水桫椤景观昆虫[M]. 贵州：贵州科技出版社

文献-3. 李子忠.1990. 突额叶蝉属二新种[J]. 贵州农学院学报，9（1）：43-45

文献-4. 周文豹.2003. 中国扇山螅属两新种记述（蜻蜓目：山螅科）[J]. 武夷科学，19（1）：95-98

文献-5. 周文豹，周昕.2006. 中国隼螅科二新种（蜻蜓目：隼螅科）[J]. 昆虫分类学报，82（1）：13-16

文献-6. 任应党，李后魂.2007. 中国蜾蛾科一新纪录属及一新种记述（鳞翅目蜾蛾科斑蜾亚科）（英文）[J]. 动物分类学报，32（3）：568-570

文献-7. 汪廉敏，刘清炳，吴红英，等.1996. 桫椤叶蜂生物学特性观察及防治[J]. 昆虫知识，33（3）：155-157

文献-8. 魏濂艨.2011. 中国贵州妙蝇属（双翅目，蝇科）研究及净妙蝇群五新种记述[J]. 动物分类学报，36（2）：301-314

附录9 保护区蜘蛛名录

序号	科名	中文种名	拉丁学名	最新发现时间	数据来源
1	漏斗蛛科 Agelenidae	森林漏斗蛛	*Agelena silvatica* Oliger	2008	标本
2	漏斗蛛科 Agelenidae	机敏异漏斗蛛	*Allagelena difficilis*（Fox）	2008	标本
3	漏斗蛛科 Agelenidae	家隅蛛	*Tegenaria domestica*（Clerck）	2002	标本
4	暗蛛科 Amaurobiidae	新平拟隙蛛	*Pireneitega xinping*（Zhang，Zhu & Song）	2008	标本
5	园蛛科 Araneidae	褐吊叶蛛	*Acusilas coccineus* Simon	2008	标本
6	园蛛科 Araneidae	黄斑园珠	*Araneus ejusmodi* Bösenberg & Strand	2008	标本
7	园蛛科 Araneidae	大腹园蛛	*Araneus ventricosus*（L. Koch）	2002	标本
8	园蛛科 Araneidae	咸丰园蛛	*Araneus xianfengensis* Song et Zhu	2002	文献
9	园蛛科 Araneidae	类高居金蛛	*Argiope aetheroides* Yin et al.	2008	标本
10	园蛛科 Araneidae	伯氏金蛛	*Argiope boesenbergi* Levi	2002	标本
11	园蛛科 Araneidae	小悦目金蛛	*Argiope minuta* Karsch	2008	标本
12	园蛛科 Araneidae	目金蛛	*Argiope ocula* Fox	2008	标本
13	园蛛科 Araneidae	孔金蛛	*Argiope perforata* Schenkel	2008	标本
14	园蛛科 Araneidae	武陵壮头蛛	*Chorizopes wulingensis* Yin，Wang et Xie	2002	文献
15	园蛛科 Araneidae	银斑艾蛛	*Cyclosa argentata* Tanikawa & Ono	2002	标本
16	园蛛科 Araneidae	银背艾蛛	*Cyclosa argenteoalba* Bösenberg & Strand	2002	标本
17	园蛛科 Araneidae	双锚艾蛛	*Cyclosa bianchoria* Yin et al.	2008	标本
18	园蛛科 Araneidae	畸形艾蛛	*Cyclosa informis* Yin，Zhu & Wang	2008	标本
19	园蛛科 Araneidae	山地艾蛛	*Cyclosa monticola* Bösenberg & Strand	2002	标本
20	园蛛科 Araneidae	长脸艾蛛	*Cyclosa omonaga* Tanikawa	2002	文献
21	园蛛科 Araneidae	小野艾蛛	*Cyclosa onoi*（Tanikawa）	2008	标本
22	园蛛科 Araneidae	湖北曲腹蛛	*Cyrtarachne hubeiensis*（Yin & Zhao）	2008	标本
23	园蛛科 Araneidae	羽足转刺蛛	*Eriophora plumiopedella*（Yin，Wang & Zhang）	2008	标本
24	园蛛科 Araneidae	华南高亮蛛	*Hypsosinga alboria* Yin et al.	2008	标本
25	园蛛科 Araneidae	皖高亮腹蛛	*Hypsosinga wanica* Song，Qian & Gao	2008	标本
26	园蛛科 Araneidae	大兜肥蛛	*Lariniamacrohooda* Yin et al.	2008	标本
27	园蛛科 Araneidae	三省肥蛛	*Lariniatriprovina* Yin et al.	2008	标本
28	园蛛科 Araneidae	霍氏新园蛛	*Neoscona holmi*（Schenkel）	2008	标本
29	园蛛科 Araneidae	梅氏新园蛛	*Neoscona melloteei*（Simo）	2008	标本
30	园蛛科 Araneidae	勐海新园蛛	*Neoscona menghaiensis* Yin et al.	2008	标本
31	园蛛科 Araneidae	多褶新园蛛	*Neosconamultiplicans*（Chamberlin）	2008	标本
32	园蛛科 Araneidae	嗜水新园蛛	*Neoscona nautica*（L. Koch）	2008	标本
33	园蛛科 Araneidae	拟嗜水新园蛛	*Neoscona pseudonautica* Yin et al.	2008	标本
34	园蛛科 Araneidae	青新园蛛	*Neoscona scylla*（Karsc）	2002	标本
35	园蛛科 Araneidae	天门新园蛛	*Neoscona tianmenensis* Yin et al.	2008	标本
36	园蛛科 Araneidae	鞭扇蛛	*Zilla astridae*（Strand）	2008	标本
37	管巢蛛科 Clubionidae	针管巢蛛	*Clubiona aciformis* Zhang & Hu	2008	标本
38	管巢蛛科 Clubionidae	白马管巢蛛	*Clubiona baimaensis* Song & Zhu	2008	标本
39	管巢蛛科 Clubionidae	褶管巢蛛	*Clubiona corrugata* Bösenberg & Strand	2008	标本
40	管巢蛛科 Clubionidae	双凹管巢蛛	*Clubiona duoconcava* Zhang & Hu	2008	标本
41	圆颚蛛科 Corinnidae	严肃圆颚蛛	*Corinnomma severum*（Thorell）	2008	标本

序号	科名	中文种名	拉丁学名	最新发现时间	数据来源
42	栉足蛛科 Ctenidae	田野阿纳蛛	*Anahita fauna* Karsch	2008	标本
43	平腹蛛科 Gnaphosidae	安之辅希托蛛	*Hitobia yasunosukei* Kamura	2008	标本
44	平腹蛛科 Gnaphosidae	本渡齿蛛	*Odontodrassus hondoensis*（Saito）	2008	标本
45	平腹蛛科 Gnaphosidae	亚洲狂蛛	*Zelotes asiaticus*（Bösenberg & Strand）	2008	标本
46	平腹蛛科 Gnaphosidae	地下狂蛛	*Zelotes subterraneus*（C. L. Koch）	2002	文献
47	长纺蛛科 Hersiliidae	亚洲长纺蛛	*Hersilia asiatica* Song & Zheng	2008	标本
48	皿蛛科 Linyphiidae	卡氏盖蛛	*Neriene cavalerici*（Schenkel）	2002	标本
49	皿蛛科 Linyphiidae	日本盖蛛	*Neriene japonica*（Oi）	2008	标本
50	狼蛛科 Lycosidae	双突熊蛛	*Arctosa binalis* Yu & Song	2008	标本
51	狼蛛科 Lycosidae	片熊蛛	*Arctosa laminata* Yu & Song	2008	标本
52	狼蛛科 Lycosidae	锯熊蛛	*Arctosa serrulata* Mao & Song	2002	文献
53	狼蛛科 Lycosidae	黑腹狼蛛	*Lycosa coelestis* L. Koch	2008	标本
54	狼蛛科 Lycosidae	城步豹蛛	*Pardosa chenbuensis* Yin et al.	2008	标本
55	狼蛛科 Lycosidae	金平豹蛛	*Pardosa jinpingensis* Yin et al.	2008	标本
56	狼蛛科 Lycosidae	沟渠豹蛛	*Pardosa laura* Karsch	2002	文献
57	狼蛛科 Lycosidae	拟环纹豹蛛	*Pardosa pseudoannulata*（Bösenberg & Strand）	2008	标本
58	狼蛛科 Lycosidae	幼豹蛛	*Pardosapusiola*（Thorell）	2008	标本
59	狼蛛科 Lycosidae	小齿水狼蛛	*Pirata denticulatus* Liu	2008	标本
60	狼蛛科 Lycosidae	类水狼蛛	*Pirata piratoides*（Bösenberg & Strand）	2008	标本
61	狼蛛科 Lycosidae	前凹水狼蛛	*Pirata procurvus*（Bösenberg & Strand）	2002	文献
62	狼蛛科 Lycosidae	版纳獾蛛	*Trochosa bannaensis* Yin & Chen	2008	标本
63	狼蛛科 Lycosidae	勐腊獾蛛	*Trochosa menglaensis* Yin，Bao & Wang	2008	标本
64	狼蛛科 Lycosidae	类奇异獾蛛	*Trochosa ruricoloides* Schenkel	2008	标本
65	狼蛛科 Lycosidae	旋囊脉狼蛛	*Venonia spirocysta* Cha	2008	标本
66	拟态蛛科 Mimetidae	日本突腹蛛	*Ero japonica* Bösenberg & Strand	2008	标本
67	拟态蛛科 Mimetidae	朝鲜突腹蛛	*Ero koreana* Paik	2008	标本
68	拟态蛛科 Mimetidae	唇形拟态蛛	*Mimetuslabiatus* Wang	2008	标本
69	拟态蛛科 Mimetidae	突腹拟态蛛	*Mimetustestaceus* Yaginuma	2008	标本
70	络新妇科 Nephilidae	棒络新妇	*Nephila clavata* L. Koch	2008	标本
71	拟壁钱科 Oecobiidae	环拟壁钱	*Oecobius navus* Blackwall	2008	标本
72	拟壁钱科 Oecobiidae	华南壁钱	*Uroctea compactilis* L. Koch	2002	标本
73	猫蛛科 Oxyopidae	线纹猫蛛	*Oxyopes lineatipes*（L. Koch）	2002	文献
74	猫蛛科 Oxyopidae	细纹猫蛛	*Oxyopes macilentus* L. Koch	2008	标本
75	猫蛛科 Oxyopidae	拟斜纹猫蛛	*Oxyopes sertatoides* Xie & Kim	2008	标本
76	猫蛛科 Oxyopidae	斜纹猫蛛	*Oxyopes sertatus* L. Koch	2002	文献
77	猫蛛科 Oxyopidae	苏氏猫蛛	*Oxyopes sushilae* Tikader	2008	标本
78	逍遥蛛科 Philodromidae	滨海长逍遥蛛	*Tibellus maritimus*（Menge）	2008	标本
79	幽灵蛛科 Pholcidae	金氏幽灵蛛	*Pholcus kimi* Song & Zhu	2008	标本
80	盗蛛科 Pisauridae	黑斑狡蛛	*Dolomedes nigrimaculatus* Song & Chen	2008	标本
81	盗蛛科 Pisauridae	掠狡蛛	*Dolomedes raptor* Bösenberg & strand	2008	标本
82	盗蛛科 Pisauridae	赤条狡蛛	*Dolomedes saganus* Bösenberg & strand	2008	标本
83	盗蛛科 Pisauridae	纹草蛛	*Perenethis fascigera*（Bösenberg & strand）	2008	标本
84	盗蛛科 Pisauridae	双角盗蛛	*Pisaura bicornis* Zhang & Song	2008	标本
85	褛网蛛科 Psechridae	广褛网蛛	*Psechrus senoculatus* Yin，Wang & Zhang	2008	标本
86	跳蛛科 Salticidae	黑豹跳蛛	*Aelurillus mnigrum*（Kulczynski）	2008	标本
87	跳蛛科 Salticidae	四川暗跳蛛	*Asemonea sichuanensis* Song et Chai	2008	标本
88	跳蛛科 Salticidae	斑菱头蛛	*Bianor maculatus*（Keyserling）	2008	标本

序号	科名	中文种名	拉丁学名	最新发现时间	数据来源
89	跳蛛科 Salticidae	巨刺布氏蛛	*Bristowia heterospinosa* Reimose	2008	标本
90	跳蛛科 Salticidae	波氏缅蛛	*Burmattus pococki*（Therell）	2008	标本
91	跳蛛科 Salticidae	黑猫跳蛛	*Carrhotus xanthogramma*（Latreille）	2002	标本
92	跳蛛科 Salticidae	中华华蛛	*Chinattus sinensis*（Prószyn'ski）	2008	标本
93	跳蛛科 Salticidae	胫节华蛛	*Chinattus tibialis*（Zabker）	2008	标本
94	跳蛛科 Salticidae	双尖艾普蛛	*Epeus bicuspiddatus*（Song，Gu & Chen）	2002	标本
95	跳蛛科 Salticidae	荣艾普蛛	*Epeus glorius* Zabka	2002	标本
96	跳蛛科 Salticidae	白斑猎蛛	*Evarcha albaria*（L. Koch）	2002	标本
97	跳蛛科 Salticidae	拟白斑猎蛛	*Evarcha paralbaria* Song & Chai	2008	标本
98	跳蛛科 Salticidae	四川猎蛛	*Evarcha sichuanensis* Peng, Xie & Kim	2008	标本
99	跳蛛科 Salticidae	针管胶跳蛛	*Gelotia syringopalpis* Wanless	2008	标本
100	跳蛛科 Salticidae	鳃蛤莫蛛	*Harmochirus brachiatus*（Thorell）	2002	标本
101	跳蛛科 Salticidae	暗色哈莫蛛	*Harmochirus pullus*（Bösenberg & Strand）	2002	文献
102	跳蛛科 Salticidae	类指哈蛛	*Hasariusdactyloides*（Xie，Peng & Kim）	2008	标本
103	跳蛛科 Salticidae	斑腹蝇蛛	*Hyllus diandi*（Wakckenaer）	2002	文献
104	跳蛛科 Salticidae	卡氏门道蛛	*Mendoza canestrinii*（Ninni）	2008	标本
105	跳蛛科 Salticidae	长腹蝇狮	*Mendoza elongata*（Karsch）	2008	标本
106	跳蛛科 Salticidae	显著门道蛛	*Mendoza nobilis*（Thorell）	2008	标本
107	跳蛛科 Salticidae	金黄扁蝇虎	*Menemerus fulvus*（L. Koch）	2008	标本
108	跳蛛科 Salticidae	真蚁蛛	*Myrmarachne formicaria*（de Geer）	2008	标本
109	跳蛛科 Salticidae	吉蚁蛛	*Myrmarachne gisti* Fox	2002	标本
110	跳蛛科 Salticidae	花腹金蝉蛛	*Phintella bifurcilinea*（Bösenberg & Strand）	2002	标本
111	跳蛛科 Salticidae	卡氏金蝉蛛	*Phintella cavaleriei*（Schenkel）	2002	标本
112	跳蛛科 Salticidae	多色金蝉蛛	*Phintella versicolor*（C. L. Koch）	2002	文献
113	跳蛛科 Salticidae	异形孔蛛	*Portia heteroidea* Xie et Yin	2002	文献
114	跳蛛科 Salticidae	奎孔蛛	*Portia quei* Zabka	2008	标本
115	跳蛛科 Salticidae	毛垛兜跳蛛	*Ptocasius strupifer* Simon	2002	标本
116	跳蛛科 Salticidae	阿贝宽胸蝇虎	*Rhene albigera*（C. L. Koch）	2008	标本
117	跳蛛科 Salticidae	锈宽胸蝇虎	*Rhene rubrigera*（Thorell）	2002	标本
118	跳蛛科 Salticidae	暗色西菱头蛛	*Sibianor pullus*（Bösenberg & Strand）	2008	标本
119	跳蛛科 Salticidae	小西菱头蛛	*Sibianor tantulus*（Simon）	2008	标本
120	跳蛛科 Salticidae	浓翠蛛	*Siler severus*（Simon）	2008	标本
121	跳蛛科 Salticidae	尖峰散蛛	*Spartaeus jianfengensis* Song & Chai	2008	标本
122	跳蛛科 Salticidae	普氏散蛛	*Spartaeus platnicki* Song，Chen & Gong	2008	标本
123	跳蛛科 Salticidae	泰国散蛛	*Spartaeus thailandicus* Wanless	2008	标本
124	跳蛛科 Salticidae	弗氏纽蛛	*Telamonia vlijmi* Prószyn'ski	2002	标本
125	跳蛛科 Salticidae	陇南雅蛛	*Yaginumaella longnanensis* Yan，Tang & Kim	2008	标本
126	跳蛛科 Salticidae	藤氏雅蛛	*Yaginumaella tenzingi* Zabka	2008	标本
127	巨蟹蛛科 Sparassisae	白额巨蟹蛛	*Heteropada venatoria*（Linnaeus）	2002	标本
128	肖蛸蛛科 Tetragnathidae	森林桂齐蛛	*Guizygiella salta*（Yin & Gong）	2008	标本
129	肖蛸蛛科 Tetragnathidae	肩斑银鳞蛛	*Leucauge blanda*（L. Koch）	2008	标本
130	肖蛸蛛科 Tetragnathidae	西里银鳞蛛	*Leucauge celebesiana*（Walckenaer）	2008	标本
131	肖蛸蛛科 Tetragnathidae	十字银鳞蛛	*Leucauge crucinota*（Bösenberg & Strand）	2008	标本
132	肖蛸蛛科 Tetragnathidae	大银鳞蛛	*Leucauge magnifica* Yaginuma	2002	标本
133	肖蛸蛛科 Tetragnathidae	武陵银鳞蛛	*Leucaugewulingensis* Song & Zhu	2008	标本
134	肖蛸蛛科 Tetragnathidae	佐贺后鳞蛛	*Metleucauge kompirensis*（Bösenberg & Strand）	2008	标本
135	肖蛸蛛科 Tetragnathidae	陈氏肖蛸	*Tetragnatha cheni*（Zhu，Song & Zhang）	2008	标本

续表

序号	科名	中文种名	拉丁学名	最新发现时间	数据来源
136	肖蛸蛛科 Tetragnathidae	艳丽肖蛸	*Tetragnatha lauta* Yaginuma	2008	标本
137	肖蛸蛛科 Tetragnathidae	锥腹肖蛸	*Tetragnatha maxillosa* Thorell	2008	标本
138	肖蛸蛛科 Tetragnathidae	南丹肖蛸	*Tetragnatha nandan* Zhu，Song & Zhang	2008	标本
139	肖蛸蛛科 Tetragnathidae	丰肖蛸	*Tetragnatha plena* Chamberlin	2008	标本
140	肖蛸蛛科 Tetragnathidae	前齿肖蛸	*Tetragnatha praedonia* L. Koch	2008	标本
141	肖蛸蛛科 Tetragnathidae	条纹高腹蛛	*Tylorida striata*（Thorell）	2002	文献
142	肖蛸蛛科 Tetragnathidae	横带隆背蛛	*Tylorida ventralis*（Thorell）	2008	标本
143	球蛛科 Theridiidae	钟巢希蛛	*Achaearanea campanulata* Chen	2008	标本
144	球蛛科 Theridiidae	大理希蛛	*Achaearanea daliensis* Zhu	2008	标本
145	球蛛科 Theridiidae	蹄形希蛛	*Achaearanea ferrumequina*（Bösenberg & Strand）	2008	标本
146	球蛛科 Theridiidae	佐贺希蛛	*Achaearanea kompirensis*（Bösenberg & Strand）	2008	标本
147	球蛛科 Theridiidae	长管希蛛	*Achaearanea longiducta* Zhu	2008	标本
148	球蛛科 Theridiidae	尖斑希蛛	*Achaearanea oxymaculata* Zhu	2008	标本
149	球蛛科 Theridiidae	宋氏希蛛	*Achaearanea songi* Zhu	2002	标本
150	球蛛科 Theridiidae	锥形希蛛	*Achaearanea subvexa* Zhu	2002	文献
151	球蛛科 Theridiidae	温室希蛛	*Achaearanea tepidariorum*（C. L. Koch）	2002	标本
152	球蛛科 Theridiidae	雪银斑蛛	*Argyrodes argentatus* O. P-Cambridge	2002	文献
153	球蛛科 Theridiidae	白银斑蛛	*Argyrodes bonadea*（Karsch）	2002	标本
154	球蛛科 Theridiidae	蚓腹银斑蛛	*Ariamnescylindrogaster* Simon	2002	标本
155	球蛛科 Theridiidae	风雅丽蛛	*Chrysso scintillans*（Thorell）	2002	标本
156	球蛛科 Theridiidae	四泡丽蛛	*Chryssovesiculosa*（Simon）	2008	标本
157	球蛛科 Theridiidae	黄缘圆腹蛛	*Dipoena flavomarginatum*（Bösenberg & Strand）	2008	标本
158	球蛛科 Theridiidae	唇圆腹蛛	*Dipoena labialis* Zhu	2008	标本
159	球蛛科 Theridiidae	中华圆腹蛛	*Dipoena sinica* Zhu	2008	标本
160	球蛛科 Theridiidae	拟黄圆腹蛛	*Dipoena submustelina* Zhu	2008	标本
161	球蛛科 Theridiidae	塔圆腹蛛	*Dipoena turriceps*（Schenkel）	2008	标本
162	球蛛科 Theridiidae	云斑丘腹蛛	*Episinus nubilus* Yaginuma	2008	标本
163	球蛛科 Theridiidae	秀山丘腹蛛	*Episinus xiushanicus* Zhu	2008	标本
164	球蛛科 Theridiidae	阿氏球蛛	*Keijia mneon*（Bösenberg & Strand）	2008	标本
165	球蛛科 Theridiidae	拟白球蛛	*Paidiscurasubpallens*（Bösenberg & Strand）	2008	标本
166	球蛛科 Theridiidae	唇银斑蛛	*Rhomphaea labiata*（Zhu & Song）	2002	标本
167	球蛛科 Theridiidae	半月肥腹蛛	*Steatoda cingulata*（Thorell）	2008	标本
168	蟹蛛科 Thomisidae	陷狩蛛	*Diaea subdola* O. P.-Cambridge	2008	标本
169	蟹蛛科 Thomisidae	伪足弓艾奇蛛	*Ebrechtella pseudovatia*（Schenkel）	2008	标本
170	蟹蛛科 Thomisidae	三突艾奇蛛	*Ebrechtella tricuspidata*（Fabriclus）	2008	标本
171	蟹蛛科 Thomisidae	尖莫蟹蛛	*Monaeses aciculus*（Simon）	2008	标本
172	蟹蛛科 Thomisidae	胡氏蟹蛛	*Thomisus hui* Song & Zhu	2008	标本
173	蟹蛛科 Thomisidae	波纹花蟹蛛	*Xysticus croceus* Fox	2002	标本
174	蟹蛛科 Thomisidae	鞍形花蟹蛛	*Xysticus ephippiatus* Simon	2002	文献
175	蟹蛛科 Thomisidae	千岛花蟹蛛	*Xysticus kurilensis* Strand	2008	标本
176	妩蛛科 Uloboridae	隆背妩蛛	*Philoponella prominens*（Bösenberg & Strand）	2002	文献
177	妩蛛科 Uloboridae	广西妩蛛	*Uloborus guangxiensis* Zhu，Sha & Chen	2008	标本
178	妩蛛科 Uloboridae	草间妩蛛	*Uloborus walckenaerius* Latreille	2002	文献
179	卷叶蛛科 Dictynidae	赤水隐蔽蛛*	*Lathys chishuiensis* Zhang et al.	2009	标本
180	栅蛛科 Hahnidae	喜马拉雅栅蛛	*Hahnia himalayaensis* Hu & Zhang	2008	标本

数据来源：①文献为陈会明. 2006. 蜘蛛目 // 金道超，李子忠. 赤水桫椤景观昆虫[M]. 贵阳：贵州科技出版社；②标本为 2008 年采集

*为模式标本，保存在西南大学生命科学学院

附录 10 保护区环节动物名录

序号	科名	中文种名	拉丁学名	最新发现时间	数量状况	数据来源
1	链胃蚓科	日本杜拉蚓	*Drawida japonica japonica*（Michaelsen）	2014	＋	标本
2	巨蚓科	慈竹远盲蚓	*Amynthas benignus*（Chen，1946）	2014	＋＋	标本
3	巨蚓科	皮质远盲蚓	*Amynthas corticis*（Kinberg，1867）	2014	＋	标本
4	巨蚓科	湖北远盲蚓	*Amynthas hupeiensis*（Michaelsen，1895）	2014	＋＋	标本
5	巨蚓科	毛利远盲蚓	*Amynthas morrisi*（Beddard，1892）	2014	＋	标本
6	巨蚓科	蝴蝶远盲蚓	*Amynthas papilio*（Gates，1930）	2014	＋	标本
7	巨蚓科	壮伟远盲蚓	*Amynthas robustus*（Perrier，1872）	2014	＋	标本
8	巨蚓科	参状远盲蚓	*Amynthas asper gillum*（Perrier，1872）	2014	＋	标本
9	巨蚓科	相异远盲蚓	*Amynthas incongruus*（Chen，1933）	2014	＋	标本
10	巨蚓科	加州腔蚓	*Metaphire californica*（Kinberg，1867）	2014	＋	标本
11	巨蚓科	巨茎腔蚓	*Metaphire posthuma*（Vaillant，1868）	2014	＋	标本
12	巨蚓科	舒脉腔蚓	*Metaphire schmardae*（Horst，1883）	2014	＋	标本
13	正蚓科	微小双胸蚓	*Bimastus parvus*（Eisen，1874）	2014	＋	标本
14	沙蛭科	巴蛭	*Barbronia weberi*（Blan chard，1897）	2014	＋	标本

附录 11　保护区软体动物名录

序号	目	科名	中文种名	拉丁学名	最新发现时间	数量状况	数据来源
1	中腹足目	膀胱螺科	泉膀胱螺	*Physa fontinalis*（Linnaeus）	2014	+	标本
2	中腹足目	田螺科	中国圆田螺	*Cipangopaludina chinensis*（Gray）	2014	++	标本
3	中腹足目	觿螺科	长角涵螺	*Alocinma longicornis*（Benson）	2014	+	标本
4	中腹足目	环口螺科	高大环口螺	*Cyclophorus exaltatus*（Pfeiffer）	2014	++	标本
5	中腹足目	环口螺科	居中环口螺	*Cyclophorus mediastinus*（Heude）	2014	+	标本
6	中腹足目	环口螺科	小斑点环口螺	*Cyclophorus punctatulus* Heude	2014	+	标本
7	中腹足目	环口螺科	小扁褶口螺	*Ptychopoma vestitum*（Heude）	2014	+	标本
8	基眼目	椎实螺科	椭圆萝卜螺	*Radix swinhoei*（H. Adams）	2014	+	标本
9	基眼目	椎实螺科	长萝卜螺	*Radix pereger*（Müller）	2014	++	标本
10	基眼目	椎实螺科	卵萝卜螺	*Radix ovata*（Draparnaud）	2014	+	标本
11	基眼目	椎实螺科	截口土蜗	*Galba truncatuta*（Müller）	2014	+	标本
12	基眼目	扁蜷螺科	扁旋螺	*Gyraulus compressus*（Hütton）	2014	+	标本
13	柄眼目	瓦娄蜗牛科	伸展瓦娄蜗牛	*Vallonia patens* Reinhardt	2014	+	标本
14	柄眼目	烟管螺科	尖真管螺	*Euphaedusa aculus aculus*（Benson）	2014	+	标本
15	柄眼目	烟管螺科	怪异真管螺	*Euphaedusa cetivora*（Heude）	2014	+	标本
16	柄眼目	烟管螺科	八褶管螺	*Phaedusa pallidocincta*（Moellendorff）	2014	+	标本
17	柄眼目	烟管螺科	雨拟管螺	*Hemiphaedusa pluriatilis*（Benson）	2014	+	标本
18	柄眼目	烟管螺科	绿褶拟管螺	*Hemiphaedusa thaleroptyx*（Moellendorff）	2014	+	标本
19	柄眼目	烟管螺科	斯氏拟管螺	*Hemiphaedusa cecillei*（Philippi）	2014	+	标本
20	柄眼目	钻螺科	小囊钻螺	*Opeas utriculus*（Heude）	2014	++	标本
21	柄眼目	钻螺科	细长钻螺	*Opeas gracile*（Hutton）	2014	+	标本
22	柄眼目	拟阿勇蛞蝓科	猛巨楯蛞蝓	*Macrochlamys rejecta*（Pfeiffer）	2014	+	标本
23	柄眼目	拟阿勇蛞蝓科	迟缓巨楯蛞蝓	*Macrochlamys segnis*（Pilsbry）	2014	+	标本
24	柄眼目	拟阿勇蛞蝓科	扁形巨楯蛞蝓	*Macrochlamys planula*（Heude）	2014	+	标本
25	柄眼目	拟阿勇蛞蝓科	光滑巨楯蛞蝓	*Macrochlamys superlita superlita*（Morelet）	2014	+	标本
26	柄眼目	拟阿勇蛞蝓科	小溪巨楯蛞蝓	*Macrochlamys riparius*（Heude）	2014	++	标本
27	柄眼目	拟阿勇蛞蝓科	小丘恰里螺	*Kaliella munipurensis*（Godwin-Austen）	2014	+	标本
28	柄眼目	拟阿勇蛞蝓科	小恰里螺	*Kaliella minuta*（Ping et Yen）	2006		文献
29	柄眼目	坚齿螺科	峨嵋小丽螺	*Ganesella omei* Chen et Gao	2014	+	标本
30	柄眼目	巴蜗牛科	中国大脐蜗牛	*Aegista chinensis*（Philippi）	2014	+	标本
31	柄眼目	巴蜗牛科	同型巴蜗牛	*Bradybaena similaris*（Ferussac）	2014	+	标本
32	柄眼目	巴蜗牛科	短旋巴蜗牛	*Bradybaena breuispira*（H. Adams）	2014	+	标本
33	柄眼目	巴蜗牛科	谷皮巴蜗牛	*Bradybaena carphochroa*（Moellendorff）	2014	+	标本
34	柄眼目	巴蜗牛科	灰尖巴蜗牛	*Bradybaena*（*Acusta*）*ravida ravida*（Benson）	2014	++	标本
35	柄眼目	巴蜗牛科	细纹灰尖巴蜗牛	*Bradybaena*（*Acusta*）*ravida redfirldi*（Pfeiffer）	2014	+	标本
36	柄眼目	巴蜗牛科	粗纹华蜗牛	*Cathaica*（*Cathaica*）*constantinae*（H. Adams）	2014	+	标本
37	柄眼目	巴蜗牛科	格锐华蜗牛	*Cathaica*（*Cathaica*）*giraudeliana*（Heude）	2014	+	标本
38	柄眼目	巴蜗牛科	多毛环肋螺	*Plectotropis trichotropis trichotropis*（Pfeiffer）	2014	+	标本
39	柄眼目	巴蜗牛科	假穴环肋螺	*Plectotropis pseudopatula* Moellendorff	2014	+	标本

序号	目	科名	中文种名	拉丁学名	最新发现时间	数量状况	数据来源
40	柄眼目	巴蜗牛科	小石环肋螺	*Plectotropis calculus*（Heude）	2014	+	标本
41	柄眼目	巴蜗牛科	易碎环肋螺	*Plectotropis sterilis*（Heude）	2014	+	标本
42	柄眼目	蛞蝓科	双线嗜黏液蛞蝓	*Philomycus bilineatus*（Benson）	2014	+	标本
43	真瓣鳃目	蚌科	背角无齿蚌	*Anodonta woodiana woodiana*（Lea）	2014	+	标本
44	真瓣鳃目	蚌科	舟形无齿蚌	*Anodonta euscaphys*（Heude）	2014	+	标本
45	真瓣鳃目	蚬科	河蚬	*Corbicula fluminea*（Müller）	2014	+	标本

数据来源：①文献为刘畅. 2005. 贵州陆生贝类区系及动物地理区划[D]. 贵阳：贵州师范大学硕士学位论文；
　　　　　②标本为本次采集

附录 12 保护区甲壳动物名录

序号	科名	中文种名	拉丁学名	最新发现时间	数量状况	数据来源
1	钩虾科	聚毛钩虾	*Gammarus accretes* Hou & Li	2014	＋	标本
2	钩虾科	缘毛钩虾	*Gammarus craspedotrichus* Hou & Li	2014	＋＋	标本
3	鳌虾科	克氏原鳌虾	*Procambarus clarkia*	2014	＋	访问
4	长臂虾科	日本沼虾	*Macrobrachium nippomense*	2014	＋	标本
5	匙指虾科	锯齿新米虾	*Neocaridina denticulata*（de Haan）	2014	＋	标本
6	匙指虾科	掌肢新米虾	*Neocaridina palmata*（Shen）	2014	＋	标本
7	匙指虾科	赤水米虾	*Caridina chishuiensis* Cai et Yuan	2014	＋	标本
8	溪蟹科	光泽华溪蟹	*Sinopotamon davidi fuxingense* Dai et Liu	2014	＋	标本
9	溪蟹科	赤水华溪蟹	*Sinopotamon chishuiense* Dai	2014	＋	标本
10	溪蟹科	锯齿华溪蟹	*Sinopotamon denticulatum*（H. Milne-Edwards）	2014	＋	标本

数据来源：①标本为本次采集；
②访问对象为幺站沟养殖户

附 图 I

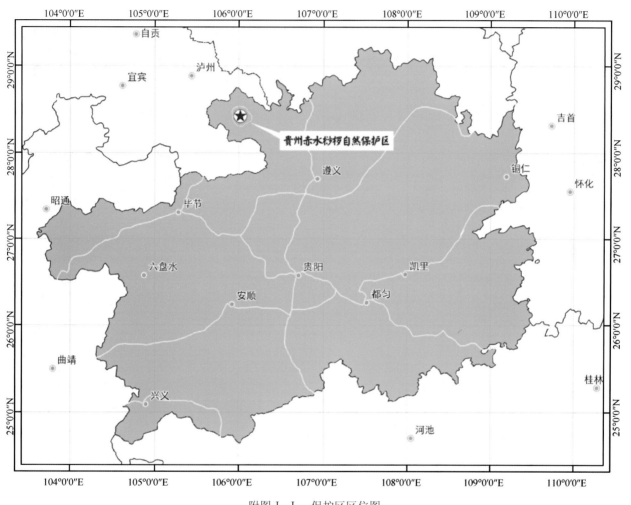

附图 I - I 保护区区位图

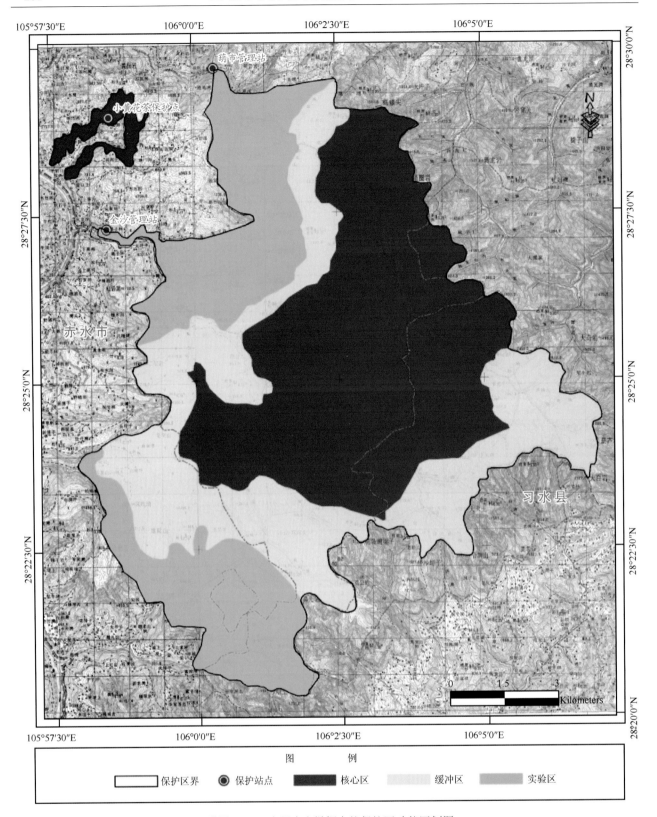

附图 I-II　贵州赤水桫椤自然保护区功能区划图

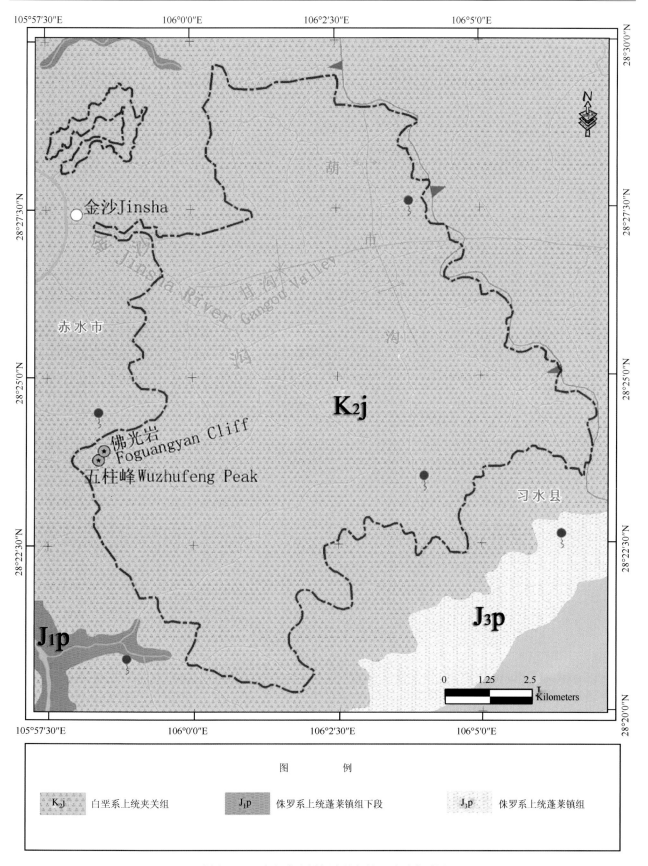

附图Ⅰ-Ⅲ 贵州赤水桫椤自然保护区地质类型图

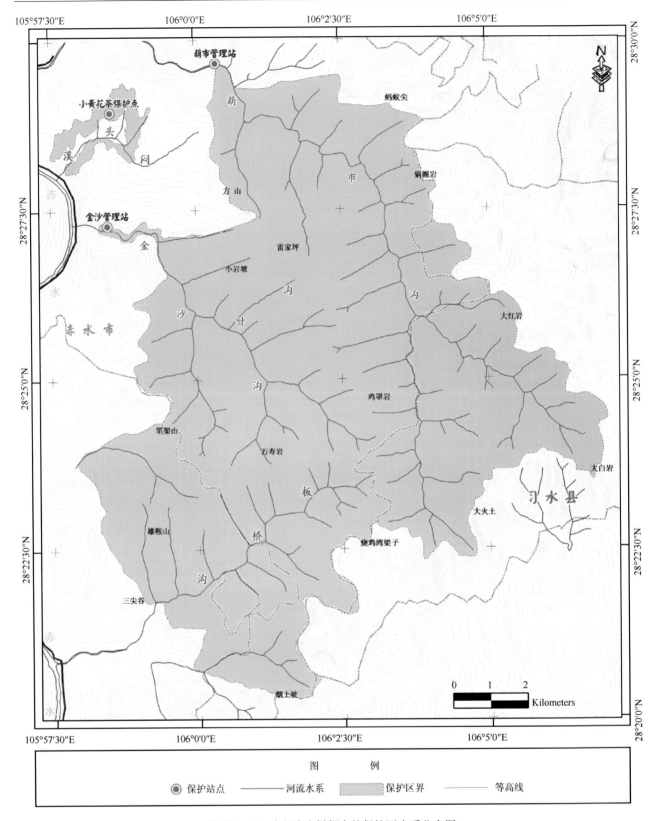

附图Ⅰ-Ⅳ 贵州赤水桫椤自然保护区水系分布图

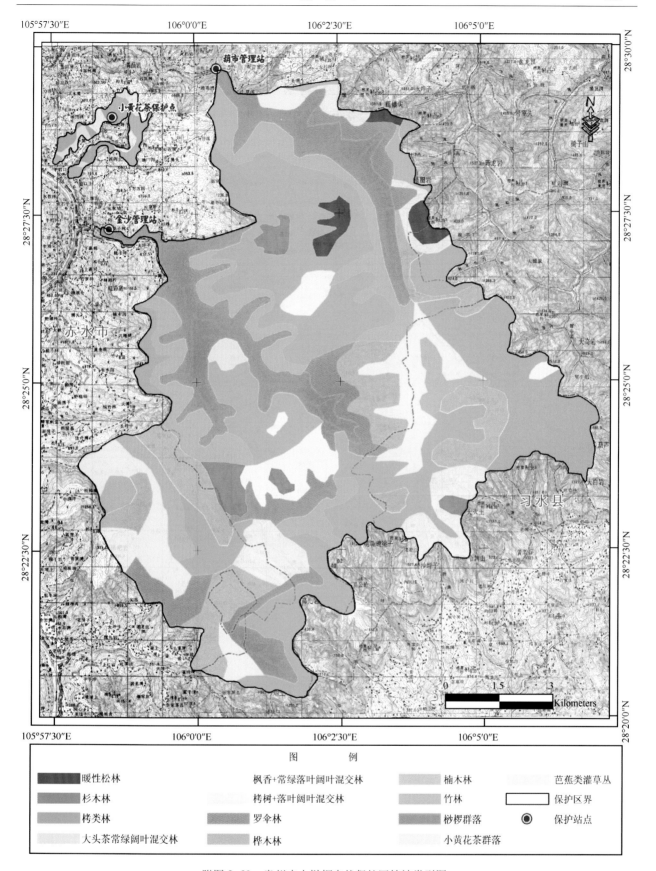

附图Ⅰ-Ⅴ 贵州赤水桫椤自然保护区植被类型图

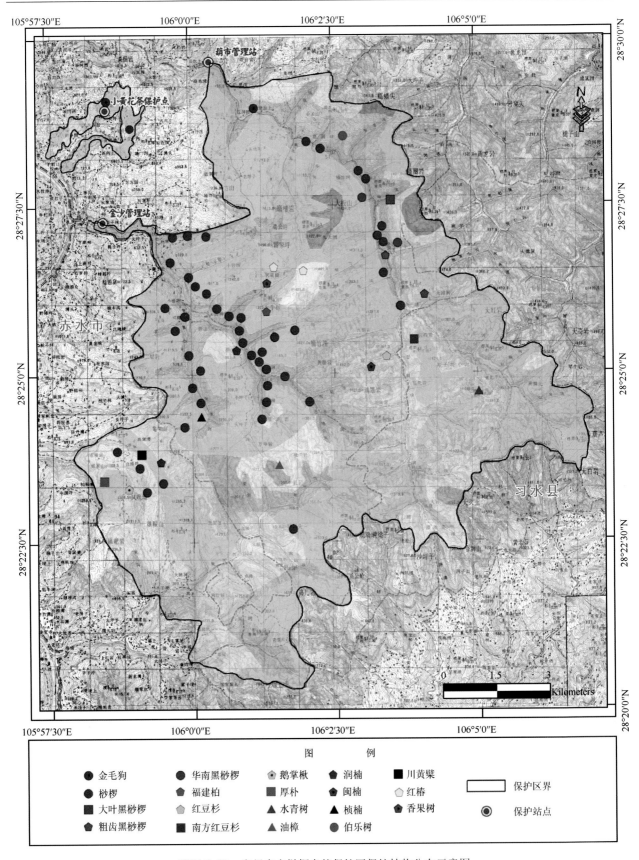

图　　例

● 金毛狗	● 华南黑桫椤	◉ 鹅掌楸	⬟ 润楠	■ 川黄檗
● 桫椤	⬟ 福建柏	■ 厚朴	⬟ 闽楠	⬠ 红椿
■ 大叶黑桫椤	⬟ 红豆杉	▲ 水青树	▲ 桢楠	⬟ 香果树
⬟ 粗齿黑桫椤	■ 南方红豆杉	▲ 油樟	● 伯乐树	

▢ 保护区界

◎ 保护站点

附图 I -VI　贵州赤水桫椤自然保护区保护植物分布示意图

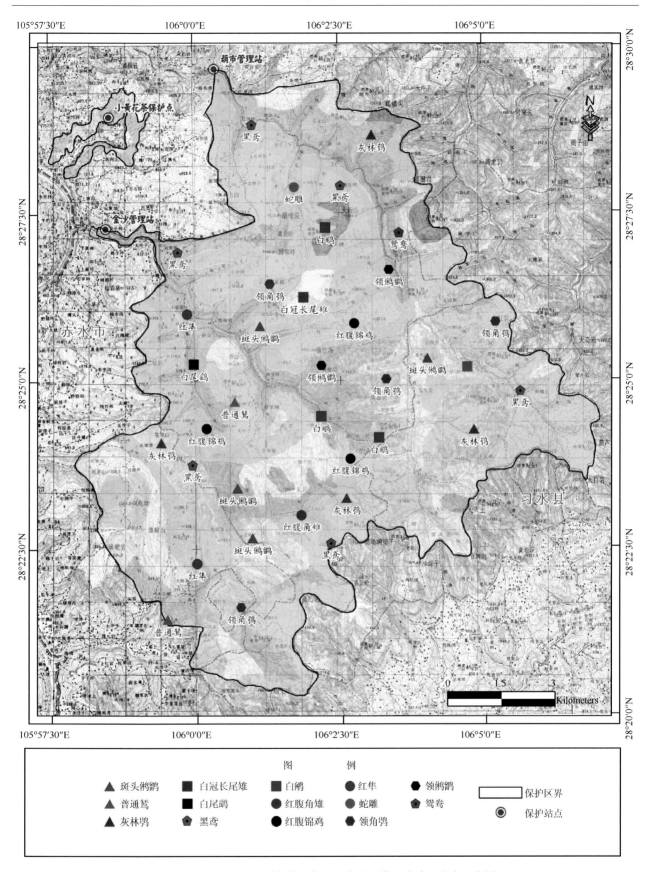

附图 I-Ⅶ 贵州赤水桫椤自然保护区保护动物（鸟类）分布示意图

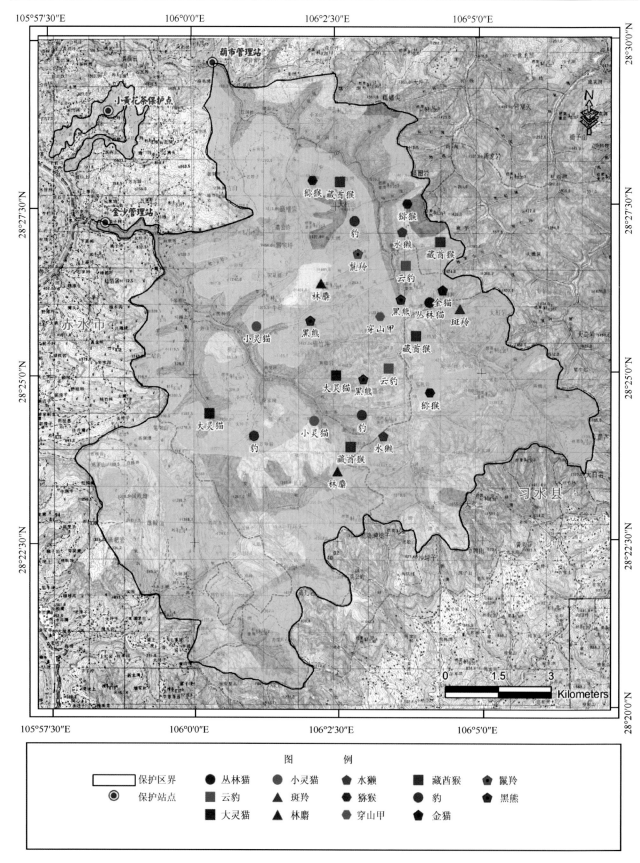

附图 I-Ⅷ　贵州赤水桫椤自然保护区保护动物（哺乳类）分布示意图

附图 II（保护区风光）

附图 II-I 硬头黄竹林

附图 II-II 佛光岩

附图 II-III　景观照

附图 II-IV　五柱峰

附图 II - V　甘沟

附图 II - VI　景观照

附图Ⅲ（保护区植物）

附图Ⅲ-Ⅰ 红纹凤仙花

附图Ⅲ-Ⅱ 矮小肉果兰

附图III-III　赤水蕈树

附图III-IV　观音座莲

图III-V　红花木莲

附图III-VI　桫椤群落

附图III-VII 岩薔香

附图III-VIII 木瓜红

附图Ⅲ-Ⅸ 七叶一枝花

附图Ⅲ-Ⅹ 石斛

附图Ⅲ-XI　山珊瑚

附图Ⅲ-XII　桫椤群落

附图Ⅲ-ⅩⅢ　桫椤群落

附图Ⅲ-ⅩⅣ　桫椤群落

附图Ⅲ-ⅩⅤ 桫椤群落

附图Ⅲ-ⅩⅥ 中华秋海棠

附图Ⅲ-ⅩⅦ　筒花苣苔

附图Ⅲ-ⅩⅧ　习水报春

附图Ⅲ-ⅪⅩ 岩藿香

附图Ⅲ-ⅩⅩ 小黄花茶

附图Ⅲ-ⅩⅩⅠ 鸳鸯桫椤

附图Ⅲ-ⅩⅩⅡ　桫椤群落

附图Ⅲ-ⅩⅩⅢ　瓶蕨

附图Ⅳ（保护区动物）

附图Ⅳ-Ⅰ　沼水蛙

附图Ⅳ-Ⅱ　棕颈钩嘴鹛

附图Ⅳ-Ⅲ 暗绿绣眼鸟

附图Ⅳ-Ⅳ 斑腿泛树蛙

附图IV-V　粗皮姬蛙

附图IV-VI　大绿臭蛙

附图Ⅳ-Ⅶ　大嘴乌鸦

附图Ⅳ-Ⅷ　峨眉林蛙

附图Ⅳ-Ⅸ　合江臭蛙

附图Ⅳ-Ⅹ　灰喉鸦雀

附图Ⅳ-Ⅺ　金腰燕

附图Ⅳ-Ⅻ　蓝矶鸫

附图Ⅳ-ⅩⅢ　领雀嘴鹎

附图Ⅳ-ⅩⅣ　鹊鸲

附图Ⅳ-ⅩⅤ 蛇雕

附图Ⅳ-ⅩⅥ 玉斑锦蛇